云术专攻

金磐石 主编

清华大学出版社

北京

图书在版编目（CIP）数据

云术专攻 / 金磐石主编 . — 北京：清华大学出版社，2023.6
（云鉴）
ISBN 978-7-302-63874-2

Ⅰ．①云… Ⅱ．①金… Ⅲ．①云计算 Ⅳ．① TP393.027

中国国家版本馆 CIP 数据核字 (2023) 第 111897 号

责任编辑：张立红
封面设计：钟　达
版式设计：梁　洁
责任校对：赵伟玉　卢　嫣
责任印制：丛怀宇

出版发行：清华大学出版社
　　　　　网　　　址：http://www.tup.com.cn，http://www.wqbook.com
　　　　　地　　　址：北京清华大学学研大厦 A 座　　邮　　编：100084
　　　　　社 总 机：010-83470000　　　　　邮　　购：010-62786544
　　　　　投稿与读者服务：010-62776969, c-service@tup.tsinghua.edu.cn
　　　　　质 量 反 馈：010-62772015, zhiliang@tup.tsinghua.edu.cn
印 装 者：北京博海升彩色印刷有限公司
经　　销：全国新华书店
开　　本：185mm×260mm　　　印　张：29.75　字　数：578 千字
版　　次：2023 年 7 月第 1 版　　　印　次：2023 年 7 月第 1 次印刷
定　　价：158.00 元

产品编号：102343-01

编 委 会

主 编

金磐石

副主编

林磊明　王立新

参编人员
（按姓氏笔画为序）

丁海虹	马 鸥	马 琳	王升东	王如柳	王红亮	王旭佳	王 荔
王 婷	王嘉欣	王慧星	韦嘉明	车 凯	方天戟	方华明	邓 宏
邓 峰	石晓辉	卢山巍	叶志远	田 蓓	冯 林	邢 磊	师贵粉
曲 鸣	乔佳丽	刘科含	李 月	李 宁	李世宁	李晓栋	李晓敦
李 琪	李 颖	李 巍	延 皓	杨 永	杨贵垣	杨晓勤	杨瑛洁
杨愚非	肖 鑫	吴 磊	佘春燕	邹洵游	沈 呈	张正园	张旭军
张达赢	张 沛	张宏亮	张春阳	张晓东	张晓旭	张银雪	张清瑜
张 鹏	张 蕾	陈文兵	陈必仙	陈荣波	范 鹏	林华兵	林 浩
林舒杨	周 昕	周明宏	周泽斌	周海燕	单洪博	孟 敏	赵世辉
赵刘韬	赵姚姚	赵勇祥	郝尚青	钟景华	侯 飞	侯 杰	姜寿明
贺 颖	贾 东	夏春华	徐 涛	高建芳	桑 京	黄国玮	曹佳宁
常冬冬	渠文龙	彭海平	韩 玉	韩 旭	韩 博	程子木	舒 展
赖 鑫	管 笑	樊明汉	颜 凯	薛金曦			

推 荐 序

壬寅岁末，我应邀参加了中国建设银行的"建行云"发布会，第一次对建行云的缘起、发展和应用有了近距离的了解，对其取得的成果印象深刻。我自己也是中国建设银行的长期客户，从过去必须去建行网点柜台办理业务，到现在通过手机几乎可以完成所有银行事务，切切实实地经历了建行信息化的不断进步，其背后无疑离不开"建行云"的支撑。这次，中国建设银行基于其在云计算领域所做出的积极探索和累累硕果，结集完成"云鉴"丛书，并邀我为丛书作序，自然欣然允之。

2006 年，亚马逊发布 EC2 和 S3，开启了软件栈作为服务的新篇章，其愿景是计算资源可以像水和电一样按需提供给公众使用。公众普遍感知到的云计算时代亦由此开始。2016 年，我在第八届中国云计算大会上发表了题为"云计算：这十年"的演讲，回顾了云计算十年在技术和产业领域所取得的巨大进展，认为云计算已经成为推动互联网创新的主要信息基础设施。随着互联网计算越来越呈现出网络化、泛在化和智能化趋势，人类社会、信息系统和物理世界正逐渐走向"人机物"三元融合，这需要新型计算模式和计算平台的支撑，而云计算无疑将成为其中代表性的新型计算平台。演讲中我将云计算的发展为三个阶段，即 2006—2010 年的概念探索期，2011—2015 年的技术落地期，以及 2016 年开启的应用繁荣期，进而，我用"三化一提升"描述了云计算的未来趋势，"三化"指的是应用领域化、资源泛在化和系统平台化，而"一提升"则指服务质量的提升，并特别指出，随着万物数字化、万物互联、"人机物"融合泛在计算时代的开启，如何有效高效管理各种网络资源，实现资源之间的互联互通互操作，如何应对各种各样的应用需求，为各类应用的开发运行提供共性支撑，是云计算技术发展需要着重解决的问题。

现在来回看当时的判断，我以为基本上还是靠谱的。从时代大势看，当今世界正在经历一场源于信息技术的快速发展和广泛应用而引发的大范围、深层次的社会经济革命，数字化转型成为时代趋势，数字经济成为继农业经济、工业经济之后的新型经济形态，正处于成形展开期。人类社会经济发展对信息基础设施的依赖日益加重，传统的物理基础设施也正在加快其数字化进程。从云计算的发展看，技术和应用均取得重大进展，"云、边、端"融合成为新型计算模式，云计算已被视为企业发展战略的核心考量、云数据中心的建设与运营、云计算技术的应用、云计算与其他数字技术的结合日趋成熟，领域化的解决方案不断涌现，确是一派"应用繁荣"景象。按我前面 5 年一个阶段的划分，云计算现在是否又进入了一个新阶段？我个人观点：是的！我以为，可以将云计算现在所处的阶段命名为"原生应用繁荣期"，这是上一阶段的延续，但也是在云计算基础设施化进程上的一次提升，其形态特征是应用软件开始直接在云端容器内开发和运维，以更好适应泛在计算环境下的大规模、可伸缩、易扩展的应用需求。简言之，这将是一次从"上云"到"云上"的变迁。

很高兴看到"云鉴"丛书的出版，该丛书以打造云计算领域的百科全书为目标，力图专业而全面地展现云计算几近 20 年的发展。丛书分成四卷，第一卷《云启智策》针对泛在计算时代的新模式、新场景，描绘其对现代企业战略制定的影响，将云计算视为促进组织变革、优化组织体系的必由途径；第二卷《云途力行》关注数据中心建设的绿色发展，涉及清洁能源、节能减排、低碳技术、循环经济等一系列绿色产业结构的优化调整，我们既需要利用云计算技术支撑产业升级、节能减排、低碳转型，还需要加大对基础理论和关键技术的研究开发，降低云计算自身在应用过程中的能耗；第三卷《云术专攻》为云计算技术的从业者介绍了云计算技术在不同领域的大量应用和丰富实践；第四卷《云涌星聚》，上篇介绍了云计算和包括大数据在内的其他数字技术的关系，将云计算定位为数字技术体系中的基础支撑，下篇遵循国家"十四五"规划的十大关键领域，按行业和应用场景编排，介绍了云赋能企业、赋能产业的若干案例，描绘了云计算未来智能化、生态化的发展蓝图。

中国建设银行在云计算技术和应用方面的研发和实践，可圈可点！为同行乃至其他行业的数字化转型提供了重要示范。未来，随着云原生应用的繁荣发展，云计算将迎来新的黄金发展期。希望中国建设银行能够不忘初心，勇立潮头，持续关注云计算技术的研发和应用，以突破创新的精神不断拓宽云服务的边界，用金融级的可信云服务，推动更多的企业用云、"上云"，"云上"发展！希望中国建设银行能够作为数字技术先进生产力的代表，始终走在高质量发展的道路上。

也希望"云鉴"丛书成为科技类图书中一套广受欢迎的著作，为读者带来知识，带来启迪。

谨以此为序。

中国科学院院士

发展中国家科学院院士

欧洲科学院外籍院士

梅　宏

癸卯年孟夏于北京

推荐序

随着新一轮科技革命和产业变革的兴起，云计算、5G、人工智能等数字化技术产业迅速崛起，各行业数字化转型升级速度加快，金融业作为国民经济的支柱产业，更须积极布局数字化转型。此次应中国建设银行之邀，为其云计算发展集大成之作的"云鉴"丛书作序，看到其以云计算为基础的数字化转型正在稳步前行，非常欣慰。当今社会，信息基础设施的主要作用已不是解决连通问题，而是为人类的生产与生活提供充分的分析、判断和控制能力。因此，代表先进计算能力的云计算势必成为基础设施的关键，算力更会成为数字经济时代的新生产力。

数字经济时代，算力如同农业时代的水利、工业时代的电力，既是国民经济发展的重要基础，也是科技竞争的新焦点。加快算力建设，将有效激发数据要素创新活力，加快数字产业化和产业数字化进程，催生新技术、新产业、新业态、新模式，支撑经济高质量发展。中国建设银行历经十余载打造了多功能、强安全、高质量的"建行云"，是国内首个使用云计算技术建设并自主运营云品牌的金融机构。"云鉴"丛书凝聚了中国建设银行多年来在云计算和业务领域方面的知识积累，同时汲取了互联网和其他行业的云应用实践经验，内容包括云计算战略的规划与执行、数据中心建设与运营、云计算和相关技术应用与实践，以及"十四五"规划中十大智慧场景的案例解析等。丛书力求全面、务实，广大的上云企业、数字化转型组织在领略云计算的技术精髓和价值魅力的同时，也能借鉴和参考。

我一贯认为数字化技术的本质是"认知"技术和"决策"技术。

它的威力在于加深对客观世界的理解，产生新知识，发现新规律。这与《云启智策》卷指引构建云认知、制定云战略、实施云建设、指挥云运营、做好云治理不谋而合。当然，计算无处不在，算力已成为经济高质量发展的重要引擎。而发展先进计算，涉及技术变革、系统创新、自主可控、绿色低碳、高效智能、低熵有序、开源共享等诸多方面。这在《云途力行》卷对数据中心的规划、设计、建设、运营等方面的描述和《云术专攻》卷从技术角度阐述基于云计算的通用网络技术、私有云、行业云、云安全、云运维等内容中都有所体现。另外，《云涌星聚》卷中的百尺竿头篇全面介绍了云原生平台，特别是大数据、人工智能等与云计算技术结合的内容，更将技术变革和系统创新体现得淋漓尽致。我们要满腔热情地拥抱驱动数字经济的新技术，不做表面文章，为经济发展注入新动能。扎扎实实地将数字化技术融入实体经济中，大家亦可以在《云涌星聚》卷中的百花齐放篇书写的 13 个数字化技术服务实体经济的行业案例中受到启迪。

期待中国建设银行在数字经济的浪潮中继续践行大行担当，支持国家战略，助力国家治理，服务美好生活，构筑高效、智能、健康、绿色、可持续的金融科技发展之路。

中国工程院院士

中科院计算所首席科学家

李国杰

癸卯年春于北京

序

　　癸卯兔年，冬末即春，在"建行云"品牌发布之际，"云鉴"系列丛书即将付梓。近三年的著书过程，也记录了中国建设银行坚守金融为民初心、服务国家建设和百姓生活的美好时光。感慨系之，作序以述。

　　科学技术是第一生产力。历史实践证明，从工业1.0时代到工业4.0时代，科技领域的创新变革将深刻改变生产关系、世界格局、经济态势和社会结构，影响千业百态和千家万户。如今，以云计算、大数据、人工智能和区块链等科技为标志的"第四次工业革命浪潮"澎湃到来，科技创新正在和金融发展形成历史性交汇，由科技和金融合流汇成的强大动能改变了金融行业的经营理念、业务模式、客户关系和运行机制，成为左右竞争格局的关键因素。

　　数字经济时代，无科技不金融。在科技自立自强的号召下，中国建设银行开启了金融科技战略，探索推进金融科技领域的市场化、商业化和生态化实践。在此过程中，中国建设银行聚焦数字经济时代的关键生产力——算力，开展了云计算技术研究，并基于金融实践推进云计算应用落地，"建行云"作为新型算力基础设施应运而生。2013年以来，"建行云"走过商业软件、互联网开源、信创、全面融合等技术阶段，如今已进入自主可控、全域可用、共创共享的新发展阶段，也描绘着未来"金融云"的可能模样。

　　金融事业赓续，初心始终为民。在新发展理念的指引下，中国建设银行厚植金融人本思维，纵深推进新金融行动，以新金融的"温柔手术刀"纾解社会痛点，让更有温度的新金融服务无远弗届。在"建行云"构建的丰富场景里，租住人群通过"建融家园"实现居有所安，小微业主凭借"云端普惠"得以业有所乐，莘莘学子轻点"建融慧学"圆梦学有所成，众多用户携手"建行生活"绘就着向往中的美好家园景象。我们也更深切地察觉，在烟火市井，而非楼宇里，几万元的小微贷款便可照亮奋进梦想，更实惠的金融服务也能点燃美好希望，金融初心常在百姓茶饭之间。

做好金融事业，归根结底是为了百姓安居乐业。这些年来，中国建设银行积极开展了许多创新探索，为的是让我们的金融事变成百姓的体己事，让金融工作更能给人踏实感；我们勇于以首创精神打破金融边界的底气和保证，也来自无数为实现美好生活而拼搏努力的人们。在以"云上金融"服务百姓的美好过程中，中国建设银行牵头编写了"云鉴"系列丛书，目的是分享云计算的发展历程，探究云计算的未来方向，为"云上企业"提供参考，为"数字中国"绵捐薄力。奋进伟大新时代，中国建设银行愿与各界一道，以新金融实干践行党的二十大精神，走好中国特色金融发展之路，在服务高质量发展、融入新发展格局中展现更大作为，为实现第二个百年奋斗目标和中华民族伟大复兴贡献力量！

中国建设银行党委书记、董事长
田国立

前　言

　　尽管数百年来金融本质没有变，金融业态却在不断演变。在数字经济蓬勃发展的今天，传统银行主要依赖线下物理场所获客活客的方式已不可取，深度融入用户生产生活场景、按个体所需提供金融服务成为常态。越来越多的金融活动从物理世界映射到数字空间，金融行为、金融监管、风险防控大量转化为各种算法模型的运算，这必然要求金融机构提供更加强大的科技服务与算力支撑。

　　事非经过不知难。中国建设银行也曾经历过算力不足、扩容、很快又不足的循环之中，也曾对"网民的节日、科技人的难日"深有体会，更多次为保业务连续不中断，疲于调度计算、存储及网络资源。为变被动应对为主动适应，中国建设银行早在 2010 年新一代系统建设初期，就引入了云计算技术，着眼于运维的自动化和资源的弹性供给，加快算力建设战略布局。2013 年，中国建设银行建成当时金融行业规模最大的私有云。2018 年，为更好赋能同业，助力社会治理体系和治理能力现代化，在完成云计算自主可控及云安全能力建设的基础上，中国建设银行开始对外提供互联网服务及行业生态应用，并遵循行业信创要求进行适配改造，目前已实现全栈自主化。2023 年 1 月 31 日，中国建设银行正式发布"建行云"品牌，首批推出 10 个云服务套餐，助推行业数字化转型提质增效。

　　有"源头活水"，方得"如许清渠"。金融创新与科技发展紧密相连，商业模式进化与金融创新紧密相连。回顾"建行云"的建设历程，有助于明晰云计算在金融领域的发展脉络，揭示发展规律；沉淀建设者的知识成果，有助于固化成熟技术，夯实基础，行稳致远；总结经验，分享心路历程，有助于后来者少走弯路，更好地实现跨越式发展。

为此，着眼于历史性、知识性、生动性，中国建设银行联合业界专家编纂"云鉴"丛书，分为《云启智策》《云途力行》《云术专攻》和《云涌星聚》四卷，涵盖云计算战略的规划与执行、数据中心建设与运营、云计算和相关技术的应用与实践，以及"十四五"规划中十大智慧场景的案例解析等诸多内容。

"建行云"的建设虽耗时 10 余年，终为金融数字化浪潮中一朵浪花。"云鉴"丛书虽沉淀众多建设者的智慧，也仅是对云计算蓝图的管中窥豹。我们将根据业界反馈及时修订，与各界携手共建共享，以此推动金融科技高质量发展。

特别感谢腾讯云计算（北京）有限责任公司、中数智慧（北京）信息技术研究院有限公司、北京趋势引领信息咨询有限公司、阿里云计算有限公司、北京金山云网络技术有限公司、华为技术有限公司、北京神州绿盟科技有限公司、北京奇虎科技有限公司等众多专家对本书的大力支持和无私贡献。

金磐石

中国建设银行首席信息官

金磐石

目录

概述篇

1

第一章
云技术发展概述

导　　读

5G、工业互联网、人工智能、数据中心等"新基建"的推进和大数据生态系统的日益完善，给云计算带来更加丰富的应用场景和新的发展空间。一方面是 IT 技术的快速迭代，另一方面是云业务应用的旺盛发展，两者此起彼伏，相互作用，相互促进。新兴数字化技术给各个行业的云计算技术场景深化落地提供了可能，使云计算成为企业数字化转型的优先选择。如何结合自身业务需求选择最适宜的云计算技术架构和云服务模式，如何在保障云安全前提下有效开展云计算的建设与运营，是众多企业云战略落地过程中需要考虑的重要课题。

本章主要回答以下问题：

（1）云计算技术的演变路径是什么？

（2）如何保障云安全？

（3）企业云计算建设与运维的策略是什么？

（4）云运维业务的发展趋势是什么？

第一节　云计算技术发展综述

一、云计算市场蓬勃兴起

自2006年提出云计算的概念以来,云计算突飞猛进,全球云计算市场规模增长数倍,中国云计算市场从最初的十几亿元规模增长到现在的千亿元以上规模。随着5G、工业互联网、人工智能、数据中心等"新基建"的推进,各行业领域的基础设施加速向数字化、网络化、智能化转型,将带动数据量和存储算力需求进一步快速增长。随着云计算政策环境日趋完善和云计算技术不断发展成熟,各行业加快云计算与产业之间的融合,积极推进供应链和上下游业务的网络化协同,也进一步加速了中国云计算市场的发展。特别是在金融行业,中国政府陆续出台相关政策支持云计算的发展,鼓励金融机构积极运用云计算技术,加快金融产品和服务创新,促进金融行业可持续发展。

云计算技术与金融业务领域深度结合,有助于充分利用信息技术和金融数据资源,降低金融机构的资源获取和应用成本,提高资源配置和IT运营效率,更好地赋能业务创新。根据IDC统计数据,2021年上半年包括金融行业云基础设施、云平台和云应用在内的中国金融云市场规模已达到180亿元,同比增长40.2%。

基于对信息安全、数据安全和隐私保护的重视,以及对IT系统稳定性的高标准要求,中国金融机构对金融云的安全性、可靠性以及"云迁移"的平稳性有着非常高的要求。这也带来了广阔的云安全市场,根据《2021年中国云安全行业研究报告》,到2024年中国云安全市场规模将超过250亿元。

二、云计算技术演进

1. 虚拟化技术

虚拟化技术是云计算最重要的核心技术之一,它处于基础设施硬件层之上,为云计算提供基础架构层的支撑。虚拟化并不是简单地对计算、存储、网络等资源进行"池化",而是通过映射或抽象的方式,更彻底地屏蔽基础设施硬件层的复杂性,增加一个管理层,并为上层操作系统及应用提供统一的标准化接口,为资源管理标准化和资源共享效率化奠定基础。

根据作用机制,虚拟化可分为服务器虚拟化、网络虚拟化、存储虚拟化、服务虚拟化和虚拟化管理五个方面。服务器虚拟化,能实现底层硬件与上层操作系统和软件应用的解耦,克服基础设施硬件的差异性,降低操作系统和软件应用的部署复杂度,同时能提高客户机资源配置的灵活性和资源利用效率;网络虚拟化,能够将硬件网络资源和软件网络资源进行组合,通过资源管理系统实现"池化"网络资源统一配置和

调度，从而实现网络运维的标准化、自动化、智能化和效率化；存储虚拟化，通过构建统一的虚拟存储池，为用户提供统一、透明的存储访问方式，用户按需申请并配置存储，提升资源使用便捷性，同时管理者通过统一的工具和视图对存储资源进行管理，能有效提升管理效率和资源的利用率；服务虚拟化，以服务的方式对外开放虚拟接口；虚拟化管理，借助虚拟化管理工具，对虚拟化资源实施及时、有效、准确的管控，能加快企业云计算转型的步伐。随着虚拟化应用的成熟，虚拟化技术的竞争已经由传统的服务器虚拟化向存储虚拟化、网络虚拟化、虚拟化管理、数据中心整体资源虚拟化，甚至云计算服务虚拟化等方向拓展开来，在更广阔的领域展开竞争。

虚拟化技术为企业数字化转型相关数字化、智能化应用提供重要的算力资源支撑，对云计算技术场景落地产生了积极的影响。随着企业数字化转型的深入和云计算技术的发展，虚拟化技术也与时俱进，不断进行技术优化和变革，走向灵活和开放。

（1）更加重视灵活性和面向应用交付

随着越来越多的企业在研发体系中引入 DevOps 和云原生技术的应用，传统虚拟化平台和现代基于容器的平台之间的界限趋向模糊。面对应用程序对灵活性日益增长的需求，可容纳不同类型应用程序的超融合基础设施设备将迎来广泛的需求市场。虚拟化厂商将继续以多种方式拥抱云计算，提供支持混合和多云场景的平台，并不断添加和改进功能来优化虚拟化平台，增强安全性。

（2）积极拥抱开放共赢生态

作为云计算基础架构的虚拟化技术，不断通过技术变革，逐步增强开放性、安全性、兼容性以及用户体验。未来，虚拟化管理平台架构逐步走向开放，可以广泛兼容异构虚拟机系统，更好地支撑开放合作的产业链需求。例如，开放的虚拟化平台可以兼容不同厂商的虚拟机产品，而不同的应用厂商可以基于开放平台架构开发出丰富的云应用。通过标准化的桌面连接协议，可以实现虚拟化终端和云平台之间的广泛兼容，让桌面虚拟化用户拥有更大的选择性和替代性。

2. 云网融合

在网络技术的发展过程中，云计算、大数据、人工智能、区块链等不断涌现的热门技术，在推动企业业务全面深度发展的同时，也对 IT 基础架构特别是网络基础设施提出了更高的要求。云计算作为新的网络基础设施，为保障网络架构传输数据的高性能、高可靠，对网络的时延、带宽、扩展性提出了更高的要求。云计算能够与 5G、工业互联网、物联网形成"云网融合"模式，打通云端与边缘侧，提供"云边协同"服务，满足"新基建"相关网络化应用的需要。

云网融合是信息和通信逐步融合所产生的信息技术，其发展过程分为协同、融合和一体三个阶段，最终使相对独立的云计算资源和网络设备融合形成一体化的供给、运营及服务体系。在具体的云网融合过程中，网络功能虚拟化、软件定义网络、面向服务的设计、网络即服务等技术，以及全连接、5G 等技术的发展，共同绘制了 IT 产业崭新的数字化蓝图。

云网融合网络架构采用了网络功能虚拟化技术，强化了网络即服务的概念，共同构建了云网一体化的新数据中心。云网融合网络建设采取更加动态、弹性、灵活、按需的设计思路，提供随需应变的服务和快速组装的能力，以构建可伸缩、低耦合、可靠、高效的分布式服务运行环境，实现"云随网动"和"网随云动"。通过统一底座、统一运营、统一供给，彻底打破二者之间的隔膜，在不断发展的安全平台上实现一体化发展，在用户体验、社会发展、行业数字化维度绘制新蓝图。

3. 多云协同发展

云计算已成为企业进行 IT 基础设施建设的首要选择，随着云业务需求的多样化和云技术的成熟，"混合云"正在模糊着公有云和私有云的界限，边缘计算和云边协同也有了越来越多的应用场景。

（1）多云混合

"混合云"通过融合协同多个云供应商的公有云和私有云服务，兼顾公有云的便利服务和私有云的安全性，能更有效、更经济地满足企业对 IT 的多元化需求，近年来已成为云计算的主要部署模式和发展方向。

随着越来越多企业开始向"云"迁移，以及用户存在不同类型的业务系统和应用场景，企业对不同的云计算模式需求增加，需要采用多种云计算部署模式来满足不同的业务需求。如将涉及企业核心业务数据、信息安全要求高的业务部署在私有云，将对灵活性要求高和敏捷创新应用的业务部署在公有云；在全国甚至全球多个数据中心部署公有云，支持用户从任何位置访问云服务，而将企业核心数据部署在私有云上，完全拥有绝对控制权。不同部署模式的"云"之间相互打通和融合协同，在增加业务灵活性的同时，还可以降低云存储成本。

（2）云边协同

边缘计算是一种分布式运算的架构，不同于云计算，它将之前由中心服务器负责的任务加以分解，并且将这些分解之后的任务片段分发至网络的边缘端，由边缘端去负责运算，从而减少相关信息的传输时间，降低网络延迟。

云计算虽然可以将大型的计算任务放到云端去进行运算，但是对于需要低延迟的应用来说，则会遇到网络带宽瓶颈等问题。边缘计算可以将任务放到边缘端来进行，缓解计算处理延时，但同时也会受到本地边缘终端计算能力的限制。

为了克服上述云计算与边缘计算的缺点，云边协同应运而生。云边协同将云计算与边缘计算紧密地结合起来，通过合理地分配云计算与边缘计算的任务，实现了云计算的下沉，将云计算、云分析扩展到边缘端。在大数据时代，边缘端与云端的协同计算有利于对海量数据进行归纳以及推理，从而挖掘出更多有用信息，提高决策效率，

降低决策风险。随着技术的发展，云边协同会拥有越来越多的应用落地场景。

4. 分布式存储

随着数字化转型的深入和大数据生态建设的日趋完善，越来越多的行业开始了新业态下大数据平台的建设，大数据创新型应用场景日益丰富。爆炸式增长的海量数据、丰富多样的数据来源和数据类型，对数据存储和数据展现提出了更高要求。大数据的高效存储和管理问题，直接影响着基于大数据的业务创新场景落地，而传统数据中心的集中存储模式并不能够满足大规模存储应用的需要，这给分布式存储带来了广泛的应用空间。

分布式存储将数据分散存储到多个存储服务器上，并把这些分散的存储资源构成一个虚拟的存储设备，不仅提高了系统的可靠性、可用性和存取效率，还支持弹性扩展。

基于云计算的分布式存储技术，利用集群应用、网格技术或分布式文件系统等，能够将网络中大量不同类型的存储设备通过应用软件集合起来协同工作，共同对外提供数据存储和业务访问服务。通过行业标准接口（SMI-S 或 OpenStack Cinder）进行存储接入，用户可以实现跨存储产品和介质的容灾，还可以降低存储采购和管理成本。

5. 并行计算技术

云计算技术核心是对主机等计算资源的分配、使用、管理。云计算技术包括虚拟化技术和并行计算技术这两个似乎对立的技术，二者都用于对资源进行分配、使用和管理。其中，虚拟化技术前面有介绍，这里不再赘述。

并行计算最早出现在 20 世纪 60 年代初期，伴随着晶体以及磁芯存储器的出现，以及处理单元和存储器的外形越来越小巧和成本越来越低廉而出现，早期的并行计算机大多是规模不大的共享存储多处理器系统，即所谓的大型主机。到了 20 世纪 90 年代，随着网络设备的发展以及 MPI/PVM 等并行编程标准的发布，集群架构的并行计算机开始出现。随着微处理器性能和网络带宽的飞速发展，诞生了 PC 机群，让并行计算"飞入寻常百姓家"。

目前并行计算有两个实现层次：单机（单个节点）内部的多个 CPU、多个核并行计算，以及集群内部节点间的并行计算。集群中的节点一般是通过 IP 网络连接，在带宽足够大的前提下，各节点不受地域、空间限制，因此云计算中的并行计算在很多时候被称作分布式并行计算。Map Reduce 是目前云计算采用的一种思想简洁的分布式并行编程模型，可以将大批量的工作（数据）分解（Map）执行，然后再将结果合并成最终结果（Reduce），主要用于数据集的并行运算和并行任务的调度处理。

6. 云原生

随着云应用的深入和云技术的日趋成熟，云用户对云服务的不同层面都提出了更高的要求，云平台架构和应用研发体系需要更灵活、快速地响应市场和需求变化。为了让云平台和应用能更好地满足云服务需求，云原生的概念被提出并迅速具象化。

云原生是一套快速构建和交付应用的技术体系，微服务（Microservices）、容器（Containers）、DevOps 和持续交付（Continuous Delivery）是其四大技术支柱。云原生技术有利于企业在公有云、私有云和混合云等新型动态环境中，构建和运行可弹性扩展的应用。

在云技术日趋成熟的同时，云原生技术和云原生应用的组合恰逢其会，能够帮助企业有效提升云服务能力、加速业务创新、提高效率、降低成本，能帮助云用户提升云上应用价值和丰富云上体验。

基于云原生架构和云原生技术的云原生应用，具备统一架构标准、交付标准和流程标准，能够快速响应业务需求，实现高效和高品质的构建和交付。有云原生需求的用户，可以利用专有云提供的微服务框架组件和 DevOps/CI/CD 组件，将传统的应用进行微服务的拆分，或设计新的基于微服务的应用，并将 IT 团队进行适应 DevOps 的重构，将应用的开发、部署、运维与迭代流程搬到线上的 CI/CD 流水线中，从而实现应用的云原生化。

7. 云管理平台

云管理平台（Cloud Management Platform，简称 CMP）是由 Gartner 最先提出的企业云战略中的一种产品形态，是数据中心资源的统一管理平台。在云计算场景的落地过程中，配套合适的云管理工具，满足企业管理云资源和高效使用云资源的需要，提升云资源管理和使用的便捷性，充分发挥云计算平台的价值。

云管理平台依附于底层的虚拟化基础架构之上，作为云平台的一部分，历经了虚拟机申请、IaaS 的监控与管理和一体化的云服务交付等阶段。在新阶段，云管理平台的发展呈现出面向业务应用和多云资源混合的两大特征。

面向业务应用。云管理平台的发展趋势从原来的以虚拟机为中心转变到以业务应用为中心，交付的内容也趋于多样化，从 IaaS 发展到 IaaS+ 或者 PaaS，现在可以做到任意的 IT 级服务。为了更好地支撑业务微服务架构，提高资源整合能力，云管理平台需要配备一系列的工具链，例如 API 网关、微服务管理与治理平台、APM 性能管理平台、日志中心、配置中心、分布式事务等。

多云资源混合。随着交付内容的多样化，云管理平台管理的资源也日趋多样化，不局限于私有云，还包括公有云和混合云。云管理平台已成为充分发挥云计算特性优势，大幅提升生产力，应对新增混合云、多云资源管理问题的重要工具。云管理平台可以管理多个开源或者异构的云计算技术或者产品，如同时管理 CloudStack、OpenStack、Docker 等。此外，云管理平台能够让管理团队和安全团队随时了解与云计算安全管理任务相关的数据和安全细节信息，及时获悉当前云计算的安全态势，有效支持合规工作。

第二节　云计算面临的安全挑战与对策

一、云安全面临的挑战

企业业务上云是不可阻挡的趋势，据 Gartner 数据预测，到 2025 年，全球企业云技术使用率将达 100%，企业传统数据中心将关闭 90%。相对于传统数据中心，云计算在技术上具备虚拟化、资源共享、按需自助服务、数据集中存储等特性，同时在管理和运营上具有资产所有权、管理权和使用权分离，云服务商和用户须共同进行安全运营等特点。这些云计算特性和特点，在给云应用和云资源管理带来便捷的同时，也给云业务带来了一系列安全风险。

1. 技术安全风险

随着云计算的发展，越来越多的新兴技术被广泛应用，促进了云计算技术场景的落地，但就像硬币有两面，这些新兴技术的应用也带来了新的安全脆弱性。例如，虚拟化作为云计算的核心技术之一，为云计算服务提供了基础架构的支撑，有利于资源池化和弹性扩展，同时也可能引发新的安全风险，如虚机逃逸；更开放、广泛的云平台 API 接口，在为开发者带来标准、高效、易用等诸多好处的同时，其自身的安全性也成了巨大的风险窗口，可能遭遇凭据失陷、越权访问、跨站攻击、数据篡改；云计算的共享技术极大地提高了资源使用效率，但同时也导致安全风险暴露面扩大，共享技术的漏洞会对云服务用户构成重大威胁。

2. 数据安全管理风险

云环境下的数据集中化带来了不少特殊的安全问题。不同于传统数据中心的场景，数据采集、传输、存储、使用、删除及销毁过程都是可以自行控制和管理的，在云计算环境下，除了创建之外，任何一个步骤都有云平台的深度参与，甚至在存储、归档、销毁等方面，用户自己不能通过技术手段保障云平台遵守服务协议，从而导致数据安全管理风险。如果云服务提供商提供的云操作系统或虚拟化组件中存在漏洞，云服务和数据的安全性都会面临重大风险。云计算平台中存放着海量的用户数据，更容易成为被攻击对象，如果攻击者通过攻击某个薄弱的服务成功获得底层计算资源的管控权限，将会给云服务提供商和用户带来重大损失。

3. 法律法规风险

云计算具有地域性弱、信息流动性大的特点。一方面，当用户使用云服务时，并不能确定自己的数据存储在哪里，即使用户选择的是本国的云服务提供商，但由于该提供商可能在世界的多个地方都建有云数据中心，用户的数据可能被跨境存储。另一方面，当云服务提供商要对数据进行备份或对服务器架构进行调整时，用户的数据可能需要转移，因而数据在传输过程中可能跨越多个国家，产生跨境传输问题。目前国内外在云计算平台的监管、隐私保护等法律法规要求方面尚未达成统一标准，涉及用户数据跨境存储或跨境传输时，很容易产生政府信息安全监管等方面的法律差异与纠纷。

综上所述，采取有效对策，实现云安全风险可控，取得云用户的信任，对云计算的普及应用具有重大意义。

二、中国云安全发展现状和方向

国内云安全发展经历了萌芽期、探索期、布局期和创新发展期四个阶段。从 2018 年开始，中国云安全服务市场进入爆发式增长的创新发展期。近年来，以云原生为代表的云安全理念逐渐兴起，企业纷纷增加对云原生应用及平台的资金投入，推动云安全与云计算深度融合。

中国云安全市场相较整体云计算市场体量较小，增长空间广阔。在云计算发展早期，云安全发展相较云资源与云能力产品发展存在滞后性，并且安全产品及安全服务提供者集中于云服务商。伴随着产业互联网应用深化和云计算广泛渗透，云安全产品市场规模迅速扩展。一方面，"云＋行业"推动云安全产品与时俱进，使用场景扩大，用户需求提升；另一方面，传统安全厂商陆续开始布局云安全领域。此外，由于中国云安全产业具有较强政策导向，近年来，《中华人民共和国网络安全法》、网络信息安全等级保护 2.0、《中华人民共和国数据安全法》等法律法规的出台，也进一步驱动企业关注和提升安全能力，扩大安全领域支出。

云计算的各种新技术、新理念也在深刻影响着安全技术的发展路线，因而，未来的云安全一定会将"云"这个定语去除，等价于安全本身，即安全技术必然覆盖云计算场景，安全技术必然利用云计算技术。未来 5 年内，云原生相关的技术会在互联网、金融、运营商等行业得到广泛应用。伴随着云计算服务市场的高速增长，云安全建设也将加快增长步伐，构筑适配云业务场景的云原生安全能力。

随着产业互联网建设的发展，云厂商在进行云安全产品业务布局时越来越重视技术能力与业务场景的结合，配合云服务行业解决方案，将通用云安全能力转为专业云安全能力。未来云安全产品在能力上将走向专业化，并注重与行业业务场景的深度结合；在内容上则将走向生态化，注重与上下游厂商、企业用户开展紧密合作和价值共创。

三、构筑云安全体系

《"十四五"国家信息化规划》将网络安全定义为信息领域核心技术，并将网络安全纳入新兴数字产业。2021 年 9 月 1 日开始实施的《关键信息基础设施安全保护条例》明确指出，安全保护措施应当与关键信息基础设施同步规划、同步建设、同步使用。关键信息基础设施的运营者，需要把"强安全"贯穿到云平台建设发展的全过

程，坚守安全底线和红线，推动业务和安全建设齐头并进、共同发展。

运营者开展云安全建设时，应在确定安全目标的前提下，分析云平台面临的风险，遵照国家标准、法律法规和行业规范，借鉴业界安全建设经验，构建云计算安全整体框架。本篇从技术、运营、管理三个方面着手，借鉴网络安全等级保护 2.0 标准、《CSA 云计算安全技术要求》等标准，提出包含物理资源安全、虚拟资源安全、网络边界及通信安全、云数据安全、应用安全、安全可信接入、云安全管理工具七个部分的云安全技术框架。同时，在管理制度的约束和指导下，以安全技术为支撑，组建架构规划、漏洞情报、监控应急、安全运营和平台支撑等运营团队，高效完成规划、预测、发现、响应、优化五个维度的云安全运营活动，实现防护能力的闭环，持续输出安全价值。

四、建设云安全生态

随着云计算、移动互联网、物联网、5G、虚拟仿真技术的超速发展，传统的用户体验不能满足多数用户的要求。企业需要在提供服务的时候，考虑建设一个完整的生态系统，从而为员工和用户创造无缝的超级用户体验。

公有云安全服务市场由分散向深度融合转变，产业链集体化程度进一步增强。云安全产业市场的投资收购与战略结盟越来越频繁，许多大型科技企业都在尽其所能地发展云安全相关业务，借助资本对市场不断渗透，完善自身的企业信息安全技术、市场及相关产品。

对于私有云服务市场，传统安全厂商与云厂商合作，主要厂商正在打造一站式安全能力交付平台，发展涵盖数据安全、主机安全、网络安全和应用安全的全栈安全能力，实现物理服务器、虚拟化服务器、容器、应用、网络、数据的全生命周期防护。

未来，企业用户、云原生技术服务商、云原生安全服务商将开展通力合作，实现容器云、微服务、DevOps 及低代码集成技术，完成云原生架构，充分融入容器云内安全管理、DevSecOps、安全运营、安全威胁分析、构建应急响应、安全威胁情报等安全能力，将对实现云计算环境的整体安全赋能，助力数字中国与"十四五"国家信息化规划的稳步推进具有重要意义。

第三节　云计算建设和运维技术研究

一、云计算技术建设路径

目前主要有使用商业套件和基于互联网技术的两类方式部署云计算平台。企业在开展云建设时，可根据其业务需求和应用场景、配套工具与管理运营需求，选择最能满足自身发展需求的云计算技术建设路径。

1. 使用商业套件搭建云

私有云的建设往往基于商业化的厂商和相关的产品,依赖于服务器虚拟化技术、软件定义网络、软件定义数据中心等技术。私有云由专供一个企业或组织使用的云计算资源构成。私有云可在物理上位于组织的现场数据中心,也可由第三方服务提供商托管。在私有云中,服务和基础结构始终在私有网络上进行维护,硬件和软件专供组织使用。这样,私有云可使组织更加方便地自定义资源,从而满足特定的IT需求。

作为云计算典型部署模型之一,私有云与社区云、公有云、混合云相比,在安全性、服务质量、资产管理等方面,有明显的固有优势,例如,数据安全,服务质量高,能充分利用现有硬件资源,支持定制特殊应用,不影响现有IT管理流程,能广泛地应用在对安全性要求较高的行业中。私有云的使用者通常为政府机构、金融机构以及其他具备业务关键性运营且希望对环境拥有更大控制权的中型或大型组织。

2. 基于互联网技术搭建云

相比于使用商业套件搭建云,基于互联网技术搭建云在技术自主、成本控制、开发和兼容性能力等方面也具备自己的优势,较适用于企业搭建面向公司内部的私有云、面向行业的社区云,或小规模的面向个人的公有云。

首先,互联网技术能够更好地支持技术的自主可控。不同于商业软件公司,互联网公司更多地使用开源产品软件或者基于开源产品进行二次开发。这使得采用互联网技术有助于用户更容易地掌握相关技术能力,实现关键技术的自主可控。

其次,互联网技术能够更高效地支持多种芯片。不同于商业软件的瀑布式开发模式,互联网技术采用敏捷开发、快速迭代的方式。随着海光处理器、鲲鹏处理器、飞腾处理器等一系列国产芯片的服务器进入市场,互联网技术对于硬件的适配更加及时高效。

再次,互联网技术能够更有效地控制成本。不同于商业软件按照使用的CPU核数、软件套数等数量收取使用许可的费用,互联网技术属于一次性买断,在规模不断扩大的情况下可以逐渐降低单位成本。

最后,基于互联网技术的开放和兼容能力,互联网搭建云在可扩展性、安全性以及稳定性等方面优于商业套件。

二、传统运维向云运维的转变

1. 云运维业务的变化

在服务云计算环境过程中,传统运维业务发生了很多改变,以适应云计算发展的要求。在云计算环境中,云运维业务发生以下变化。

(1)运维范围外延扩大

服务主体发生变化,从传统的只服务于组织自身,到服务于组织外部、云客户、

生态合作伙伴，多种运维体系、运维思想并存。

（2）运维对象多种多样

随着技术发展，运维对象越来越多，包含不同地域、不同技术、不同环境等。

（3）运维业务更纷繁复杂

运维业务要覆盖监控和变更管理、业务连续性管理、服务水平管理、多云管理、成本管理等各类端到端的场景要求。

（4）运维要求千家千面

运维管理遵循一户一例原则，需要明确的 OLA、SLA、安全等级要求，以及运维业务的规范化、标准化和运维工具的产品化。

（5）运维即服务

运维服务形式发生改变，运维以服务的形式输出，既可以是运维业务的解决方案，也可以是运维工具的技术支持。

2. 云运维面临的挑战与对策

（1）云运维挑战

在云计算环境中，云运维工作面临着管理和技术两个方面的挑战。

①云运维管理挑战。不同行业和领域的用户类型差异、用户使用云计算平台的形式差异、用户运维管理理念和运维基础的差异，以及云使用者和云服务方在运维专业技术领域和运维管理的组织方面的需求差异，都给实现个性化云运维管理要求和差异化云运维管理模式带来了挑战。

②云运维技术挑战。分布式、容器化、微服务等信息技术创新带来了越来越多的新产品和新技术，这些都对云运维提出了更高的要求。开源产品迭代更新速度快，原始业务积累不足，给云运维人员的快速学习能力和专业化支持能力带来挑战，新产品和新技术的不断引入也增加了云运维操作安全风险。

（2）云运维对策

①通过权限的集中管控、用户活动审计和管控、变更和提取数据类操作的流程管控，提升运维风险控制水平。

②提高数据管理标准化水平，重视能力建设，赋能运维应用，打造开放、可控的服务能力，提升运维效率。

③开展生态化运维建设，实现云生产者和云消费者的共同发展和合作共赢，不断推进运维业务的发展。

3. 技术演进带来的运维业务发展契机

云计算平台相关的数字化技术的演进也给运维业务带来了发展契机。充分利用技术进展，将运维过程中的三个核心要素——技术、人员、业务，通过数字化转换，变成运维过程的第四核心要素，即数据，可以实现运维业务的升维。

（1）运维技术的数字化建设

企业通过标准化和服务化，实现工具间联动，将运维功能按既定流程编排起来，通过服务目录的方式连接人和工具，形成标准化场景服务，实现自动化运维。

下一个阶段的着力点将是建设面向共创和数据的运维：一方面提倡运维人员从使用工具向开发工具转型，共建共享运维工具的生态；另一方面结合大数据和人工智能，探索智能运维的前沿，追求智能化运维、生态化运维。

（2）运维人员的数字化建设

开展行为审计：利用工具详细记录运维操作过程，分析行为合理性、合规性以及行为习惯的匹配性，满足事前、事中、事后的安全防范控制要求。

推进知识固化：人员的知识、经验、技能，通过操作规范、安装与配置规范、维护检查规范、容量管理规范等，以在线化、可操作、可量化、可查询的标准化形式，固化在业务应用中。

开发人工智能：人工智能赋予应用更精准、更高效的自判断能力，在消除人为的简单错误、提升处理效率、提高自动化程度等方面具有优势。

（3）运维业务的数字化建设

生态化运维建设是云生态的重要组成部分，也是在云环境中运维业务应对挑战的一套解决方案。它能够以运维中台作为技术支撑，提供用户流程管理、自动化运维、通用监控框架等服务接口，使用户只需专注业务需求；提供简洁的低代码开发环境，提供用户图形化的 UI 前端界面设计，提升易用性；提供专业的运维 SaaS 一体化解决方案，减轻用户运维压力；满足用户对个性化运维工具的需求，让运维工具生态不断完善壮大，行业共享赋能，充分体现运维价值。

开展运营能力建设，根据按需使用、按量付费的云服务原则，对业务应用的资源使用情况进行计量，从而优化运维应用的整体资源配置；记录用户的使用习惯，包括使用次数、使用时间、浏览顺序等使用信息，不断优化产品的业务设计；制定应用服务评价指标，进行数据采样，周期性地对服务质量进行评价和改进，不断提升容量、连续性等方面的用户服务体验。

三、云运维业务的未来发展趋势

随着云计算的比较优势越来越大，新兴计算场景不断涌现，未来在云计算环境中部署业务应用将会越来越普遍。相对于传统运维，云运维业务在运维范围、运维对象、运维业务复杂度、运维管理要求和运维服务形式上都发生了重大改变。未来云运维业务将向以下三个方向发展。

1. 面向云原生，融入云原生

随着技术发展，运维对象包含不同地域、不同技术栈，不同环境等，运维环境也

越来越复杂，来自不同业务单元和用户的运维需求迥异。在快速响应复杂多变的市场和业务需求，提升基础设施兼容性和供给弹性，实现按需高效交付基础设施服务等方面，传统 IT 架构显得有些力不从心。

相较于传统 IT 架构，云原生架构充分利用云计算的分布式、可扩展和灵活的特性，通过数据库、大数据、中间件、函数计算、容器服务等开放标准的云原生产品服务，能有效降低企业上云的门槛，分享云原生化的技术价值红利。具备高可用性、一致性和弹性伸缩能力的云原生架构，能实现大规模、多中心、分布式部署架构，支持规模化跨云部署和迁移，有效提升业务连续性保障能力。运维组织可以通过云原生技术的推广，实现技术栈的升级和演进，从而保持技术的先进性和自主可控能力。

云架构将成为未来数据中心的主要技术架构形式；云运维业务将以服务的方式提供；云运维服务体系会按照云技术层次分层建设，融入云基础服务；云运维服务将成为云基础服务产品，为云上用户保证业务连续性提供各种业务管理工具。

当前，云用户对云的使用能力和业务应用的信息化水平仍存在巨大差异，云上用户采用多云解决方案也给运维管理带来了挑战。运维服务要深度融合云产品特性，提升自身动态反映资源变化的能力，持续完善基于云原生技术的运维解决方案。

2. 标准化、产品化、服务化

随着运维业务理念的不断发展，以及运维从业人员管理意识的不断提升，运维业务的标准化意识会越来越强。随着运维质量要求的不断提升，运维业务标准化将快速得到推广。

在业务标准化的助力下，符合各项业务规则的运维通用产品将诞生，运维管理的技术和业务门槛将下降，运维管理质量也将得到保证。

运维产品通过平台化建设，将能够适应各种个性化环境，快速适配原有的基础业务服务，保证原有的投资得到保护，实现更加高效的个性化服务改造和更加灵活的解决方案设计。

3. 开放生态，合作共赢

运维生态的产生，需要运维业务标准化水平以及大量运维业务从业者对运维业务的理解一致性达到较高程度。在运维生态里，运维活动的参与方能够实现共同发展和合作共赢，并不断推进运维业务的进化和发展，促进生态的健康向上。

其中，生产者能够形成运维业务从研究、开发到推广、使用、维护的完整的产业链条，能够吸收更多的上游研发者参与到运维业务应用的研发中来，包括信息技术产品的原厂商，或者技术经验丰富的专家；能够在标准、规范、透明的生态服务环境下，选择具有优势的产品解决方案，也可以选择更加适合自身组织特色或者业务发展阶段的产品。

技术篇

2

第二章
基于云计算的
通用网络技术

导　　读

近年来，企业纷纷利用云计算、大数据、人工智能等新兴信息通信技术，提升生产效率、资源利用率和创新能力，为最终实现数字化转型奠定坚实基础。随着数字化转型进程的加快，云平台已经成为企业数字化转型的基石，云时代已经全面来临。

云时代对于企业网络的建设与运维提出了新的挑战：网络需要具备更强的灵活性、扩展性以及敏捷性，同时支持企业应用从集中式向多地、多中心的分布式架构演进，利用云网融合、算力网络、无损网络等新技术发挥更大的业务价值。因此企业网络发生了翻天覆地的变化。

本章主要回答以下问题：

（1）云时代下企业网络如何从传统架构向基于软件定义的架构演进？

（2）云时代下企业数据中心网络与骨干网如何建设？

（3）云时代下企业网络如何展开行之有效的数字化转型？

（4）云时代下企业网络将会朝什么方向发展？

第一节 数据中心网络的演进

随着云计算、大数据等技术的发展，数据中心业务发生转变，进而使得业务对网络的需求发生变化。企业应用从集中式向分布式演进，数据中心服务器规模快速扩大，服务器之间的东西向流量成为数据中心内部的主要流量；而规模增大又需要业务的自动化敏捷开发，这要求云网之间协同工作，从而实现业务一键式部署。这些需求的变化推动着网络架构从传统模式向软件定义模式大步前进。本节将对这段数据中心业务与网络架构波浪式前进的演进历程展开讲述。

一、数据中心业务演进

纵观全球技术发展史，人类经历了从蒸汽机时代到电气化时代再到信息化时代的历程，每一次工业革命都是一次生产力的跃迁。如今，以人工智能、量子信息等技术为核心的第四次工业革命已经悄然而至，智能化时代已经到来。

20世纪90年代后，互联网的相关词汇逐步映入大众眼帘。三十年后的今天，互联网已与人类生活密不可分。伴随着互联网对商业领域的渗透，企业信息化应用也变得愈发复杂，对IT基础设施也提出了更高的灵活性、安全性和稳定性的要求。为了满足上述需求，企业不得不扩容各种硬件设备，组建完善的运维团队等，但随之而来的管理问题、运营成本问题等又成了企业信息化建设的痛点。云计算技术的引入，使得数据中心可以利用新型的服务模式很好地解决上述痛点。

中国云计算专家咨询委员会秘书长刘鹏教授把云计算定义为"通过网络按需提供可动态伸缩的廉价计算服务"。用自来水做个形象的比喻，当企业需要自来水的时候，只需拧开水龙头即可，企业所要关注的问题只有缴费罢了，而这里的自来水就相当于企业信息化建设所需要的资源。之前数据中心的职责主要是向业务提供资源，而云计算的出现使得数据中心以提供服务为目标继续向前演进。

随着互联网时代下业务的不断演进，数据中心也面临着诸多挑战。

大数据、搜索、并行计算等新业务需要通过集群系统协同工作，这就导致服务器之间的东西向流量占比逐年增高。互联网时代下用户数量激增，高并发的终端业务产生了海量数据，导致虚拟机规模急速增长；为保证业务持续，同一业务分配的虚拟机还需要分布在不同的数据中心。

除此之外，面对市场的竞争压力，传统软件产品的交付速度无法满足用户需求，DevOps日渐盛行，数据中心运维也要向全面自动化的方向发展。业务部署需求由资源交付模式普遍转向个性化定制和敏捷交付模式，用户通过在Web界面上点击一些按钮、输入一些参数就可以自助地开通或者变更业务。

二、数据中心业务对网络的需求变化

企业数据中心作为 IT 基础设施，既是云计算的承载设施，也是实现业务数据大集中的 IT 实体。伴随业务模式的转变，数据中心网络也逐步向着满足东西向大流量无阻塞转发、计算资源虚拟化自动部署、应用分布式部署及高可用等应用场景需求稳步前进。

1. 东西向大流量无阻塞转发的需求

在传统数据中心，业务系统的部署通常采用烟囱式架构，即不同的业务系统部署在若干台不同的物理服务器，业务系统之间进行物理隔离，并且彼此之间相互通信的频率较低，如此一来，数据中心网络承载更多的是南北向流量。与此相匹配的是，其架构沿用了园区网络层次化的三层结构：接入层、汇聚层和核心层。三层网络结构的优势在于架构实现简单，网络设备配置工作量小。同时由于汇聚层交换机通常作为三层网关设备，基于虚拟局域网（Virtual Local Area Network，VLAN）技术可以实现二层广播域维持在有限的范围内，广播控制能力也很强。

为了提高设备利用率，传统数据中心通常会设置 3∶1 ～ 10∶1 的带宽收敛比（即网络设备所有南向即下行接口的总带宽与所有北向即上行接口总带宽的比值），同时也确保在该带宽收敛比下，业务可以正常运行，不至于因为带宽收敛而造成数据拥塞丢包，如此一来，就有效降低了企业数据中心的投入成本。

云时代下，云计算、大数据技术急速渗透，业务系统的部署模式一改之前的烟囱式架构，转而变成分布式架构。一个业务系统的正常运行可能需要多区域、多服务器的合作支撑。与此同时，大数据技术使得数据中心里成千上万台服务器需要同时进行大量的数据读取和计算。在这样的场景下，数据中心网络所承载的流量则更多地转变为东西向流量。

由于传统三层网络架构已无法很好地满足东西向大流量的无阻塞转发，21 世纪初，叶脊网络架构（Spine-Leaf）应运而生，凭借其支持无阻塞转发、弹性好、可扩展性好、可靠性高的特点成为目前数据中心网络的主流选择。

2. 计算资源虚拟化自动部署的需求

计算资源虚拟化作为实现云计算的重要方式，切实提高了资源利用率和管理便捷度。那么网络如何对计算资源虚拟化的新特性提供更好的技术支撑呢？

一方面，只有满足虚拟计算资源在物理主机上的任意分配和动态迁移，才可实现资源利用率的有效提升。因而数据中心内部需要构建一个大二层的网络架构，即在整个数据中心网络中，主机在任意地点创建和迁移，不需要修改 IP 地址或者默认网关。而虚拟扩展局域网（Virtual Extensible Local Area Network，VXLAN）技术作为跨三层网络虚拟化（Network Virtualization over Layer3，NVo3）类技术的代表则可以很好地实现上述需求。

　　另一方面，资源的便捷管理更多时候强调的是计算资源的自动化部署。这就要求数据中心网络也能随之自动化部署、运维和管理。显而易见的是，传统数据中心的网络自动化程度较低，难以实现企业业务快速弹性上线或扩容的诉求，而软件定义网络（Software-Defined Networking，SDN）拥有集中化的网络控制、开放的可编程接口，可以恰到好处地予以满足，但各主流厂商的 SDN 解决方案由于软件、硬件不同层面的差异，并不能实现很好的兼容，这也是在 SDN 设计和实施中亟待解决的问题。

3. 应用分布式部署及高可用的需求

　　随着企业业务规模的不断增长，单个数据中心的资源很难满足其需求，需要通过建设多数据中心来实现应用系统的跨中心部署。同时，由于企业经营业务的跨地域部署场景日趋增多，双活数据中心乃至分布式多活数据中心的方案日渐成为业界的主流选择。双活或者分布式多活的优势在于多个数据中心在正常模式下可以协同工作，共同为用户提供服务，避免资源浪费，而且通过就近接入，用户访问时延小，用户体验得到有效改善。

　　除此之外，灾备建设也是应用高可用部署很重要的考量点。美国明尼苏达大学的一项技术研究表明，市场上没有灾难恢复计划的企业，如果遭遇灾难，将会有超过 60% 的企业在两到三年后退出市场。应用分布式部署的高可用，依托于数据中心或云资源的容灾建设，可实现备份数据中心的数据、配置、业务等功能。当生产中心发生自然灾害造成业务故障时，可通过灾备中心快速恢复数据和应用，保障业务的正常运行，从而减少企业损失。

三、数据中心网络架构演进

　　传统数据中心的经典三层结构在运行过程中逐渐无法承担云计算时代高速、海量的数据业务，特别是在大二层网络支持、东西向流量转发和架构扩展等方面都遇到了瓶颈。IT 人员以解决传统数据中心架构局限性为前进目标，以云计算的朝阳前景为立足基石，将数据中心的网络架构设计向软件定义和高可用逐步转型。

1. 传统数据中心网络架构设计

　　深入了解传统数据中心网络架构，对于研究基于云计算的通用网络技术具有重要的参考意义。

（1）经典的三层结构

　　传统数据中心网络，从单个区域的角度来看，通常采用层次化的三层结构，即接入层、汇聚层和核心层。图 2-1 是一个典型的三层网络架构示意图。

　　接入层部署二层交换机，负责服务器的接入，并实现二层流量的转发和 VLAN 标记。

　　汇聚层汇聚来自接入层的流量，部署三层交换机为终端设备提供第一跳缺省网关，同时可实现访问控制列表（Access Control List，ACL）等安全策略。

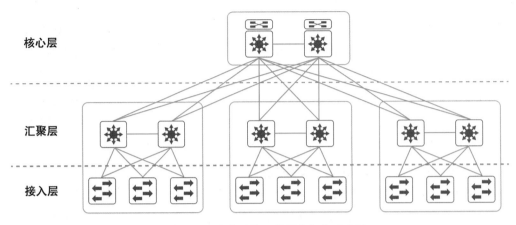

图 2-1 一个典型的三层网络架构示意图

核心层是网络的骨干层，目的在于为不同的接入—汇聚结构提供快速稳定的数据交换，从而提高整体网络的可靠性。

除垂直分层外，传统数据中心网络还采用水平分区的方式对应用系统进行分类，如图 2-2 所示。

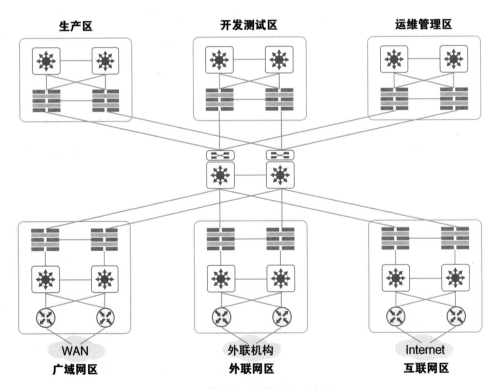

图 2-2 数据中心区域划分示意图

（2）传统网络架构的局限性

在当前的云计算时代背景下，数据流量爆发式增长，数据中心内部的流量模型已由南北向主导转变为东西向主导，应用的动态迁移也日趋频繁，故而传统数据中心网络的三层架构已难以满足业务需求，其主要缺陷有以下三点。

①生成树缺陷。生成树协议在传统数据中心网络中得到广泛应用，但同时也存在着二层环路、扩展困难这些固有的缺陷。

②无法支持大二层网络。在大二层网络架构中，汇聚层交换机不再作为网关，核心层交换机转而成为二、三层网络的分界点，所以传统数据中心网络架构无法支持大二层网络。

③无法有效转发东西向流量。云计算与大数据的发展，使得数据中心内部东西向流量增长迅速。在传统的三层网络架构中，东西向流量仅由汇聚层和核心层转发。正因为如此，东西向流量在转发过程中途经节点较多，并且伴随较高的带宽收敛比，以及生成树带来的低端口利用率，因此无法得到有效转发。

综上所述，随着数据中心业务向大数据、中台的演进，东西向流量也在逐年增长，传统三层网络架构逐渐力不从心。这种力不从心不仅体现在对东西向流量业务的弹性支持、对单物理分区规模逐年增大的扩展性支持、对多级别业务共享池化的灵活支持，也体现在超大规模数据中心的运维管理层面。全新的数据中心架构以及与之伴随的网络新技术呼之欲出，并将成为大势所趋。

2. 基于软件定义的数据中心网络架构设计

云计算凭借资源池化、业务快速灵活部署、服务可计费等特征得到广泛应用，但传统数据中心网络架构因自身局限性而无法很好地予以支持。在这样的背景下，基于软件定义的数据中心网络架构应运而生。

SDN 分离出网络设备的控制权，将其交由集中的控制器进行管理。也正因为将网络控制与物理网络分离，SDN 摆脱了硬件对网络架构的限制，使得用户可通过控制器获取全局网络信息，以实现集中管理的目标。与此同时，数据层面与控制层面的解耦合使得应用升级与设备更新相互独立、互不影响，更是加快了新应用的快速部署。

基于 VXLAN 技术的 SDN 网络，在物理网络（Underlay）上叠加了逻辑网络层（Overlay），从而实现了物理网络的抽象化，并使得上层应用对底层的复杂网络无感知化。接下来我们将从 Underlay 网络和 Overlay 网络两个层面进行展开。

（1）Underlay 网络

Underlay 网络是数据中心网络设计的基础，SDN 的 Underlay 经典网络架构是CLOS 架构。这个架构的提出最早是为了描述一种"多级电路交换网络"。CLOS 架构的应用主要有两个方面：一个是交换机内部交换矩阵和接入板卡的正交结构，另一个是网络架构。

如图 2-3 所示，CLOS 的经典结构由脊柱（Spine）和叶子（Leaf）两层交换机组成，其中 Leaf 交换机负责终端设备的接入，Spine 交换机负责 Leaf 交换机之间流量的高速转发，Spine 交换机和 Leaf 交换机之间全互联，Spine 交换机和 Spine 交换机之间无互联。

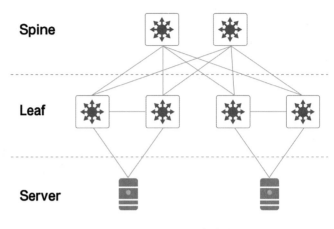

图 2-3　CLOS 的经典结构

（2）Overlay 网络

在 SDN 网络中，Overlay 网络用于构建数据中心大二层网络。Overlay 网络是通过网络虚拟化技术在已有 Underlay 网络上构建出的一张或多张虚拟化的逻辑网络，如图 2-4 所示。图中部分名词的定义如下。

Overlay 边缘设备：是指 Overlay 数据报文的封装 / 解封装节点，决定了 Overlay 网络的规模。

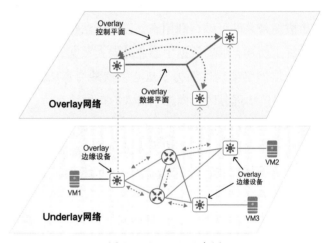

图 2-4　Overlay 示意图

Overlay 控制平面：实现服务发现、地址通告和映射、隧道管理三大功能。

Overlay 数据平面：提供数据封装，基于承载网络传输。

图 2-4 中，上层 Overlay 网络与下层 Underlay 网络全解耦，从而实现了网络的虚拟化控制。整体网络以自适应逻辑网络的形式面向上层应用，使得 Underlay 网络的扩展弹性化，从而实现基于软件定义网络的目标。

原始数据报文进行隧道协议封装后，可以实现在承载网络中的透明传输，而承载网络内部对报文如何转发则无须考虑。以 VXLAN 为例，VTEP（VXLAN Tunnel Endpoint，VXLAN 隧道端点）把 VM（Virtual Machine，虚拟机）1 的原始数据报文进行 VXLAN 封装后，该报文可以被看作是一个普通的 IP 报文（报文的源 IP 地址为本端 VTEP 地址，目的 IP 地址为 VM2 所在的 VTEP 地址），无须考虑中间网络所采用的技术，只需转发到目的 VTEP 即可。

所以，无论是数据中心网络，还是跨数据中心的骨干网络，对于这种网络架构而言，都只是承载网络的一部分，并不需要关心细节。

Overlay 网络通过与物理网络的完全解耦，实现了传统网络所不能提供的功能和服务，特别是业务的灵活部署。Overlay 网络是传统网络向云和虚拟化的深度延伸，更是实现云网融合的基础。

3. 基于软件定义的骨干网架构设计

为迎接数字时代，各行各业纷纷开展行业数字化转型，致力于提供全渠道、无缝式、定制化的产品和服务，以全面提升用户体验。作为行业数字化转型的关键依托，骨干网的建设成为企业关注点。

当下企业骨干网的网络解决方案以多地多中心架构为基础，整合了私有云、公有云等数据中心计算资源。与此同时，骨干网通过结合专线连接、互联网连接等接入技术，实现了数据中心、分支结构和合作单位的互联互通，使用户能无缝接入各类机构的各种服务。

（1）传统骨干网架构

当一个全国性企业逐步将业务向数据中心整合，一张覆盖全国的骨干网可以打通数据中心的服务端与分支机构的客户端。

如图 2-5 所示，在以数据中心为核心的传统树形骨干网网络架构中，各个分支机构双上联至数据中心，形成了网络通路的高可用。但是由于分支机构之间互访的流量均需要流经数据中心的核心路由器，数据中心层面的流量压力较大，分支机构与数据中心的耦合度也较高。

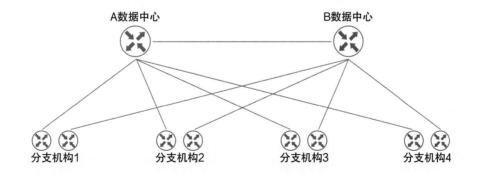

图 2-5　传统树形骨干网网络架构

（2）云场景下的骨干网架构与高可用架构

①云场景下的骨干网架构。

在经济全球化趋势的影响下，企业用户数量将会呈规模性增长。传统的单一数据中心架构无法满足用户快速接入、用户数爆发式增长和应用容灾的需求，多地多中心架构顺势成为主流选择。多地的数据中心如何互联、用户如何就近接入成为新的亟须解决的问题。借助于 BGP EVPN（Border Gateway Protocol，边界网关协议；Ethernet Virtual Private Network，以太网虚拟专用网络）和 SRv6（Segment Routing IPv6，基于 IPv6 转发平面的分段路由）技术的合并部署，传统骨干网流量调度和设备配置不够灵活的问题得以解决，云场景下的骨干网也随之走入大家的视野。如图 2-6 所示，云场景下的骨干网在架构上分为核心层、汇聚层和接入层，以便实现业务的灵活接入。

图 2-6 云场景下骨干网

核心层：实现核心层节点之间的高速互联，包括同城和异地互联。数据流可以根据业务的需要，不受实际连接的限制而灵活高速地传输。物理上包括核心节点 P（Provider，骨干设备）设备及 P 设备之间的互联链路。核心层采用双平面标准组网，按需连接到核心骨干。

骨干网的核心层作为顶层穿越区域，提供稳定可靠的业务高速互访，由连接三个数据中心的 P（Provider，核心）设备组网实现。三个数据中心分别是主数据中心、同城数据中心和异地灾备数据中心。

汇聚层：为接入层提供冗余的接入链路至核心层节点，实现区域级的网络汇聚和策略控制。通过定义各类接入 PE（Provider Edge，服务商边缘）设备，实现网络快速部署和业务灵活接入，是多云架构里的"云插座"。汇聚层可按需扩展，以满足未来业务的灵活接入。

汇聚层则是基于业务归属或属性，按照规范，实现安全、灵活、标准化、模块化的接入，由对接不同业务的 PE 设备组网实现。同城的 P 设备之间通过裸光纤等方式互联，异地 P 设备之间以及一级分行 PE 设备和数据中心之间通过租用运营商专线互联。

接入层：为不同业务属性或地域属性的网络服务对象提供冗余链路接入，便于骨干网架构灵活适应数据的广泛分布，接入层部署的设备通常称为 CE（Customer Edge，客户边缘）设备。接入层的扁平化、模块化特性可以满足业务的灵活接入和按需扩展的需求。

较传统骨干网而言，云场景下的骨干网不仅在架构上进行了调整，而且在管理控制层面也给出了自己的软件定义方案。例如，软件定义广域网（Software defined networking-Wide Area Network，SDN-WAN），通过流量工程、可视化、QoS 这些特性，有效地构建了云和云、云和骨干网之间的融合，并实现了云网业务分钟级开通、多类业务统一承载、一网多用安全隔离等目标。如图 2-7 所示，以金融骨干网为例，国内银行当前普遍采用"两地三中心"的架构（未来可继续演进成多地多中心架构），主数据中心和同城数据中心通过运营商裸光纤等线路互联，与异地数据中心之间通过运营商专线连接，实现异地灾备。网络服务则主要集中在总行数据中心和一级分行数据中心，用户广泛分布在行内和行外各个层面，各地分支机构通过骨干网接入总行数据中心。

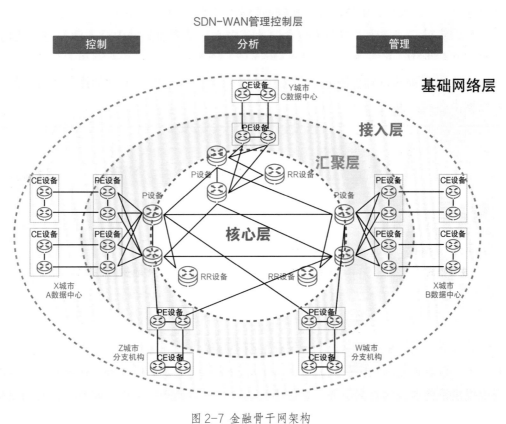

图 2-7　金融骨干网架构

②高可用架构。

云时代，应用系统的容灾备份、云上与云下的数据交互以及业务逐步的云化部署等，都对数据中心网络架构的高可用提出了新的要求。根据《2021 中国灾备行业白皮书》中相关内容，灾备层次主要分为数据级、应用级及业务级。

数据级容灾：指建立一套位于同城或异地的数据备份系统。该系统为本地应用数据的一个完整副本,采用的主要技术是数据备份和数据复制。

应用级容灾:在数据备份的基础上,建立一套完整的与本地生产系统相当的灾备应用系统。当主应用系统发生故障时,灾备应用系统可在一定时间内恢复应用,提供服务。

业务级容灾:建立业务的灾备,除了数据和应用的恢复外,更需要一个备份的工作场所来使业务能够正常开展,且能提供不间断的应用服务,使用户的服务请求能够持续得到响应,以保证信息系统提供的服务完整、可靠、安全。

在如何衡量灾备等级的方法中,有以下两项指标较为重要,可以直观地体现对业务产生的影响。一是 RTO(Recovery Time Object,恢复时间目标),灾难发生后,信息系统或业务功能从停顿到必须恢复的时间要求;二是 RPO(Recovery Point Object,恢复点目标),灾难发生后,系统和数据必须恢复到的时间点要求。

A. 容灾模式。多地多中心(包含两地三中心)是当前数据中心多活的主流架构,但是多活数据中心的建立往往不能一蹴而就,而是根据其业务规模和灾备的标准,有一个逐步演进的过程。因此在数据中心建设时,通常可以见到如图 2-8 所示的三种数据中心容灾模式。

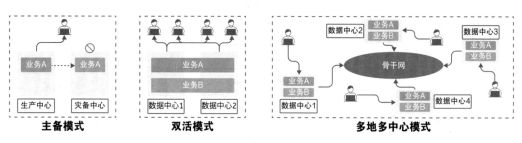

图 2-8 数据中心容灾模式

a. 主备模式。在主备模式中,只有生产中心提供业务访问。生产中心通过数据复制技术,将数据复制到灾备中心。灾备中心除了承担灾备的任务外,还可利用有限的资源提供重要业务的查询服务。备份中心的主机平时处于"备份"状态,只有当发生地域性灾难(如地震)时,灾备中心才接管业务。

b. 双活模式。双活模式即两个数据中心同时对外提供服务。双中心的业务系统通过建立高可用性集群,使用数据同步技术来完成业务"双活"。所有的数据中心、主机和存储等设备均处于生产状态,通过网络层的引流可以实现业务在双中心的负载分担和容灾。

c. 多地多中心模式。多地多中心是数据中心容灾架构的发展趋势,多地多中心是将业务分布式地部署在不同的数据中心,数据中心之间通过骨干网进行连接。用户可以就近访问提供服务的数据中心，同时多数据中心之间互为容灾备份。多地多中心的组网架构和技术实现方法较多，以两地三中心为例，当主数据中心出现故障时，同城数据中心首先予以接管。当发生地域性灾难（如地震）时，由跨地域的异地灾备中心接管业务。

B.容灾实现方法。数据中心容灾的实现，需要考虑互联网业务对流量的牵引和数据中心之间的流量交互这两个方面。

a.基于互联网的容灾。数据中心互联网区域是用户业务访问的入口。通常使用智能 DNS 设备实现对数据中心业务的健康度检查。在智能 DNS 确认业务可以正常访问的前提下，该业务的 DNS 解析结果会以主备或者多活的方式被释放。当运营商的链路出现故障时，DNS 可通过健康检查解析出正常地址，从而保证用户的访问。由于 DNS 服务器存在 TTL（Time To Live，生存时间）、客户端存在 DNS 缓存，通过 DNS 进行业务切换时会导致存在一定时间的延迟。此外，容灾过程中，如果 DNS 解析的 IP 地址或运营商发生变化，就会导致一些基于状态的业务进行会话重建，继而影响用户侧使用体验。为优化解决上述使用 DNS 技术引流的弊端，通过在数据中心出口与运营商建立 BGP 平台，并使用企业内部骨干网拉通 BGP 平台之间的网络链路，当运营商链路出现故障时，用户可以在 DNS 解析地址不变的情况下，从其他发布该业务的数据中心进入，再通过骨干网对互联网流量的引流，访问对应的内部业务系统。

b.基于内网的容灾。如图 2-9 所示，以双中心的业务容灾为例，考虑到业务容灾的需求，企业会将应用部署在多个数据中心。例如业务前端通过负载均衡实现对来自互联网的外网用户和来自骨干网的内网用户的双活访问，数据库可以通过主备或者集群实现一写多读或者多写多读，存储系统实现异地增量或者全量备份的功能。由于业

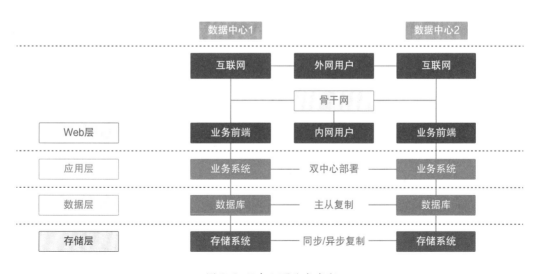

图 2-9 双中心下业务容灾

务系统所依赖的中间件、数据库和存储需要分别部署在两个甚至更多个不同的数据中心，所以才更需要借助骨干网，以实现不同数据中心之间的流量调度。随着骨干网所承载的业务对于敏捷性、稳定性、互联方式多样性的需求不断提升，企业骨干网也由传统手工建设运维模式向 SDN 模式转变。

第二节　云数据中心网络技术

一、云时代网络需求

随着云计算技术的快速发展，云网融合及其相关的众多技术已成为目前 IT 领域的热门词汇。诸如网络功能虚拟化、软件定义网络、网络即服务等技术的快速发展，有效推动了行业数字化进程。作为推动中国数字经济健康发展的重要指导文件，国务院印发的《"十四五"数字经济发展规划》中，明确提出"推进云网协同和算网融合发展""建设高速泛在、天地一体、云网融合、智能敏捷、绿色低碳、安全可控的智能化综合性数字信息基础设施"等要求。

在当下迈向数字化信息系统架构的大趋势中，一直被提到的 IT 关键热点词"云网融合"到底是什么？

云，即云计算，可为用户提供计算服务、存储服务甚至更上层的服务，也包含与计算、存储、中间件等能力相关的软硬件。网，即数据中心网络以及广域网，可为用户提供云内以及云外的线路连接和接入服务。云网融合主要体现为网随云动和云随网动两方面。网随云动，即将云内网络以服务形式交付，并随用户需求灵活高效地按需调动。随着广域网服务能力的不断提升，云服务可随用户需求在多云间实现灵活共享和交付，此为云随网动。

云网融合的发展历程主要从基础设施出发，从云内、云间到多云，最终构成云网融合体系。

首先，云内网络为满足云业务下大量数据的传输需求，通过叶脊架构和大二层方案实现了数据中心网络和云的结合。如云数据中心网络，为满足云计算资源灵活弹性地扩 / 缩容需求，网络向虚拟化转型，VPC（Virtual Private Cloud，虚拟私有网络）技术及 Overlay 技术开始广泛应用。

其次，随着流量增长和企业上云需求的产生，多云互连需求也在增多。对此，数据中心互连（DCI）、软件定义广域网（SD-WAN）等新型组网技术逐渐成为主流，实现了更加灵活的入云连接。从分散网络向多云互连网络，广域网技术的演进催生了云上与云下互连、多云 POP（Point-of-Presence，网络入网点）点接入、多云连接等多种解决方案。此外，随着 5G 技术的发展和普及，云网融合也成为众多用户所青睐的联网方式。

最后，伴随各类业务需求的快速增长，数据中心的云部署方式对高可用、高弹性、高敏捷以及低时延、低功耗、低成本等方面提出了更高的要求。一方面大数据、人工智能、区块链和物联网等新技术可为云网融合提供助力，另一方面云、网、边、端的网络服务能力不断提升，从而能够更好地构建网随云动、云随网动的云网融合体系，最终打破云网的隔膜，统一底座、统一运营、统一供给，实现云网边端的一体化建设，能够从 IaaS 层、PaaS 层再到 SaaS 层全方位地为企业的业务发展和创新提供资源服务、连接服务和中间件、模块化产品，推动企业增强竞争优势并提升效率。云网融合体系作为坚实的技术底座，支撑企业由标准化、自动化向数字化、智能化的演进。

二、云时代数据中心网络技术

1. 技术理论介绍

（1）云平台

云平台是一种将各种资源统一管理调配，并整合成服务，交付给用户使用的模式。该模式可以随时、按需地从可配置资源池中获取所需的资源（如网络、服务器、存储、应用及服务），使资源能够得到敏捷交付和释放，大幅降低资源管理工作难度，提高整体效率。

以 OpenStack 为例，作为一项启动于 2010 年的开源项目，它提供了一个开源的公有云和私有云的云平台解决方案。该解决方案在国内用户基础较好，也得到了许多软硬件厂商的重视。其中，Neutron 是 OpenStack 中负责网络服务管理的组件，也是其最为重要的组件之一。Neutron 从设计之初，就围绕"网络即服务"（Network as a Service）这一理念进行，遵循了基于 SDN 实现网络虚拟化的原则。

除 OpenStack 之外，许多世界知名的云计算厂商也推出了自研的云平台，它们各有千秋，共同组成了百花齐放的云计算大舞台。

（2）网络设备虚拟化

为了提高资源利用率和部署灵活性，数据中心中经常使用计算虚拟化技术对物理计算资源进行拆分和整合，此类思路在网络设备中同样适用。通过网络设备虚拟化技术，多台物理网络设备可以集成为逻辑上的单台设备，即"多虚一"；一台物理设备也可以分为多台虚拟设备使用，即"一虚多"。下面我们就这两种技术的常见实现方式进行示例介绍。

①多虚一技术。

A. 堆叠。堆叠是一项将多台交换机通过线缆连接在一起，并使多台相连的设备在逻辑上变成一台交换机的技术。转发数据时，由主交换机将转发拓扑同步至各成员交换机，实现本地自主转发。在管理上，堆叠可视为对一台整体设备进行管理，有效降低了组网复杂度和管理难度。由于堆叠后多台交换机在逻辑上已整合为一台交换机，那么跨设备链路聚合的能力自然也就可以实现了，这能有效规避运行生成树带来的链路阻塞问题，大幅提升链路可用带宽。但堆叠由于自身存在控制面集中、表项参数受限、可靠性不足等问题，很少被用于数据中心核心生产环境。

B.跨设备链路聚合。跨设备链路聚合技术可将两台交换机逻辑上组成一台交换机，并与相连设备建立跨设备链路聚合关系，将可靠性从单板级提高到设备级，同时提供负载均衡。常见的跨设备链路聚合技术有M-LAG、VPC、DRNI等。例如与追求简单易用的堆叠相比，M-LAG更加关注稳定性。M-LAG仅能在两台设备间使用，也就是"二虚一"，两台设备的控制面是独立的，当单台设备故障或者升级停机时，两台设备间可互不干扰，极大提高了稳定性，并且每台设备的表项参数均可独立计算，更适应数据中心大规模组网环境下对表项的需求。

②一虚多技术。例如，虚拟路由转发（VRF）也称VPN-Instance，可通过逻辑隔离的方式将一台路由器或交换机虚拟为多台进行使用。VRF技术在广域网和数据中心中均有广泛的应用，广域网侧常见的MPLS VPN就是通过VRF结合BGP实现的租户隔离。在数据中心内部，也存在租户隔离和转发引流等需求，例如在一台交换机上划分两个不同的VRF，其路由表将被一分为二，互不影响，从而实现逻辑隔离。在SDN场景中，也常使用VRF配合VXLAN，实现多租户隔离效果。

（3）网络功能虚拟化（NFV）

NFV通过x86等通用性硬件以及相关虚拟化技术来承载网络功能，可以实现软硬件解耦，不再依赖专用的网络硬件设备，从而能降低网络运营成本；NFV还可以实现资源充分灵活共享，实现新业务快速开发和部署，并基于实际业务需求进行自动部署、弹性伸缩、故障隔离和自愈等。

实现云网融合的前提是网络本身的标准化和自动化，而网络向此方向转型的代表性技术就是SDN和NFV。SDN侧重于网络控制和数据转发进行分离，而NFV侧重于硬件网元的软化，二者可以一起使用，共同提供云网协同中的网络服务。SDN和NFV等技术带来的不仅是网络传统结构的转型，更多的还是拥抱开源，并在此基础上制定云网一体的解决方案。

NFV将网络功能从专用设备移动到通用服务器，以此来减轻网络负担，使网络更敏捷、更有效。在云网络建设中，一些网络功能也可通过NFV的方式加以实现。

（4）虚拟扩展局域网（VXLAN）

VXLAN技术定义在RFC7348中。其本身可归入隧道技术中的一种，主要用于组建跨越三层网络的大二层网络。其运行模式也被称作MAC in UDP，即先将原始数据包封装于 UDP 报文中, 然后通过增加外层封装, 使主机能够跨越三层网络, 实现二层访问。
VXLAN 报文格式如图 2-10 所示。

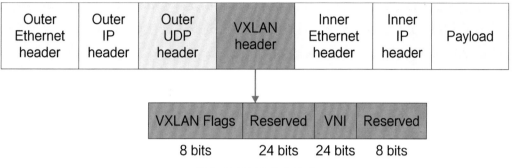

图 2-10 VXLAN 报文格式

为何我们需要 VXLAN 技术? 它又在实际使用中解决了哪些令人头疼的问题? 我们可以主要归纳为如下两方面内容。

①业务的灵活部署以及动态迁移。

云数据中心大量运用虚拟化技术以提高资源利用率。为保证业务部署位置的灵活性以及业务的无感知迁移, 业务虚拟机的 IP 地址保持不变, 用户可以在任意部署位置获得相同网络资源。

如图 2-11 所示, 在传统核心—汇聚—接入场景下, 核心层作为数据中心转发枢纽, 起到连通数据中心各个区域的重要作用。各区域拥有独立的汇聚层, 为了控制二层广播域范围, 提高网络健壮性, 一般在汇聚层部署业务网关, 并与核心层通过三层路由互连, 也就是区域 A 的汇聚层部署 VLAN10 和 VLAN20 的网关, 区域 B 的汇聚层部署 VLAN30 和 VLAN40 的网关。这就使得各区域间只能实现三层互通, 二层广播域被控制在区域内部, 同时也将业务部署的位置和迁移的范围控制在同一区域内。当出现部分区域资源空闲, 而部分区域资源紧

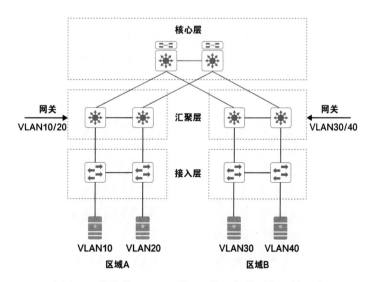

图 2-11 传统核心 — 汇聚 — 接入场景下的三层互通

张时，很难实现灵活调整，造成使用不便和资源浪费。对此，我们可依托 VXLAN 技术加以解决，能够通过建立隧道的方式，帮助二层包跨越三层环境传输。从业务主机的视角来看，无论需要通信的对端主机是处于同一二层广播域，还是跨越了三层环境的远端二层域，通信方式都是相同的，隧道建立和封装均由支持 VXLAN 的交换机（硬件或软件交换机均可）完成，对主机侧实现了完全透明。这令主机有能力摆脱二、三层网络的结构限制，大幅提高业务部署的灵活性。

如图 2-12 所示，在部署 VXLAN 的环境中，由于无须再担忧二层可达性，业务网关可以直接部署在接入层，再次减小了二层广播域范围，有效限制了广播风暴风险和影响范围。同时，分布式网关的建立，使同一组接入层交换机上拥有了从 VLAN10 至 VLAN40 的全部网关，可以更加灵活地部署和迁移主机资源。

②共用基础设施条件下的多租户隔离。

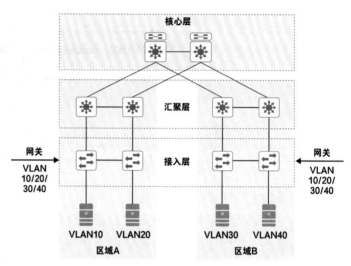

图 2-12 VXLAN 环境下的二层互通

VXLAN 技术不仅使业务的灵活部署和动态迁移成为可能，同时也为多租户隔离场景提供了很好的解决方案。说到 VXLAN，人们往往会联想到传统的 VLAN，那么二者究竟有何区别呢？这就要从它们的构成说起了。VLAN 作为一种已被广泛使用几十年的技术，其设计初衷并未考虑到现如今如此多样化的网络需求，能够用于标识不同二层网络的部分仅有 12bit，即最多可划分 4 096 个 VLAN。这种设计在当时确实是完全够用的，但在如今大型数据中心和云中心的建设中，其规模和需求早已不是几十年前能够比拟的，显然 4 096 这个数字在众多租户需求面前有些苍白无力。而 VXLAN 作为一种较新的技术，天然考虑了现今网络使用需求，其设计了高达 24bit 的 VNI（Virtual Network Identifier）用来标识不同的二层网络，相当于拥有划分超过 1 600 万个隔离区的能力。在云数据中心中，基础设施复用率很高，用户体量各异，VXLAN 独特的设计为其实现共用基础设施条件下的多租户隔离提供了保证。

（5）软件定义网络（SDN）

SDN 是一种新型的网络架构体系，它的起源可以追溯到 2006 年斯坦福大学的 Clean Slate 研究课题，并在 2009 年由尼克·麦基翁（Nick McKeown）教授正式提出。

SDN 具有转发和控制分离、控制逻辑集中、网络虚拟化、网络可编程等特点。传统的网络基础设施与业务相互独立，很难实现对业务资源的感知和灵活调用。SDN 可通过 Underlay 网络和 Overlay 网络进行分离，在 Underlay 层上只关注数据转发，而 Overlay 网络层可与业务实现感知和连接，打造业务驱动的新型网络，从而更好地调度网络资源，实现对业务的高效适配与支持。

行业信息化建设的成就和发展，带动了国内外众多同业机构和设备厂商对新技术、新架构的探索与研究，SDN 就是其中之一。SDN 可使组网更加灵活，更好地应对各种场景下的网络使用需求。例如：应用系统多中心部署需求——可对外提供不间断的业务服务，并突破地域位置及物理资源的限制，满足灵活移动、快速部署等需求；网络分区需求——网络分区内部可共享计算、存储资源池，可以根据业务需求划分为不同的安全区；安全分区需求——安全区之间的流量需要通过安全设备（如防火墙），安全区内部可以划分不同的资源组或者用户组进行管理；广域网通道需求——针对 SLA 服务等级，划分高、中、低服务，为租户提供差异化服务（多路径保护、QoS 保护分级）；广域网接入需求——针对不同对象提供接入服务，如云到云广域网络部署、云到边的广域网络部署等。

在云场景下，需要统一协调网络、计算、存储资源，才可保证业务高效运转。对于网络部分的调度，云平台可通过 API 接口，实现与 SDN 的对接和纳管。云平台可根据业务侧的需求，灵活调度网络侧资源，实现网随云动，以及网络资源的敏捷交付。在物理网络、虚拟网络之外，SDN 也可管理容器网络。容器网络是 Kubernetes 最为基础的底层设施之一，它不仅给 K8S 集群提供了容器之间的网络互通及访问控制能力，还以应用视角自动化配置集群内外服务/微服务之间的访问和负载均衡能力，以适应容器的灵活弹性。容器技术的出现和发展，极大地改变了业务应用的开发、部署、迭代的逻辑和方式，同时各类 SDN 也在不断优化，使云、网更加紧密地结合在一起。

在 SDN 组网架构中，SDN 控制器是极其重要的一环，作为网络的"大脑"，该定位决定了其需要具备良好的网络资源调度控制以及管理的能力。管理员使用 SDN 控制器，可通过如 OpenFlow、Netconf 等协议，向网络设备下发配置和策略，指导其配置和转发过程，提高网络自动化水平，同时也可以使用 SDN 控制器，通过

图 2-13 SDN 控制器通过南北向接口实现软件定义

LLDP 等协议实现链路发现、拓扑管理等功能，实现网络的可视化，简化运维。对于上述功能，作为软件定义思路产物的 SDN 控制器，可通过丰富的南北向接口加以实现，其逻辑架构如图 2-13 所示。

北向接口：SDN 控制器可通过 API 接口，被云平台纳管。云平台进行统一资源划分，并运用自身组件（如 OpenStack 中的 Neutron 组件）与 SDN 控制器进行对接，将云端所需资源和策略进行下发。SDN 控制器通过南向接口调度转发层设备资源，实现云平台策略。同时，SDN 控制器可向云平台反馈网络资源情况和策略实现情况，实现网络资源在云平台中的可视化。

南向接口：SDN 控制器可通过南向接口，与转发层设备（如交换机）进行通信，对其进行纳管。常见的南向协议有 OpenFlow 和 Netconf 等协议，SDN 控制器可通过南向协议下发配置或策略到转发层设备，对其进行网段、IP 等的设置，并对转发进行指引。同时基础层设备将自身的状态信息、链路信息等定时上报给 SDN 控制器，助其掌控全网态势。

2. 云数据中心网络建设

随着业务需求的高速发展，对网络建设也提出了全新的要求：主要体现在如下几个方面。不断更新的业务应用和系统，需要实现快速上线发布，这就要求网络具备灵活的资源管理调配和敏捷的应用部署能力；大数据分析、人工智能等技术的应用，需要大带宽、低延时的高性能网络；用户和业务的快速增长，需要网络具备高并发、按需灵活扩展的能力；多租户管理，需要网络基础设施具备高复用性。

对此，传统数据中心网络已难以满足越发复杂和多样化的业务需求，网络升级是必然趋势，扩容难度加大，繁重的运维工作也占用了大量的人力和物力。传统数据中心网络主要存在以下问题。第一，传统数据中心网络往往被分区或物理位置隔离，网络架构以竖井式或烟囱式为特点，计算资源被锚定在指定区域内，无法灵活调度，导致资源利用率下降。在物理机柜层面体现为机柜利用率下降，无法预先进行标准化布线等问题，不利于低碳绿色中心建设。同时，路由策略分散且复杂，优化困难，运维管理难度大，变更响应时间较长。第二，传统数据中心网络智能程度较低，操作配置主要依赖技术人员施行，全网状态无法直观展示，运维排障难度大。同时，自动化程度不足，面对创新应用时效性的要求，仍然只能按周或更长时间粒度实现开通，无法支持业务敏捷上线的诉求。对于短时间内需要弹性扩容的业务，无法实现网络资源的灵活弹性供给。第三，传统数据中心网络面对整体资源，乃至多中心资源管理时，流程复杂且无法实现资源的统一管理以及灵活分配。第四，传统数据中心缺乏多租户管理能力，网络基础设施利用率低，难以实现大二层、策略随行、应用感知、网随云动等功能。鉴于传统数据中心网络中存在的种种问题，云数据中心网络建设需要采用有别于传统数据中心的方式和技术，目前采用 SDN 进行网络建设已成为各行业实践中的主流做法。

（1）云数据中心 SDN 技术路线

通过多年的发展探索，当今 SDN 网络已逐渐形成两大截然不同的技术路线，即软 SDN 和硬 SDN。顾名思义，软 SDN 是更加重视软件作用，将诸如 VXLAN 数据包封装、负载功能和安全隔离功能等尽量通过软件形式实现，例如 vSwitch（Virtual Switch，虚拟交换机或虚拟网络交换机）、vLB（Virtual Load Balance，虚拟负载均衡）、vRouter（Virtual Router，虚拟路由器）等，强调对硬件的解耦，VXLAN 封装点 NVE（Network Virtualization Edge，网络虚拟边缘节点）在服务器端。对硬件网络设备功能要求低，仅起到通路作用，其架构如图 2-14 所示。而硬 SDN 则主要通过交换机等传统硬件资源实现上述功能，NVE 在交换机端，对硬件网络设备有要求，需要支持特定功能，其架构如图 2-15 所示。两种技术路线各有千秋，下面我们仅从几个较为重要的方面加以对比分析。

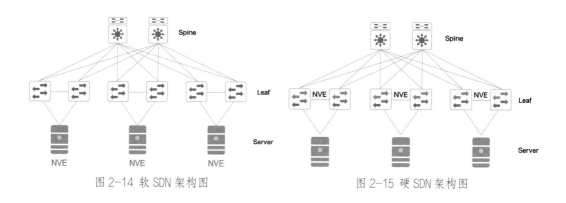

图 2-14　软 SDN 架构图　　　　图 2-15　硬 SDN 架构图

①可扩展性。在 SDN 方案商用初期，凭借更加成熟的技术积累，硬 SDN 在扩展性和最大规模上均优于软 SDN。但随着软 SDN 技术的快速发展和成熟，以及服务器算力的不断增强，二者的位置发生了互换，在超大规模云数据中心场景中，由于硬件表项资源限制，硬 SDN 往往会遇到瓶颈和极限，而软 SDN 则拥有更强的可扩展性。

②稳定性。由于网络设备厂商大多为硬件厂商，几十年的使用经验和优化使得硬件网络设备的稳定性已进入相对较高的阶段，由厂商推出的硬 SDN 解决方案自然也继承了这一优点。软 SDN 可通过软件冗余性提高整体稳定性，并且随着软 SDN 技术的不断发展，其稳定性也大幅提高。

③性能。硬 SDN 的 VXLAN 封装等功能均在硬件交换机上的专用芯片进行处理，其性能远超基于通用 CPU 运行的软 SDN。但软 SDN 不断通过如 DPDK（Data Plane Development Kit，数据平面开发套件）、网卡卸载等方式对性能进行优化，已取得了巨大进步，可与硬 SDN 分庭抗礼。

④网络兼容性。主流硬件厂商推出的硬 SDN 基本上都是仅能兼容自身品牌的封闭

式设计，这就导致在实际部署场景中，如果有两个硬件厂商的设备，那么一般需要两套不同的SDN控制器进行管控，无法兼容，给组网带来困难。而软SDN因其设计理念，天然与硬件解耦，硬件网络设备仅需保证网络连通性即可，对品牌组合不做特殊要求，这也为其提供了硬SDN所不具备的良好网络兼容性。

（2）硬SDN网络建设

①整体架构。如图2-16所示，硬SDN组成架构主要分为四个层级，即业务呈现层、网络控制层、网络资源层和计算资源层。每个层级的定位和作用如下。

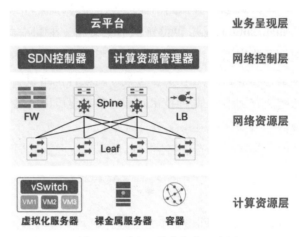

A.业务呈现层。该层主要包含云平台，是整个架构的最顶层。用户和管理员可通过操作云平台对网络资源进行创建和灵活调度，同时各类网络资源的使用状态也可通过云平台展示给用户和管理员。

图2-16 硬SDN整体架构示意图

B.网络控制层。该层主要包括SDN控制器以及计算资源管理器。SDN控制器北向与云平台进行对接，接收云平台指令；南向与网络资源层设备对接，例如交换机、防火墙、负载均衡等硬件设备，对其实现纳管，并将云平台传递的指令进行翻译和下发。同时，SDN控制器还可与计算资源管理器联动，感知计算资源的创建、删除以及迁移等行为，快速为其调配所需的网络资源。

C.网络资源层。该层主要包含硬件交换机，以及防火墙、负载均衡等增值服务设备（一般以池化方式进行部署），以CLOS架构实现互联组网。硬件交换机支持VXLAN数据封装，同时支持如BGP EVPN等控制层协议，承担Overlay和Underlay平面的转发任务。增值服务设备承担安全防护和应用负载均衡等任务，它们和SDN控制器进行对接，实现统一管理和监控。

D.计算资源层。该层主要包含虚拟化服务器、裸金属服务器以及容器等在内的各类计算资源。计算资源受到云平台或计算资源管理器的管理，可以根据需要灵活调配，通过网络服务层提供的网络资源实现敏捷入网。

②组网方式。如图2-17所示，硬SDN方案中，网络部分主要由Spine交换机、Leaf交换机、Border交换机组成。其中Spine交换机的定位类似于传统数据中心里的核心交换机，需要具备性能强、高速接口多的特性。Spine交换机作为流量枢纽，需要连接大量Leaf交换机以及Border交换机，其本身一般无须承担VXLAN的封装

和解封装工作，仅对 Underlay 网络感知即可。而数量最多的 Leaf 交换机主要用于接入各类计算资源，同时按策略对数据包进行 VXLAN 的封装和解封装，并通过控制面协议交互路由信息，指导数据在 Overlay 层面的转发。由于硬件交换机可使用专用芯片完成对 VXLAN 的封装，其绝对性能要优于基于 CPU 进行封装的方式。包括虚拟化服务器、裸金属服务器和容器在内，其 VXLAN 封装点都位于 Leaf 交换

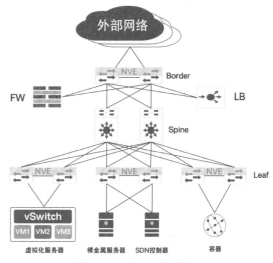

图 2-17 硬 SDN 组网图

机上。Border 交换机作为边界设备连通云内网络和云外网络，传递内外路由信息，并转发南北向访问流量。同时 Border 交换机也负责接入增值服务设备，如防火墙和负载均衡等，为需要相应功能的业务访问提供服务。以上设备均会被 SDN 控制器统一纳管，在硬 SDN 方案中，为了提高可用性，SDN 控制器多以集群模式部署，主要承担管理监控及策略、配置下发工作。而数据面和控制面的工作则主要由硬件交换机完成。下面我们从 Underlay 和 Overlay 的角度来简单了解下其工作模式。

A.Underlay 控制面。如图 2-18 所示，在 CLOS 架构中采用全互连的方式组网，相连的交换机间运行 OSPF/BGP 等路由协议，实现 Underlay 环境的三层互通，并将二层广播域控制在 Leaf 交换机所在的接入层，大幅降低了广播风暴的影响。Spine 交换机和 Leaf 交换机间实现基于 ECMP 的多路径负载均衡，在有效提高网络带宽利用率的同时，保证了整网的健壮性。此时硬 SDN 网络已经实现了设备之间的基础连通性，借助交换机自身的 VXLAN 能力，已经可以实现对数据包的封装，但仍有个难以忽视的问题尚未解决，那就是 Overlay 控制面信息的传递问题。根据 VXLAN 机制，其可以通过

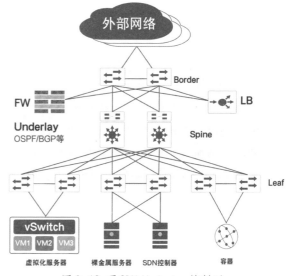

图 2-18 硬 SDN Underlay 控制面

数据面驱动的方式实现 Overlay 控制面信息的学习，但也存在大量广播报文占用网络带宽、设备性能压力大、信息获取不及时等问题，这在大规模组网中尤为严重，甚至会影响业务运行。为了更好地解决以上问题，我们需要引入 Overlay 层面的控制协议，帮助 VXLAN 更有效地进行转发工作。

B. Overlay 控制面。在 Overlay 控制面，硬 SDN 方案中比较常见的就是 BGP EVPN 协议，以及一些私有协议，它们的任务就是为 VXLAN 封装和转发提供指导。由于私有协议的实现方式较为特殊，我们暂以 BGP EVPN 方式为例进行介绍。BGP EVPN 指的是 EVPN 协议基于 MP-BGP，是 BGP 众多地址族中的一个，其颠覆了传统二层 VPN 通过数据面驱动学习 MAC 信息的机制，转而通过控制面的方式快速传递 MAC 信息，高效地建立起大二层互通环境。

如图 2-19 所示，Spine 交换机在 BGP 域内作为 RR 反射路由，使得 Leaf 交换机与 Leaf 交换机、Leaf 交换机与 Border 交换机之间均可实现 BGP 路由的传递。在 BGP 连接建立后，各硬件交换机将自身下挂的主机信息，通过 EVPN 路由（包括主机 IP/MAC 等信息）传递给邻居，从而实现 Overlay 控制面信息的交互，但受制于硬件设备表项限制，在超大规模组网环境下，可能遇到扩展瓶颈。

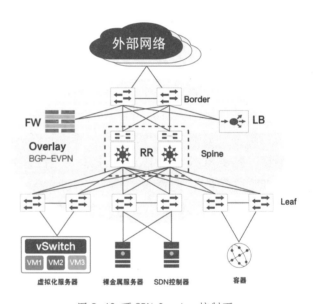

图 2-19 硬 SDN Overlay 控制面

③云平台对接。云平台作为对各种资源统一管理与呈现的功能性平台，可通过自身的网络组件为虚拟机、容器、物理服务器等资源提供网络服务，再将计算、存储、网络等各个组件提供的服务整体打包，作为云数据中心内的一项服务提供给用户。在此过程中，网络可通过对计算、存储资源的感知进行联动，提供敏捷、灵活的网络部署，实现网随云动。在硬 SDN 方案中，SDN 控制器作为策略和配置下发的直接执行者，在与云平台完成对接后，可将云平台下发的指令进行翻译，之后下发给指定设备，从而实现云平台对网络的管理。考虑到大部分硬 SDN 方案并非云原生，虽然可以实现与云平台的对接，但还需要进行一定量的研发和适配，才可实现调用。以 OpenStack 平台为例，在原生状态下，Neutron 是其网络的组件，主要用于网络资源管理和协同，可通过 Plugin 和 Agent 提供网络服务。Plugin 位于 Neutron Server，包括 Core Plugin 和 Service Plugin，而 Agent 部署于计算节点，用于指导流

量转发。当 Neutron 与硬 SDN 方案结合时，一般需要通过研发一款适配 SDN 控制器的 Plugin，此时 Neutron 即可通过调用该 Plugin，实现对 SDN 控制器的对接，从而顺利完成云平台指令的下发和网络部署。

（3）软 SDN 网络建设

①整体架构。如图 2-20 所示，软 SDN 组成架构主要分为四个层级，即业务呈现层、网络控制层、基础网络层和计算资源层。下面我们分别介绍每个层级的定位和作用，同时与硬 SDN 方案进行简单对比。

A. 业务呈现层。该层主要包含云平台，是整个架构的最顶层。用户和管理员可通过操作云平台对网络资源进行创建和灵活调度，同时各类网络资源的使用状态也可通过云平台展示给用户和管理员，此处与硬 SDN 基本一致。

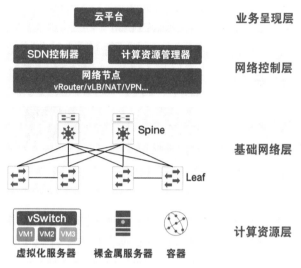

图 2-20 软 SDN 整体架构示意图

B. 网络控制层。该层主要包括 SDN 控制器、计算资源管理器以及网络节点，此处与硬 SDN 具有显著的差异。同样，软 SDN 方案一般也需要 SDN 控制器的角色，北向与云平台进行对接，接收云平台指令。但在南向对接方面，与硬 SDN 不同，软 SDN 主要对接 vSwitch 和网络节点，并将云平台传递的指令进行翻译和下发。与硬 SDN 控制器一样，软 SDN 控制器也可与计算资源管理器联动，感知计算资源的创建、删除以及迁移等行为，快速为其调配所需的网络资源。

C. 基础网络层。细心的读者可能已经注意到，该层的名称有所变化，变成了基础网络层。这主要是因为软 SDN 方案中的网络增值服务（如 vRouter、vLB）全部由网络节点提供，不再需要单独的增值服务设备，同时硬件交换机在大部分情况下基本无须封装 VXLAN（由 vSwitch 完成），也无须承载 Overlay 的控制层（由 SDN 控制器完成），仅提供基础的 Underlay 互通能力，极大地弱化了其"服务"的能力。

D. 计算资源层。该层主要包含虚拟化、裸金属以及容器等在内的各类计算资源。计算资源受到云平台或计算资源管理器的管理，可以根据需要灵活调配，通过网络服务层提供的网络资源实现敏捷入网。需要注意的是，与硬 SDN 相比，除特殊场景外，软 SDN 的 VXLAN 封装点一般均位于 vSwitch 上，由服务器提供相应资源。

②组网方式。在云数据中心网络建设中，如图 2-21 所示，软 SDN 方案中，网络部分

主要由 Spine 交换机、Leaf 交换机、Border 交换机组成。与硬 SDN 方案不同的是，VXLAN 封装点总体上从硬件交换机转移到位于服务器中的 vSwitch 上，Overlay 控制面也无须硬件交换机承载，其仅需要承担 Underlay 控制面互通。

A. 裸金属服务器。裸金属服务器在软 SDN 场景中较为特殊，有本地封装、网关封装和硬件交换机封装 VXLAN 三种常见模式。本地封装即通过智能网卡实现 VXLAN 封装，可以形成分布式网

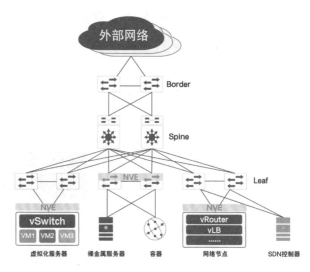

图 2-21 软 SDN 组网图

关，对硬件交换机无特殊要求；网关封装需要选取服务器部署专用的裸金属网关，属于集中式网关，同样对硬件交换机没有特殊要求，但容易形成瓶颈；硬件交换机封装类似于硬 SDN 方案，需要硬件交换机支持相关功能，并被软 SDN 控制器纳管。

B. 网络节点。除了 VXLAN 封装点不同，软 SDN 方案中还有个特点，那就是网络节点的设计。顾名思义，网络节点就是用来处理网络增值服务需求的节点，其通过 NFV 的方式将诸如防火墙、负载均衡、VPN 等功能进行整合，统一提供服务。很多东西向流量的转发无须通过网络节点，即可实现自主转发，只有面对一些特殊需求，例如业务访问需要增值服务，或进行云内云外互访时，流量才须经过网络节点处理后转发，这种设计很好地降低了网络节点压力，优化了网络使用体验。与硬 SDN 对接增值服务设备的方式相比，软 SDN 网络节点方式融合度更高，横向扩展能力也被大幅增强，可通过集群方式成倍扩展自身性能，有效满足超大规模数据中心部署需求。

C. Underlay 控制面。如图 2-22 所示，由于软 SDN 方案中，VXLAN 封装点总体从硬件交换机转移到了位于服务器中的 vSwitch，对底层物理网络要求可达即可，并且 Overlay 层面总体上也无须物理交换机承担，故在 Underlay 协议的

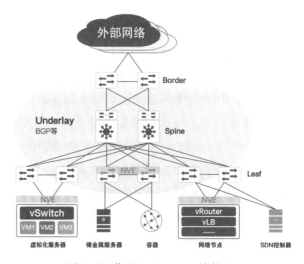

图 2-22 软 SDN Underlay 控制面

选择上较为灵活，实践中常用的有
BGP 协议，也可以根据场景的需
要进行灵活调整。

D. Overlay 控制面。如图 2-23 所
示，软 SDN 方案中通过 OpenFlow
等协议对 vSwitch 下发配置和流
表，控制其进行转发的方式，形成
Overlay 控制面。在此过程中，软
SDN 控制器起到了关键作用。与
硬 SDN 控制器不同，软 SDN 控制
器除了承担管理监控任务外，也负
责 Overlay 控制面交互的工作。位
于服务器中的 vSwitch 会将本地搜

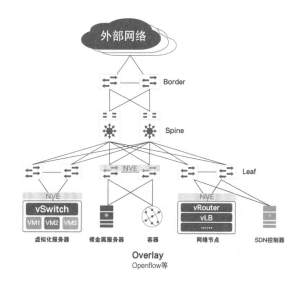

图 2-23 软 SDN Overlay 控制面

集到的信息上报给 SDN 控制器，由控制器统一计算，再通过 OpenFlow 流表或私有协
议的方式下发给 vSwitch，指导其转发流量。由于流表由软 SDN 控制器进行计算和下发，
vSwitch 侧按需接受，可大幅缓解其表项压力。同时软 SDN 控制器也可通过集群方式，
成倍扩展自身性能，有效避免了大规模数据中心环境中经常出现的瓶颈问题。

③云平台对接。

与硬 SDN 方案类似，在软 SDN 方案中，SDN 控制器仍然作为策略和配置下发的
直接执行者，与云平台完成对接后，可将云平台下发的指令进行翻译，之后下发给指
定设备，从而实现云平台对网络的管理。虽然对于 OpenStack 这类开源云平台，其网
络组件 Neutron 可在无第三方 SDN 控制器的情况下，仅通过自身设计实现软 SDN 功能，
但在实际使用中，常见的情况还是需要对接第三方 SDN 控制器的，一般为经过厂商定
制的商用版，或用户依托研发团队进行开发优化的自研版。一些研发实力很强的用户
或互联网大厂可以脱离开源平台，从云平台本身开始就全自研，那么软 SDN 控制器在
其中可以算是云原生组件，从对接和兼容性上看都可以达到很高的标准。

（4）软、硬 SDN 对比

本节详细介绍了软、硬两种 SDN 技术路线及其网络建设方式，表 2-1 中对其整体
情况进行了对比总结，表 2-2 中对其组网方式进行了对比总结归纳。

表 2-1 硬 SDN 与软 SDN 整体情况对比总结

对比项	硬 SDN	软 SDN
可扩展性	中	高
稳定性	较高	较高
性能	高	较高
网络兼容性	低	高

表 2-2 硬 SDN 与软 SDN 组网方式对比总结

对比项	硬 SDN	软 SDN
VXLAN 封装点	硬件交换机	主要依靠 vSwitch, 特殊场景可能用到硬件交换机
网络设备要求	专用硬件交换机	无特殊要求, 网络可达即可
Overlay 控制平面	BGP-EVPN 等	OpenFlow 等
Underlay 控制平面	OSPF、BGP 等	无特殊要求, 可选用 BGP 等
网络增值服务	依赖防火墙、负载均衡等设备	网络节点

从技术发展以及实践经验角度来看, 软、硬 SDN 各有千秋。在超大规模云数据中心场景下, 软 SDN 逐渐成为主流技术和发展方向, 而硬 SDN 在性能要求极高的场景中仍具有独特的优势。

第三节　云数据中心骨干网络技术

云计算的不断发展, 推动了网络技术的更新迭代。网络作为一座连接用户和云的桥梁, 直接影响用户的上云体验。以云作为点, 网络作为线, 云网则组成了面, 而这个面也就决定了用户的覆盖区域。随着网络的不断延伸和云节点的不断增加, 这个面越来越大, 使得云所能提供的服务范围及类型也不断得到扩充。大多数云服务存在于多云环境中, 骨干网作为多云之间的桥梁, 它与云的协同也就变得越发重要。

一、技术理论介绍

随着网络规模的不断扩大, 适用于中小型网络的 IGP（Interior Gateway Protocol,

内部网关协议）路由协议、适用于大型网络的 EGP（Exterior Gateway Protocol，外部网关协议）路由协议、进行逻辑资源隔离的 BGP-EVPN 技术、SDN-WAN、SRv6、用于保障业务质量的 QoS 技术网络切片技术等都成为骨干网架构中的技术基石。

1. IGP 与 EGP 路由协议

路由协议主要分为两大类，即 IGP 路由协议和 EGP 路由协议。

IGP 路由协议：主要包括使用 SPF（Shortest Path First，最短路径优先）算法的 OSPF（Open Shortest Path First，开放式最短路径优先）和 IS-IS（Intermediate System To Intermediate System，中间系统到中间系统）路由协议。

EGP 路由协议：以 BGP 为代表，早期主要用于互联网及电信运营商，后续凭借其灵活的路由策略和高扩展性，已经被许多大型企业用户所采用。BGP 使用 PV（Path Vector，路径矢量）算法。

这些路由协议在算法、适用性、扩展性上各有特点，如表 2-3 所示。

表 2-3 三种路由协议比较

路由协议	OSPF	IS-IS	BGP
标准化	国际标准	国际标准	国际标准
协议种类	链路状态	链路状态	路径矢量
协议算法	SPF	SPF	PV
封装	IP 报文封装	数据链路层封装	TCP 传播消息驱动协议运行
IPv6 兼容性	OSPFv3	IS-ISv6	BGP4+
扩展性	中	高	高
简易度	中	低	低

2. BGP-EVPN 技术

2000 年，运营商通过 MPLS VPN 技术实现了在一张物理网络上承载多个虚拟网络的目标。MPLS VPN 通过不同的 VPN 实现用户业务网段的隔离。在满足应用安全合规要求的前提下，MPLS VPN 将分支机构上联数据中心的多条业务链路进行物理整合，利用物理资源池化的思想充分提升了带宽的利用率，降低了管理成本。

MP-BGP（Multi Protocol BGP，BGP 多协议扩展）是 MPLS VPN 技术重要的一环。MP-BGP 作为可扩展的 BGP 协议，为了满足应用跨数据中心之间的三层和二层互访需求，不断推出了 VPNv4、VPNv6 和 L2VPN 等多种地址族，导致 BGP 协议变得配置烦琐和运维复杂。

L2VPN 在技术实现上有很多局限性。一方面，L2VPN 缺少控制平面，要求 PE 设备学习所有 CE 设备的 MAC 地址，因此对设备硬件性能需求较高；另一方面，L2VPN 无法优化 MAC 地址变化时造成的流量泛洪。除此之外，为防止二层环路，在 L2VPN 部署时无法做到 CE 侧到 PE 侧的多活，导致链路利用率较低。因此 L2VPN 在骨干网中无法实现大规模部署。

EVPN 是为了满足大二层需求而设计的新地址族，常作为 VXLAN 的控制平面。VXLAN 通过 EVPN 实现 VTEP 的自动发现、VXLAN 隧道的建立、MAC 和 IP 地址的自动同步，从而完成了控制平面与数据平面的分离。EVPN 除了支持二层路由的传递，自身也可以实现三层路由的传递。另外，EVPN 解决了传统 L2VPN 中因控制平面缺失导致不适合大规模组网的问题，也满足了 L3VPN 的需求，从而减少了 BGP 对于多种地址族的依赖。因此，EVPN 也成为当前骨干网中主流使用的 BGP 地址族。

3.SDN-WAN

目前，基于广域网的软件定义网络技术根据应用场景和技术手段不同，大体上分为两种，即 SD-WAN 和 SDN-WAN。两者共同的特点是通过软件定义即控制器的方式，实现广域网的网络自动化配置、流量工程和 QoS 等功能。区别在于：SD-WAN 定位于边缘接入网络领域，侧重于实现在多介质广域网络环境下的流量编排和应用可视化；SDN-WAN 定位于企业总部—分支互联场景，常用于企业骨干网络。相比 SD-WAN，SDN-WAN 更注重基于运营商专线网络上骨干网设备的自动化部署运维以及流量工程，常用于大型集团或企业、多下辖子公司、多数据中心的互联场景。以大型商业银行为例，SDN-WAN 常用于数据中心与各一级分行互联，SD-WAN 常用于一级分行与二级分行互联。下文将主要对 SDN-WAN 技术进行介绍。

SDN-WAN 有多种模式，目前常见的是在现有路由器上运行 SRv6 进程并通过控制器进行纳管，从而完成传统网络向 SDN-WAN 网络的演进。SDN-WAN 控制器除了配合骨干网设备完成链路收集和隧道计算外，还可以通过报文染色和遥测技术收集设备上转发流量的实时信息，这样一来，便可以获取链路延时、带宽使用的精准数据，为隧道计算提供更多的参考指标，可以更为直观地展示链路状态，便于运维人员快速定位故障。如图 2-24 所示，

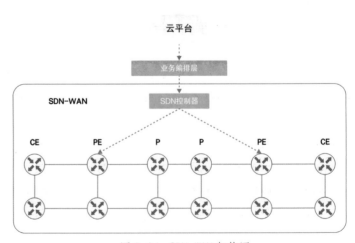

图 2-24 SDN-WAN 架构图

SDN-WAN 控制器一方面通过南向接口控制骨干网 PE 层网络硬件设备,另一方面通过北向接口和业务编排层对接,实现对云平台业务部署的实时响应。业务编排层作为云平台和 SDN-WAN 的中间层,用于完成云需求到 SDN-WAN 配置的转换。同时,业务编排层将不同厂商的 SDN-WAN 设备配置与网络需求解耦,实现了多厂商设备的统一调度,减小了云和骨干网对接的复杂度。

4. SRv6 技术

网络业务种类越来越多,不同类型的业务对网络的要求也不尽相同,例如,实时的语音或会议系统通常更喜欢低时延、低抖动的网络路径,而大数据应用则更喜欢低丢包率的高带宽通道。传统 MPLS VPN 在业务识别、隧道调整、简化运维上都无法令人满意,不仅使网络部署越来越复杂、越来越难以维护,还无法匹配业务的快速发展。解决方案则是以业务来驱动网络,由业务来定义网络的架构。具体来说,应用提出需求(时延、带宽、丢包率等),控制器收集网络拓扑、带宽利用率、时延等信息,并根据业务需求来计算显式路径。在这样的背景下,SR(Segment Routing,分段路由)技术应运而生。

(1) SR 技术

SR 技术的设计思想是将网络路径首先进行分段(Segment)处理,并且为网络路径分段和网络转发节点分配标识 ID。之后,对这些标识 ID 进行有序排列,从而得到一条转发路径。SR 技术基于源路由理念设计,通过源节点即可控制数据包在网络中的转发路径。配合控制器的集中算路引擎,SR 技术可灵活简便地实现路径控制与调整。最初,SR 以压入多层 MPLS 标签进行选路的方式来实现路径控制,在数据层面仍然基于 MPLS,从本质上看还是 MPLS 的 SR,我们称之为 SR-MPLS。

(2) SRv6 协议

SRv6 是新一代 IP 承载协议,可以简化并统一传统的复杂网络协议,是 5G 和云时代下构建智能 IP 网络的基础。SRv6 结合了 SR 的源路由优势和 IPv6 的简洁易扩展特质,并具有多重编程空间,符合 SDN 网络可编程的思想。这些特性都促使 SRv6 成为实现意图驱动网络的利器。相比于 SR 把 MPLS 作为标签分发协议的方式,SRv6 则使用了 IPv6 协议中的扩展头部实现标签的压入和选路,不再使用 LDP(Label Distribution Protocol,标签分发协议),使得控制层协议更加轻便。SRv6 带来的技术如下。

①可编程。SRv6 标签具有多段的可编程空间,分别可以从转发标签、设备标签和业务标签出发,完成端到端的业务标识、路径计算和流量转发的功能。结合 SDN-WAN 控制器,将业务属性代入网络,做到业务驱动网络。

②更简单。SRv6 不再依赖 MPLS 标签,而是基于 IPv6 协议简化了标签转发层面。BGP-EVPN 使 SRv6 可以做到二层和三层协议统一,简化日常运维。

③兼容和冗余。SRv6 基于 IPv6,完全兼容现有 IPv6 网络。即使中间节点不支

持 SRv6，也可按照正常路由转发当前的 IPv6 报文。SRv6 使用了 TI-LFA（Topology-Independent Loop-Free Alternate，拓扑无关无环路备份）FRR 算法，原理上支持任意拓扑保护，能够弥补传统隧道在特定拓扑下无法保护的问题。

由于 SRv6 技术兼容了现有网络设备，从而保障了现有网络可以平滑地演进到 SRv6 网络，整体建设和迁移的风险也比较小。

（3）SRv6 Policy

MPLS VPN 技术是在 IGP 协议的基础上使用 LDP 协议实现标签分发，而 LDP 协议不具备流量工程的功能，这也成为基于 MPLS VPN 的骨干网的短板所在。虽然 RSVP-TE（Resource ReSerVation Protocol-Traffic Engineering，基于流量工程扩展的资源预留协议）的加入为基于 MPLS VPN 的骨干网解决了流量工程的问题，但 RSVP-TE 协议信令非常复杂，同时还需要维护庞大的链路信息，因此信息交互效率低下，扩展也非常困难。

SRv6 则引入了 SRv6 Policy 这一新的隧道引流技术方式。对于隧道路径的计算，SRv6 Policy 除了静态指定路径和类似 RSVP-TE 头结点算路的方法以外，还支持控制器进行隧道计算的方式。控制器通过 BGP-LS（link-state，链路状态）协议收集网络拓扑、TE 信息以及 SRv6 信息，并根据业务需求集中进行路径计算，然后通过 BGP/PCEP（路径计算单元通信协议）等协议将 SRv6 Policy 下发到头结点。控制器算路能够支持全局调优、资源预留和端到端跨域。

（4）SRv6 发展方向

随着 SRv6 技术的不断成熟和使用案例的不断增加，骨干网技术将迎来新一轮变革。在以业务驱动网络的浪潮下，我们可以看到，未来骨干网将经历基础能力建设、应用体验保障和应用驱动网络三个阶段。

①基础能力建设阶段。SRv6 技术作为未来骨干网的技术底座，引领运营商、企业在骨干网上展开了新的布局。骨干网逐步部署到以 SRv6 BE（Best-Effort）、SRv6 Policy 为基础的网络，通过业务的快速发放及路径的灵活控制，使骨干网得以简化，初步实现了自智网络的目标。

②应用体验保障阶段。在线路资源和设备资源上使用网络切片技术，能满足敏感业务对于带宽使用的"硬"保障；配合随流检测技术，可以进一步检测骨干网中的实时路径状态，优化流量抖动的响应策略。除了上述两个主要技术外，在应用体验保障阶段将会有更多的以 SRv6 为底座的技术出现，目的都是实现业务的可视化、用户体验的优化，以及运维的直观化，使得骨干网可以满足应用体验保障的需求，进一步实现自智网络的目标。

③应用驱动网络阶段。在基础能力建设阶段和应用体验保障阶段完成了整体骨干网中的自智，最后在应用驱动网络阶段需要从应用侧开始发力。通过 SRv6 多层的可编

程空间，应用识别的依据从 IP 和端口转变成了应用侧数据包自带的 SRv6 标签。SRv6 标签对应用、用户类型、服务等级等内容进行标识，促使骨干网的 IP 路由表变成基于应用的转发表，从而满足网络对于应用的感知需求，高度实现了自智网络的目标。

目前基础能力建设阶段中的重点技术 SRv6 已经成熟，在各大行业已经开始大规模部署。应用体验保障阶段已经在大规模测试，并且在少数场景中开始使用。应用驱动网络阶段将是未来骨干网技术研究探索的方向。

5.QoS 技术

为了实现转发设备在接口链路拥塞的情况下仍然能保证重要流量得到转发，QoS 技术被引入。QoS 技术通过为设备中的数据流进行等级标识，再借助优先级转发、拥塞避免等机制为优先级较高的数据流提供特殊的传输服务。QoS 增强了网络性能的可预知性，使得网络资源可以被更有效地利用。在骨干网场景中，业务的 SLA（Service Level Agreement，服务等级协议）通常分为高、中、低三个级别。高级别是重要流量，在限制最大带宽使用率的情况下流量优先转发；中级别是次级重要流量，在保证带宽的情况下延长队列缓存长度，减少其丢包；低级别是默认流量，只做基本带宽保障。

6. 网络切片

随着业务与应用场景的多样化，业务对于骨干网有了更高的要求。QoS 采用多级调度、复用物理接口的"软管道"的方式，容易出现数据拥塞以及瞬时突发造成的延迟和抖动问题。网络切片的目标是通过资源隔离的方式实现"硬管道"隔离。在网络切片上分为转发层切片和控制层切片，如图 2-25 所示。转发层切片使用 FlexE（Flexible Ethernet，灵活以太网）子接口、信道化子接口等技术，实现网络链路资源的物理隔离。控制层切片使用 SRv6、Flex-Algo（Flexible Algorithm，灵活算法）等技术在 SRv6 Policy 路径计算时实现网络层面的设备隔离。网络切片作为骨干网发展的重要技术，将在 5G、云业务有着众多应用场景，是未来运营商骨干网建设的重要一环。

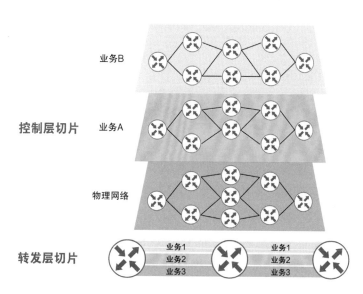

图 2-25 网络切片

二、骨干网建设

多云之间依赖骨干网进行数据传递，骨干网是多云之间的重要桥梁。

1. 总体架构

云场景下的骨干网架构分为核心层、汇聚层和接入层。以图 2-26 为例，下文对多云间骨干网进行介绍。

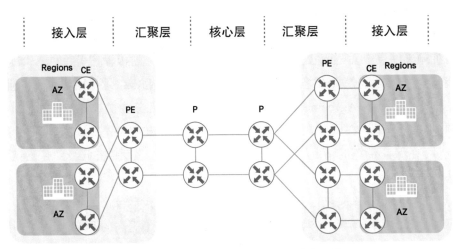

图 2-26 AZ 之间和 Region 之间的网络互联

（1）AZ 区域网络

AZ（Availability Zone，可用区）通常由一个或多个数据中心组成。AZ 拥有独立的机房基础设施。在 AZ 中，CE 设备以口字型接入到该 Region 中的 PE 设备。

（2）Region 区域网络

一个 Region（区域）由多个 AZ 组成。通常为地理区域，为用户提供业务接入点。一般以一个城市作为一个 Region。根据不同 Region 的规模，一个 Region 内有两台或者多台 PE 设备。该 Region 内的 PE 设备连接 AZ 中的主要数据中心节点。

（3）多 Region 互联网络

每个 Region 节点的 PE 设备与 P 设备进行口字形互联。

（4）路由协议使用

骨干网中通常采用 IS-IS 协议作为底层路由协议，完成设备之间路由的建立和 SRv6 的标签分发。同时骨干网采用 SRv6 作为数据转发平面协议，BGP-EVPN 作为控制平面协议，SRv6 Policy 作为隧道，以进行多云之间的流量调度。

2. 云平台对接

在 SRv6 中，除了更新转发层的标签转发方式和控制层的 BGP-EVPN 协议以外，更重要的是引入了控制器。为保障控制器的可靠性，通常采用 A、B 两组控制器进行冗余部署，两组控制器之间互为主备，实现控制器的异地容灾。控制器南向接口通过 BGP-LS 协议和遥测协议，获取全网的链路状态和链路质量，可以实时进行隧道路径的调优、设备配置的下发和设备状态的监控。控制器北向接口通过 API（Application Programming Interface，应用程序接口）接口与业务编排层进行对接，用户可以自助在云上进行 Region 之间业务流量的调整。云平台会与业务编排层对接，完成云对骨干网变更需求的传递。业务编排层将变更需求转换成配置，下发给控制器，控制器最后将配置转成协议或者设备配置发给所需的网络节点，从而实现云与骨干网之间的协同工作，如图 2-27 所示。业务编排层会提供常用骨干网功能的 API 接口和云平台对接，例如 VPN 变更、隧道变更等功能。后续随着云平台功能增加，业务编排层只需要根据实际需求开发相应的功能接口即可。

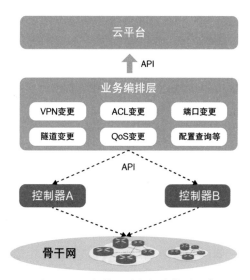

图 2-27 云与骨干网之间的协同工作

三、基于骨干网的互联网平台建设

随着业务由集中式部署向分布式部署转变，承载业务的数据中心也由原来的单中心、同城双中心向着多地多中心演进。伴随着这种演进，如何在有效利用多中心资源的基础上，为用户就近提供稳定、快速、安全的接入服务，是网络从业人员近年来不断探索的课题。受到骨干网概念和云资源池概念的启发，人们在反复思考，互联网能否像骨干网一样在全国多节点上进行内部连通？运营商提供的公网线路能否像云计算资源一样在全国多节点上进行共享？基于这些思考，互联网平台的概念逐渐浮出水面。

互联网平台设计目标主要包括：云计算资源部署位置与运营商公网出口位置松耦合；为云计算资源提供灵活的多地多出口互联网弹性发布服务；实现云计算资源与公网 IP 松耦合，整合多地多中心互联网出口，为云数据中心发布互联网服务，提供单 IP 多地多路径部署能力；互联网平台集成安全平台，使不同云数据中心的安全防护水平相同；通过流量调度实现业务容灾、用户就近连接、出口最优选择等，最大化地提升用户体验。

下文将详细地介绍这种基于骨干网的互联网平台的技术实现。

1. 总体架构

基于骨干网的互联网平台部署在云数据中心互联网区与运营商（公网）之间，通过该平台，使多云之间的业务部署摆脱对运营商资源的依赖，不再受地理位置的限制，更好地提高了云资源利用率，以实现用户覆盖。同时，互联网平台也可以提供DDoS（Distributed Denial of Service，分布式拒绝服务）攻击防护、服务器地址NAT（Network Address Translation）等功能。

互联网平台由底层硬件网络设备和SDN控制器组成，底层网络通过骨干网连接成一个逻辑平面，任意云数据中心互联网流量进入这个平面后可选择全国节点之中任何运营商出口，实现了灵活调度，也满足了冗余需求。互联网平台可部署在全国几个重要的城市，也可以实现云计算公网业务流量的灵活切换调试及冗余。

如图2-28所示，互联网平台由互联网平台硬件和互联网平台控制器组成。互联网平台硬件层位于云数据中心的互联网CE与运营商之间，每个Region的互联网平台通过骨干网P层组成一个整体的逻辑域，主要用于灵活调度运营商资源；其余的云数据中心局域网业务单元，如内部生产、办公、管理等，通过上一节提到的骨干网PE层设备实现内部的互联互通。

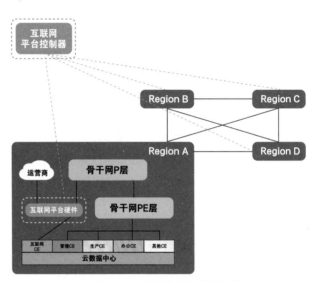

图2-28 互联网平台逻辑拓扑

互联网平台硬件架构层由核心层、互联网接入层以及DC接入层三部分组成，如图2-29所示。核心层的主要设备为CR（Converged Router，汇聚路由器），用于将AR（Access Router，接入路由器）节点汇聚，统一接入到骨干网P层设备，类似于骨干网中的PE角色，用于跨Region传递运营商路由及IDC路由。互联网接入层的主要设备为AR，用于接入运营商线路，具备互联网出口线路灵活接入能力，可按需扩展。DC接入层类似于骨干网的CE，用于将每个区域的云网络接入核心层。

在每个数据中心的互联网出口，运营商线路统一接入数据中心的AR节点。从任何物理位置进入云的流量都能访问任意的云，从而将多云架构下的互联网出口从逻辑上合并为一个整体。当任意数据中心节点的互联网出口出现故障时，数据中心都可以

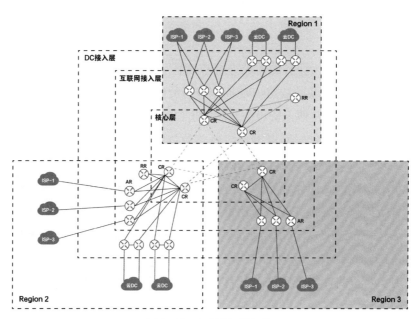

图 2-29 互联网组网架构

通过 CR 节点绕行到别的数据中心互联网出口,以实现业务的正常访问。与此同时,相比智能 DNS 的容灾切换机制,互联网平台可以实现在不改变运营商和公网 IP 的前提下,进行用户无感知的业务容灾切换,这也大大提升了用户的用云体验。

2. 云平台对接

如图 2-30 所示,互联网控制器南向采用 SNMP/BGP 标准协议与设备对接,北向采用标准 RESTful 接口与云平台内的业务系统对接。互联网控制器提供以下四类服务场景。

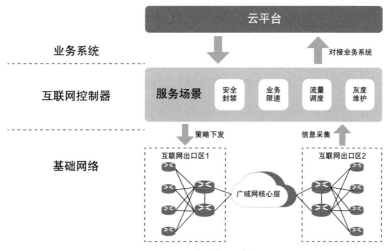

图 2-30 互联网与云功能

①安全封禁。通过给设备下发 ACL，实现对源地址的封禁，支持 IPv4 和 IPv6 双栈封禁能力。

②业务限速。根据云业务的需求进行 QoS 配置，实现网络自动化编排和配置下发。

③流量调度。当互联网线路出现拥塞或者故障时，可以将拥塞出口的互联网流量调度到满足应用条件的其他云资源的互联网出口。

④灰度维护。具备针对互联网出口线路的灰度维护能力。控制器通过和云平台对接，可以实现自动封闭外部攻击流量，保证主机安全。用户也可以通过 QoS 功能对业务进行带宽保障，从而保证重要业务在流量高峰时期不受影响。多云架构的互联网出口通过骨干网核心层合并成一个逻辑层面，任意云资源的互联网流量进入这个逻辑层面后，可选择全国节点中的任意运营商出口。这样一来，在实现灵活调度的同时也满足了冗余部署的要求。通过互联网出口线路的灰度维护，在某条互联网线路需要调整和维护时，可以将业务无感知地迁移到别的互联网出口，保证业务访问不受影响。当线路维护完成，再将业务迁移回来。

3. 混合云建设

从目前的发展来看，中国云市场情况是一个百花齐放，百家争鸣的局面。一方面，中国云市场在不断扩大，根据 IDC《中国公有云服务市场（2021 下半年）跟踪》报告，2021 年下半年中国公有云服务整体市场规模（IaaS/PaaS/SaaS）达到 151.3 亿美元，其中 IaaS 市场同比增长 40.1%，PaaS 市场同比增速为 55.7%。另一方面，主流的云服务提供商如 AWS、Azure、阿里云、腾讯云等，都曾出现过严重的云服务宕机的情况，人们对于单一云的稳定性、可靠性充满疑虑。除此之外，如金融机构的一些行业规范要求部分业务只能本地部署，无法上公有云，以及用户随着云服务的大规模使用，对于"精益用云"和"经济用云"的需求逐步增强等情况都值得考虑。基于上述种种原因，多云共存成为大多数云用户的现状。所以，混合云技术将成为未来云市场的一个必要选择。

混合云架构包括不同公有云之间、公有云与私有云之间以及不同私有云之间的混合架构。在多云异构场景下，相比单一云架构场景会产生更多需要我们考虑和解决的问题。一是不同的私有云、公有云网络的业务模型各不相同。例如，对于广播域、路由域的统称，对于虚拟化资源逻辑概念的定义以及对于云平台对象单位的划分等。这些由混合云架构业务模型不同带来的问题，需要我们通过更上层的平台进行统一的拉齐。二是在多云异构的场景下，业务分布在不同的云环境，会导致业务发放入口众多，异构云之间业务变更频繁，容易产生异构云上业务彼此配置不一致的情况。这也需要更上层的平台对于不同云控制器进行统一的管理和配置下发，这里所提到的"更上层的平台"即多云管理平台。多云管理平台用来解决异构云架构下资源管理不统一的问题。通常不同类型的计算资源部署在独立的网络区域。例如：虚拟化、云化资源池独立部署在一个网络区域，采用一套独立的网络控制器管理；容器资源池部署在另一套独立的网络区域，采用独立的一套网络控制器管理。不同计算资源之间采用多云管理平台统一纳管，不同的资源池采用独立的转发域和管理域，故障域相互隔离，可靠性高。

此外，多云管理平台通过下发不同计算资源互访的需求给业务编排层，经由业务编排层统一将需求转成配置发送给控制器后，控制器再将配置转成协议或者设备配置命令下发至对应的网络设备，完成不同计算资源里端到端的访问，从而提高资源发放效率，做到配置一致性。

如图 2-31 中示例，跨骨干网之间使用云 A、云 B 以及传统架构，三者架构不同。为了实现三者之间计算资源互通，需要将云内网络以标准技术的方式释放出来，例如VLAN、VRF 等。以云 A 为例，云 A 通过自身 PL（Private Line，专用线路）设备将租户的 VPC 网段以子接口方式与骨干网 CE 设备对接，CE 设备把子接口对应到 PE 中的VRF，完成云 A 租户 VPC 与其他租户的业务隔离，并且在骨干网中进行数据传输。

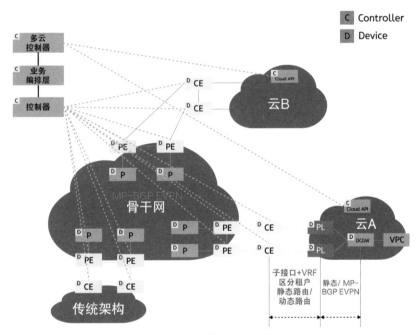

图 2-31 异构云之间互通

四、基于 SRv6 Policy 技术的核心骨干网 2.0 建设案例

1. 案例背景

Bank 4.0 已经到来，在 IT 基础架构分布式化和业务全面上云的时代背景下，银行数据流量模型发生了根本性的变化，业务快速上云及云互联互通成为常态化需求。为满足金融创新业务快速发布、集团机构在复杂环境下灵活接入以及不同用户对于多样

化服务体验的要求，基础网络架构的变革成为银行数字化转型的必经之路，而骨干网络作为数据通信的关键基础设施，是网络架构改革的重中之重。

2. 建设内容

中国建设银行（下文简称建行）核心骨干网 2.0 自 2019 年立项，2020 年启动试点建设，2021 年正式投入生产运营，目前除了少数业务外，已基本完成分行和总行直属机构、子公司及数据中心的流量迁移工作。这张基于自研开发及国产智能路由器、控制器的智能核心骨干网给建行带来了诸多益处，有力支撑了建行的"TOP+2.0"金融科技战略。

建设核心骨干网 2.0 的总体设计架构如图 2-32 所示。其采用三层架构建设，底层为基础转发层，使用支持 SRv6 的国产品牌设备，负责基础、高速的路由和数据转发等功能；中间层为控制调度层，由国产品牌控制器组成，负责流量控制功能和图形化配置，实现流量的智能调度。与此同时，在上层 SDN-WAN 控制器的北向对接了建行自主知识产权的业务服务编排平面，东西向对建行统一网管，实现网络业务服务化，大幅提升了网络运维效率，缩短了骨干网对于业务需求的响应时间。

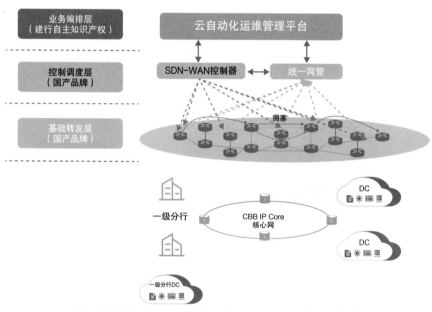

图 2-32 基于 SRv6 的建行核心骨干网 2.0 的总体设计架构

3. 建设效果

核心骨干网 2.0 的建成和投产，为建行在跨中心互联场景中提供了如下优势。

（1）连接无限：SRv6 无缝跨域多云和网点，端到端 SDN，一网调多云

从同城双中心到两地三中心再到多地多中心，银行 IT 架构已经进入了分布式化的时代。但银行的总部、分行、支行、网点始终是一个密不可分的整体，这就需要一张能够完整拉通云端到边缘端和终端的骨干网络，并能按照业务需求快速进行动态调整，实现数据连通和云网协同。建行在 SDN-WAN 的道路上选择了 SRv6 的技术路线，主要有三个原因：第一是 SRv6 天然支持 IPv6，这可以在国家和监管单位大力推行 IPv6 的时代背景下，助力建行率先进入金融 IPv6+ 的时代；第二是 SRv6 Policy 给网络带来智能调度能力，这可以为建行核心骨干网提升 20% 带宽利用率，节约 5Gbps 以上的专线带宽，每年节省千万元的投资；第三是 SRv6 打通分行网点的 SD-WAN 和骨干网的 SDN-WAN，打造了业界首个全网端到端 SRv6，实现泛网点到各支行、总部的快速业务打通。

（2）扩容无感："乐高式"云骨干架构实现业务弹性扩容，助力金融服务下沉

一方面，建行遵循"云插座"理念，打造了行业领先的"乐高式"骨干网络，通过软件定义网络实现业务的快速部署和弹性扩容、即插即用，其他部分网络无感知。另一方面，建行率先基于不同业务实现了切片化承载的创新，以及骨干网资源池化、资源弹性供给、网络零丢包、业务无感知。"乐高式"的骨干架构有力支撑了新业务的快速拓展，让金融服务更贴近终端客户。

（3）体验无损：可视化运维，以数字镜像驱动物理世界，打造高可用网络

银行业务重安全、重稳定，如何基于现有技术不断优化银行网络的安全性和稳定性成为银行网络从业者始终要面对的难题。为此，建行在云骨干网给出的方案是使用 Telemetry 技术替代原有的 SNMP 技术，通过对全网的实时监控和深度感知，全面实现网络的实时化、可视化。通过 Telemetry 技术，可以实现网络故障的快速发现、精准定位和提前预测，运维自动化率提升 80%，应急处理时间由小时级降低至分钟级，从而有力地保障了金融服务和客户体验，也为数字化转型奠定了基础。

（4）服务无界：网络即服务，业务意图快速变现，助力商业成功

建行一直在研究和探索如何将网络服务化，也就是将传统网络打造成一个智慧的、能感知商业意图的、可以实时获取服务的平台。基于上述需求，建行创新性地设计了一个智能的管控平台。该平台可以实现商业意图的精确翻译、商业诉求的智能匹配；Underlay 网络即插即用，Overlay 网络自动部署，业务快速上线；网络的层次化调优和精细化控制，网随云动，云网协同。从实践来看，建行核心骨干网 2.0 已成功推出了多场景的多种服务套餐，业务交付周期从周级降低到天级，满足了云时代不同租户差异化和敏捷化的业务诉求。

第四节　网络数字化转型技术

一、云时代网络数字化转型需求

1. 网络数字化转型的背景和需求

为迎接数字时代，推进网络强国建设，国家反复强调企业要推进数字化转型，并在"十四五"规划中提出了加快数字化发展、建设数字化企业的目标。

同时，企业为适应市场的变化、提升市场竞争力，对业务的快速部署、弹性扩缩、服务连续性提出了更高的要求。海量设备的状态信息、频繁变化的变更配置、不可预期的激增流量、应接不暇的网络应急事件，都在挑战着人工运维网络的极限。

另外，随着"互联网+"的发展演进，人工智能、大数据、云计算、物联网等各种新兴数字化技术加速渗透，企业网络也具备了数字化转型的条件，从标准化、自动化、数字化逐步推进至智能化，从而提升了网络的服务能力和交付效率。

2. 什么是数字化转型

IDC对数字化转型的定义是：数字化转型就是利用最新的数字化技术（云计算、大数据、人工智能、物联网等）和能力来驱动组织商业模式创新和商业生态系统重构的途径和方法，其核心是推动业务的增长、创新和转型。

数字化转型是企业为了适应数字化时代发展而主动求变的过程，其核心目的是实现企业未来的业务可持续增长。云计算、大数据和物联网等系列数字技术是企业数字化转型必要的工具和手段。企业需要制定数字化转型战略，利用数字化技术重构企业原有的商业模式及组织架构，打通消费端与供应端的连接，对内实现全业务全流程贯通，对外与上下游实现生态协同。

3. 什么是网络数字化转型

网络数字化是数字化转型在网络领域中的实践，以技术及数据双轮驱动，提升网络对外及内部服务化水平及决策水平，实现网络数据价值变现，使网络运营效率和组织绩效最大化。它紧紧围绕提升用户的网络服务体验，将大数据、数字孪生、知识图谱、机器学习、算力网络等信息通信技术与网络自动化管控有效结合，基于深挖的价值数据进行感知、分析、决策和执行，同时优化甚至重构组织的工作流程。

针对网络运维中可以采集到的各项数据，先使用大数据技术进行数据分析呈现并构建数字孪生虚拟网络，对网络变化进行仿真，对网络资源进行精细化配置，然后将这些被标记的高质量数据导入机器学习平台进行训练。通过将网络技术人员的知识、经验转化成的知识图谱与超出其认知范围的机器学习训练算法相结合，逐步从辅助人工到替代人工进行分析和决策，应对未来网络需求的不确定性。同时继续提升软件定义的自动化能力，以基于意图的理念紧贴用户需求，构建快速审批和快速交付的能力，为用户提供极致体验的全生命周期网络服务（规划设计、部署实施、运维监控、运行管理、运营管理），使运营部门降本增效。

综上所述，软件定义和云计算在网络软硬结合的方向上，为网络"软件化"打下了坚实的基础。在此基础上网络部门应当将网络元素（Network Element，NE）管理更加精细化（如将 SRv6 隧道、负载均衡虚拟服务器等纳入网络元素管理），并建设更多管理维度的运营系统、知识系统和流程管控系统等，打造与网络深度结合的网络数字化管理平台，逐步向基于意图的自智网络发展。从而实现基于意图的智能感知和自主变化，提升决策水平，降低运营成本，提升用户体验。最终实现"智能运维"（Artificial Intelligence for IT Operations，AIOps），并给网络带来更多的业务价值。

二、云时代网络数字化管理平台设计

近年来云技术的快速发展对网络的服务能力提出了更高的要求。为提升网络数字化能力，如何科学有序地建设网络数字化管理平台，是各个企业在探索网络数字化转型和 IT 创新的重要课题。

1. 网络数字化转型的发展阶段

如图 2-33 所示，网络数字化转型可分为四个阶段，标准化是自动化的基础，自动化是数字化的支撑，而智能化是网络数字化的终极目标。值得一提的是，在网络数字化转型过程中，四个阶段的发展并不是线性递进，而是螺旋上升的，前一个阶段（或前几个）的不断迭代完善是后一个阶段（或后几个）继续发展的前提和基础，而后一个阶段建成的能力又促进了前一个阶段的优化升级。

图 2-33 网络数字化转型四个发展阶段

（1）第一个阶段：标准化

标准化的目的是降低网络运维的复杂度，它包括架构标准化、配置标准化和流程标准化等。理想的操作环境包含统一的网络架构、标准的配置、可调用的 API 接口（如有）和 IT 服务管理（IT Service Management，ITSM）流程等，这样可以简化企业需要维护的基础架构，降低运维和变更的难度，从而通过较少的人员管理更大的网络架构。

标准化数据逐步覆盖运维全生命周期的同时，也在数字化建设的驱动下，产生越来越多的新要素、新业务、新流程的标准数据，为网络技术人员提供更多、更精细、更有价值的网络信息和抽象的运维通用模型，为自动化、数字化建设奠定基础，实现其由量变到质变的创新突破。因此标准化与数字化的建设是一个相辅相成的、长期优化迭代的过程。

（2）第二个阶段：自动化

自动化指借助工具、平台和流程等手段实现日常操作管理的自动化。自动执行日常维护事务，可减少准备网络资源和提供网络服务所需的时间与工作量，降低出错风险，减少运营支出。

随着企业数字化转型的不断深化，企业自动化的能力凭借数字化和智能化的赋能也将大幅提升，从局部自动化向全自动化演进，自动化的对象和场景也会更加丰富，从传统的自动化工具向全流程可视的智能自动化系统演变。

（3）第三个阶段：数字化

从网络对象三大维度——设计态、配置态、运行态，进行对象、规则、过程的建模，构建物理网络的数字孪生体，以人最容易操作、最容易理解的方式展示出来，如业务对象数字化、业务规则数字化等。数字化与之前企业的信息化建设是一脉相承的，是信息化在注重功能、烟囱式建设、封闭架构的基础上再创新的下一个阶段。建设网络数字化管理平台，能对软硬件信息进行实时的、全量全要素的采集，打通各系统的数据壁垒，实现数据汇聚共享，一方面可以扩大自动化对象和场景的覆盖面，另一方面这些高质量的数据将成为本阶段设计态规划、配置态变更、运行态呈现和辅助人工分析决策的数据基础（同时也是智能化阶段机器学习的数据分析基础），实现平台服务的七大职能（预测、预警、监控、协同、调度、决策和指挥），并将这些数字化的网络服务通过 NaaS 的方式提供给用户。

（4）第四个阶段：智能化

机器学习算法突破、计算能力提升、海量数据产生带来了人工智能革命，机器学习通过结合知识图谱的方式可进一步解决自动化、数字化所不能解决的问题，提高系统的预判能力、稳定性，降低运营成本，让机器代替人做更多领域的工作，让运维人员去做更多促进业务的高价值工作。

综上所述，数字化转型的四个阶段由于存在相互依赖、相互促进的关系，网络数字化管理平台的研发也需要循序渐进。通过标准化建设可以降低后面阶段平台研发的复杂度，也是后面阶段数据和模型的基础。平台数字化、智能化建设积累的数据模型和数据服务逐渐增加，能构建出更丰富的自动化采集、查询、变更（含回退）、验证、审核等场景，体现出平台自动化的规模效应优势。

2. 技术理论

网络数字化管理平台利用网络数字化技术，将偏重于自动化的软件定义网络向基于意图的自智网络演进。

如图 2-34 所示，目前的网络运维还处于人工为主、系统为辅的半自动化状态，网络数字化管理平台的建设也很难一蹴而就，可以考虑通过分阶段迭代的研发方式，优先使用数字孪生、大数据等技术，并考虑引入机器学习技术和知识图谱，通过 NaaS 的方式为用户提供基于意图的使用体验，让网络在仅需要人工参与分析和决策的基础上继续优化迭代，最终实现系统感知和决策为主的自智网络。

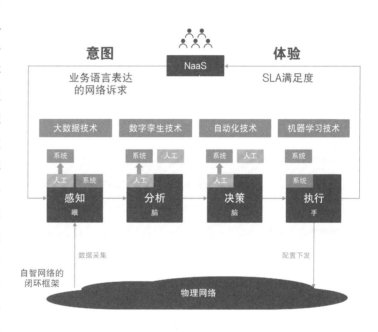

图 2-34 自智网络的现状和短期目标

其中，大数据技术负责实时、批量数据的接入、计算和存储，在数据治理之后提供数据服务。数字孪生技术基于大数据的数据服务，可以更好地感知网络的信息、状态，并生成镜像网络用于仿真、验证网络规划和交付策略。自动化技术结合自研开源或者商用的网络控制器模块，负责将物理层设备的部署策略变为实际的网络配置，并下发到网络设备，确保网络配置的正确执行。而机器学习技术接收网络设备的各种反馈信息并结合知识图谱，实时判断网络的健康状况，并给出网络流量及质量的预测。

（1）自智网络

自智网络是一种可感知并具有自主运行能力的网络，最早的中文名称为自动驾驶网络，是从自动驾驶汽车的概念借用来的，2020 年 TMF 的《自动驾驶网络白皮书 2.0》发布之后，业内认为自动驾驶网络这个名字容易引起歧义，于是 2021 年 TMF 听取了

多方专家的意见，正式发布中文版的《自智网络白皮书3.0》，官方中文名称也正式确定为"自智网络"。2022年世界移动通信大会（MWC2022）将此技术列入年度"最佳网络软件突破奖"短名单，也是意在表达通信产业对"最终目标"的追求。

自智网络源于IT运维领域的技术发展。IT运维领域在近十多年内提出很多概念和理论，如图2-35所示，我们逐一进行梳理。

图 2-35 运维领域的技术发展

IT运维的第一阶段：DevOps。DevOps是开发（Dev）和运营（Ops）的复合词，强调开发人员和运维人员的合作，实现软件交付和基础设施变更的自动化。它旨在建立一种可以快速、频繁、可靠地构建、测试和发布软件的文化。

IT运维的第二阶段：Google SRE & NetDevOps。站点可靠性工程（Site Reliability Engineering，SRE）是一门将软件工程应用于基础设施以及运营的学科，由Google于2003年提出。Google SRE被认为是云厂商DevOps的优秀实践和演进形态。它聚焦于软件系统的稳定性运行，提出了要有服务质量目标、变更和事故管理、故障复盘、应急响应机制等一系列管理手段。网络运维的发展节奏总体较IT运维来说是偏慢的，所以在DevOps的基础上提出了NetDevOps，由Network+DevOps组成，将DevOps的文化和理念引入网络领域，从而实现网络的自动化，最终实现网络的智能化。

IT运维的第三阶段：自智网络和AIOps技术。电信管理论坛TMF于2019年5月正式发布行业首篇自智网络产业白皮书，主张引入人工智能，促进网络运维转型，推动通信行业数字化智能化升级。自智网络就是融合运用SDN、NFV、云、大数据、数字孪生、机器学习、物联网、知识图谱等多种信息与通信技术，实现网络从人工操作到系统自动执行，从被动维护到可预测的主动维护，从人工决策到机器辅助甚至自主决策，从体验的开环管理到体验闭环可承诺。自智网络可以将用户用业务语言描述的需求转化成网络配置策略，策略验证无误后就可以下发到网络设备，并实时监测网络设备的状态，不断调整和优化网络配置策略。实现完全自智的网络，必然是一个长期的过程。根据人工和系统的协助关系，自智网络定义L0到L5的高阶分级标准，见表2-4。

表 2-4 自智网络等级划分

等级定义	L0: 手工运维	L1: 辅助运维	L2: 部分自智	L3: 有条件的自智	L4: 高度自智	L5: 完全自智
执行（手）	人工	人工/系统	系统	系统	系统	系统
感知（眼）	人工	人工	人工/系统	系统	系统	系统
分析和决策（脑）	人工	人工	人工	人工/系统	系统	系统
业务体验	人工	人工	人工	人工	人工/系统	系统
适用性	不涉及	限定场景	限定场景	限定场景	限定场景	全场景

L0 级别：手工运维。系统提供辅助监控能力，所有动态任务都需要手动执行。

L1 级别：辅助运维。系统根据预先配置，执行某个重复的子任务，提高执行效率。

L2 级别：部分自智。系统基于网络模型，针对确定的外部环境，系统内部分单元实现闭环运维。

L3 级别：有条件的自智。在 L2 的能力基础上，系统能实时感知环境变化，在特定网络领域，能根据外部环境进行自我优化和调整，实现基于意图的闭环自治。

L4 级别：高度自智。在 L3 的能力基础上，在更复杂的跨多网络领域环境下分析和决策，系统为业务和技术用户的体验服务，实现预测式或主动式的闭环自治。

L5 级别：完全自智。网络演进的终极目标是系统具备多业务、多区域的全生命周期闭环的自治能力。

如果自智网络技术强调的是软件与硬件协同实现网络的自治，那 AIOps 技术强调软件能力的建设。Gartner 在 2016 年时便提出了 AIOps 的概念，AIOps 即人工智能与运维的结合，通过大数据、机器学习及高级分析技术，提供具备主动性、人性化及动态可视化的能力，提升传统 IT 运维（监控、自动化、服务台）的能力，最终能帮助人甚至代替人进行更有效和快速的决策，减小故障处理时间，提升用户体验及业务系统的 SLA 等。通俗地说，AIOps 就是基于已有的运维数据（监控状态、日志信息、应用信息等）和知识图谱的能力，再利用机器学习训练的算法解决自动化运维没办法解决的问题。AIOps 相对于自动化运维的优势在于能够自动从网络数据中学习和总结规律，并利用规律对当前的网络环境给予决策建议。

（2）数字孪生

数字孪生，是指综合运用感知、计算、建模等信息技术，通过软件定义对物理空

间进行描述、诊断、预测、决策，进而实现物理空间与赛博空间（Cyber Space，可以理解为数字虚拟空间）的交互映射。简单而言，就是在一个设备或系统的基础上，创造一个数字版的"孪生体"，实现物理空间和数字虚拟空间的交互映射。该孪生体不仅可实时接收本体状态数据并同步产生动态变化，也可反向给本体输送数据，用来影响本体状态，具备动态、实时、双向等特性。数字孪生贯穿本体的整个生命周期，如产品的设计、开发、制造、服务、维护乃至报废回收等。

数字孪生其实已经改变了人们的工作和生活，网约车就是数字孪生技术在智慧交通领域的一个非常典型的应用。在现实世界中，修改道路或者做实地测试非常困难。而在数字孪生技术塑造的场景中，可以做成百上千种测试。例如，让每一辆车、每一条路，甚至很多车道线设计、转向设计在模拟器内测试，跑出最优解，然后再回到现实世界里去实施，使车路通信、车车通信能够变得更加简单。

在网络领域，数字孪生可作为实现未来网络的重要支撑。将大数据采集和实时计算所获取的多来源、多种类、多结构的海量数据导入数字孪生网络进行网络模拟仿真，甚至未来可将仿真网络产生的高质高量的数据回馈给机器学习引擎进行进一步的学习，必然会改变现有网络规、建、维、营的既定规则，从而帮助企业更清晰地感知网络状态，更高效地挖掘网络有价值的信息，在友好的沉浸交互界面去探索网络创新应用。比如数字模型的数据和物理世界的数据保持同步，通过网络配置在孪生网络层内进行仿真，可实现物理网络的实时模拟、控制、反馈、优化，最终实现网络自维护的实时闭环控制。

当网络出现故障，通过数字孪生技术，可以回溯到网络设备的历史状态，进行网络和设备的关联分析；当网络架构需要调整时，将包含网络目标结构、对应配置工艺的设计态模型和网络调整之后的运行态进行比对，可以减少人工失误和遗漏，还可以利用该设计态中设备的配置基线对现网全部标准区域的设备进行基线的健康检查，从而降低人工成本，减少失误，达到精细化管理的效果。

另外，随着 Facebook 正式改名为 Meta，微软公司也宣布进军元宇宙生态，"元宇宙"概念兴起。什么是元宇宙？它与"数字孪生"又有何关联呢？

元宇宙（Metaverse）由"meta"和"verse"两个词根组成，其中，"meta"表示"超越""元"，"verse"表示"宇宙（universe）"，它的最终形态就是一个与现实生活平行的虚拟世界。北京信息产业协会 2022 年发布的《中国元宇宙产业白皮书》认为，元宇宙融合了互联网、游戏、社交网络和虚拟技术等技术，造就了一种全新的、身临其境的数字生活。数字孪生是构建元宇宙的核心技术之一，而元宇宙为数字孪生技术的发展提供了新的场景。在元宇宙领域，与网络数字化相关的核心技术是网络的数字孪生、物联网等技术。

（3）网络即服务（NaaS）

在云网融合中，NaaS 是云提供给云用户的一种网络服务，也是当下网络向"软件化"演进的大方向。NaaS 是网络部门为了统一分配及优化网络资源所构建的软件服务，它将物理网络虚拟化后，向用户提供更加友好、灵活、敏捷的虚拟网络。用户可以在无须拥有、构建、维护自己网络设施的基础上随着需求的变化快速满足其业务需求。这种模式最早在运营商已有一定规模的应用，如运营商的用户可以采用自助付费方式订阅一些 NaaS，如虚拟专用网络、按需分配带宽（BoD，Bandwidth on Demand）等，这种 NaaS 按运营成本模式计费，基于消耗（如端口、带宽或用户等计量指标）而不基于硬件设备，通过 SLA 向用户提供日常运维、应急方面的服务承诺。

①数字化转型后的企业级 NaaS。

我们可以将企业级 NaaS 理解为由网络数字化管理平台提供的一种 SaaS 服务。依托于网络数字化管理平台，网络部门可以对外提供企业级的 NaaS 服务，它与之前运营商提供的 NaaS 服务或云中提供的网络服务相比，优势主要有 4 点：从设备覆盖的维度来看，企业级 NaaS 涵盖了网络线路和网络设备，如交换机、路由器、负载均衡、DNS、防火墙、控制器模块等硬件设备；从涉及的网络区域来看，企业级 NaaS 既可以覆盖数据中心网，也可以覆盖广域网、园区网等；从网络底层的架构来看，企业级 NaaS 既可以整合 SDN 网络的软件服务，也可以整合非 SDN 网络的基础架构服务，并将复杂且种类繁多的网络架构（数据中心网、广域网等）提供的网络连接服务以 API 接口或者自服务的形式提供给用户或云业务编排系统，使用户的网络资源、网络连接的供给更加有弹性和敏捷；从用户体验来看，企业级 NaaS 贴合用户的实际需求（敏捷、安全、辅助决策、全程可视），而不单单注重建设与运维。

如图 2-36 所示，以云网融合中的 NaaS 自动化变更为例，企业通过定制化研发的

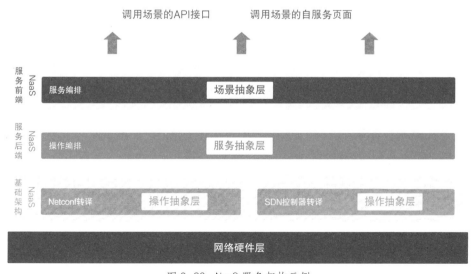

图 2-36 NaaS 服务架构示例

手段，可以将网络硬件层的局域网络、广域网络的变更场景封装为多种网络服务，并在 NaaS 服务前端对北向提供 API 接口和服务目录，由北向云管平台完成网络、计算、存储的统一编排。

除了交付敏捷，企业级 NaaS 服务也注重流程敏捷，如图 2-37 所示。对于基于意图的服务目录，业务人员只填写业务需求即可，NaaS 后端应用会自动将业务需求转换为网络需求，通过与硬件 SDN 控制器以接口方式对接或以 Netconf 下发配置的方式直接与网络设备对接，进而执行资源可研、设备定位、网络参数转换、变更下发、变更检查，甚至变更回退，最终完成网络资源的供给。这些操作通过与流程引擎相结合，一方面将流程审批由线下移至线上，能够从大量标准化的文本和脚本中提取复核、审批需要的信息，变更过程全程可视，减少了人工和失误，另一方面根据变更的影响范围和重要程度，简化审批流程，缩短从可研到交付的工期，使运维模式也敏捷起来。

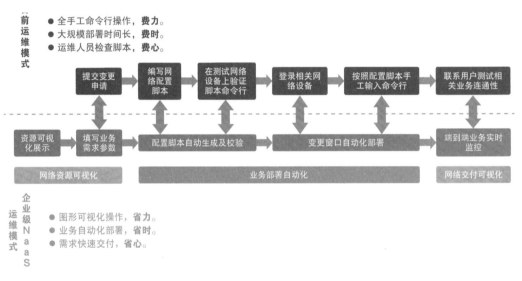

图 2-37 流程敏捷示例

上述 NaaS（含资源可研、资源交付、资源回退）对于目前各企业 IT 能力要求较高，为了贴合企业自身的运维特点，NaaS 需要通过自研实现。这种方式自主程度高，与软硬件厂商解耦，定制化程度高，业务场景与现网完全贴合，对人员的总体设计、软件交付、运维开发的能力也提出了转型的要求。

②传统网络服务向 NaaS 转型面临的挑战。

第一，底层基础设施标准化程度不够。要想更大范围地提供便捷的 NaaS，需要依赖底层的基础设施架构设计、配置的标准化，包括中间件接口和硬件接口规范的统一。

第二，统一规范需要时间。部分厂商已经推出了基于自身产品线的云网融合解决方案，从最终用户的利益出发，如何做好厂商解耦，自主可控，需要行业内有统一的规范，即使 NaaS 从架构设计的角度已经与硬件解耦，但针对不同硬件的适配，如果没有统一的规范，运维成本也会有所增加，这是一个漫长的过程。

第三，服务价值和运营成本如何平衡。当 NaaS 作为提供给外部租户的一种订阅服务时，自研开发相对于传统硬件建设投入较大，NaaS 能力建设需要有一个从量变到质变的时间过程，这种模式拉长了投资回报的周期，通过长期有效的、从数字化角度出发的精益运营，才有可能回避前期在盈亏平衡点的重投入，降低转型阻力。

③ NaaS 展望。

全球知名咨询公司 IDC 认为，"随着越来越多的组织意识到这些好处，使用 NaaS 模型的企业将在未来几年显著增加"。如何在云时代，让已经具备虚拟化和自动化能力的网络以不落后云发展的速度前进，提供云网边端一体化的 NaaS，成为各个企业的网络部门的当务之急。无处不在的 NaaS 最终将会改变网络部门传统运维、运营模式，同时 NaaS 的用户也不必成为网络的专家，随时随地都可以操作云网环境。

3. 构建网络数字化管理平台

如图 2-38 所示，网络数字化管理平台与软件定义网络或物理网络有机结合，实现全局网络的集中呈现、管控和分析，同时为租户、IT 系统和运维人员提供安全和优质的 NaaS 自助服务，为云提供 API 接口调用等，实现多业务、多区域的全生命周期闭环，打造能够自动配置、自我修复、自行优化的自智网络，实现云网资源的一体化。网络技术人员以数字世界的方式重新思考业务本身，实现网络运维的升级和重塑。

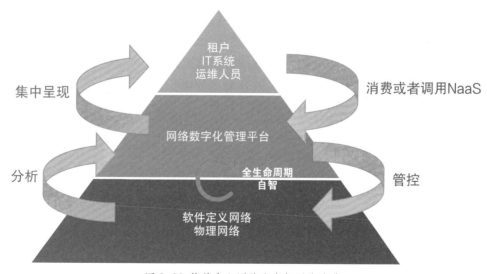

图 2-38 软件定义网络向自智网络演进

结合当前中国企业网络数字化的发展现状和未来发展趋势，以自智技术的 6 个级别作为衡量标准，网络数字化发展目标可为：第一阶段全面提升数字化能力到 L3 级有条件自治水平，第二阶段在重点业务和全网络领域力争达到 L4 级高度自治水平。在此过程中，不同的企业也可根据自身的特点和痛点对网络的规划设计、部署实施、运维监控、运行管理、运营管理等诸多建设方向进行价值排序，再按照转型的四个阶段螺旋式推进。

（1）网络数字化管理平台应用设计

网络数字化管理平台采用分布式微服务的方法构建多种应用。应用的设计原则遵循自智技术理念，按照脑（分析和决策）、眼（感知）、手（自动化执行）、可视化资源（数字资产）分成四种类型，不同种类的应用既可独立，也可以联动组成规、建、维、优全生命周期业务，为最终用户提供 NaaS 服务。

脑偏重于分析和决策，如异常检测、故障定位、问题修复等工作都是由脑来完成，典型业务如容量预测服务、应急处置服务等。

眼结合了传统硬件监控的能力和数字化（大数据、数字孪生等）的能力，结合设备在运行态产生的状态信息以及平台外网络监控系统（网管、网络性能管理 NPM、日志等）的数据进行建模并呈现，达到透过现象看本质的效果，典型业务如查询、检查类服务和孪生镜像网络仿真服务等。

手偏重于自动化的执行，通过变更自动化和流程自动化，提供基于意图的网络操作服务，典型业务如数据中心网域、广域网域变更场景自动化等。其中流程自动化可结合 ITSM 流程引擎实现业务需求单、变更单与变更设备的在线关联，全流程（需求到网络参数的转换、填单、脚本生成校对、业务下发、验证测试、结果通知等）进度状态实时可视。

数字资产是网络数字化的数据基础，它提供实时可视的数据模型和网络策略模型，满足脑、眼、手以及 NaaS 用户的数据消费需求，典型业务如线路、IP、隧道等数字资产。

另外，还有些网络运维服务是通过脑、眼、手业务联动来实现的，如通过日志报错进行应急处置。它涉及应急处置（脑）、健康检查（眼）、数据中心网域变更场景自动化（手）、线路和数字化方案库等应用。当应急处置收到线路日志报错，会根据报错的文本内容定位该线路关联的设备，再通过健康检查服务对设备进行状态检查，确认是否出现故障以及是否需要进行应急。如需应急，则按照数字化方案库中的应急模型生成参数，通过数据中心网域变更场景自动化拉起工单并自动下发（或等待人工下发），同时将短信和邮件发送给运维该区域的网络技术人员。

类似的场景还有很多，如：健康检查和数字化方案库的联动，可以对网络的设计态和运行态进行比对，完成基线检查；数字化方案库和数据中心网域变更场景自动化进行联动，完成 SDN 网络的零配置开局等。

（2）网络数字化管理平台架构设计

整个平台分为三个层次结构，如图 2-39 所示。

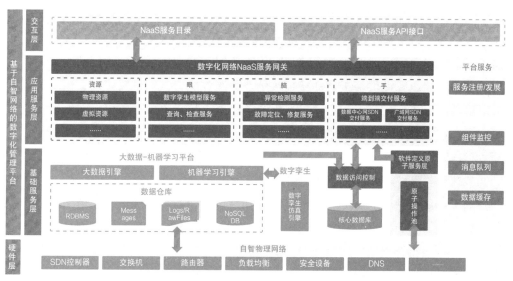

图 2-39 网络数字化管理平台技术架构示例

①交互层。

交互层主要提供应用服务层对外的业务及数据交互，分为人机交互和 API 交互。人机交互即通过 NaaS 服务目录页面进行交互，用于对运维人员及云租户提供网络自服务；API 交互即提供 NaaS 服务 API 接口，开放应用服务层中的所有能力给其他外部系统进行服务对接，方便本系统接入其他系统。其中，NaaS 服务目录包含规划设计事项、部署实施事项、运维监控事项、运行管理事项、运营管理事项等。

②应用服务层。

应用服务层被称为业务层。在本层中通过分拆和组合基础服务层所提供的原始能力可以实现各种网络业务的逻辑，从而构建网络业务。通过对基础能力进行不同的组合，可以让多个研发小组并行开展工作，能够有效地使业务与基础服务层所提供能力解耦，聚焦于业务的快速实现。为快速满足业务端提出的需求，避免竖井式重复建设，应用服务层需要搭建一个灵活解耦、可以应对变化的架构，如图 2-40 所示。

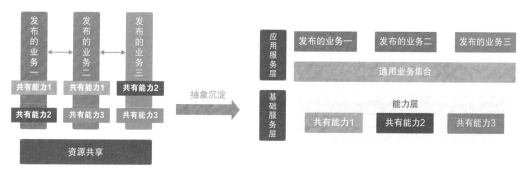

图 2-40 应用服务层复用、解耦的架构设计

通过识别网络业务中所用到的能力，在基础服务层进行抽象和积累，逐步形成能力层，这部分能力是通用的，也是与业务解耦的。应用服务层存在网络业务能力复用的需求，也要将通用的网络业务沉淀到应用服务层的通用集合中，通用的业务集合可以为前台发布的业务提供基于 API 接口级的业务服务能力，也可以将多个通用的网络业务以组件的形式面向前台应用。当通用业务积聚得越来越多，就自然而然地形成了业务中台。在业务中台的开发中，开发人员只需要将所有精力集中在业务流程上，而无须关心具体的业务实现。

③基础服务层。

基础服务层又被称为能力层。该层积累和封装了与业务无关的技术能力，如网络设备的操作能力、大数据与机器学习平台等一系列原子操作。通过应用服务层对这些原子操作的不同组合来快速实现业务。同时，整个系统的核心数据库也下沉到基础服务层并提供数据访问控制组件，应用服务层实现业务时无须关注数据如何存储，最终达到业务与数据解耦的目的。针对用户权限、ITSM 流程管理等用户需求，可以利用现有系统的能力，以 API 接口的方式与现有用户单点登录鉴权系统和 ITSM 系统对接，也可以在该层新建权限管理系统和 ITSM 流程编排系统，实现上述两大需求。

在这一层中，除去基本的业务原子能力外，大数据、机器学习、数字孪生引擎沉入基础服务层对整个平台的业务支撑也起到至关重要的作用。

如图 2-41 所示，在网络运行过程中所产生的结构化、半结构化数据及非结构化数据通过数据清洗后进入大数据引擎数据存储区进行存储。此时数据还处在一个原

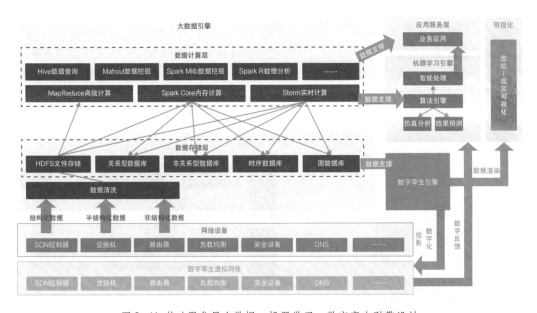

图 2-41 基础服务层大数据、机器学习、数字孪生引擎设计

始数据区，通过大数据引擎所提供的离线计算、内存计算等计算引擎对原始数据进行分析与挖掘。经过挖掘加工后的数据按照数据类型的不同存储到关系型、非关系型、时序型及图形数据库。这部分数据既可以被应用服务层的业务直接使用，也可以为机器学习提供充足的数据支撑，还可作为网络数字孪生引擎的数据源进行使用。这部分数据经过数字化表达后进行数字化投影，在原有的网络下映射成虚拟数字孪生网络。当有了数字孪生网络后，机器学习引擎就可以利用该网络对所有网络操作进行数字化模拟及仿真分析，其结果可以对现实操作进行指导。另外，机器学习引擎还会不断学习用户的处置方式，逐步提高自智网络的自治程度。数字孪生引擎内部提供的渲染引擎还能够为孪生网络提供可视化操作界面，帮助网络管理人员能够一目了然地看到结果。

④平台服务。

平台服务作为公共组件贯穿了各个逻辑层，向每个逻辑层提供整个平台通用的服务能力。服务注册 / 发现能够对系统各个组件的状态进行实时感知，感知后的结果将作为服务间相互调用的重要依据。组件监控服务对整个平台中的每个服务组件的运行状态进行实时监控，出现问题自动告警。消息队列是平台内各个组件实现异步交互的重要组成部分，在应用运行中，除了同步 HTTP/HTTPS 进行业务交互外，消息队列能够提供异步数据交互能力，这种异步数据交互能力极大提高了系统的吞吐能力和组件间业务解耦的能力。

⑤硬件层。

硬件层为物理层网络架构，与软件定义的网络架构类似，包括云和云连接网络（广域网、互联网），最终实现云、网、边、端的统一管理。

4. 构建企业级 NaaS 服务模型和服务目录

（1）全生命周期的 NaaS 服务模型设计

基于网络数字化管理平台构建的四大类业务，企业级 NaaS 服务可以为网络部门的运维人员、其他 IT 系统（内部用户）以及应用部门、租户（外部用户）提供基于意图的全生命周期的网络服务，各阶段的设计示例如下。

①规划设计阶段。

网络规划的自动生成：建设基于意图的网络规划功能，用户通过在数据中心规划阶段输入一些关键的网络规划参数（架构类型、设备数量、配置模板等），即可生成线上的网络设计方案以及实施工艺。

②应用发放阶段。

应用上线：在创建新的业务时，用户输入对业务的需求，如节点规模、部署位置、互访关系等，完成业务参数到网络参数的转换，并将最终的配置下发至网络设备。

应用变更：用户对已经上线的应用进行更新，包括对应用进行扩缩容和部署变更

时提供网络接入的变更服务。

应用下线：将已上线的应用进行下线处理时提供网络接入的变更服务。

应用互访：编辑应用间的互访策略，包括业务链的微分段及防火墙互访策略。

③网络变更、应急阶段。

网络变更推演：用户可以在网络变更前，将要执行的网络变更动作预先导入，利用数字孪生的仿真服务得出本次变更可能对业务产生的影响。

设备替换：提供自动化替换流程，用户在页面中选择需要替换的网络设备，并根据向导提示输入必要的参数，即可完成替换设备的上线纳管及备份配置文件的加载，同时还会对替换后的设备配置和协议、端口等运行状态进行校验。

端口重置：由于设备端口故障，经算法判断，故障需通过重置解决，可以自动将故障端口备份、初始化、重新配置。用户通过简单几步操作即可满足需求，也可以让数字化管理平台的应急处置服务结合设备日志、状态信息等数据自行判断后自动重置，简化对设备的配置维护工作，实现该应急的快速处理。

④运维监控阶段。

场景监控：用户可针对已发放的业务定义监控项的组合，如连通性、转发路径、丢包等，以便用户能够在业务出现故障或质量下降时，快速感知并及时排除故障。

⑤运行／运营管理阶段。

设备版本升级：基于用户对批量设备升级的工作任务，提供设备升级功能。设备升级采用全流程引导方式，逐步指导用户完成升级操作，通过页面化的升级操作给用户提供更优的设备升级体验。

流量优化扩容：通过机器学习引擎对端口流量的未来走势进行风险预测，当预测出端口流量越限时产生预警事件，再将该事件通告给数字化管理平台，数字化管理平台在预警事件管理中向网络技术人员呈现事件待办信息，并提供对应的优化、扩容建议。

（2）NaaS 服务目录按需设计

NaaS 既可以提供单个（或主备）设备级的服务目录，也可以按照网络架构将多种设备服务进行组合，串联成一个网络场景，提供场景级的服务目录。

①设备级的服务目录示例。

以网络安全设备服务目录为例，NaaS 对设备的变更和运维任务进行逐个独立封装，并对外提供接口和自服务的菜单。

SSL 证书管理：SSL 证书自动化更新、自动化生成；服务器／客户端证书自动更新。

DNS 管理：内网、私有云至公网、公有云至公网的域名资源申请、自动化发布，并支持 IPv6 功能等。

负载均衡管理：WAF、SSL 和负载均衡资源申请、自动化变更。

访问关系管理：访问关系资源申请、自动化变更，支持 NAT 映射功能等。

②场景级的服务目录示例。

场景级的服务相对于设备级服务，侧重整合网络数字化管理平台的多种网络服务能力，形成端到端、流程敏捷、全生命周期的 NaaS 场景菜单。例如，在一个多云业务部署的场景中，涉及数据中心网和广域网协同连接的工作，传统云中的网络服务很难满足租户的端到端敏捷交付的要求。该场景级的 NaaS 服务通过整合网络数字化管理平台的数据中心网 SDN 交付服务、广域网 SDN 交付服务以及基于数字孪生的网络地图，自动完成网络服务端直至网络客户端的变更（以及回退），屏蔽数据中心网和广域网的底层网络技术，敏捷地实现上云业务多地的高可用部署、用户端多种方式的接入。该服务还整合了流程管理服务的能力，将审批流程与变更操作在线上有机结合，相对于传统审批流程，不容易丢失工作事项，还可以降低人工成本，缩短审批流程，将审批流程也纳入敏捷服务的范畴中。另外，该服务将资源申请、需求分析、需求处理、变更执行（含变更确认、回退等）等各个阶段的工作，通过一张工单无缝衔接，将 NaaS 贯穿于网络工作的整个生命周期，只需一次资源申请、一次资源审批，各子工单就能无缝衔接，自动完成资源的部署，进一步提升了 NaaS 的用户体验。

为方便技术和业务的用户在 NaaS 服务目录灵活地选择菜单，服务目录应支持管理员在线编辑和发布的功能，该管理员的服务目录设计可为四类。

统一入口管理：服务目录是技术和业务的用户填写需求的统一入口，经审核后将不同的场景以菜单形式发布。

网络服务模型管理：将日常标准化的设备命令行分解成原子操作，再将其进行编排，最终形成服务模型，该服务模型支持增、删、改、查操作，每个服务模型经审核后才可发布，形成各个对应的场景。

审核流程管理：一个服务模型在发布前需要与审核流程模板进行关联。当技术和业务的用户在使用该场景时，该场景以工单的形式呈现和流转。该服务支持审批模板的增、删、改、查操作，多个场景可以与同一个审批模板进行关联。

变更展示管理：展示变更工作执行状态（待处理、执行中、执行成功、执行失败等）的统计和明细信息。NaaS 可根据时间段统计网络变更分类、变更状态等历史汇总信息，支持网络设备配置信息备份、前后配置的对比。该服务支持展示模板的增、删、改、查操作。

三、基于数字化转型技术的网络管理平台案例

1. 案例背景

建行自 2021 年起稳步实施其"TOP+2.0"金融科技战略，数据中心持续推进数据中心网、广域网的架构及业务模板等标准化工作，并逐步扩大软件定义网络的建设范围，在各个网络领域积累了自动化管控的能力。根据国家"十四五"规划提出的建设数字

化企业、物联网及工业互联网等技术和新兴业务的指示，建行提出打造金融网络数字化的建设目标，借鉴国外商业银行金融科技及国内外互联网企业数字化转型的实践经验，以技术及数据双轮驱动，围绕智能运维及敏捷开通实现自智，达到网络自智 L3 阶段，推进 NaaS 服务与云融合，提升数据中心的网络服务水平。

2. 建设内容

数据中心参考 TOGAF 4A 方法论建立企业级 4A 架构（业务架构、数据架构、应用架构和技术架构），构建全行网络管理平台，将各系统相互打通，将大量线下管理的工作数字化，流程在线化。平台凭借数据、算法、自动化三大基础能力，设计基于意图的网络业务应用集群，以 NaaS 的形式在云上提供网络服务，为网络运营提供可视化管控工具，为分析、决策赋能。

如图 2-42 所示，依托网络自智理念，将平台的应用服务层与软件定义网络有机结合，积累脑（分析决策）、眼（感知）、手（自动化执行）、可视化资源（数字资产）四类应用提供的业务能力，并围绕网络运维的全生命周期进行 NaaS 服务设计，该服务涵盖网络规划设计、部署实施、智能监控和运行管理四个阶段，构建智能运维、敏捷开通的自智网络。

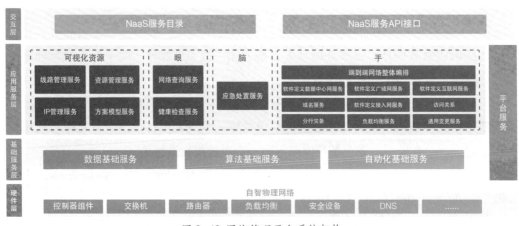

图 2-42 网络管理平台系统架构

（1）智能运维能力建设概要

通过全行网络资源（IP 地址、线路、网络方案等数字资产）的结构化、模型化、可视化，数据中心的监控发现、故障预警、应急实时处置等智能运维的能力均有明显提升。下面主要说明健康检查、应急处置及网络查询的数字化管理功能。

健康检查：通过路由比对功能，实时监视设备 IPv4、IPv6、VPN 路由配置的横向和纵向差异变化，确保路由的正确性；通过配置合规功能，参照网络数字化方案库提供的设计态配置，每日检查设备运行状态和配置是否符合预期，确保网络合规稳定的运行；通过变更验证功能，对变更前后进行条件检查，提升变更的准确性和可靠性。

应急处置：基于健康检查的数字化能力，对线路、交换机告警自动执行健康检查，并发送告警邮件；借助算法基础服务提供的处置决策条件，在满足条件时执行自动隔离方案，不满足条件时则进入半自动隔离，待人工确认后进行一键隔离。

网络查询：网络与平台、应用关系查询功能打通了网络与应用之间的鸿沟，也使应急处置效率得到质的提升。端到端路径查询与展示功能为故障定位、路径优化提供数据支持。端到端路径查询与展示功能可以实现任意两个节点之间的路径可视化展示（如图 2-43 所示），并用高亮颜色标识途经的所有节点。其中使用的算法可以基于主机和网络设备的配置、连接、路由及策略路由等数据综合计算得出，用于探查网络故障、网络设备配置测试等场景。

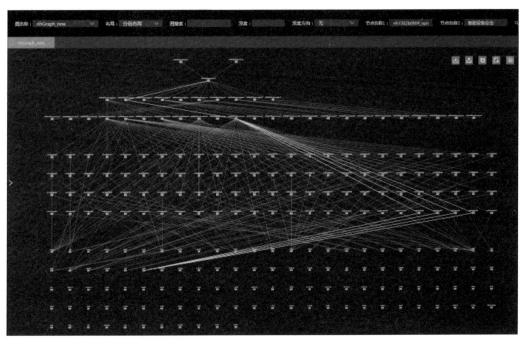

图 2-43 配置管理数据库（Configuration Management Database, CMDB）路径可视化展示示例

（2）敏捷开通能力建设概要

该平台除了构建上述的智能运维能力之外，还建设和积累了基于意图的网络业务敏捷开通能力，实现全生命周期的流程自动化，并凭借建成的网络数字化模型，以

NaaS 的模式发布场景（如骨干网和数据中心网与云协同部署的场景），有效提升部署效率和内外部用户体验。

如图 2-44 所示，平台除了提供各个网络域独立的 NaaS 外，还可通过端到端网络整体编排提供跨域场景的 NaaS。通过将多个域的网络整合为一张虚拟网络并进行部署，可以为云上的业务部署提供一站式的服务。这张虚拟网络实现了云内网络以及云间网络底层的互联互通要求，也可提升 Overlay 自动化部署的能力。

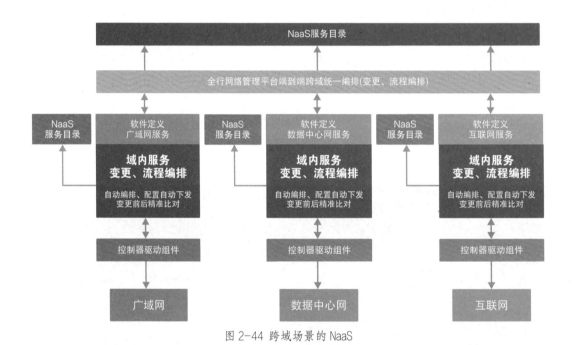

图 2-44 跨域场景的 NaaS

由于数据中心网、广域网、互联网的网络架构差异较大，无法统一建模或调度，端到端网络的整体编排通过上下两层管控的方式完成场景编排，下层按区域划分的自研软件定义服务做单独域管控，如数据中心网域、广域网域；上层的端到端服务则将各个域内场景串联并结合 ITSM 流程管理的快速审批能力，最终将其发布给用户使用。

如图 2-45 所示，在端到端网络的整体编排中，我们以数据中心网为例，开源或厂商的 SDN 控制器模块只给北向的软件定义数据中心网服务提供原子操作，然后该服务再将原子操作聚合为原子服务并提供给上层的端到端网络的整体编排，由端到端网络的整体编排将原子服务编排起来，作为数据中心网域的场景，以 NaaS 服务目录的形式提供给更上一级的云与网的统一编排或者直接提供给用户。当用户选择该 NaaS 以工单的形式发起该场景的变更时，软件定义数据中心网服务内置的驱动组件会将标准、独

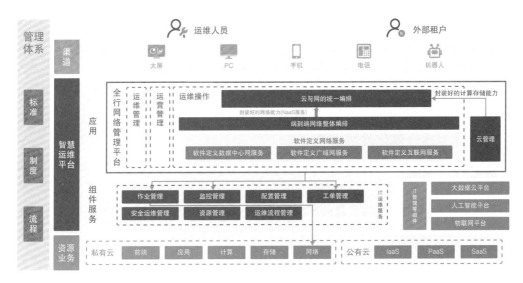

图 2-45 中国建设银行云网融合业务架构

立的网络服务需求翻译为各厂商能执行的原子操作集合（即原子服务），并对它们的接口进行调用或进行 Netconf 下发。该场景在具体实现的过程中，通过组件服务中的工单管理生成变更单并完成该单送批直至关闭，同时通过监控管理完成维护期的设置，再通过作业管理调度该场景的自动化变更作业，最终在网络硬件侧（含控制器模块）执行该自动化变更。工单完成后，网络技术人员通过手动或自动的方式在配置管理中完成配置更新。该架构设计中，云网分工明确，云与网各自提供可支持的业务场景能力，由上层统一调度，并提供云网融合业务的服务目录，以及全流程、自助式的变更自动化能力，实现变更即服务，提高运维服务及基础设施的交付效率。

3. 项目价值

智能运维：打造了建行网络规划、部署实施、监控、变更、应急等一体化联动智能网管平台，助力全网安全防护和数字资产治理。

敏捷开通：实现了端到端全流程网络服务自动化，有效提升了部署效率和内外部用户体验。

能力沉淀：推进了网络数据治理，形成了高质量的网络数据资产。

人员结构优化：锻造了一支具备网络运维、IT 开发、数据管理多领域能力的综合性队伍。

第五节　对云计算网络未来发展的展望

一、云计算网络发展趋势

1. 云网边端一体化发展趋势

按照目前 IT 数字化转型及多云承载的趋势，企业网络必须能够在多云连接这样复杂的条件下具备适配能力，企业网络的连接规模也将大范围提升。而随着万物互联趋势的逐步深化，入网终端的数量和种类都将持续高速增长，同时，多类型的终端带来了爆发式的海量的数据计算需求，云计算中心的能力会逐步下沉至更贴近用户的边缘侧，边缘计算也将扮演越来越重要的角色。在未来一段时间内，云网一体将会向云网边端一体演进。

当前，我们正处在云网技术从相对独立走向相互交织和转化的时期，云网基础设施层已经打通，在业务层面可以做到自动化开通和编排及一站式的订购。在下一个阶段，云网逻辑架构和通用组件逐渐趋同，不再有明显的界限，可在多云管理平台上进行统一的调度。在可见的未来，云网的相互作用将从融合最终走向一体，云网技术边界将被彻底打破，云网资源和服务成为数字化平台的标准件，业务的部署与发布逻辑将完全由数字化平台直接交付。

未来一到数年内，随着多云及云间连接技术的普及和扩大，以及国家东数西算战略的影响，跨数据中心、跨多云的流量调度能力会越来越被重视和发展，SRv6、5G 等技术的规模应用会大大增加。同时，云内虚拟化程度也会进一步深化，以容器为代表的轻量级虚拟化技术会进一步提升云内的资源利用率和整合力度，SDN 架构也会更多地借助虚拟化平台继续进化，反过来促进云网融合的进程进一步向深度和广度发展。如图 2-46 所示，在云网边

图 2-46 云网边端一体化

端一体化进程中，数据中心网络不再局限于作为独立在云计算之外的个体，而是通过其自身的物理及协议等层面的高性能和高可用性，为云计算提供数据底座，逐渐成为云计算的重要组成部分。边缘计算将发挥其贴近终端侧、贴近用户侧的优势，在减少网络延迟、提升终端算力、扩展业务模式等方面发挥更大的作用。互联网、广域网网络也不再仅仅满足于实现分支机构的接入和连入外网的功能，而是将广域网线路作为一种资源来管理监控，实现云数据中心、边缘计算节点、智能终端/物联网终端的随时随地接入访问。当下 IT 架构则需要围绕任意云联接、确定性体验、网络服务化，实现云网边端统一协议，统一语言，统一部署。

云网融合的终极目的是要在用户体验方面获得巨大的提升。为此，在硬件层面，带宽、存储和计算三大资源的性能也应该进一步提升。在互联网带宽上，企业、组织的接入带宽将进一步向千兆，甚至多条超千兆负载的方向发展；在云内，服务器的接入带宽将从 10Gbps 逐渐向 25Gbps 和 100Gbps 进行升级，交换机之间的骨干带宽将提升到 100Gbps 至 400Gbps；在流量控制层面，面对日益增多的高性能计算、分布式存储等场景，无损网络会越来越多地被采纳，以在拥塞控制、流量控制、分组转发、路由选择等方面持续改进用户体验；在存储层面，现有的存储将向高 I/O 性能和大磁盘容量两个方面继续发展，每个云用户平均可用容量将从目前的 TB 级向 PB 级演进。

在云网融合过程中，端到端资源的可管、可视、可控需求将大大增加。在算力越来越强、越来越贴近用户侧这一趋势下，对整体安全策略的关注和把控将上升到全新的高度，微分段、基于机器学习和人工智能的安全方案以及更加智能化、自动化和高度集成化的 SOC（安全运营中心）平台也将会在云上实现更大规模的部署。安全技术不断深入和进化，将会成为云网边端一体化进程的重要组成部分。

2. 面向智能运维的数字化转型——人工智能运维（AIOps）

在 IT 领域技术的进化过程中，大数据、人工智能、区块链、云计算等新兴技术的不断出现和完善，推动着企业业务的全面深度的发展，同时也对 IT 基础架构特别是网络基础架构不断提出更高的要求。云计算、人工智能、大数据等技术相互作用，共同发展。人工智能诞生于高质量、大数量的训练数据，而云的扩大恰恰为人工智能提供了所需的多种类型和高质量的数据，如此，人工智能才得以自动感知、认知、分析和预测世界；反过来，人工智能也推动着数据产业不断向前，包括云计算技术的发展。

在过去二十年中，IT 运维的逻辑和思路随着业务的发展而急剧变化。一个明显的趋势是需要短期快速调整的业务在企业中占比越来越高，变更的频次逐渐增加，难度也随之不断升高，人工运维的能力上限面临越来越严峻的挑战。企业业务的部署范围也同时在快速地扩张，一个新业务的部署上线操作往往要涉及园区网、广域网、数据中心，跨云场景日渐增多，网络运维边界正被不断打破。

因此，企业需要发展融合人工智能与大数据技术的 AIOps 能力，实现系统自动化和运维智能化，提高业务敏捷性，保障 IT 系统的用户体验。2018 年，在 Gartner 新版《AIOps 平台市场指南报告》（*Market Guide for AIOps Platforms*）中，AIOps 中 AI 的含义从算法升级为人工智能，其英文全称变更为 "Artificial Intelligence for IT Operations"，即人工智能运维。如图 2-47 所示，AIOps 整合了大数据、机器学习、人工智能等前沿技术方向，可能成为未来系统运维技术演进的重要方向。

图 2-47 AIOps 含义

在 AIOps 的含义中，人工智能运维平台需具备以下能力：具备一个完善、开放、独立的历史和实时的数据采集及分析的平台，将 IT 运维过程中的数据和指标有机整合在一起；在监控层面，提供告警的智能过滤，消除误报，降低冗余，减轻人工监控压力，设定基线来探知各个情形下的超阈值异常事件；在分析层面，能够把业务的各个关联系统打通，提升故障分析的效率和能力，通过机器学习及人工智能的方式能够有效预测系统未来的趋势，并提示是否存在潜在风险；在处理层面，直接或通过集成联动对系统进行操作，以解决问题。

时至今日，我们审视 AIOps 的发展轨迹，目前在技术层面已具备在某些场景下支持人工智能运维的能力，如基于机器学习和人工智能训练的异常检测、智能定位、容量分析等，并且部分产品可以将多个人工智能运维场景模块串联起来，人工智能的流程化运维能力逐步体现出来。在未来，AIOps 将向更加自动化、智能化、全流程化的方向继续演进：将有越来越多和越来越全的场景能够完成流程化人工智能运维，在这些场景中系统可自动运行，仅需极少量的人工干预；将建立更具经验、更加智能的核心中枢人工智能，可以在成本、质量、效率间从容调整，满足业务不同生命周期对三个方面不同的指标要求，最终实现多目标下的最优或按需最优。

二、前沿云网技术一瞥

1. 泛在网络

泛在计算（Ubiquitous Computing）最早在 20 世纪 90 年代由 Xerox 实验室的科学家马克·韦泽（Mark Weiser）首次提出。泛在计算描绘了任何人无论何时何地都可以通过合适的终端设备与网络进行连接的新一代信息社会。从网络的定义来讲，泛在网络是网络通信的远景目标。如果说通信网、互联网解决的是人与人之间的通信问题，物联网解决的是物与物之间的通信问题，那么泛在网络则是实现人与人、人与物、物与物之间通信的网络，是面向经济、社会、企业和家庭的全面数字化的网络。

随着近年来行业数字化的不断深入、信息通信技术的持续发展以及如 wifi6、5G、卫星等近场 / 远场无线电波通信技术的更新迭代，一个"无所不在""无所不包""无所不能"的泛在网络时代正如 30 多年前马克·韦泽预言的那样如期而至。

根据前文所言， 云与网之间原本就是一个有机的技术结合体，云需要网来承载，而网同样需要云来成就，正所谓以云促网、以网带云，进一步实现云网一体化发展。

从金融科技政策的角度来看，央行印发的《金融科技发展规划（2022—2025 年）》（下文简称《规划》）提出要架设安全泛在的金融网络。《规划》提出，要积极应用分段路由、软件定义网络等技术，优化建设高可靠冗余网络架构，实现网络资源虚拟化、流量调度智能化、运维管理自动化，着力提升金融网络健壮性和服务能力，为金融数字化转型架设通信高速公路。按照《规划》的要求，金融企业要积极引入先进的理念和技术，践行扎实的工作，努力逐步建设安全泛在的金融网络。

在未来，云与网将进一步进行融合，网络即计算，计算即网络。我们也许只需要拥有一个终端，比如电脑或者是手机，就可以享受由网络带来的各种云端服务，拥有比任何计算机更强大的运算能力，置身于个性化、智能化的信息社会。用户体验的提升是云网发展的最终目标。

2. 算力网络

《规划》指出，要布局先进高效的算力体系。其中论述了两个关键点：一是加快云计算技术规范应用，二是围绕高频业务场景开发部署智能边缘计算节点，打造技术先进、规模适度的边缘计算能力。总的来说，就是要围绕金融应用，加快云计算的落地进程，布局算力体系，建设算力网络，为金融场景的效率和体验提供服务。

那么，什么是算力网络？这就要从什么是算力说起，算力就是计算能力，本质上就是计算的性能和速度，在计算机领域，就是 CPU 或 GPU 等芯片计算一个个二进制数的能力。无论是在科研领域计算天体运行、量子运动，还是在生活中匹配购物车与外卖订单，都需要海量的算力帮助人们解决一个又一个的现实问题。

在信息时代，算力是核心能力。在云时代，算力是一种宝贵的资源。这也就解释了为什么要为算力建设网络。目前，算力存在于世界的各个角落，大到公有云、数据中心，小到 PC、手机，今日的世界是算力普及的世界。与之相对，算力的效率却依然不高，大量的算力总是或在一段时间内处于闲置状态，而一些需要大量算力的科研单位却苦于无法找到计算资源或无法申请到足够的费用去搭建研究所需的算力环境。因此，我们需要一张网络把越来越多的算力联合起来，通过智能的算法去匹配不同的算力使用需求，用这张网络把所需的 CPU、存储的算力交付给用户，这就是算力网络的基本思想。

目前，诸多机构与企业正在投入算力网络的研究，对算力网络的定义也有不同的看法。大致来说，算力网络应该是算力围绕着网络，通过网络将人工智能、大数据、边缘计算、区块链等技术进行优化协同及调度，使算力需求方通过网络匹配，找到最优的算力提供者，最终达到有网即有算的目的。

算力网络与云网融合似乎异曲同工，但实际上，二者既有联系，又有区别。第一，云网融合更偏向"云"，其终点是由"云"把网络集成并统一交付，而算力网络更偏向"网"，算力网络提供的是网络的算力路由服务，其原理是新型智能网络感知算力位置，绘制算力拓扑，并最终通过算力路由匹配业务需求与算力位置，从而提供算力服务。第二，云网融合主要由云服务商提出并主导，而算力网络主要由部分运营商提出并着力推动，算力网络也强调云网的深度融合，同时，更加强调由算力网把各个云服务商、边缘计算节点的所有运算能力进行整合并提供服务。

中国开展的"东数西算"战略与算力网络的演进具有很高的契合性。工信部《新型数据中心发展三年行动计划（2021—2023 年）》中指出，对于京津冀、长三角、粤港澳大湾区、成渝等用户规模较大、应用需求强烈的节点，要重点统筹，满足重大区域发展战略实施需要。对于贵州、内蒙古、甘肃、宁夏等可再生能源丰富、发展潜力较大的节点，重点提升算力服务品质和利用效率，积极承接全国范围内的非实时算力需求。东数西算正是要求把不同位置的算力整合起来，先用智能算法进行调度和资源分配，再使用广域网进行传输和交付。

目前，算力网络的研究与发展还处于一个相对初级的阶段，围绕着算力网络如何度量、如何进行信息的分发、如何构建全网的资源视图等这些底层的基础技术的研究方兴未艾，未来算力网络如何演进与发展仍然值得我们继续关注。

3. 无损网络

以太网是数据中心数据通信的主要网络协议，但由于以太网在设计之初的思想是一张尽力而为（Best-Effort）的网络，当网络或访问资源繁忙时，可能会出现数据丢包的情况。而以太网协议本身缺乏对于数据流量的控制以及拥塞检测机制，这导致以太网协议对数据丢包不够敏感。

最初，无损网络的概念起源于 IEEE 802.1 工作组中的数据中心桥接（Data Center Bridging，DCB）任务组。DCB 通过定义流量控制（Priority based Flow Control，PFC）协议、增强传输选择（Enhanced Transmission Selection，ETS）协议和拥塞通知（Congestion Notification，CN）协议来解决以太网网络拥塞问题，让以太网协议可以实现零丢包、低延时、高吞吐的效能。

经过多年的技术发展，人们对于无损网络"零丢包、低延时、高吞吐"的定义没有改变，但相关技术实现已经在 IEEE DCB 的基础上进行了迭代和具象化发展。其中无损网络具有里程碑式的应用场景就是 RoCE（RDMA over Converged Ethernet）网络。

也正因如此，目前国内普遍认为无损网络即 RoCE 网络。

说起 RoCE，不得不提到远程内存直接访问技术（Remote Direct Memory Access，RDMA）。随着互联网业务的发展，如高并发的网上商城抢购场景、基于 HPC 的高性能计算场景以及人工智能场景的出现，人们对计算机的读写和数据处理的性能要求越来越高，显然传统计算机需要通过 CPU 实现内存数据多次拷贝与读取的方式已经不能满足上述业务场景的需求，于是 RDMA 技术应运而生。RDMA 技术允许应用程序直接读取和写入远程内存，与传统技术相比，RDMA 技术使得数据的读写过程无需 CPU 的介入，并可绕过内核直接向网卡写数据，从而实现了高吞吐量、超低时延和低 CPU 开销。

RDMA 技术在网络层通常由 RoCE、iWARP 和 IB（InfiniBand）这三种网络协议来支持。其中，InfiniBand 是最早支持 RDMA 的网络协议，但是用户在使用 InfiniBand 时，除了需要购买服务器前端接入的以太网络设备，还需要额外投入大量资金用于购买 InfiniBand 专用的网卡和 IB 交换机。所以，RoCE 这种将 RDMA 技术运行在以太网络上的高性价比解决方案成为许多使用 RDMA 技术用户的首选。

RoCE 目前存在两个版本，即 RoCEv1 和 RoCEv2。两者的区别在于，RoCEv1 是直接在原有 IB 架构的报文上增加二层以太网的报文头，从而实现 RDMA 在以太网络中的传输。因此，RoCEv1 只能部署在相同网段的二层网络中。RoCEv2 则是在原有的 IB 架构的报文上除了二层以太网的报文头以外，还增加了 IP 报文头和 UDP 4791 的报文头，这就使得 RoCEv2 可以部署在跨网段的三层网络中。除此之外，RoCEv2 还在网络的传输上进行了优化，支持基于源端口号 hash，采用 ECMP 实现负载分担，提高了网络的利用率。RoCE 的出现满足了行业内日益增长的高性能和横向扩展架构需求，同时为基于 IB 的应用移植提供了快速迁移的方式，降低了开发工作量，提高了用户部署和迁移业务的效率。在未来，相信随着云计算技术的快速发展，RoCE 的技术演进以及网络虚拟化与无损网络的结合，可以进一步加快无损网络产业化进程，让无损网络更好地服务于云计算的发展。

3

第三章
使用商用套件的私有云

导　　读

近几年，云计算已成为企业进行 IT 基础设施建设的首要选择。其中，私有云凭借其自身数据安全、服务质量高、充分利用现有硬件资源、支持定制特殊应用、不影响现有 IT 管理的流程等优势，被广泛地应用在对安全性要求较高的行业中。除了国外比较知名的亚马逊 AWS、微软 Azure 有自己的云计算平台外，国内厂商如阿里、腾讯、华为等也纷纷建设了自己的云计算技术栈，并提供相应的云服务。在进行私有云架构设计时，企业要充分考虑私有云场景下的角色和权限、云服务的设计、统一的云管理平台、配套工具软件的建立等要素，保障私有云基础设施的稳定。

本章主要回答以下问题：

（1）如何理解私有云？

（2）私有云的具体技术有哪些？

（3）私有云如何建设？

（4）私有云涉及哪些产品和服务？

（5）私有云未来的发展趋势如何？

第一节 概述

据信通院 2021 年 7 月出版的《云计算白皮书》显示，2018 年中国私有云的市场规模为 525 亿元，2019 年的市场规模达到 645 亿元，同比增长 22.8%，2020 年即便受到新冠肺炎疫情影响，市场规模也达到 814 亿元，同比增长了 26.1%。随着市场的发展和行业生态的完善，大型金融机构对商用私有云的投入和应用逐渐成为常态。和传统的 IT 基础架构相比，采用商用私有云的方式对 IT 基础设施进行整合、组织和调度相关资源，能更好地适应企业 IT 中心的高速发展和变化，实现资源的快速部署和回收，以及高负载压力下的灵活扩容，还能够提升资源使用效率，降低运营成本。

私有云由专供一个企业或组织使用的云计算资源构成。私有云在物理上可位于组织的现场数据中心，也可由第三方服务提供商托管。但是，在私有云中，服务和基础结构始终在私有网络上进行维护，硬件和软件专供组织使用。这样，私有云可使组织更加方便地自定义资源，从而满足特定的 IT 需求。私有云的使用对象通常为政府机构、金融机构以及其他具备业务关键性运营且希望对环境拥有更大控制权的中型或大型组织。

私有云作为云计算典型部署模型之一，与社区云、公有云、混合云相比，在数据安全、服务质量、资源管控等方面有明显的优势。

在数据安全方面，对于企业而言，尤其是大型企业，与生产业务息息相关的数据是极其重要的依托，不能有任何数据损坏或丢失。私有云是服务于企业或组织内部的，整个资源池不对外开放，所有资源仅供内部用户使用，企业自身对私有云具有全面的控制权，确保部署在私有云中的应用系统在系统安全、数据安全、环境安全等方面有更强的防护能力，保证了数据安全。

在服务质量方面，其一，私有云基础设施供企业专用，从底层的硬件负载，到网络带宽，再到虚拟化环境中的云服务，不会受到第三方应用的影响，即便出现容量不足、资源争抢，甚至基础设施不稳定的问题，企业也能够在很短时间内加以解决，比基于互联网的公有云更有保障能力；其二，私有云由企业内部组织运营，能够对应业务需求作出快速响应，在及时性和资源充足性方面，能够满足业务交付需求，为特定业务场景提供个性化资源甚至定制云服务；其三，企业能够根据自身的发展规划，对私有云的构建和扩展进行战略性的设计和规划，并通过资源调配、沟通协调等管理工作，使渠道更通畅，效率更高；其四，企业内部 IT 团队能够专注于私有云基础设施的各个层面，并且能够掌控各领域的技术线路，包括对新技术的研究和引入。

在资源管控方面，企业内部，私有云从规划设计，到建设实施、投产运营，直至更新替代，整个生命周期都由企业自己把控。在规划阶段，企业可以兼顾自身现有的技术路线，对硬件、软件产品的选型工作进行把控，避免基础设施引入不当而造成风

险隐患。在建设、投产时，集中采购、统一部署，有效控制成本。而当设备达到使用年限，需要更新替换时，可以灵活利用，比如将生产中到期替换的设备重新投入开发、测试环境，从而让企业能够最大限度地挖掘基础设施资源的价值。

在支持定制特殊应用方面，私有云能够提供对于大型主机、HP、AIX 小机等这些平台的应用，以及定制开发的特殊化应用，而这些是公有云无法提供和支持的。

在 IT 管理的流程方面，私有云与企业现有的业务流程以及 IT 管理流程能够更好地进行整合。

当然私有云自身也存在一定弊端，比如成本更高，涉及采购、部署、支持和维护成本；需要开发一些自动化工具和服务来助力相关 IT 人员运维私有云等，但这并不影响对安全性和数据保护性要求高的企业选择搭建私有云。

第二节　私有云的技术介绍

本节主要介绍私有云的技术领域划分以及具有代表性的商用产品。

一、商用技术框架中云技术的发展

作为分布式计算、并行计算、网格计算、高可用集群等计算机和网络技术在发展中融合的产物，云计算的范畴和生态也在不断演进，它也一直被当作现代信息技术发展的一次大变革，其发展之快速、扩张之迅猛，出乎人们的意料。云计算已经逐渐成为组织管理层可以理解的概念，在组织战略目标的制定和实施过程中产生了重大的作用。它已经不再是单纯的资源交付和服务模式的演进，而是具备了推动业务创新的驱动力，成为业务拓展和增长的新引擎。

基于商用技术框架搭建的私有云在云计算发展的历程中占有非常重要的地位，甚至可以说，在一定程度上，它是商业云计算产品，包括资源、技术、服务等，使云计算从理论到实践，再到成熟，有了如今的格局。这一切以各种产品创新、技术发展为引擎，将业务需求驱动技术发展的时代，推进到信息技术驱动业务需求、服务创新的时代。因此，当人们将目光转向云计算时，就必须先对它所倚赖的基石——云技术，进行深入的剖析。

二、私有云关键技术分类

支撑云计算的不仅有商用软件，也有开源软件，还有用户自研的产品。在不同的领域或应用场景中，对云计算关键技术的分类还是存在差异的。

为了便于阐述，不妨从"云计算"最基本的定义出发，以资源管理、服务交付为思路，从计算资源管理、存储资源管理、网络资源管理和虚拟化管理这四个维度逐一介绍。其间会结合 VMware 软件的相关产品，展示云计算中资源管理的思路，如图 3-1 所示。

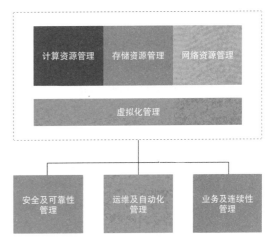

图 3-1 云计算中资源管理思路

三、计算资源管理

1. 计算资源管理概述

计算资源管理，即"软件定义计算"，是指将服务器计算资源抽象化、池化，并加以自动化能力，以实现对资源的按需调配和充分利用。通俗他说，就是将物理服务器的计算资源全部"虚拟化"。其范围包括物理服务器上的处理器、内存、磁盘、I/O 等资源。因此，从计算资源管理的范畴来看，虚拟化是其最重要的核心技术，也正是如此，曾有很多人误认为虚拟化就是云计算，这是过去对云计算的定义不是很清晰所造成的误解。

其实，虚拟化只是云计算的一部分，却是最重要的一部分。它处于基础设施硬件之上，提供了基础架构层的支撑，用户能够使用虚拟化环境，并能实现在真实环境中的部分或者全部功能。从技术角度讲，云计算中的计算资源管理，就是通过虚拟化技术，以映射或抽象的方式，屏蔽基础设施硬件层的差异，将底层硬件与上层操作系统和软件应用隔离开，并通过管理层面为上层操作系统及应用提供统一的、几乎无差别的接口，从而降低操作系统和软件应用的部署复杂度，如图 3-2 所示。

类比一下，这就像 x86 服务器内置磁盘所采用的 RAID（Redundant Arrays of

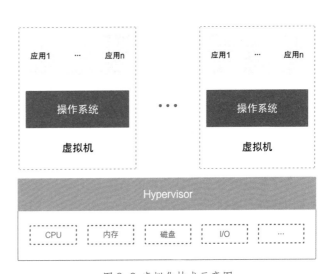

图 3-2 虚拟化技术示意图

Independent Disks，数块独立磁盘构成具有冗余能力的阵列，简称"磁盘列阵"）技术一样。RAID 可以把服务器多块内置磁盘组合成需要的冗余模式，然后将其划分为

逻辑驱动器，提供给上层操作系统使用。这些逻辑驱动器能够被操作系统正常识别和使用。而在此期间，不必过多考虑采用了什么型号的服务器、哪个品牌的 RAID 适配器、哪个品牌的磁盘硬件，因为它们配置的方式是类似的，输出的逻辑驱动器都是标准的。这样一来，服务器的品牌、型号、硬件模块等以前在单机上需要运维人员考虑的因素都被统一的虚拟设备所替代；上层的客户机操作系统也因为驱动程序的统一，避免了复杂的配置，提高了稳定性。

从资源利用的角度讲，CPU、内存、磁盘、I/O 等硬件资源的"池化"，使得它们可以被划分为更细的粒度（例如，从单颗 CPU 到按逻辑 CPU-core 来分配），提高了客户机资源配置的灵活性。这样做带来的好处也很明显，即能满足用户更多的业务场景需求，也能充分提高资源利用率。

在早期传统的信息系统部署模式（通常也称为"竖井式""烟囱式"）中，物理设备与软件系统之间是一对一的关系，这样会大幅提升成本预算，而且单机中大多数设备的容量和性能无法充分利用，造成资源浪费，如图 3-3 所示。

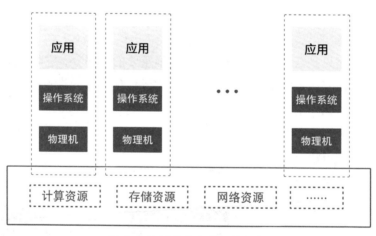

图 3-3 应用传统合并部署方式

为了提升竖井式信息系统的资源利用率，企业将应用系统合并部署，也就是将多个应用软件部署到同一主机，采用不同用户组、用户、文件系统等方式进行权限控制，充分利用资源，甚至可以将能够错峰使用的应用系统合并部署到一起，从而更大限度地复用资源。比如，某联机业务的服务时段是上午九点到下午五点，另一批量业务的运行时段是从晚上六点开始，持续至次日凌晨，那么就可以考虑将这两个应用部署到同一物理服务器上。当然，合并部署时，除了运行时段的互补性，其他因素也要一并评估，比如应用软件运行环境、数据安全要求等。但总体而言，这样做的弊端也很明显：一方面是在安全方面，不同应用系统可能归属不同人员管理，这就要求系统必须具备有效的访问控制手段；另一方面是设备维护起来更复杂，协调维护窗口的难度很大。例如，遇到主机板卡故障，需要停机更换，那么就得与参与合并部署的多个应用系统管理员进行协调，选择大家都能接受的时间窗口。

与传统的部署架构相比，当采用虚拟化方式部署应用的时候，用户无须等待设备采购、设备上架、网络布线、加电安装等固有环节，而是通过调度相应的服务或工具来完成，使服务交付时间能够从数天缩短到数分钟，如图3-4所示。

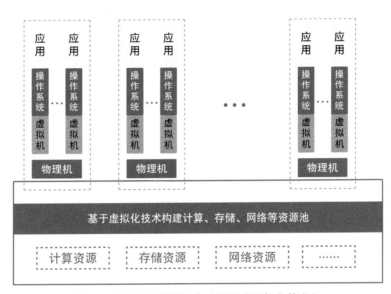

图 3-4 应用合并部署方式（基于虚拟机化技术）

这种方式大大提高了计算资源的规范性，提升了交付效率，并能更大限度地提高资源使用率。但这种方式同样存在一个应用系统合并部署时遇到的问题，那就是协调停机维护时间的难度更大了。当一台物理服务器上部署了十几台、二十几台甚至更多虚拟机的时候，很难协调用于系统维护的时间窗口。

事件应急和根因排查

在传统的运维方式中，应用系统采用竖井式部署，一些重要系统还会部署高可用模式。当遇到生产事件，故障隔离和根因定位相对容易些，甚至常用的应急"三板斧"（重启应用、重启数据库、重启主机）也是屡试不爽。

但是在云计算环境中，各种基础设施资源都经过虚拟化，对单台虚拟机造成影响的因素就更多了，例如物理机硬件故障、网络线路抖动、虚拟机之

间资源抢占等问题，都可能影响单台虚拟机的业务运行，排查起来更复杂。除非短时间内大量虚拟机报障，而且具有共性，或同一物理机，或同一存储，或同一集群，这时候才能将排障方向快速转向基础设施方面。笔者就曾多次遇到类似的应急场景。

例如，最初是1台 Linux 虚拟机触发操作系统 Wait I/O 告警，虚拟机性能已经受到影响，业务交易响应时间和成功率不时出现下降，然后又自动恢复，中间间隔时间无规律可循。应急人员在对操作系统、应用、网络、存储、数据库等多个条线同步进行排查的时候，并没有发现明显问题。大约5分钟后，又有数台虚拟机报操作系统 Wait I/O 告警，应急人员快速判断出这些告警虚拟机部署在同一台物理服务器上，因此将故障范围锁定到单台物理机上。接下来就是应急决策了：是继续排查问题，定位根因，还是马上做故障隔离？如果马上做故障隔离，是将虚拟机在线迁移到其他物理机上，还是直接关闭故障主机，让虚拟机自动漂移到其他物理机上？

我们采用的策略是，对故障物理机进行快速隔离，直接登录 vCenter，关掉物理机。当然，如果 vCenter 已无法连接该物理机，那么就得登录物理机的 BMC（Baseboard Management Controller，基板管理控制器）远程管理模块进行操作，甚至需要进机房按电源了。我们之所以没有采用主动迁移虚拟机的方式，主要是有两方面的原因：第一，应用系统在设计时，做了冗余考虑，单台 AP（指部署应用的虚拟机）、Web 虚拟机故障，虽然会出现业务成功率或交易响应时间的波动，但不会影响整体功能；第二，如果物理机的故障原因不明，很有可能在虚拟机迁移过程中出现超时、报错，甚至失败的问题，因此，直接关闭宿主机是最好的选择。

在虚拟机漂移后，由系统管理员负责对重启后的虚拟机进行健康检查，由应用管理员启动应用程序及交易监控，确保交易及时恢复。

通过对这种应急场景的复盘，我们总结了一些经验，并在运维工具上加以优化。在监控优化方面，对5分钟内的同类指标告警进行聚合。例如，同样是操作系统 Wait I/O 告警，那么就要通过配置管理数据库（CMDB），判断告警主机是否有什么关联，是否为同一宿主机，是否属于同一集群，从而提高告警响应速度；在性能视图优化方面，在云计算环境下，机器需要具备多维度的监控展示能力，例如，同一宿主机的虚拟机性能指标展示、同一集群物理机的性能展示等。

经过对监控和运维工具的优化，事件应急响应更加快速，定位更加准确，极大提高了事件处置能力。

2.VMware 计算资源管理

VMware vSphere 是在业界领先的虚拟化和云平台，也是 VMware 公司产品线里最基础、最核心的产品，能够提供高效、安全的云计算管理能力。

VMware 虚拟机是一台"软件"计算机，由一组规范和配置文件所构成，并由宿主机的物理机设备映射成虚拟机的虚拟设备，这些虚拟设备能够提供与物理硬件相同的功能。因此，从功能上讲，虚拟机与物理机都具有操作系统和应用，图 3-5 展示了虚拟机的组件。

要实现物理服务器的"虚拟化"，就要借助 ESXi 虚拟化管理软件。ESXi 介于物理层和虚拟机之间，能够对底层基础设施

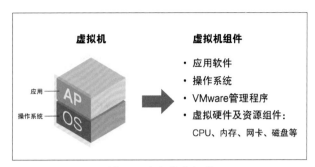

图 3-5 虚拟机的组件

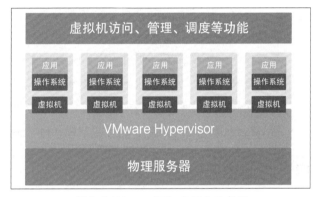

图 3-6 VMware ESXi 虚拟化示意图

硬件进行抽象处理，然后将逻辑资源分配给虚拟机使用，图 3-6 展示了 VMware 利用 ESXi 实现虚拟化的示意图。

可以通过多个工具访问部署了 ESXi 系统的主机：

（1）vSphere Web Client；

（2）vSphere Client；

（3）VMware vSphere 命令行界面；

（4）VMware vSphereAPI 和 VMware vSphere Management SDK。

此外，虚拟机（客户机）操作系统中可以通过安装 VMware Tools 这一实用程序，改善虚拟机的管理能力。

整体上讲，云计算的计算资源管理，就是借助虚拟化技术，将物理机的体系架构抽象、映射到虚拟体系架构，从而对上层资源使用者隐藏物理资源的复杂性，将传统的操作系统与底层硬件直接交互的方式改变为通过虚拟化管理程序提供统一、标准的接口。这样做的好处就是虚拟机可以几乎"无视"底层硬件的差异，能够从一台物理机迁移至其他物理机上，物理体系结构和虚拟体系结构对比如图 3-7 所示。

图 3-7 物理体系结构和虚拟体系结构对比

关于内存超配

一方面,内存超配具有一定的价值,尤其是对于非生产环境,合理的内存超配只会产生轻量级的共享内存,在完善资源池标准化和充分掌握虚机应用运行状况的情况下,使用内存超配能大大提高硬件利用率。

另一方面,从安全生产的角度看,在生产环境中应避免内存超配,要使虚机配置内存之和小于物理机内存,还要考虑到消耗内存不仅包括 VM,也包括 VMkernel 消耗的内存和运行在 VMkernel 上的进程内存。

四、存储资源管理

1. 存储资源管理概述

存储虚拟化,是对存储设备资源进行抽象化的表现,通过标准接口提供统一的功能服务。存储网络工业协会(SNIA)给出了存储虚拟化的定义:它对存储(子)系统或存储服务的内部功能进行抽象、隐藏或隔离,使存储或数据的管理与应用、服务器、网络资源的管理分离,从而实现应用和网络的独立管理。

通过存储虚拟化,统一的虚拟存储池得以构建,为用户提供统一、透明的存储访问方式。用户只需要根据资源需求申请并配置存储,而不必关心后台存储的实现设备和实现方式。

对于存储资源管理者来讲,通过存储虚拟化,将存理资源池化,通过统一的工具和视图对存储资源进行管理,很大程度上降低了存储资源管理的复杂性,提高了管理能力和效率。此外,通过存储虚拟化技术,较小的存储资源也能被整合到一起,从而提升资源利用率,图 3-8 展示了存储虚拟

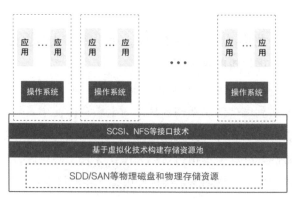

图 3-8 存储虚拟化硬件接口

化硬件接口。

2.VMware 存储资源管理

VMware vSphere 支持多种类型的存储设备，以满足用户对成本、性能等的需求，灵活配置存储资源。在多台 ESXi 主机之间共享存储，可以为虚拟机提供更好的高可用环境，如图 3-9 所示。

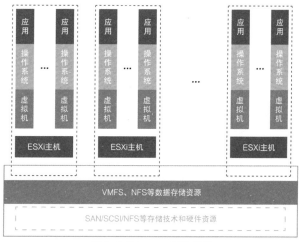

图 3-9 VMware 共享存储

以下是 VMware vSphere 支持的常见存储类型。

（1）直连式存储（Direct Attached Storage，DAS）：与宿主机直接相连的存储，包括内部（内置磁盘）与外部（磁盘或阵列）两种形式。

（2）存储区域网络（Storage Area Network，SAN）：FC SAN 方式。

（3）以太网光纤通道（Fibre Channel over Ethernet，FCoE）：FCoE 帧。

（4）小型计算机系统接口（Internet Small Computer System Interface，iSCSI）：基于 TCP/IP 的 SCSI 存储。

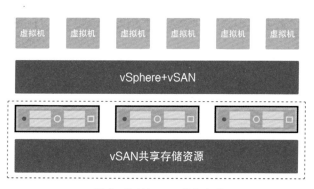

图 3-10 VMware vSAN 存储

（5）网络附属存储（Network Attached Store，NAS）：基于 TCP/IP 的文件系统级别共享存储。

除此之外，VMware 可使用其 vSan 技术设计共享存储，如图 3-10 所示。

数据存储是用于标识存放文件的容器的通用术语。数据存储可使用 VMFS 进行格式化；对于 NAS/NFS 设备，则可使用存储提供程序自带的文件系统进行格式化。VMFS 和 NFS 数据存储都可跨多台 ESXi 主机共享，如图 3-11 所示。

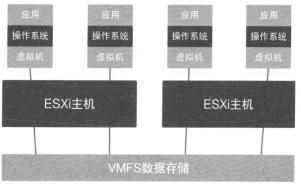

图 3-11 VMware 数据存储

五、网络资源管理

1. 网络资源管理概述

网络资源管理是将硬件网络资源和软件网络资源组合为单一管理单元的过程，是将网络基础设施的一些功能从硬件中抽象出来，构建网络虚拟层，并由其为上层应用提供服务。

云计算各领域技术的发展一直在尽力削弱物理基础设施对上层应用的影响，但网络的重要性和关键性却在逐步增加。因此，在实现网络虚拟化之后，物理网络资源可由用户进行池化和访问，通过资源管理系统实现统一配置和调度，由以前的手工操作方式向标准化、自动化、智能化发展，不仅能提高维护效率，也能够避免极端情况下的低级错误，如图 3-12 所示。

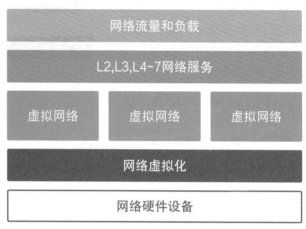

图 3-12 VMware 网络虚拟化

2.VMware 网络资源管理

VMware vSphere 的虚拟网络环境，能够提供与物理环境类似的网络组件和功能，如图 3-13 所示。

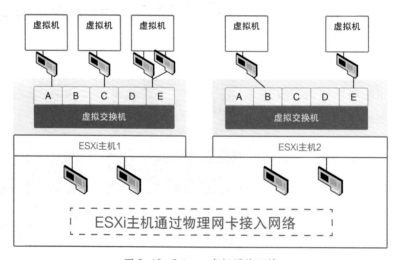

图 3-13 vSphere 虚拟网络环境

虚拟网络环境中，能够提供虚拟网卡、虚拟交换机 [包括 vNetwork 标准交换机（vSwitch）、vNetwork 分布式交换机（vDS）] 和端口组（Port Group），如图 3-14 所示。虚拟环境中的端口组，是一个比较特殊且功能强大的配置策略，通过它可以对虚拟网络资源进行精细化管理。由于虚拟机的虚拟网卡是连接到端口组上的，因此运行在不同宿主机上的虚拟机，只要连接到同一端口组，就是在同一虚拟网络中，就能够相互连通。此外，通过划分端口组，不仅可以灵活配置虚拟机之间的互连，还可以与宿主机上的网络硬件设备相配合，从网络高可用、性能和安全等方面进行优化。

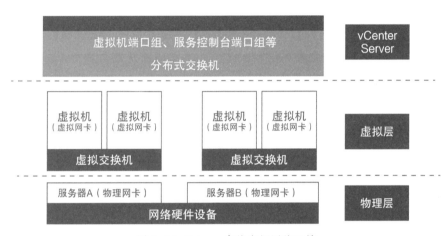

图 3-14 vSphere 中的虚拟网络环境

私有云快速交付个性化资源池

某机构为了提高互联网服务的安全性，决定将其互联网站应用服务主机（AP）进行物理隔离，也就是统一把与互联网服务相关的 AP 主机集中部署在一块单独的区域内（以下统称"互联网 AP 隔离区"），并且对此区域进行深度的安全加固，采用更严格的网络、系统安全策略。

经过运维团队的评估，互联网 AP 隔离区的建设难点主要有以下几个方面。

第一，需求紧迫，时间短。要求在 10 日内提供所有资源，包括计算资源的全流程交付：从设备上架加电，到基础环境安装、虚拟机镜像定制、新版云服务发布、虚拟机创建、系统个性化配置，直至应用安装调试，工作量大，涉及实施部门多。

第二，计算资源交付量大。因为是 AP 应用资源池，各应用系统对计算资源的需求不一，需要提前制备 2C 4GB、4C 8GB、8C 32GB 三种云服务，整体资源交付量为 650 台虚拟机。在虚拟机创建之后，还需要对其进行个性化配置，包括划分文件系统、建用户、优化参数等工作。

第三，基础设施安全防护要求更严格。为强化安全防护能力，除了采用物理隔离、系统安全加固的方式，还对隔离区内外部的访问控制提出了明确要求。

一是生产网的访问控制要求。在进栈——其他区域到互联网 AP 隔离区方面，允许内网开放服务器区、互联网 AP 隔离区的访问；其他区域到互联网 AP 隔离区的访问，默认禁止、按需开通，由防火墙进行访问控制。在出栈——互联网 AP 隔离区到其他区域方面，互联网 AP 隔离区应使用专有的 NAS，禁止共享文件目录的可执行权限；互联网 AP 隔离区到其他所有区域的访问，默认禁止、按需开通，由防火墙进行访问控制。在互联网 AP 隔离区内部，由微分段进行控制，按应用系统实现小组控制。

二是带管网的访问控制要求。其基本访问策略是允许 ICMP 协议的所有包。互联网 AP 隔离区带外允许同网段互访（除禁止的高危端口之外）。服务器带外网络禁止访问任意其他带外网 IP 地址（包括同一 C 段之间互访）。

为了实现对虚拟机访问关系的精确控制，实施团队在评估后，决定采用 VMware NSX 解决方案，以"微分区"的方式，对隔离区内、外部进行精准防控。实施团队梳理 NSX 访问关系 170 余项，并在设备交付投产后，根据应用运行需求，对访问关系进行增加和调整。

云计算为企业数字化转型提供了有力的基础保障，为云计算提供技术支撑，并推进云计算的快速发展，还有助于完善基础架构，提供各种解决方案。对于企业而言，管理层在决策中运用云计算思维已经逐渐成为习惯，而技术团队则面临双层压力，包括来自新技术部署的运维压力，以及新技术的学习、迭代压力，这就要求从业人员对云计算各项技术的发展更加敏锐，不断跟进和学习，并将其融入企业内部的技术栈。

第三节　私有云的建设

本节介绍私有云的建设，包括私有云的适用性和理论模型、私有云的架构设计，以及私有云各类资源池的设计与建设等内容。

一、私有云的适用性

和公有云相比，私有云需要商业机构构建自己的基础设施，设计并实现自己的云计算体系，以及落地相关的云计算管理平台。这就意味着私有云的使用会比单纯在公有云平台上采购某种产品要投入更多的初期成本。但是随着规模的增大，私有云的使用成本会很好地被摊销掉。反而在公有云领域，业务的急速扩张和信息系统规模化扩大会引发成本快速增长。

各类机构在决定是否自建私有云之前，需要对自己的应用系统进行充分评估。和传统的竖井式信息系统相比，私有云在资源调度和运营方面有明显的优势，而且底层基础设施规模越大，其优势也越发明显。如果信息系统本身无资源运营的需求（如资源使用曲线较为平稳），或信息系统规模很小，或其特定应用无法进行分布式部署，无法横向扩展甚至纵向扩展，那么对于这些类型的信息系统建设，引入私有云的方式，收益是有限的。

二、私有云的理论模型

确认要引入私有云的机构可以参考各大 IT 厂商的架构模型开展工作，其中 IBM 的 CCRA（Cloud Computing Reference Architecture）模型应用最为广泛，可以指导企业定义并设计自己的私有云解决方案。总体上讲，通用的私有云架构需要定义好如下因素。

1. 私有云场景下的角色和权限

在企业私有云的体系中，角色可以分为如下三个大类：云服务消费者（Cloud Service Consumer）、云服务提供者（Cloud Service Provider）、云服务创建者（Cloud Service Creator）。每一个角色可以是单个人，也可以一个组织或者是团队。云服务消费者往往是业务方，或者是服务业务方的应用运维方。云服务提供者可以是一个平台，沟通云服务使用者和云服务创建者。云服务创建者往往是资源和技术领域的集成商，将资源和产品进行整合，制作一个产品，通过云服务提供者交给云服务消费者使用。

2. 云服务的设计

基于云计算行业的共识，云服务可分为 IaaS（基础设施即服务）、PaaS（平台即服务）以及 SaaS（软件即服务），但是实际随着私有云领域的发展，新的服务模式 XaaS（X 是某一类型工作的代称）被挖掘出来，"XaaS"可以是"AIaaS"（人工智能即服务）、"BaaS"（银行即服务，这里是指银行开放自己的 API 接口来打造自己的开放银行生态圈）、"HaaS"（硬件即服务）、"CAAS"（变更即服务，这里指把数据中心的常用变更作为服务能力提供给业务方使用）。当然传统上，私有云实现的最重要的功能还是 IaaS、PaaS 和 SaaS。

3. 私有云的基座

该因素考虑的是物理上的基础设施，如机房空间、电力供应等，但是网络资源、存储资源和计算资源这三大类仍然是私有云最重要的基座。

4. 云管理平台

在私有云的体系中，云管理平台是非常重要的角色，它提供了运营支持服务和业务支持服务。它包含了容量和虚拟化管理、监控与事件管理、网络 IP 管理、配置与变更管理、应用发布管理、服务请求管理以及资源全生命周期管理等，是私有云下多个

角色交互的场所。资源应具有安全性、弹性、易用性，在私有云设计中，网络资源、服务器计算资源和存储资源都应充分考虑这三个特性。这是横跨在基础设施、云管理平台和三个云服务角色上的。

5. 工具体系

支撑私有云的工具应该成体系设计，充分考虑工具实现的功能，以及各工具边界的划分，包括创建云服务的工具、监控类工具、应用发布工具等。工具系统之间的数据孤岛应尽可能消除，从而为历史积累数据的挖掘和联机分析创造条件。

2014年9月，中国等国家成员体推动立项并重点参与的两项云计算国际标准——《信息技术 云计算 概览和词汇》（ISO/IEC 17788:2014）和《信息技术 云计算 参考架构》（ISO/IEC 17789:2014）正式发布，标志着云计算国际标准化工作进入一个新阶段。这也是国际标准化组织（ISO）、国际电工技术委员会（IEC）与国际电信联盟（ITU）三大国际标准化组织首次在云计算领域联合制定标准。

这两项云计算国际标准规范了云计算的基本概念和常用词汇，从使用者角度和功能角度阐述了云计算参考架构，不仅为云服务提供者和开发者搭建了基本的功能参考模型，也为云服务的评估和审计提供了相关指南，有助于实现对云计算的统一认识，图3-15展示了ISO/IEC 17789:2014标准下的一种云计算模型。

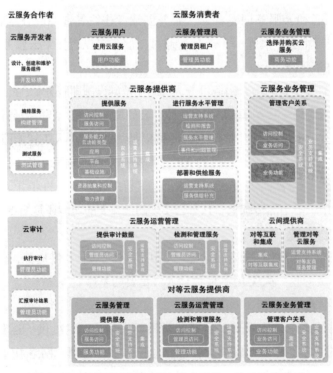

图3-15 ISO/IEC 17789:2014标准下的一种云计算模型

在用的私有云架构方式中，云计算涉及的技术也需要加以衡量，通常情况下，私有云涉及的主要技术如下。

（1）虚拟化

虚拟化包括网络虚拟化和计算虚拟化，这是打破物理设备限制的资源虚拟化技术。网络虚拟化是在一个物理网络或者设备上模拟多个逻辑网络的虚拟化技术。计算虚拟化技术则有别于超线程以及多任务，是对整个宿主机的虚拟化，多个操作系统实例在不同的虚拟 CPU 上运行，可以操作宿主机的全部资源。与之相比，超线程和多任务仍然是 CPU 级别的协同调度。

（2）分布式处理

分布式处理是指多个不同的计算机通过网络连接起来，在控制终端或者主要节点的统一管理下执行大规模的数据处理任务。分布式系统则指有该特质的系统。分布式相关的重要理论是埃里克·布鲁尔（Eric Brewer）提出的"CAP"原则，即 Consistency（强一致性）、Availability（高可用性）和 Partition Tolerance（高扩展性），只能满足两个，不可能三者兼顾。

（3）数据存储和数据管理技术

为保证高可用性，云计算体系内的数据往往采用分布式存储来实现，利用多副本或者多数据通道的方式来保证可靠性。在存储方案方面，Google 的 GFS 和 Hadoop 团队的 HDFS 的应用是最为广泛的，分别用 Google BT 和 Hadoop 的 HBase 实现了对海量数据的管理。除去数据本身，底层 NAS 存储和 SAN 存储的监控和配置也应在云计算的技术栈选型中考虑，使用自动化的方式管理和配置存储资源是整个云计算体系的重要因素。总体来说，在云数据管理方面，如何保证数据安全性和数据访问高效性也是研究关注的重点问题。

（4）编程方式

云计算提供了应用分布式部署和集群化工作的能力，客观上要求编程方式要与之适应。此外，随着云服务版本的升级和迭代，应用程序对环境的适配也是需要考虑的因素。

（5）云管理平台

云管理平台既是云计算体系架构需要考虑的因素，也是云计算领域的重要技术。私有云计算资源规模庞大，服务器数量众多并分布在不同的地点，并且同时运行着数百种应用。而且私有云需要对资源进行完整的控制和调度，如何有效地管理这些服务器并保证业务连续性是巨大的挑战。云计算体系下的云平台管理技术能够使大量服务器协同工作并方便进行业务部署和开通，快速发现和恢复系统故障，通过自动化、智能化手段实现大规模系统的可靠运营。在私有云的设计架构阶段，云管理平台可以通过自研实现，也可以使用外来产品加以改造，使之成为适合自己的云管理平台。

三、私有云的架构设计

1. 概述

私有云的建设可以基于商业化的厂商和相关的产品，使用服务器虚拟化、软件定义网络、软件定义数据中心等技术。现有的使用广泛的虚拟化技术领域存在多种产品和方案，如华为的 FusionSphere、VMware 的 vSphere 等。根据研究机构 Research and Markets 的报告显示，SDN 也已成长为全球千亿级别的大市场，各家厂商的软 SDN 方案和软硬结合 SDN 方案广泛应用于各类云环境中。软件定义数据中心则是虚拟化技术、SDN 等的整合和全面升级，意味着数据中心的资源都将以虚拟化的形式呈现。

2. 相关思路

私有云的建设应该基于虚拟化技术和云管理的自动化、工具体系的一体化、开发和运维衔接、敏捷交付、组件化设计和深化决策分析，其相关思路整理如下。

云环境部署和管理：基于虚拟化技术实现，考虑 IT 基础设施资源的规划和设计，结合各类产品的发展趋势和理念，采用先进的架构平台和思路进行建设。

工具体系一体化：私有云的设计应该综合考虑前期的生产情况和运维经验，关注监控、批处理任务、自动化流程设计等工具类系统的融合，综合实现资源管理周期化、监控部署自动化、流程编排定制化、配置管理批量化，打通各类工具的瓶颈，相互驱动，减少工具体系内部的损耗。

开发和运维衔接：基于各商业机构，尤其是大型金融机构的业务特点，将前期开发和后期运维衔接起来，统一管控，既要支持高效敏捷的应用发布，又要管控生产边界，避免应用版本对现有生产的影响，有效支撑业务发展。

敏捷交付：私有云设计要充分考虑资源的标准化交付，设计敏捷交付的机制，将资源的供给和标准化配置结合起来，实现海量资源的灵活快速使用，更是对应用快速发布的支持。

统一资源释放：资源释放的过程要跟工具体系相衔接，避免资源一对一地跟工具进行衔接，需要重复申请工具体系的支持和纳管；要设置自动、丰富和可扩展的接口，完成资源和工具的对接，统一进行释放。

组件化设计：私有云的组件不仅要考虑监控管理层面的工具类服务组件，也要考虑端对端的面向业务的管理，对应用、业务流程、用户等属性有深入的管控，同时统一各组件的规范，提升组件维护的便捷性。

深化决策分析：使用集中化的管理门户，设计统一的数据分析系统，避免私有云内部生产的数据处于孤岛的状态，设计不同类型数据联动分析的机制，通过大数据分析、人工智能和机器学习的方式，探索云计算的智能化应用。

3. 商用私有云的建设实践

伴随着云计算行业的发展和相关产品的成熟化，商用私有云已经成为大型金融机构广泛选择的技术方案，总体设计思路在不同的机构和不同的应用环境中，以各种形态呈现出来。在某国有大型商业银行的实践中，私有云逻辑上主要由资源池、云服务和云管理三部分组成，如图 3-16 所示。其架构设计也主要围绕这三部分开展，同时配以一套完整的私有云运维管理工具。金融行业私有云的服务对象主要是银行、券商等商业机构，其规划设计要满足金融行业信息系统的需求，主要特点是高性能、高可靠、高可用和强安全。

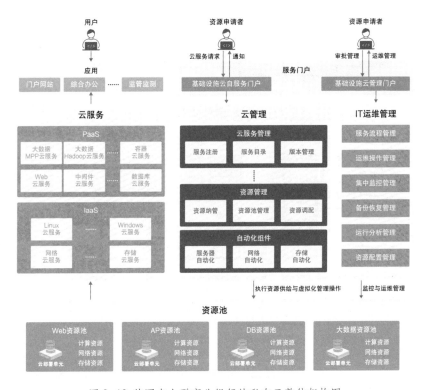

图 3-16 某国有大型商业银行的私有云整体架构图

在该机构私有云的架构实践中，资源池是私有云的基础，它将计算资源、存储资源和网络资源等传统的 IT 基础设施资源整合在一个池内，再进行统一分配及管理。资源池打破了单一设备的限制，将所有的 CPU、内存、存储和网络等资源解放出来，当用户提出需求时，便从这个池中配置能够满足需求的组合。云服务则通过云管理平台和网络渠道向云服务消费者（用户）提供服务。其所提供的 IT 能力包含了服务功能和服务质量两个方面。云服务是云计算的核心内容，是技术实现和业务应用的结合点。云服务通过打包的方式，将银行金融科技领域多年积累的规范、工艺等最佳实践固化，实现可配置、套餐化的服务。云管理的实体是云管理平台，其提供强大的资源池管理和服务策略管理，同时通过与管理工具和管理流程的深度结合，实现运维管理、运维流程、运维操作的全面自动化，解决管理工具和流程之间的信息孤岛，提高运营维护效率，降低 IT 成本。

4. 商用私有云的技术架构

基于上述商用私有云的建设实践，图 3-17 展示了其技术架构图，由前端层、基础设施资源层、通用服务层、基础设施服务目录层、基础设施服务层以及统一管理层六部分组成。

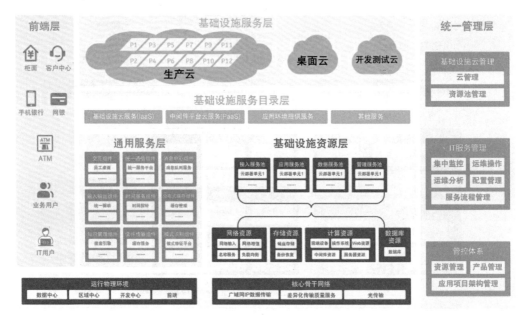

图 3-17 某国有大型商业银行私有云技术架构框架图

前端层由前端设备逻辑组件构成，该逻辑组件包括桌面设备、移动终端等多类型终端的配置标准，结合通用服务层中的输入 / 输出组件，为前端设备提供统一的设备驱动接口和指令集规范。结合通用服务层中的交互组件，为业务应用提供桌面云、设备管理和应用商店的支撑能力。

基础设施资源层由运行物理环境、核心骨干网络及云计算的资源池构成。其中，云计算的资源池由计算资源、存储资源、网络资源经标准化封装后形成。

通用服务层提供满足应用架构需要的通用技术组件，支持分布式架构的实现。该层由分布式缓存、消息中心、文件传输、时间服务、统一通信等 9 个组件构成。

基础设施服务目录层是经云服务设计后提供的标准服务目录，实现基础设施云服务（IaaS）、中间件云平台服务（PaaS）、应用环境服务（物理机）以及软件发布、自动变更等其他服务。

基础设施服务层是各类不同云的抽象表述，根据用途可分为生产云、桌面云和开发测试云。

统一管理层由集中监控、运维操作、服务流程、运行分析、配置管理及云管理平台 6 个组件构成。该层除了提供 IT 服务管理服务外，还提供云计算引擎的功能。

在私有云的设计中，架构设计要层次化、组件化。遵循 SOA 设计思路，形成以前端接入层为入口，以基础设施资源层为基础，以基础设施服务层为接口，以统一管理层为保障的层次化架构体系。资源使用服务化依托于云计算技术，将基础设施全面云化，架构组件以服务目录的方式提供各类技术服务，实现标准化与可重用。

四、私有云各类资源池

1. 私有云资源池的设计

在私有云的具体设计与实现方面，资源池作为基础设施底座，发挥着重要的作用。资源池是多个同类型设备组成的集合，传统上，IT 基础设施资源被划分为计算资源、网络资源和存储资源。对私有云来说，资源池设计的核心仍然是对计算、网络和存储这三大类资源的整合，构建出基础设施资源池的概念，打破单一设备的限制，形成整体"云"化的特征。

某国有大型商业银行的资源池设计实践如图 3-18 所示，其私有云资源池的封装通过如下几个层级来实现。

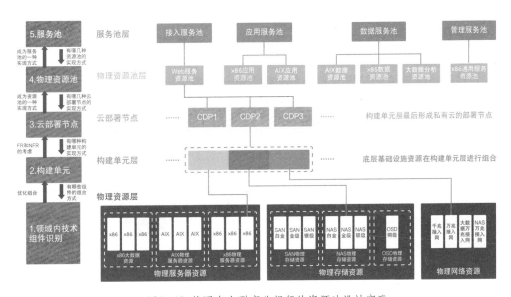

图 3-18 某国有大型商业银行的资源池设计实践

（1）领域内技术组件识别。在这个层面上，私有云下的基础设施资源被识别并分类，包括进行集群化部署的 x86 服务器、采用虚拟化技术的 AIX 服务器、使用 Hadoop 等大数据产品的 x86 计算集群、多类型的 NAS 和 SAN 等存储设备、不同接入能力的网络交换机设备等。技术组件识别了私有云的资源底座。

（2）构建单元。完成识别并分类的各类资源在构建单元层面进行组装、打包，以及优化组合。这是建立标准化模块的一个开端，构建单元是资源池的一个基础性单位。

（3）云部署节点。云部署节点（Cloud Deployment Point，CDP）是通过构建单元组成的标准化模块，多个构建单元组成一个云部署节点，这也是组成物理资源池的最小化的标准节点。

（4）物理资源池。多个 CDP 组成了物理形态上的资源池，包括 Web 服务资源池、x86 应用资源池、AIX 应用资源池等。

（5）服务池。这是物理资源池的一个更高的抽象，各类物理形态的资源池基于其定位进行服务池层级的抽象合并。AIX 数据资源地、x86 数据资源地和大数据分析资源池均被合并为数据服务池。

上述是一个典型的资源池的架构设计，通过这种设计模式，可以发现在各类不同的领域，资源池设计的目标是统一的，即将多个领域零散的原子化设备设计成可被调度的标准资源体系，使得资源供给和服务集成快速、标准、可靠。资源池设计采用"基础技术组件—构建单元—云部署节点—资源池"的方法，即首先对存储、网络、服务器等领域形成各自的标准化的构建单元，由构建单元组合成 CDP，CDP 是资源池构建的基本单位，多个 CDP 就构成了具有不同服务用途的资源池。CDP 包含了网络、计算和存储的标准化封装，并将资源封装为多个集群（Cluster），这也是构建云计算体系的基础。

2. 网络资源池的建设

（1）网络资源架构设计原则

网络作为 IT 基础架构的主要构成部分，是商用私有云的重要组件之一。在网络整体架构设计中，应遵从面向服务的体系架构理念，聚焦应用，以服务为基础来构建。数据中心网络是支撑整个 IT 基础架构的服务通信平台，并提供随需应变的服务和快速部署的能力，构建松耦合、层次化、模块化的分布式服务运行环境。网络架构不仅要满足现有需求，还要支撑未来可能使用的业务和应用技术，提升网络自身技术和管理指标。如图 3-19 所示，网络资源架构设计应遵从以下设计

图 3-19 网络资源架构设计原则

原则。

①业务和应用支撑原则。面对业务和应用的高速发展，网络需求的日新月异，网络应不断优化适应，支持新的业务和应用，提供更稳定、灵活、高带宽、低延时的网络环境。相对于传统数据中心，网络可通过集群化技术支持数量更多的服务器及虚拟服务器，网络设备具有更高带宽、更高密度的端口接入及更低的耗能。网络需要能够支持高密度、高速度、高性能、超低延迟的大规模数据交换。

②虚拟化和弹性原则。网络系统虚拟化以提高网络资源利用率为目的，通过虚拟化将网络整合成按需调度的大型虚拟资源池，网络资源实现云计算服务模式，通过SDN技术提供网络资源快速部署和弹性供给的能力。

③高可用性原则。网络架构需采用冗余架构设计以满足应用系统稳定运行的需求。网络的可用性设计应不断进行优化，减少网络故障次数，缩短故障恢复时间。在引入网络新技术和新架构时，都应考虑不降低网络整体可靠性和不增加全局风险性。

④高扩展性原则。采用松耦合的设计理念和模块化、层次化的设计方法，使得网络架构在功能、容量、覆盖能力等各方面具备易扩展能力，在容量方面支持横向扩展，并通过松耦合设计，实现局部网络设计迭代优化，满足未来新需求。降低模块和层次间的耦合度，使得网络扩展所带来的管理复杂度不过多增加。

⑤面向网络服务原则。网络采用SDN设计理念，抽象网络服务目录，发布服务接口和服务能力，便于基础设施和应用层以接口调用的方式随时获取网络服务。同时采用网络服务资源池化设计，将二、三层网络与四到七层网络服务解耦，减少耦合带来的管理复杂度，并利于横向扩展。

⑥易管理原则。注重网络管理需求，使用自动化手段对网络进行统一的管理及调度，实现对网络服务的全生命周期管理，通过松耦合、层次化、模块化的设计，降低网络运维的难度。

（2）SDN网络架构设计

①考虑因素。随着新技术、新架构的引入，数据中心网络可采用云数据中心SDN技术和传统组网技术相结合的方式，以满足不同业务系统的接入，从以下五个方面考虑。

第一，云数据中心SDN技术使用。云数据中心基础设施应向具备动态、弹性、灵活、按需的设计思路转变，通过叠加和虚拟化技术，将不同功能的业务系统叠加至同一套网络系统中，通过集中控制器的方式进行管理和控制。叠加和虚拟化技术使得网络系统灵活地以应用系统为需求进行动态调整。

第二，虚拟化大规模的使用。云数据中心在虚拟化程度、计算、存储、网络资源的松耦合程度和自动化管理程度等方面优于传统数据中心。

第三，应用系统的发展需要。应用系统需双中心或多中心部署，对外提供不间断的业务服务。同时，应用系统与基础部署位置解耦，不受制于数据中心地域位置或数

据中心物理资源的限制。其次，应用系统服务器在数据中心内部可以满足灵活移动、快速部署等需求。

第四，网络分区需求。因应用系统的种类、接入资源不同，网络层面需将独立的物理网络构成不同区域，网络分区内部可共享计算、存储资源池，网络分区内部可以根据业务需求划分为不同的安全区。

第五，安全分区的需求。由一组具有相同安全保护等级并相互信任的端点组成逻辑区域。安全区之间的流量需要通过安全设备（如防火墙），安全区内部可以划分不同的资源组或者用户组进行管理。

②设计原理。在云数据中心的发展过程中，相对于计算虚拟化和存储虚拟化的快速发展，网络虚拟化的发展一直较为滞后。当基于 Overlay 的 SDN 网络架构出现后，通过在传统物理网络上构建逻辑二层网络，网络资源池化才得以完美实现。在物理设备上根据 VXLAN 的特性，使用逻辑叠加技术解决了 VLAN 的传统限制。同时，网络虚拟化解决了虚拟机在网络中无限制地迁移到目的物理位置，即在迁移后需要其 IP 地址、MAC 地址等参数保持不变，为解决虚机增长的快速性以及虚机迁移提供完美的技术支撑。基于 VXLAN 特性的 Overlay 网络是在 Underlay 物理网络的基础上，通过虚拟或逻辑链路而连接起来的网络，具有独立的控制和转发平面。

③设计模型。基于 VXLAN 的网络，其 Underlay 层面组网还是遵循传统的核心层、汇聚层和接入层的架构，在 Overlay 层面来看，通常采用 Spine 和 Leaf 两层架构，实现 VXLAN 及 VXLAN 下的路由及流量控制。其中，核心层与传统架构下的核心层使用同一设备。核心层还承载下联 Fabric 中，在 Leaf 设备中 VXLAN 环境的数据要与其他外部区域通讯，在边界 Leaf 设备上，将 VXLAN 终结后，转发至核心层，再由其转发其他区域，实现 Fabric 间的数据转发。核心层还要支持多租户接入的功能。与传统数据中心核心不同，数据中心核心交换网在功能上需要支持多租户应用跨网络分区部署的场景。关于 Spine 层，VXLAN 环境中的网络架构由两层构成，即 Spine 设备和接入交换机（即 Leaf）。Spine 设备为 Fabric 区域内的核心交换机，与 Fabric 内所有 Leaf 设备以全互方式连接，为域内设备提供多路径的转发能力。其次，Spine 设备一般不启用 VXLAN 特性（将 Borderleaf 和 Spine 两层具备的功能合一除外），仅在路由层面或 BUM（Broadcast，Unicast，Multicast，即广播、单播、多播）层面，为 Leaf 设备提供相应的策略控制。Leaf 层为 Fabric 内部提供服务器及相关设备的接入交换机（Leaf），在 Leaf 接入设备启用 VXLAN 与 VLAN 的二、三层数据流的转化，在 Fabric 内实现大的二层随处可达，使得服务器不受物理位置的迁移，服务器功能与位置松耦合，满足计算资源虚拟化需求。

（3）网络分层设计

本设计将分三个层次对云数据中心网络进行分析和设计，即以业务和应用为视角的抽象网络层、以系统和功能为视角的逻辑网络层、以技术和设备为视角的物理网络层，如图 3-20 所示。

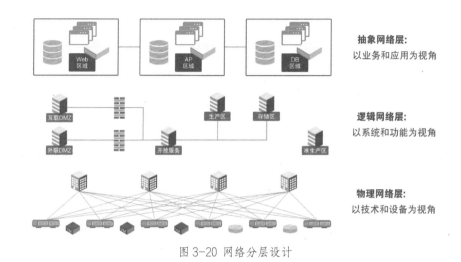

图 3-20 网络分层设计

如图 3-21 所示，抽象网络层、逻辑网络层、物理网络层之间为纵向的松耦合架构。下层变更对上层无影响，而上层变更至多影响下层逻辑配置，不影响物理架构。逻辑层和物理层层内进行了横向的松耦合：各功能区域相互独立，功能区的变更不会影响其他功能区域；四到七层服务集中池化，与二、三层网络解耦合；各机房模块之间松耦合，独立选择网络技术，互不影响。

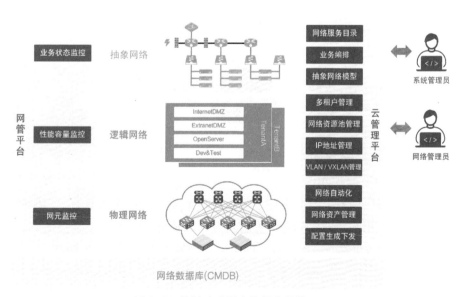

图 3-21 层间以及层内松耦合设计

①抽象网络层。随着虚拟化技术的发展，应用系统的部署趋于灵活、快速，如果继续按照传统方式，以网络为中心的视角来进行网络建设和运维，势必会造成信息系统发展的瓶颈。新的网络应以应用为中心进行设计和规划，逐步将网络打造成为应用系统提供的一组专业服务（数据传输服务）。网络应该具备灵活、快捷的创建、扩展和变更的能力，用以满足不断变化的应用系统需求。以应用为视角、以服务为目的的成熟网络系统，在实现过程中并非需要为应用系统提供任意结构和需求的网络服务，而是通过规范总结应用系统的标准架构及其对网络环境的需求，整理出一些网络服务的标准抽象模型。网络系统根据应用系统的需求，选定相应抽象架构模型，按此模型进行网络设计和部署。

抽象网络层只关注网络在面向应用系统时所能提供的标准服务能力以及这些能力之间的标准应用逻辑关系。抽象网络层是网络与应用的接口层，是网络对应用需求的抽象描述，应用系统的管理人员可以清楚地了解与本系统直接相关的网络资源有哪些，定义每台服务器部署在什么网络区域、服务器间的通信关系是什么、服务器接入接口是什么、网络配置是如何呼应匹配服务器配置的，无须了解网络的中间每一个环节及具体技术实现方式。选定网络模型和参数之后，抽象网络层为下一步逻辑网络层的设计提供输入信息。

伴随着应用系统架构逐步实现模块化、结构化、标准化，应用系统逐渐形成了一些固定的部署模式。网络也因此形成了一些抽象化的模型，也就形成了抽象网络层。应用管理员在云平台申请基础设施资源的同时，从抽象网络层中选取适合本应用的成熟网络模型，确定部署方案，明确资源的分布，契合安全管控架构。

例如很多业务是基于 Web、AP、DB 三层结构部署的，在应用部署上分为客户端、Web 服务器、AP 服务器、数据库服务器等部分，相应的网络环境就应该分为客户端区域、Web 区域、AP 应用区域、DB 数据库区域。在客户端区域、Web 区域、其他区域之间，由于安全等级的不同，需要有相应的安全防护和负载均衡。由此对应的抽象网络架构如图3-22所示。

图 3-22 Web/AP/DB 抽象网络架构

按此方式，将应用系统的部署需求进行梳理汇总并抽象成网络的架构模型，这样网络就可以依据应用系统的实际需求进行构建，从而使网络环境主动去适应和贴近应用需求，网络数据流更符合应用流程，网络也才能更好地为应用提供服务。

②逻辑网络层。依据抽象网络层构建的业务需求架构，需要综合考虑各类用户、各类应用的不同特点，结合实际环境、技术、安全、管理等条件因素，将抽象的网络

需求落实到具体的系统和功能模块中，即逻辑网络层的架构设计。抽象网络层体现的是某一个应用系统的网络，逻辑网络层体现的是数据中心的整体网络，即所有应用系统网络的集合。

逻辑网络层是以具体的网络功能区域为基础单元，结合实际业务需求，按照抽象网络层的业务流关系模型构建出的网络架构。逻辑网络层架构关注网络所应具备的功能区域、区域间的逻辑关系以及这些区域之间的数据流模型，并不涉及具体的设备和线路。

按照抽象网络层模型，网络需要有 Web、AP、DB 三个抽象的网络区域。而这些抽象网络区域在实际组网时应该对应哪些具体的功能区、安全域，部署哪些类型的应用系统，这些区域之间的访问策略如何实现等，都将在逻辑网络层进行分析和设计。

依据抽象网络层模型，逻辑网络层将定义出同类型的网络功能区域（或功能模块），并阐述这些功能区域的划分原则和实现方式，如图 3-23 所示。同时逻辑网络层也将讨论这些网络功能区域之间的数据流量模型、相互访问关系、安全等级差异、互访流量控制等架构需求，从而进一步涉及整体路由架构、四到七层设备资源池化、跨功能区流量模型、冗余分流策略、容灾备份方式等技术设计，并且对网关部署位置、大二层范围、是否部署 VXLAN、VTEP（VXLAN tunnle endpoints，隧道终结点）的部署位置等技术细节进行讨论。

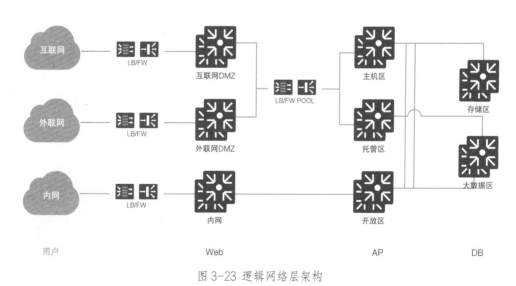

图 3-23 逻辑网络层架构

③物理网络层。顾名思义，物理网络层展现的是传统的物理设备构成的网络架构，也就是物理网络设备的部署位置、相互关系、链路互联和技术配置的集合，是逻辑网络的具体实现。

物理网络层以单个机房模块内的物理网络架构为基础，包含逻辑网络层中各功能区划分的技术实现以及区域间、模块间、大楼网络之间访问关系的具体技术实现等。

因技术所限，在传统网络设计中，物理网络层与逻辑网络层耦合关系比较紧密，不能灵活多变地实现物理复用逻辑隔离。随着网络设备虚拟化技术的发展和VXLAN协议的标准化，采用物理层和逻辑层松耦合设计，通过降低层间耦合可以更好地实现物理复用逻辑隔离。

物理网络层设计以Fabric（网络模块）为基本单元，综合考虑机房模块的大小、布局以及网络设备的表项、端口、路由容量、网络收敛比需求等方面因素。后续机房模块投产可根据上述因素的发展变化情况，推出新版本Fabric设计，满足不同时期的需求，物理层Fabric版本优化不影响上两层的网络设计。

如图3-24所示，三座机房大楼组成数据中心网络，大楼核心实现楼内和楼间的数据转发功能，每个机房模块独立部署为一个Fabric，按照模块类型的不同，选择不同的方案构建模块网络（存储模块等按照传统网络方案部署，开放服务模块按照SDN网络方案部署），每个机房模块又划分成一个或多个功能区，在一座大楼内相同类型的功能区汇接到一组交换机上，这组交换机形成"大楼功能区核心"。

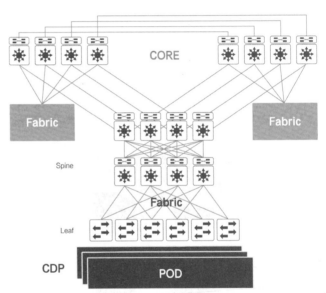

图 3-24 物理网络层架构示例

（4）网络分区设计

私有云内部网络，按照安全域和功能区可划分为不同的管理模块，通常包括核心区、广域网区、外联网区、互联网区、开放服务区、存储区、运行管理区等，如图3-25所示。各网络模块之间主要采取松耦合设计，用于提高网络的稳定性。防火墙

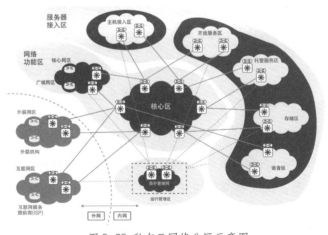

图 3-25 私有云网络分区示意图

和负载均衡等网络资源模块采用集中化部署模式，形成资源池。

①核心区。核心区负责完成同楼内本功能区之间的数据交换，实现同楼跨机房模块的负载均衡、资源调度和系统扩展。各楼内的相同功能区核心之间跨楼光纤互联，园区内所有具有相同功能的网络区域连为一个整体，本功能区内的数据交互在本功能区网络内传输，各功能区均可实现跨楼高可用保障。同时，大楼功能区核心成为本楼同一功能区对其他功能区访问的统一接口，与本楼内有访问关系的其他功能区核心通过防火墙池进行互访。大楼内网功能区核心也与广域网进行对接，作为各功能区和广域网进行通信的通路。

②广域网区。广域网区负责将数据中心与数据中心和各业务机构之间互联，数据中心通过 DWDM（Dense Wavelength Division Multiplexing，密集光波复用）设备与同城数据中心互联互通，通过核心网与各业务机构（分行和子公司）之间互联互通。广域网区采用 ISP（Internet Service Provider，网络业务提供商）网络边缘、用户网络边缘两层设计。广域网的接入交换机 CE 设备与核心网边缘交换机 PE 设备对接，运行 BGP，并通过收发过滤以及打标签的方式实现路由控制。

③外联网区。外联网是为了与外部机构间交换信息与数据，基于互联网专线构建的与外部机构通信的专用网络通道及前置服务器的集合。外联网接入区最外侧为若干台接入路由器，上面连接了各个外部单位的广域网线路，原则上每个运营商的所有线路均接入同一台路由器，每家外部单位均为双运营商接入。所有路由器连接多台外联接入交换机，之后再连接多对外联防火墙，在此防火墙上进行安全控制和地址映射。防火墙接着连接两台外联网接入区汇聚交换机，后者和外联网 DMZ（Demilitarized Zone，隔离区）核心交换机进行全互联，以满足用户的访问需求。另外，这两台汇聚交换机还将和互联网接入区汇聚交换机相连，以实现用户通过外联网接入区访问互联网业务的需求。

④互联网区。互联网接入区主要承担外部用户访问数据中心内部网站等互联网流量的接入，是运营商和数据中心内部设备的接口，同时也承担了一些系统主动外访的任务。物理上总体采用串行连接方式。互联网接入区最外侧根据需要部署多台交换机接入 ISP 提供的互联网线路，每个运营商的每条线路使用一台设备接入，在此交换机上的上联运营商网络的端口配置了一些 ACL，控制一些危险端口的访问与常见的网络攻击。此交换机还要部署 DDoS 设备，以保证网络安全。另外，DNS 设备也可以根据需要部署在此交换机上。每台运营商接入交换机后端将部署一面防火墙，在此墙上配置相应的地址映射和安全策略，以保证内网的安全。所有防火墙的后端连接至多台接入交换机，接入交换机后端连接多台 LINK-LB（Link Load Balance，链路负载均衡）设备，多台设备在多活冗余模式下运行，主要利用其 AUTO—LASTHOP 功能保证返回数据的路径选择，确保往返链路的一致性。LINK—LB 设备连接多台互联网接入区

汇聚交换机，与互联网 DMZ 平面相连，用于实现用户的访问。同时，互联网接入区汇聚交换机还和外联网接入区汇聚交换机相连，满足流量从外联网接入区进入并访问到互联网 DMZ 服务器的需求。

⑤开放服务区。开放服务区主要承担 x86 服务器、小型机等设备的接入，开放服务机房采用 SDN Fabric 网络设计，每个机房均对应一个独立的 Fabric 网络。

每个 Spine 节点部署四台大容量交换设备，两两分别部署在与开放服务机房同楼层的两个 IDA（intermediate distribution area，中间配线区）机房。四台 Spine 节点同每个 VTEP 节点（双 Leaf）形成物理的全网状互连，互连端口类型为 40GE BIDI 接口，互连端口模式为 Layer-3 物理接口模式。在 Fabric 设计中采用 Spine 节点和 Border-Leaf 合并的设计方式，四台 Spine 设备同时作为 Border-Leaf 节点，与部署在大楼 MDA 核心网络机房的大楼核心形成全网互连。Leaf 节点作为 TOR（Top of Rack，架顶式）设备，每个 Cluster 部署两台。根据不同资源池，决定 Leaf 在机柜的部署方式。Leaf 节点两两一组，通过各厂商多虚一技术，逻辑上组成一台 VTEP 设备，为服务器提供双万兆链路跨机箱捆绑接入服务。每组两台 Leaf 设备分别与 Spine 节点形成全连接拓扑，互联接口类型为 40GE BIDI 接口，互联接口模式为 Layer-3 物理口互联。

⑥存储区。存储 NAS 系统需要为数据中心所有业务系统提供存储服务，因此每栋楼都需部署 NAS 功能单元，采用独立存储区汇聚交换机接入本楼的核心交换机，为本楼的业务系统提供服务。存储区采用层次化设计模式，划分为汇聚层和接入层。存储业务网关部署在汇聚交换机，汇聚交换机和接入交换机之间为二层连接。为了避免以太网环路，采用跨机箱链路捆绑设计。每栋大楼部署两台存储汇聚交换机，分别连接本楼的开放区核心和运管区核心。管理服务器接入交换机采用 TOR（Top of Rack）的方式成对部署在存储机房两个机柜柜顶，为本机柜的服务器提供生产及管理接入，用于传输服务器的生产、管理、监控以及备份流量。NAS 电接入交换机采用 MOR（Middle of Row）的方式成对部署在列头机柜，为本列的 NAS 的提供千兆电口管理接入，用于传输 NAS 的管理、监控流量。

⑦运行管理区。运行管理区根据功能模块划分为带外管理区、运管服务区等。带外管理区用于网络设备 IP 管理接入及服务器 IP 管理接入，包括常态下的故障管理、事件管理、配置管理、变更管理和性能管理。运管服务区用于部署管理 VMware 虚拟化平台的服务器均由通用服务器资源池供给，承担管理功能的虚拟机均通过虚拟化管理网络连接各网络区域的 ESXi 主机。运行管理区部署网管、安管、系管应用，提供 IT 管理的工具和平台，独立成区。带外管理区、运管服务区网络均采用层次化设计模式，可划分为汇聚、接入两层。

（5）安全域网络访问设计

①安全域之间网络访问设计。按照安全域的不同级别分成了几个大的安全分区，

并进行安全控制,数据中心可规划为以下几个安全域:内网区、外联网 DMZ 区、互联网 DMZ 区等。

各个安全域之间属于不同的安全等级,需要对互访流量进行安全控制,控制方式采用在安全域之间部署防火墙的方式。防火墙是数据中心整体安全体系的重要一环,不同安全层次、逻辑区域、安全边界之间必须通过防火墙隔离和控制,确保安全、合规、可控;相同安全层次、逻辑区域,根据需要确定是否经过防火墙。

②安全域内部网络访问设计。同一个安全域内部的各个子系统理论上均属于同一个等级,网络上不做限制。如在内网区中,开放、存储、大数据区均属于同一安全域下,它们之间的访问将不通过防火墙进行控制。但对于某些特殊场景,比如内网 Web 资源池对于来自外部分支机构客户端和服务器的访问,需要通过防火墙的访问控制;又如对于开放区内部的主机系统,目前主要采用 Windows 或 Linux 平台,对于 Windows 主机,需要使用防病毒列表过滤病毒端口。总体的设计思想是尽量简化同一安全域内的控制逻辑,使安全域的概念不仅在数据中心,还要在整个企业内是一个统一高速的交换域。

(6)网络资源池的实现

网络资源池的建设实现要考虑服务器、防火墙和负载均衡等的接入。

①服务器接入网络资源池。

随着虚拟化的广泛应用,数据中心服务器接入区采用 Fabric 网络结构,引入 Spine 和 Leaf 架构,通过叠加技术,逐步将网关下沉至接入交换机上。对于服务器层面来说,几乎实现了端到端(即网关到网关)"一层"的访问。为实现数据中心网络与业务协同,Fabric 内网络资源统一被 SDN 控制器纳管,网络设计需遵循以下约束:基于网络设备的转发性能和表项大小,并根据机房的供电 / 布线约束,选择合适的网络分区规模;分区网络应满足高可靠的需求,避免单点故障,满足网络故障及时收敛;分区网络应实现虚拟化 x86 服务器、Power 机的统一接入,网络架构应具备灵活扩展性;分区网络设计应满足虚机迁移所要求的大二层的需求。

为满足以上需求,数据中心网络资源池设计采用 VXLAN 技术构建 Fabric 网络,除了运管区、存储区等采用传统组网,开放服务器区、互联网区、外联区都是使用 Fabric 架构并实现 SDN 模式。下面将以开放服务器区为例详细介绍 Fabric 网络的设计。

每个开放服务机房均对应一个独立的 Fabric 网络,Fabric 网络拓扑如图 3-26 所示。

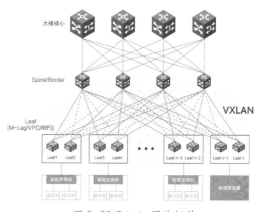

图 3-26 Fabric 网络拓扑

A. 网络 IP 地址需求设计。

SDN Fabric 环境下与传统汇聚—接入架构相比，对 IP 地址的需求变化主要体现在设备互联（Underlay）方面。传统环境下，汇聚交换机到接入交换机的连接为二层互联，无 IP 地址需求。SDN 环境下，Spine 交换机到 Leaf 交换机的连接为三层互联，需规划互联 IP 地址。

a. 一个 Fabric 下包含的服务器 IP 地址。

一个 Fabric 下包含 x86 虚拟化服务器 IP 地址和 Power 服务器 IP 地址。其中，x86 虚拟化服务器 IP 地址以集群（Cluster）为单位，每台物理服务需要一个 iLO 口 IP 地址，用于服务器的带外管理；每台物理服务器需要一个 MGT 地址，用于宿主机的管理 IP 地址；每台物理服务器需要一个 vMotion IP，用于虚拟机的迁移；每台 VM 需要一个生产 IP 和一个带外 IP；当前每台服务器的虚拟比为 1:8，在网络设计中，可按 1:15 虚拟比进行 IP 地址需求估算。

x86 AP 资源池部署本地 NAS，每个 Cluster 需要生产、带外 IP 各 1 个。

Power 服务器 IP 地址需求：

Power 物理机资源池以一个 CDP 为单位，包含 2 台 HMC、4 台 Power。如果是 4 台 Power750，需要 10 个带外管理地址、5 个 FSP1 地址、5 个 FSP2 地址。考虑到地址的汇总分块算法，实际分配是 16 个带外管理地址、16 个 FSP1 地址、16 个 FSP2 地址。

b. 网络 SDN Fabric IP 地址。

假设每机房部署 120 个机柜用以承载服务器接入，其中 Web 资源池（10 个 Cluster）20 个机柜，AP 资源池（40 个 Cluster）100 个机柜，x86 Web 资源池采用 2U 服务器，每机柜部署 16 台（1 个 Cluster 占用 2 个机柜）。AP 资源池采用 4U 服务器，每机柜部署 8 台（2 个 Cluster 共享 1 个 NAS 机柜），每个 Cluster 占用 2.5 个机柜。x86 Web 物理服务器和 x86 AP 物理服务器的比例为 1:2。

根据以上地址需求，若每个集群使用 16 台服务器，按照每个 C 段可使用 240 个地址计算如下。

服务器的数量（Cluster 数 × 单 Cluster 服务器数）如下。

Fabric 的物理服务器数量为 10×32+40×16= 960 台。

Fabric 的虚拟服务器数量为 960×15= 14 400 台。

所需 IP 地址如下。

物理机带外 IP：iLO，960/240 = 4C；MGT，vMotion 同 iLO，一共 12C。

VM 带外 IP：14 400/240 = 60C。

VM 生产 IP：14 400/240 = 60C。

B. 网络 Fabric 内部扩展设计。

a. 东西向流量的扩展性。

　　传统网络东西向流量带宽都会受限于汇聚层交换机的数量。VPC 技术只支持两台设备组成一对 Peer，而多虚一技术虽然可以突破两台设备的限制，但只要规模在三台设备或以上，不仅多虚一组的内部管理机制会变得复杂，而且组内的 Master 设备容易成为性能瓶颈（多虚一技术中 Master 设备为组内所有设备提供控制平面的功能）。

　　基于 Spine-Leaf 架构 Fabric 网络，其 Spine 设备之间完全独立，各自有独立的控制平面和转发平面，可以任意横向扩展 Spine 交换机的数量，在东西流量扩展性上有很大的优势。

　　虽然从技术上横向扩展的 Spine 设备数量不受限制，但须考虑 Leaf 设备上连端口数量的限制。假设 Leaf 设备两两一组构成一台逻辑 VTEP 设备，每台 Leaf 设备需要两个 40GE 光口用于互连，一台 Leaf 设备全互联上连四台 Spine 设备，每台 Leaf 设备需要四个 40GE 光口用于上连，所以每台 Leaf 设备需要六个 40GE 光口用于上连及互联。

　　b. 接入能力的扩展性。

　　在 Leaf 设备规格确定的前提下，Leaf 设备的扩展能力受限条件较多。

　　一是 Spine 端口数量的限制。一台 Spine 设备能提供 256 个 40GE 光口，减去上连大楼核心的 4 个端口，还剩 252 个 40GE 光口。按收敛比 2:1 计算，四台 Spine 设备能满足 126 个 VTEP 设备（252 个 Leaf 设备）的接入规模。

　　二是路由协议限制。在 Fabric 规划中，Underlay 路由协议选用 OSPF（Open Shortest Path First，链路状态路由）协议，OSPF 协议在 Spine-Leaf 组网模式下的最大路由节点数量在 256 个以内，即 Leaf 节点数量能扩展到 250 个左右。

　　三是 Leaf 转发表项资源的限制。Leaf 设备的转发表项资源也制约着 Leaf 设备数量的扩展。当 Fabric 的 Overlay 路由控制平面设计采用分布式网关设计，Leaf 设备作为分布式网关，需要承载所有主机的二、三层转发表项［主机 IP 路由表、MAC 表、ARP（Address Resolution Protocol，地址解析协议）表］，这对 Leaf 设备的 MAC 表和 ARP 表项空间是个巨大挑战。一些技术手段如 MP-BGP EVPN 提供对称 IRB 技术，可以优化 Leaf 设备的 MAC 表项，即 VTEP 无须学习维护那些属于目标 VNI 的远程主机的 MAC 地址信息（入口 VTEP 本地无属于该 VNI 的主机）。这将大大减轻 Leaf 设备 MAC 表项的压力，但这依赖于业务部署的方式，若同类同 VNI 的业务越集中部署，则 Leaf 设备的 MAC 表项压力越小；若同类同 VNI 的业务越乱序部署，则对称 IRB 技术带来的优化效果就越低。在 Leaf 设备的二、三层转发表项中，ARP 表项资源最为紧缺，Fabric 承载的主机规模超过 Leaf ARP 表项上限越多，则网络中 ARP Flood 就越多，越影响网络的性能。按经验值判断，一个 Fabric 中 Leaf 设备的数量最好不要超 200。

　　C. 网络 SDN 控制器与云平台集成设计。

　　SDN 控制器是 SDN 网络功能实现的核心控制点，集中管控云数据中心网络。通过应用到物理网络的自动映射、网络资源池化部署及可视化运维，SDN 控制器协助租户构建以业务为中心的网络业务动态调度能力。通过标准化的南北向开放 API 以及高可靠性的集群负载分担和弹性伸缩能力，使得租户可以根据自身业务的发展，灵活部署和调度网络资源，让虚拟网络更加敏捷地为企业私有云业务服务。

SDN 控制器为实体的网络控制层起着承上启下的作用。它北向提供 RESTful API 对接云平台，南向通过 OpenFlow、OVSDB（Open vSwitch DataBase）等接口对接虚拟网络设备，通过 Netconf、OpenFlow、SNMP（Simple Network Management Protocol，简单网络管理协议）等接口协议控制传统网络设备（包括交换机、防火墙、负载均衡器等）。作为 SDN 整体架构的核心，SDN 控制器的功能定位是基于应用进行网络管理，并实现网络功能和配置的自动化下发。

SDN 网络方案整体架构如图 3-27 所示。

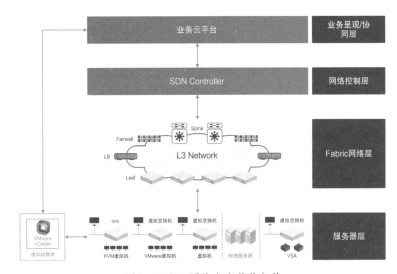

图 3-27 SDN 网络方案整体架构

业务呈现 / 协同层由业务云平台实现，提供 Portal 和业务编排功能。

网络控制层平台即 SDN Controller，完成网络建模和网络实例化。北向支持开放 API 接口，实现业务快速定制和自动发放。南向支持 OpenFlow/OVSdb/Netconf/SNMP 等接口，统一管理控制物理和虚拟网络。

Fabric 网络层是由物理设备组成的承载 Overlay 网络的基础物理组网，基于硬件的 VXLAN 网关提高业务性能，支持对传统 VLAN 网络的兼容。

服务器层（OVS/vSwitch）实现虚拟机本地接入的网络配置 / 策略管理。

云平台中的 Neutron 模块为云计算环境提供虚拟网络功能抽象，包含基本的 L2/L3 服务以及 FW/LB/VPN（Firewall/ Load Balance/ Virtual Private Network，防火墙 / 负载均衡 / 虚拟专用网络）增值服务的数据模型，实现虚拟网络和具体技术、设备厂家的解耦。

一个典型的网络服务使用过程如图3-28所示。

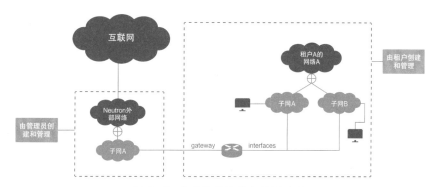

图3-28 典型的网络服务使用过程

首先，管理员拿到一组互联网的 IP 地址，并且创建一个外部网络和子网；然后，租户创建一个网络和子网、一个路由器，并且连接租户子网和外部网络；最后，租户把虚拟机连接到网络。

在数据中心 SDN 网络设计中，云平台和控制器集成方案如图3-29所示。在 Fabric 网络中，不同的 Fabric 区域由不同厂商的 Spine、Leaf、SDN 控制器组网构成，各厂商提供各自对应 SDN 控制器的 Plugin 驱动（L2/L3），提供与 Neutron 模块的接口。每

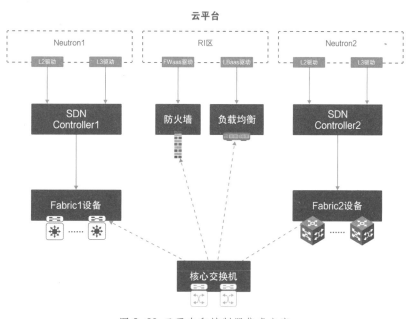

图3-29 云平台和控制器集成方案

个 Fabric 网络对应一个 Neutron 模块。Neutron 模块接收业务请求，形成抽象的虚拟网络。各厂商对应的 Plugin 驱动通过将虚拟网络翻译成 API 配置脚本，并通过控制器北向 RESTful API 接口下发给 SDN 控制器。

SDN 控制器分为逻辑网络层和物理网络层，逻辑网络层与 Neutron 模块的虚拟网络对应，形成对应的逻辑网络结构，然后翻译成物理网络对应的配置命令，下发至 Fabric 网络交换机。控制器与 Neutron 业务模型映射关系如图 3-30 所示。

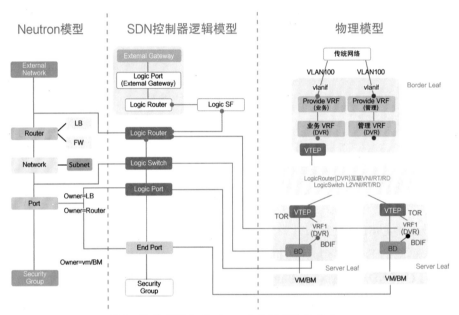

图 3-30 控制器与 Neutron 业务模型映射关系

D. 资源池接入设计。

资源池按不同类型应用分为 Web、AP、DB 三类，不同类型的服务器接入部署模式见表 3-1。

表 3-1 不同类型的服务器接入部署模式

名称	设备数量	网卡	占用机柜数量	Cluster 数量
x86 Web 资源池	48	2 个生产，2 个管理，1 个 iLO	3	3
x86 AP 资源池	48	2 个生产，2 个管理，1 个 iLO	9	3
x86 DB 资源池	28	2 个生产，2 个管理 2 个心跳，1 个 iLO	2	14
Power DB 资源池	4	2 个生产，2 个管理 2 个心跳，1 个 iLO	2	2

a.x86 Web 资源池。每个 Web 资源池的
CDP 包含 3 个 Cluster，单 Cluster 服务器建
议整体部署 1 个机柜，即可部署 16 台（四
路服务器），并按照生产、带外、iLO 3 种
类型接入 Leaf 交换机。

Web 资源池单 Cluster 拓扑连接如图
3-31 所示。

b.x86 AP 资源池。每个 AP 资源池 CDP
包含 3 个 Cluster。每个 AP Cluster 需要使
用一定数量的服务器和一套 NAS 来组成。
其中服务器部分建议占用 2 个机柜，每
Cluster 的服务器机柜对应一个或半个 NAS
机柜（同机柜内部署 1 套 NAS 还是 2 套
NAS，根据业务而定），并按照生产、带外、
iLO3 种类型接入到 Leaf 交换机。AP 资源
池单 Cluster 拓扑连接如图 3-32 所示。

c.x86 DB 资源池接入设计。x86 DB 资
源池每个 CDP 可包含多个 Cluster，一个
Cluster 包含两到三台 x86 服务器，每台服
务器部署于不同的机柜，并按照生产、带
外、心跳、iLO 四种类型接入 Leaf 交换机。
DB 资源池拓扑连接如图 3-33 所示。

d.Power DB 资源池接入设计。
Power DB 资源池每个 CDP 最多包含两个
Cluster，一个 Cluster 最多包含两台 Power
物理机和两台 HMC，每个机柜部署两台
Power 机和一台 HMC。每台 Power 服务器
上有 VIOS1 和 VIOS2，每个 VIOS 网卡分
生产、心跳、管理三大类，每类两个万兆
网卡。每个 CDP 部署两台万兆光口交换
机和一台千兆电口交换机。两台万兆光口
交换机用作 Fabric 网络的 Leaf 交换机，
分别部署在两个服务器机柜的顶部，为该
Cluster 内 Power 服务器提供生产网卡、管

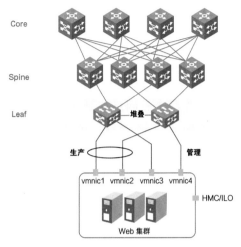

图 3-31 Web 资源池单 Cluster 拓扑连接

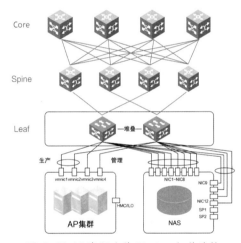

图 3-32 AP 资源池单 Cluster 拓扑连接

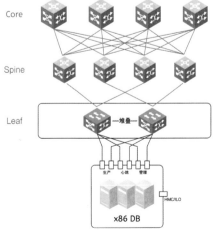

图 3-33 x86 DB 资源池单 Cluster 拓扑

理网卡和心跳网卡接入。千兆电口交换机用作带管 iLO 接入交换机。Power 服务器单 Cluster 拓扑连接如图 3-34 所示。

②防火墙接入网络资源池。

在数据中心网络规划中，根据安全访问策略，不同安全域之间的数据互访需要经过防火墙。数据中心将采用防火墙池化技术，将防火墙独立部署于 Fabric 之外，并将多台具有相同用途的防火墙组成防火墙资源池，用以共同承担大流量的安全访问。

安全域间防火墙资源池能提升防火墙的横向扩展能力，当防火墙的性能不足时，

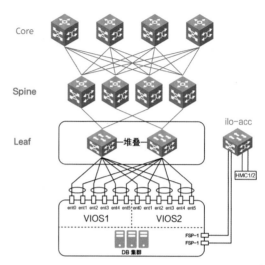

图 3-34 Power DB 资源池单 Cluster 拓扑

可新增一组防火墙来提升资源池的吞吐。资源池中的防火墙采用主备模式部署，防火墙与上下联交换机之间均采用全互联连接。

A. 安全域间防火墙资源池。数据中心网络在各 Fabric 内可划分若干个安全域和隔离域，如内网安全域、外联网 DMZ 安全域、互联网 DMZ 安全域、互联网 AP 隔离域等。各区域分别部署各自的墙池交换机，有访问需求的不同区域间，需要将不同区域的墙池交换机互连，打通跨域流量的物理通道。跨域流量通过旁挂在墙池交换机上的防火墙进行过滤，内网区域核心交换机上，分别部署本楼的内网墙池交换机。考虑到具体业务的重要性、稳定性以及带宽需求，内网墙池交换机可部署三组：对接互联网区域的墙池交换机、对接外联网区域的墙池交换机、对接所有其他区域的墙池交换机。其他各区域分别部署本区域的一组墙池交换机，这组墙池交换机负责承载本区域与其他所有区域的跨域流量。本楼中是否部署某区域的墙池交换机，取决于该楼是否有该区域的资源，以及是否有同楼的跨域流量需求。若某栋楼同时有两个区域的资源，同时这两个区域的资源有同楼访问需求，则该楼需部署这两个区域的墙池交换机，并互联打通跨域流量通道。跨域墙池中的防火墙采用双机主备模式旁挂部署。同一资源池中的防火墙不实施跨楼部署，防火墙不做跨楼高可用。两台墙池交换机为一组，与同区域的本楼大楼核心间采用 40GE 光纤线路三层互联，形成 Full-Mesh 结构（8×40GE 链路）。同一区域每一组墙池交换机之间通过两条 40GE 链路平联，使用跨机箱链路捆绑技术。区域之间的墙池交换机间通过四条逻辑、三层链路 Full-Mesh 互连，其中墙池交换机两两跨域互联为一条逻辑三层链路（1—n 条 10GE 物理链路聚合），n 的数值由具体业务需求而定。

B. 数据中心间防火墙资源池。数据中心间防火墙由两台接入交换机及一组防火墙

构成。防火墙采用双机主备模式部署，使用全互联的结构与接入交换机连接。两台接入交换机与两台 CE 交换机间同样使用全互联方式连接。两台数据中心间防火墙接入交换机间采用两条 10GE 光纤线路互联，并使用虚拟化技术实现两台交换机二虚一模式部署，提高设备冗余性。数据中心间防火墙与两台数据中心间防火墙接入交换机间采用 10GE 光纤线路一对一全互联，形成 Fullmesh 结构。两台数据中心间防火墙接入交换机对于连接至同一台防火墙的线路进行跨机箱捆绑，消除 STP 环路，并提高链路利用率。各防火墙连接至数据中心交换机的两条线路使用 LACP（Link Aggregation Control Protocol，链路汇聚控制协议）进行链路捆绑，提高线路带宽及线路冗余性。数据中心间防火墙采用聚合接口模式与数据中心间防火墙接入交换机互联。数据中心间防火墙接入交换机采用 VLAN+SVI（Switch Virtual Interface，交换机虚拟接口）模式与数据中心间防火墙互联。

③负载均衡接入网络资源池。

负载均衡设备用于提升业务系统处理能力，将一组或多组服务器构成的业务系统简化为统一的 IP：PORT 形式对外发布，当业务系统性能不足时可随时增加服务器，提高业务系统的处理能力；同时负载均衡设备可以监控应用的健康状态，提高业务系统的高可用性。

在负载均衡资源池方面，采用 Cluster 集群方式提升负载均衡系统的高可用性和扩展能力，当负载均衡系统的性能不足时，可在 Cluster 集群中新增负载均衡设备，提升资源池的处理能力。

高可用集群是指在集群中的设备组成互为备份关系，同一业务系统（或同一 Virtual IP）仅能在集群中一台设备上处理激活状态，对于该业务系统来讲，集群中的其他设备均为备份状态；当集群中部署了多个业务系统时，就会形成集群中的多台设备处于激活状态，同时处理业务流量，但是每台设备处理不同的业务系统（或不同的 Virtual IP）的流量，如图 3-35 所示。

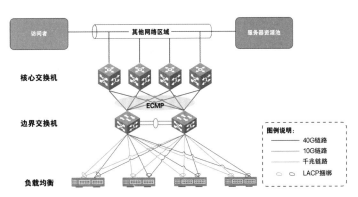

图 3-35 负载均衡池简要物理拓扑图

A. 负载均衡设备与边界交换机之间的生产链路均采用 10GE 光纤 Full-Mesh 互联，通过二层接口对接。每台负载均衡设备采用两根 10GE 光纤分别连接到两台边界交换机，两台边界交换机采用跨机箱捆绑技术与负载

均衡设备互联实现链路聚合，并启用LACP。负载均衡设备使用LACP的主动Short模式。交换机与负载均衡连接的端口建议使用边缘端口，并且不打TAG。

B. 负载均衡设备与边界交换机之间除了生产链路外，还需要采用千兆以上的链路Full-Mesh互联，也是通过二层接口对接，用于传输Cluster心跳信息和配置同步信息等。每台负载均衡设备采用两根千兆以上链路分别连接到两台边界交换机，两台边界交换机采用二虚一技术或M-LAG技术与负载均衡设备实现跨机箱链路捆绑，并启用LACP。负载均衡设备使用LACP的主动Short模式。

C. 每台负载均衡设备均配置两个VLAN。一个VLAN为生产业务流量VLAN，接收和发送所有生产流量；另一个VLAN为FaiLOver VLAN，仅接收和处理心跳及配置同步信息，仅在用于负载均衡间的信息交换。

D. 边界交换机与安全域核心交换机之间采用40GE光纤Full-Mesh互联。核心交换机采用松耦合设计，在相同的路径上采用多路径负载分担的方式（ECMP），以提高链路的利用率。每台边界交换机均有四条通往核心的等价路由，数据包通过Hash算法在四条路径上实现负载分担。核心交换机与边界交换机通过三层接口对接，边界交换机堆叠后上联核心交换机。

3. 计算资源池的建设

计算资源池是商用私有云下基础设施的重要组成部分，它的规划需从以下几个方面考虑。

（1）计算资源池的架构设计

①计算资源的虚拟化。

当前的计算资源虚拟化，是指打破物理服务器的边界，将一台物理服务器虚拟为多个操作系统实例，提供给不同的用户。一方面，虚拟化技术可以精准拆分计算资源，有效实现了资源共享；另一方面，虚拟化技术也使资源的灵活调度成为可能。当信息系统负载较高时，调高虚拟机的配置，显然比增加新的物理设备更加简便灵活。

当前主流的商用计算虚拟化技术和产品如下。

VMware ESXi：是VMware在x86体系下的裸机虚拟化，是一款可以独立安装和运行在裸机上的系统。通过直接访问并控制底层资源，VMware ESXi可有效地对硬件进行分区。ESXi的部署可以利用PXE的方式批量，自动进行。当ESXi完成部署后，使用VMware的vCenter可以对其进行连接、管理，并划分集群。

Power VM：是Power体系下的虚拟化技术。Power体系通过Power VIOS（虚拟I/O服务器）来调度处理硬件I/O设备，其管理物理适配器供一个或多个VIOC（虚拟I/O终端）的客户分区共享。和x86体系下的虚拟化技术相比，Power更倾向于将其虚拟化设置为固件的一部分，从而获得和硬件更紧密的联系。

②计算资源的架构设计。

计算资源池在设计过程中,要考虑 Web、AP 和 DB 分别部署。从而较好地实现网络的统一化访问控制和同类资源的管理。计算资源的架构设计也要考虑多平台的不同因素。

A. 三条线的高可用设计。

计算资源池在接入网络时,可以采用双通道网络或者是三通道网络进行接入。但是通常情况下,对于有较高可靠性要求的应用,采用网络层面的"三条线"的三通道进行接入,即将计算集群均分为三个部分,独立且均衡地进行资源分布,分别进行网络接入,并对日常的运行状态进行观测维护,设置负载预警。应用业务出现集群性的故障时能够顺利进行整体性的切换。这种方式可以实现应用节点的分布式处理和应用接入层面的高可用。

物理层面网络、计算、存储设备三条线独立部署,逻辑层面应用系统 Web—AP—DB 线状访问,能有效避免故障蔓延,从架构层面提高了应用系统的可靠性,如图 3-36 所示。同时,集群化部署具有线性扩展能力,提高了应用系统的扩展能力及可用性,实现了应用的迭代升级、灰度发布,保障了业务连续性。

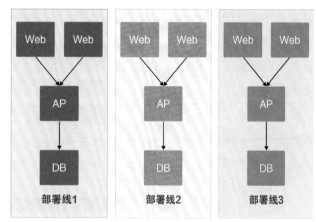

图 3-36 三条线部署示意图

实践中,不同集群中的各节点要提供完全相同的业务功能,并同时对外提供服务,任一节点损坏都不影响业务运行。和主备的部署结构相比,三条线的基础设施部署设计极大地提升了基础设施资源的稳定性。

三条线的资源池设计建议和应用的集群化部署搭配使用。针对集群化部署的虚机,使用负载均衡策略,在三条线上分别进行应用集群的部署,当单一的基础设施条线出现问题时,应用负载由剩余的两条线承担。针对单个应用部署虚机,三条线统一归属于一个云部署节点。通过云管理平台和虚拟化管理软件实现了三条线内的迁移调度。当单独的基础设施条线出现问题后,可以视情况将虚机迁移出故障条线,进而恢复运行。但其业务中断时间相对集群化部署要长。

实际使用中,建议单独条线的应用负载不超过总负载的30%,这种情况下,仅剩单独一个条线,其应用业务也可持续进行。相对于主备模式,三条线的设计可将高可用性能提升一个千分位。

假定基础设施1个条线(包括服务器、网络和存储)的故障率是10%,传统主

备的模式下高可用率为 $1 - 10\%^2$，即 99%，三条线下的高可用率为 $1 - 10\%^3$，即 99.9%。

B. x86 接入资源池设计。

x86 接入资源池使用虚拟化技术，主要部署 Web 类服务，提供交易转发功能，如 Apache。

图 3-37 展示了 x86 接入资源池的一种逻辑拓扑，实践中为提高资源池使用的性价比，接入资源池可不使用外置存储设备，通过服务器的大容量本地盘来部署虚机。这种场景下，须通过虚机的集群化部署和多网络通道部署，以实现接入领域的高可用，并在交易更前端的网络交换机上设置探测机制，及时隔离故障虚机，保障交易顺利进行。

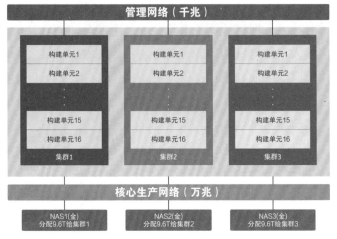

图 3-37 x86 接入资源池一个部署节点的逻辑拓扑图

C. x86 应用资源池设计。

x86 应用资源池也使用虚拟化技术，主要部署 AP 虚机，从而部署应用系统，实现应用系统和应用报文的交易响应。图 3-38 展示了 x86 应用资源池的逻辑拓扑，实践中 x86 应用资源池在多个集群上要配置响应的共享存储，以保证物理机故障后虚机的迁移响应。针对应用系统的部署，可以采用如下策略：每个应用平均分配在不同集群内，虚拟机以 3 的倍数分配；对一个群集内所分配的虚机，应部署在不同的物理机设备上；虚拟机的分配优先选择空闲资源最多的物理机设备上。

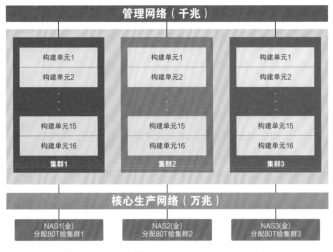

图 3-38 x86 应用资源池一个部署节点的逻辑拓扑图

D. x86 DB 资源池设计。

x86 DB 资源池用来部署对计算能力有较高要求的数据库类应用，这里不采用虚拟

化的形式。图 3-39 展示了 x86 DB
资源池的逻辑拓扑，实践中 x86
DB 资源池常采用两个节点的集群
化设计，用以部署 ORACLE RAC
等企业级数据产品。

使用中，通常要关注：主机管
理使用万兆网络接入，用于定期做
数据库备份，将流量较大的备份任
务与生产网络隔离；生产网络如有
数据同步等需求，也建议使用万兆
网络；根据实际情况，构建单元的
数量可以在 8 和 16 之间取值，主要
考虑网络接入能力。

E. Power 资源池设计。

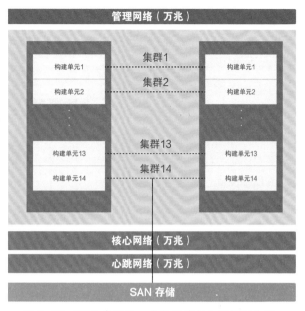

图 3-39 x86DB 资源池一个部署节点的逻辑拓扑图

Power 资源池采用 Power 虚拟化技术，实现小型机平台上的云资源池方案。图 3-40
展示了 Power 虚拟化资源池的逻辑拓扑，实践上 Power 虚拟化资源池的使用成本较
x86 虚拟化资源池更大，因此一般用来部署高性能数据库，或者部署需依赖 Power 平
台的应用系统。Power 资源池的使用一般要遵从如下策略：属于同一个数据库集群中
的服务器需分别部署到不同物理设备上；服务器的分配优先选择空闲资源最多的物理
设备；初始分配容量按照物理 CPU 和虚拟 CPU 为 1:2 配置。

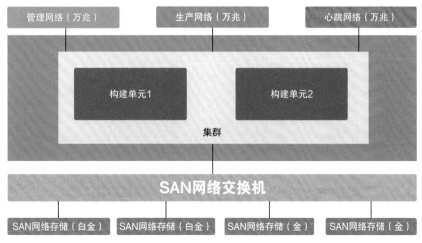

图 3-40 Power 虚拟化资源池的一个部署节点逻辑拓扑图

F. 大数据资源池。

大数据资源池一般用于部署大数据类基础软件的主机集群，为保障计算能力，常规情况下使用物理机来实现。

图 3-41 展示了大数据资源池的逻辑拓扑，以 Hadoop 的使用经验为例，初始化时 Hadoop x86 云分配 2 台 Master 节点和 32 台 DataNode 节点。后续需求只按 32 台 Segment 节点为单位来进行扩容。

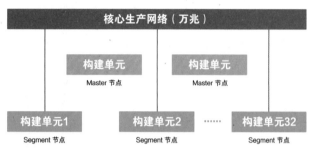

图 3-41 大数据资源池的逻辑拓扑图

G. 计算资源的弹性伸缩。

计算资源池要设计完备的伸缩机制，即对于虚机而言，池化的计算能力可以应对多类型的复杂交易场景，从而表现出云的弹性。图 3-42 展示了某国有大型商业银行应对"双十一"交易的实践经验。各大电商准备在"双十一"推出秒杀业务，预计网银系统业务量短时间内将成倍增加，因此在 11 月 10 日前在资源池内预先创建更多用于网银系统的虚拟机。秒杀业务结束后，删除临时增加虚拟机，恢复正常状态。预留的资源可以用于其他应用系统的临时性突发需求，如电子商城周年促销前，同样可以使用这部分资源创建更多的虚拟机。

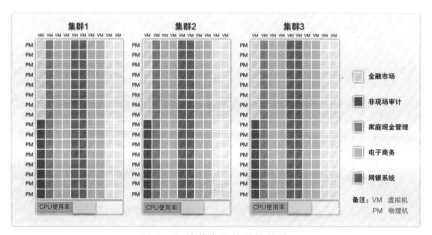

图 3-42 计算资源的弹性伸缩

总体上来说，为实现弹性部署的能力，资源池的部署节点内的物理服务器需要配置一定量的冗余资源，包括内存、CPU 和存储。日常的资源使用也应以瘦供给的方式提供，使其具备较强的扩展能力，这既包括针对虚机数目的横向扩展和伸缩，也包括针对虚机配置的纵向扩展伸缩。此外，当单个云部署节点（CDP）的预留资源不足以满足需求时，可以跨多个云部署节点（CDP）进行临时性扩容。

③计算资源的规划分区。

私有云计算资源的分区需要可以考虑如下分区方式：在管理区域，部署私有云的工具类系统，属于网络连通性的中心节点；在网络接入区域，部署前置 Web 服务器，向后台核心计算区域转发服务请求；在核心计算区域，部署各类核心业务系统，含虚机和物理机；在灾备区域，部署和生产环境相对应的灾备网络。

私有云灾备区域的建设，不仅仅是生产环境的一种延续，更有自己的体系和标准。灾备区域的资源池建设可以基于实际需求而定。私有云灾备区域仅对应核心计算区域，或者是对应接入区域和核心计算区域均可。

（2）计算资源池的建设

①IP 地址分配。

在资源池建设过程中，云管理平台根据网络资源请求的来源确定 IP 地址类型，再根据用途确定 IP 地址（C 类地址段）。IP 地址分配涉及的属性包括安全区域、设备类型、IP 地址类型。另外，如果 IP 地址为生产地址，属性要有安全分层。根据计算资源池申请请求，确定所申请 IP 地址的基本属性。

IP 地址分配分为物理机地址分配和虚拟机地址分配两部分。

物理机地址分配根据计算资源池的规划进行预分配，即为计算资源池中当前已部署或以后将要部署物理机预先分配其 IP 地址。为保证资源池中各部署单元、集群、服务器 IP 地址的连续性，物理机地址在新建资源池时预分配，按单个资源池的最大需求分配。例如：x86 机器地址分配策略包括资源池地址预分配、部署单元地址预分配、集群单元地址预分配、物理机地址分配、NAS 存储地址分配；AIX 机器地址分配策略包括资源池地址预分配、部署单元物理机地址分配（仅有一个部署单元一个集群）。

虚拟机地址分配在用户申请虚拟机时一并分配，即根据用户的实时需求实现 IP 地址的自动化的弹性分配。虚拟机地址以应用功能分组为单位分配地址，保持连续，尽量不跨网，以计算资源分配为基础，x86 虚拟机基本上以集群的倍数分配地址。单台应用，地址从 200 开始向前分配，Power 虚拟机按 8 个地址块进行分配。虚拟机地址分配策略包括 VMware 虚拟机地址分配和 PowerVM 虚拟机地址分配。

②自动化装机。

资源池的建设可以使用自动化装机的方式实现，图 3-43 展示了资源池自动化装机的一种实现方式。对于 Power 服务器，建议使用原厂提供的 NIM 和 IGNET 方式，可以对其进行包装，使用统一的安装界面。对于 x86 服务器，一般需求的量会比较大，某国有大型商业银行在传统的 PXE（Preboot Execute Environment，预启动安装环境）服务器安装基础上，设计开发了一个小型的内存型操作系统，命名为 BootOS。

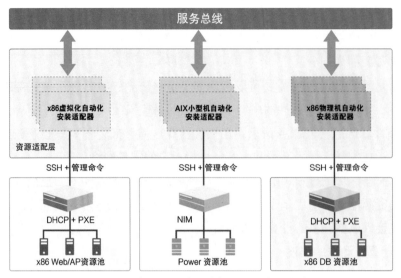

图 3-43 资源池自动化装机的一种实现方式

BootOS 被设计为一个基于 Linux 的精简操作系统，比较小，只有 100 ～ 200 MB，能够快速地从网络下载。它能从网络启动并完全运行于内存中；能通过 SSH 远程登录，并具有常用的 Linux 管理命令；能与云平台通信，接收并执行云平台命令，返回结果；能按需求扩展。

利用 BootOS 系统可以在物理机上自动化批量统一安装 ESXi、Redhat、Oracle、Linux 等各类操作系统。安装过程如下：x86 裸机通过网卡启动后，首先发送 DHCP（Dynamic Host Configuration Protool，动态主机配置协议）请求获得 IP 地址，然后裸机下载 BootOS 的镜像文件，下载完毕后 BootOS 完全在内存中独立运行，同时 BootOS 提供接口，可以接收多种消息并执行发送的指令，为自动化的管理手段提供了基础。

除了统一安装操作系统外，BootOS 还具有以下特有的功能：自动化采集服务器硬件配置信息，并能做到实时准确，将人员从传统的手工输入中解放出来，避免因手工输入造成的信息不准确；在服务器安装系统前对其进行硬件配置，如划分 RAID，使得相关的人员不必进入机房即可完成指定的任务，极大减轻了工作压力；服务器进入机房加电后，所有的系统安装、配置操作完全自动化。

BootOS 的设计分为六个模块。一是网络模块。BootOS 启动后，通过 DHCP 为对应网卡获取地址，保证网络畅通。二是心跳模块。BootOS 启动之后，在服务器上启动一个 Client 进程，该进程周期性地向后台服务发送心跳信息。BootOS 发送心跳信息的目的是让后台服务器端感知自己的存在。三是监听模块。BootOS 不仅主动推送消息（心跳、注册），也需要接收命令，因此 BootOS 上必须有能够监听来自服务器端的服务，采用 Apache 提供 HTTP 服务。四是命令模块。BootOS 收到监听模块的命令之后将命令转交给命令模块，命令模块负责解析和执行命令。五是硬件模块。硬件模块负责按照云平台命令进行硬件配置，这一部分实现了与硬件交互的部分，主要包含驱动安装、脚本编写。在这个模块，核心是针对 RAID 配置和 iLO 配置进行设计。六是日志模块。BootOS 在整个生命过程中都会进行详细的日志记录，包括命令执行结果、心跳发送状态、注册状态、接收云平台命令等。所有的日志都有标准的格式，并进行了分级，使得日志易于解析。

针对虚拟化资源池，资源池的建设往往是虚拟化管理和自动化装机的一种结合。

虚拟化管理包括相对固定的集群设计，这在构建单元中予以体现，包括相对完整的资源建设过程，包括 ESXi 虚拟化资源池和 Power 虚拟化资源池，如图 3-44 所示。

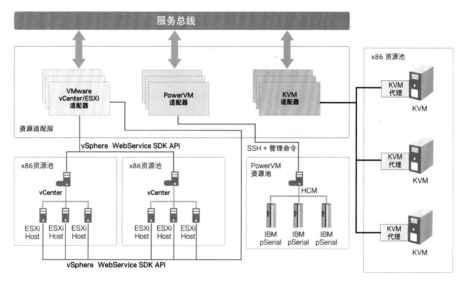

图 3-44 资源池虚拟化管理

开发完备的虚拟化功能，配合自动化的管理平台，搭配 VMware 的接口，以及 BootOS，可以稳定支持资源池建设任务，比如自动化安装 ESXi，配置虚拟交换机和 ESXi 向 vSphere Center 的纳管。

资源池的建设过程需要注意 DHCP IP 地址的使用，尤其是当同时并行大量建设任务的时候，DHCP IP 资源是否够用往往会制约资源池的建设进度。

③资源池的分区建设。

按照底层所使用的技术平台类型，计算资源池由几类资源池构成，分别为：x86 虚拟化资源池、x86 数据库资源池、AIX 虚拟化资源池以及 HPUX 资源池。当然，资源池的建设也要考虑应用业务部署的安全需求、网络需求，并不是所有类型的业务都适合部署在一个大区域下，而是要考虑隔离性、安全性等访问控制要求。出于这个原因，资源池在规划设计上要划分成若干区域，例如某国有大型商业银行的私有云建设中，其分区建设如图 3-45 所示，主要划分成五个区域。一是开放服务区，部署各类核心业务系统。二是运行管理区，部署各类管理类系统。三是互联网 DMZ（Demilitarized Zone，隔离区），部署需要进行互联网访问、接入、安装互联网应用的应用系统。四是外联网 DMZ，部署需要与外部机构互联及安装外联网应用的应用系统。五是桌面云区，部署桌面类服务的管理系统。

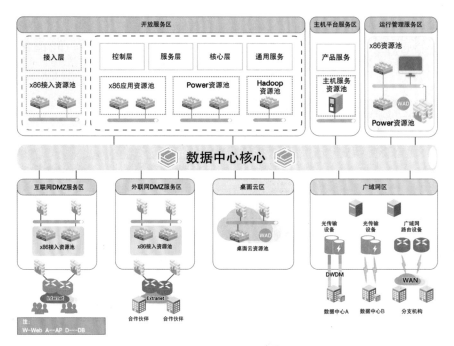

图 3-45 某私有云计算资源的建设分布情况

在资源池的整体部署规划中，会结合技术平台类型与区域两个维度，综合考虑整体构建，表 3-2 展示了部署区域及其相应的资源池类型。

表 3-2　部署区域及其相应的资源池类型

序号	部署区域	资源池类型	标准资源池类型
1	互联网 DMZ	x86 资源池	x86 虚拟化资源池—Web
2	外联网 DMZ	x86 资源池	x86 虚拟化资源池—Web
3	开放服务区	x86 资源池	x86 虚拟化资源池—Web
		x86 资源池	x86 虚拟化资源池—AP
		x86 资源池	x86 数据库资源池—DB
		AIX 资源池	AIX 虚拟化资源池—DB

续表

序号	部署区域	资源池类型	标准资源池类型
4	运行管理服务区	x86 资源池	x86 虚拟化资源池—AP
		x86 资源池	x86 数据库资源池—DB
		AIX 资源池	AIX 虚拟化资源池—DB
5	桌面云区	x86 资源池	x86 虚拟化资源池—AP

在实践中，资源池的分区和建设往往是密不可分的，结合网络分区下的资源池建设，既囊括了不同的计算资源的平台类型，也包含了同一平台下的计算资源的使用场景。

4. 存储资源池的建设

存储资源池主要包括 SAN 存储资源池和 NAS 存储资源池。SAN 存储资源池的功能是给数据库主机提供数据读写服务。SAN 存储资源池由 SAN 网络和 SAN 存储两个部分组成。SAN 网络通过 FC 交换机将存储和主机相连，SAN 存储对不同等级的数据库提供不同等级的服务，形成 SAN 存储资源池。NAS 资源池的功能是给主机提供文件系统服务和数据传输服务。NAS 资源池由 NAS 网络和 NAS 存储两个部分组成。NAS 网络通过以太网交换机连接存储和主机，NAS 存储同样对不同等级应用提供不同等级的服务，形成 NAS 存储资源池。存储资源池与数据服务的关系如图 3-46 所示。

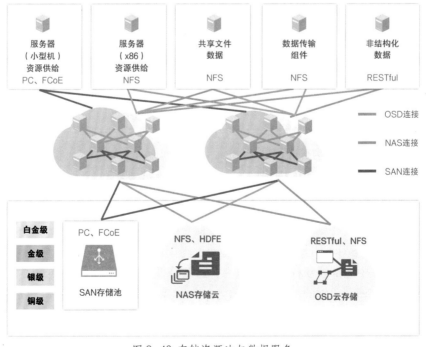

图 3-46 存储资源池与数据服务

存储资源池的设计应在保证高性能、高可用性、高冗余性、高安全性的基础上，兼顾灵活性、可操作性、可扩展性、可管理性等方面。高性能指的是资源池设计应该尽可能精简，摒弃多余的部分，以充分发挥存储的性能。高可用性和高冗余性指的是主机应有多条物理链路连接存储资源池，当部分链路发生故障时仍有足够多的链路保证读写服务可用。高安全性是指资源池的访问和变更要经过严格控制，保障资源池安全。灵活性要求存储资源池能对不同的需求提供灵活的服务，主要涉及资源池分级和需求匹配。可操作性要求资源池的设计符合存储网络和存储设备的物理连接能力，能按照设计标准建造资源池。可扩展性指的是随着服务器的增多和存储规模的增大，新存储和新服务器能够方便地融入原先的存储资源池。可管理性指的是存储资源池的性能和健康状况等运行指标能被监控，并且能够得到及时调整。下文将介绍 SAN 存储资源池和 NAS 存储资源池的设计建设和使用过程。

（1）SAN 存储网络建设

SAN 存储网络通过 FC 交换机连接数据库主机和 SAN 存储设备，是 SAN 存储资源池的重要组成部分。数据库主机的读写请求都要经过 SAN 存储网络传输到存储上，再通过 SAN 存储网络将读写结果传回数据库主机。

① SAN 网络架构。

网络常用标准架构包括 Cascade（级联）、Ring（环）、Full-Mesh（完全网络）、Partial Mesh（部分网络）、Core-Edge（核心—边缘结构）、Edge-Core-Edge（边缘—核心—边缘架构）。其中，Edge-Core-Edge 架构结构清晰，主机端与存储端分离，网络中各设备功能专一，具有更加高效的数据处理及转发能力，如图 3-47 所示。这种结构扩展性强，灵活性、冗余性较强，适用于中大型规模存储网络。这种结构不同于

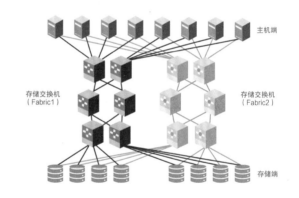

图 3-47 Edge-Core-Edge 三层网络架构

以太网的星形结构，光纤通道里应用了 FSPF 动态路由协议，能够自动实现负载均衡，充分利用多核心元素的特性，保障网络的高可用性。

单个 Fabric 中应部署双核心或四核心，有效降低超载比，提高数据转发能力，同时提供较高的冗余性，提高网络架构的健壮性。实际部署中，同一层级的设备应尽量使用不同的物理资源（如机柜、电源、布线链路等），保证物理上的冗余性，提高抗灾能力。

存储网络通常会由多个子网构成，包括不同厂商设备构成的网络和同一厂商设备

构成的不同网络。各个物理存储网络间可使用 IVR 或 FCR 技术实现互联，如图 3-48 所示，通过互联技术可实现灵活组网的需求。

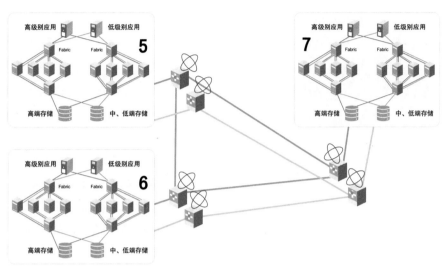

图 3-48 SAN 存储物理网络互联架构

生产中心至备份中心存储间容灾网络单独搭建，避免链路抖动对两端网络稳定运行的影响。互联线路采用 FCIP 方式连接，采用数据压缩及加速技术，以提高数据传输能力。传输带宽根据备份数据量及 ITO 指标综合估算，其架构如图 3-49 所示。

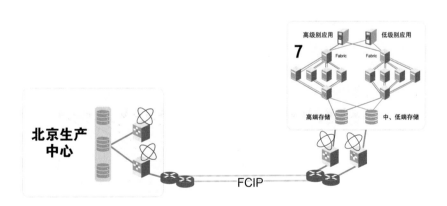

图 3-49 SAN 存储容灾网络架构

使用逻辑交换机技术实现生产、备份、灾备网络统一接入，在保证安全性的同时，节约设备资源，降低维护管理难度。不同逻辑 Fabric 网络间可采用 IVR 技术或 FCR 技术实现互联。

②网络接入规范。

存储设备在接入存储网络的时候，应充分考虑到可靠性及性能。服务器通过 SAN 网络与 SAN 存储设备相连，获取数据读写服务。以高端存储和主机四口接入为例，实现主机四链路的 Zone 接入，如图 3-50 所示。SAN 网络分为独立的两个子网 Fabric，服务器连接到主机边缘交换机，存储连接到存储边缘交换机。主机边缘交换机和存储边缘交换机通过核心交换机相连。在该架构下，当存储、交换机、服务器的端口或板卡发生故障，均有冗余链路以保证 SAN 存储服务的可用性。采用物理独立的两个 Fabric，即使因为人为变更或者大范围故障导致整个 Fabric 不可用，也还有另一个 Fabric 提供服务。该架构的其他优点是灵活性、可拓展性和可管理性强。通过少数核心交换机，大量主机边缘交换机和存储边缘交换机能够互联，实现网络的灵活拓展。网络配置仅在核心交换机生效，即可自动转发全网，可管理性强。在对低故障率需求极高的场景（如网联交易系统）中，可以省去主机边缘交换机和存储边缘交换机，将服务器和存储都直接连接在核心交换机上。三层网络架构虽然可拓展性强，但是跳数太多，导致故障点增多和故障率变高。因此，可以使用单层交换机可以有效降低故障率，用来连接网联服务器和网联专用存储。

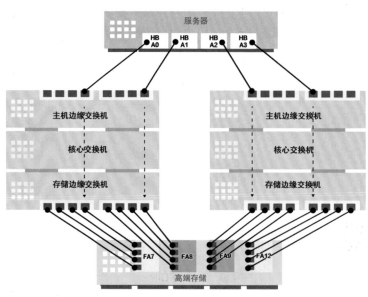

图 3-50 服务器到 SAN 存储连接关系

（2）SAN 存储资源池建设

① SAN 存储服务目录。

SAN 存储经过多条网络链路连接到服务器，已可满足高性能、高可用性等基本需求，而存储资源分级是 SAN 存储资源池设计需要考虑的又一重要标准。

　　根据可用性、性能需求和可拓展性等指标，可对 SAN 服务进行分级，3 个 SAN 部署单元分别对应 3 个级别服务：SAN 白金级服务、SAN 金级服务和 SAN 银级服务，相关服务级别协议见表 3-3 所示。

表 3-3　SAN 服务级别协议

部署单元	SAN 白金级 高可用性 高 + 性能	SAN 金级 高可用性 高性能	SAN 银级 中可用性 中性能
可用性	99.999%（5.3 分钟 / 年）	99.999%（5.3 分钟 / 年）	99.99%(53 分钟 / 年)
性能	响应时间 < 2ms	响应时间 < 5ms	响应时间 < 8ms
	IOPS 5 000+	IOPS 3 500+	IOPS 2 000+
	吞吐量 2 000MB/S+	吞吐量 2 000MB/S+	吞吐量 1 500MB/S+
可拓展性	整台存储扩容 最大 290TB 裸容量	整台存储扩容 最大 290TB 裸容量	整台存储扩容 最大 240TB 裸容量
资源池	2 个构建单元之间做镜像，作为基本单元，资源池由多个基本单元构成	2 个构建单元之间做镜像，作为基本单元，资源池由多个基本单元构成	1 台存储作为基本单元，资源池由多台存储构成

　　根据服务目录，资源池将采用与服务级别一一对应设计。SAN 存储共分为 3 个资源池： SAN—白金资源池、SAN—金资源池、SAN—银资源池，如图 3-51 所示。

图 3-51　SAN 存储资源池分级

　　资源分级是资源精细化管理的常用技术，以实现有限资源发挥最大效用。以存储性能和可用性进行分级，达到满足需求和节约成本的平衡。出于存储性能需求的考虑，

给重要系统使用高性能的全闪盘存储，给普通系统使用中性能的机械盘存储。出于可用性考虑，给重要系统使用存储镜像保护，给普通系统使用单存储。

②SAN存储资源池构建。

SAN服务目录中，3个服务对存储设备的级别、容量、磁盘、接口协议类型、前端端口、后端端口等指标的定义见表3-4。不同级别的SAN存储组合构建出不同级别的存储单元，成为SAN存储资源池的基本单位。

表3-4　SAN服务的存储设备指标

部署单元		SAN白金级 高可用性 高+性能	SAN金级 高可用性 高性能	SAN银级 中可用性 中性能
构建 单元	存储级别	企业级高端SAN存储	企业级高端SAN存储	企业级高端SAN存储
	容量	290TB（裸容量）	288TB（裸容量）	240TB（裸容量）
	磁盘	884块，300GB，15K转速磁盘；169块1.92TB SSD盘	960块，300GB，15K转速磁盘	400块，600GB，10K转速磁盘
	接口协议类型	16Gb Fibre Channel	16Gb Fibre Channel	16Gb Fibre Channel
	前端端口	8块8口16Gbps前端卡	8块8口16Gbps前端卡	4块8口16Gbps前端卡
	后端端口	4引擎或4VSD	4引擎或4VSD	2引擎或2VSD
	缓存	512GB	512GB	256GB
	存储功能	自动分层	自动分层	自动分层

SAN存储单元构建完成后，通过存储前端口接入SAN网络与服务器相连。不同级别的SAN存储的前端口接入网络的规则不同，主要出于不同级别服务对性能和可用性的需求。SAN存储一组端口要分别分布在不同的板卡和控制器上，从而当单板卡或单控制器出现故障时，不至于影响SAN存储整体服务。

SAN存储资源池中，各等级的资源池对应各等级的SAN存储服务。SAN—白金资源池对应白金级服务，主要用于A+/A类系统，此类系统需要99.999%以上的可用性且响应时间需要小于2ms。白金资源池的存储单元一般使用镜像的两台全闪盘存储构成。SAN—金资源池对应金级服务，主要用于B/C类系统，此类系统需要99.999%以上的可用性但响应时间要求不高。金资源池的存储单元一般使用镜像的两台机械盘存储。SAN—银资源池的存储单元一般使用单台机械盘存储构成，用于给可用性及响应时间要求都不高的系统使用，提供99.99%以上可用性的银级服务。

（3）NAS存储网络建设

在私有云的架构下，存储资源池应该是一个灵活扩展、面向服务、运营高效、资源共享、即时分配的存储服务架构。NAS存储目标架构蓝图，如图3-52所示。

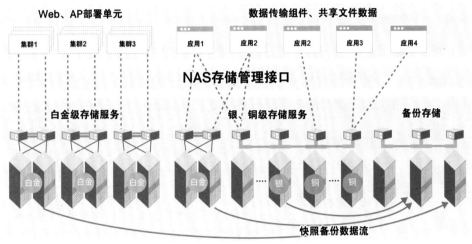

图 3-52　NAS 存储目标架构蓝图

连接 NAS 的服务器应使用两个网口，以捆绑（NIC teaming）方式接入存储网络，以增加带宽和实现高可用。具体的捆绑技术，各平台不尽相同。而 NAS 存储的每个控制器通过两个或两个以上的万兆网口接入存储网络，端口之间采用 LACP 捆绑。

NAS 采用万兆以太网。数据通路的带宽是数据访问能力的一个重要指标，越大的带宽代表越强的传输能力。在目前成熟的以太网环境中，10GbE 是可选的最高带宽标准。在存储交换网络中，将采用 10GbE 的核心交换机。

存储交换以太网络具有稳定性非常高、I/O 延迟极低、突发数据量大等特点。新一代存储交换网络采用专用的万兆核心存储网络，服务器到 NAS 的网络节点不超过 3 跳。万兆核心存储网络中的交换机要求支持 LACP，支持 NAS 端口的绑定。

虚拟化环境 x86 资源池每个 Cluster 内的 ESXi 服务器与 NAS 应属于同一个网段（同 VLAN）。一个 Cluster 内的 ESXi 服务器共享 NAS 设备，采用独立的 VLAN。共享 NAS 的使用，要求服务器生产地址和 NAS 生产地址互通，并且服务器生产地址到 NAS 生产地址的网络上要求放开所有的端口限制。服务器、网络和 NAS 设备都支持流量控制，VMware 环境建议在 ESXi 开启流量控制。

（4）NAS存储资源池建设

①NAS 存储服务目录。

NAS 同样根据可用性、性能需求和可拓展性等指标对 NAS 服务进行分级 NAS 白金级服务、NAS 银级服务、NAS 铜级服务，见表 3-5 所示。

表 3-5　NAS 服务级别协议

部署单元	NAS 白金级 高可用性 高＋性能	NAS 银级 中可用性 中性能	NAS 铜级 中可用性 低性能
可用性	99.999%（5.3 分钟／年）	99.99%（53 分钟／年）	99.95%（4.4 小时／年）
性能	响应时间＜2ms	响应时间＜5ms	响应时间＜8ms
	IOPS 5 000+	IOPS 2 000+	IOPS 1 000+
	吞吐量 2 000MB/S+	吞吐量 1 500MB/S+	吞吐量 1 000MB/S+
可拓展性	整台存储扩容 最大 290TB 裸容量	横向扩容 最大 3 000TB （600GB 磁盘）裸容量	横向扩容 最大 10 000TB （2TB 磁盘）裸容量
资源池	NAS 内部实现本地数据保护，作为基本单元，资源池由多个基本单元构成	1 台存储作为基本单元，资源池由多台存储构成	1 台存储作为基本单元，资源池由多台存储构成

根据 NAS 服务目录，资源池的设计将与服务级别一一对应。NAS 存储资源池共分为 3 个：NAS—白金资源池、NAS—银资源池、NAS—铜资源池，如图 3-53 所示。

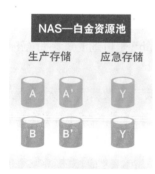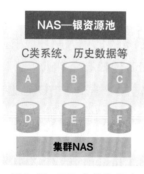

图 3-53　NAS 存储资源池

白金资源池承载着虚拟化平台、A+/A/B 类等重要系统的数据，可用性要求达到 99.999%，因此采用本地数据保护的结构，实现 I/O 处理单元与存储存放单元的双冗余，无论存储的可用性还是数据安全都满足了数据服务要求。银资源池主要承载 C 类系统，采用统一的集群架构。铜资源池主要承载归档类系统及备份数据，也采用统一的集群架构。

存储领域的分层设计也要结合 "CDP—集群—节点" 的分层架构模式，针对不同类型的资源池分别进行接入。如针对 x86 AP 虚拟化资源池，存储可接入集群层级，不同的集群进行存储设备的隔离。针对 x86 DB 物理机资源池，存储可接入 CDP 层级，即不同的 CDP 物理机可以使用相同的存储设备，使用存储划卷或者 LUN 的方式实现隔离。

②NAS 存储资源池构建。

NAS 服务目录中，3 个服务对存储设备的级别、容量、磁盘、接口协议类型、前端端口、后端端口等指标的定义见表 3-6。

表 3-6　NAS 服务的存储设备指标

部署单元		NAS 白金级 高可用性 高 + 性能	NAS 银级 中可用性 中性能	NAS 铜级 中可用性 低性能
构建单元	存储级别	企业级高端 NAS 存储	企业级高端 NAS 存储	中端 NAS 存储
	容量	290TB 裸容量	3 000TB 裸容量	10 000TB 裸容量
	磁盘	SSD+15K 转速磁盘	SSD+10K 转速磁盘	7.2K 转速磁盘
	接口协议类型	10Gb 以太网	10Gb 以太网	10Gb 以太网
	前端端口	4 块 2 口 10Gbps 卡	4 块 2 口 10Gbps 卡	2 块 2 口 10Gbps 卡
	后端端口	2 控制器	2 控制器	2 控制器
	缓存	256GB	256GB	16GB
	存储功能	自动分层	自动分层	自动分层

按照表 3-6 所示的存储配置组合 NAS 存储单元，即可组成不同级别的 NAS 存储资源池，满足不同级别应用的性能需求。NAS—白金资源池，主要用于 A+/A/B 类等高优先级应用系统，提供可用性高于 99.999% 的白金级服务，响应时间要求小于 2ms。白金资源池内部实现本地数据保护，作为基本单元，资源池由多个基本单元构成。NAS—银资源池和 NAS—铜资源池分别提供银级服务和铜级服务，可用性要求依次下降，分别是 99.99% 和 99.95%，使用大容量机械盘保证存储容量需求。银资源池和铜资源池均使用 1 台存储作为基本单元，资源池由多个基本单元构成。

五、云管理平台

1. 云管理平台的架构
云管理平台应该以层次化、松耦合的理念进行整理架构设计，其可设计四个逻辑

层次，分别是资源服务层、资源分配层、资源管理层和资源抽象与共享层。

资源服务层实现用户访问系统的前端，支持自助服务的模式，将资源请求以一种标准化和约定的方式进行描述，以减少沟通成本，并为后续自动化节点提供必要的参数，同时根据最佳实践和用户需求构建审批及变更流程，以契合用户个性，并提供持续调整和优化的能力。

资源分配层根据用户的请求，按照既定策略对资源进行分配，分配的资源包括网络资源、存储资源、计算资源等。

资源管理层实现了对具体资源的自动化配置操作，通过统一的平台将资源对象的操作逻辑固化和参数化，并通过配置管理系统和流程系统的整合实现自动化，有效支撑资源环境部署、变更和回收，支持数据中心的全生命周期管理。

资源抽象与共享层能实现异构环境的管理，如多种平台的计算环境，多种存储管理平台同时开放接口，支持多种工具体系的接入等。

图 3-54 展示了某机构的私有云云管理平台的技术架构情况，其架构设计分为五个层级：基础设施层，实现计算，网络存储等具体的物理资源的管理；资源抽象与共享层，实现底层资源的封装，将物理资源纳管为资源池；资源管理层，实现对资源池的管理，并提供资源全生命周期的自动化能力；资源分配层，实现对资源池所提供能力的一种分配和占用；资源服务层，实现云服务的定义和管理，支持镜像服务和脚本的统一管理，实现自动化工作流程的编排和设计，支持自动化运维和配置工作。该云管平台的范例，是对资源抽象与共享层、资源管理层、资源分配层、资源服务层这四个逻辑层次的一种实践。

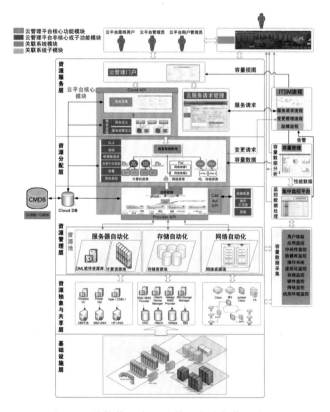

图 3-54 某机构私有云云管平台的架构示意图

2. 云管理平台的功能

云管平台面向两类人群：平台管理人员、平台最终用户。对于两类不同的人群，云管平台所承担的功能不完全相同。

图 3-55 展示了某机构实践的云平台自动化功能架构，其对于用户主要包括以下功

能：服务目录编排，镜像模板和脚本库的管理，涵盖计算、网络、存储等三个领域的资源池管理，工作流引擎和工作流工具，支持定时任务的服务策略管理等。

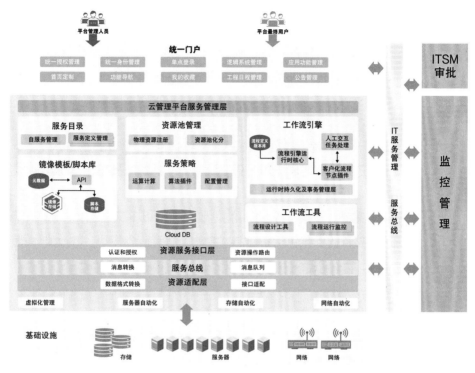

图 3-55 云管理和自动化功能架构图

下文将对镜像管理、脚本管理、计算资源池、存储资源池、网络资源池、云服务定义、服务申请、工作流、日常检查等功能进行简要介绍。

（1）镜像管理

镜像管理功能用于集中管理云管理平台中的系统镜像，包括镜像基本信息和镜像服务器地址的维护，但是不涉及镜像的制作。按照云服务的设计，首先通过手工构建形成系统镜像包，然后将镜像包上传到相应的镜像服务器，最后在云管理平台上进行登记、注册。

镜像管理一般包括以下主要信息：镜像名称、镜像大小、镜像所属管理员、存放路径、镜像描述、软件配置信息（包括应用软件、通用技术软件、中间件、操作系统等信息）。

镜像管理应该含有以下操作：查询，可以通过输入"镜像名称"，按镜像名称查询出符合条件的记录；新建，用于新创建镜像；查看，点击"镜像名称"链接，进入查看镜像信息页面，各项信息为只读状态，不能修改；修改和删除，即修改镜像信息，

删除相应镜像。

以操作系统镜像为基础，某些规范化的基础软件产品，如中间件镜像、数据库镜像等都可以纳入镜像管理的范畴。

（2）脚本管理

脚本管理用于集中管理云服务相关的各种执行脚本，通过脚本管理注册到云管理平台上，进行云服务定义时，将脚本与具体的云服务绑定，云服务部署再由云管理平台负责将脚本打包，推送到具体的机器上。具体的操作包括脚本包的新增、修改、删除、查看功能，脚本模块的新增、修改、删除、查看功能，以及脚本的新增、修改、删除、查看功能。

脚本包的新增、修改、删除、查看功能一般要包括以下主要信息：包名称、包所属负责人、软件类型、包路径、所属应用、备注说明等。具备的操作包括新建脚本包、查看脚本包、修改脚本包、删除脚本包。

脚本模块的新增、修改、删除、查看功能一般要包括以下主要信息：模块名称、脚本路径、备注说明。具备的操作包括新建脚本模块、查看脚本模块、修改脚本模块、删除脚本模块等。

脚本的新增、修改、删除、查看功能一般要包括以下主要信息：脚本名称、文件名称、执行用户、校验码、回退脚本、自定义阈值、参数类型、参数名称、参数顺序、参数分隔符。具备的操作包括新建脚本、查看脚本、修改脚本、删除脚本、新建阈值参数、新建输入参数、新建输出参数、删除参数等。

（3）计算资源池

计算资源池管理主要用于定义计算资源，其对应的是物理主机及虚拟机，用户可以定义数据中心、计算资源池、部署单元、集群，然后将物理主机与集群进行关联。目前，企业大多建设的资源池是 x86 计算资源池和 AIX 计算资源池，每个资源池设计的主体内容也略有不同。

x86 计算资源池能新增 x86 计算资源池并查看相关信息。如何新增 x86 计算资源池？首先在网络资源池页面创建网络，对于 x86 物理机，新建生产和管理的 B 段地址各一个；生产 B 段下，启用 C 段一个，用途类型编码为 x86 物理机生产，占位 C 段两个。管理 B 段下，启用 C 段三个，用途类型编码分别为：x86 物理机管理、x86 物理机管理—iLO、x86 物理机管理—vMotion，其中安全区域选择同一个。其次在计算资源池页面，平台类型选择 x86，安全区域选择与网络资源池建的 C 段区域相对应。

AIX 计算资源池能新增 AIX 计算资源池并查看相关信息。如何新增 AIX 计算资源池？首先在网络资源池页面创建网络，云管平台要求 IP 地址的 B 段和 C 段相同，例如 128.192.2.1 和 129.192.2.1；新建私有 B 段两个和管理的 B 段一个；每个私有 C 段一下，启用一个，用途类型编码分别为 Power 物理机管理—FSP1 和 Power 物理机管理—FSP2；管理 C 段，启用一个，用途类型编码为 Power 物理机管理。其次在计算资源池页面，平台类型选择 AIX，安全区域选择与网络资源池建的 C 段区域相对应。

x86 计算资源池和 AIX 计算资源池基本信息录入域包括名称、简称、英文名称、服务类型、平台类型、计算资源池类型、安全区域、备注、保存、取消。两个资源池所具备的基本操作说明有新建计算资源池、查看计算资源池。

云管理平台可以设计资源池参数以实现对容量的管理和个性化的容量提升。可以设置全局的虚拟化参数作为一个整体的默认值，在此基础上进一步对具体主机的参数再设定。资源池的容量参数功能可以很好地让云平台实现对整体资源的控制。

针对计算资源池，云管理平台可以设计资源的预分配功能，预分配功能是在虚机的生产阶段，云平台对资源进行预先的占位。即针对某个具体的系统，某类具体的应用占据何种类型的资源，采用哪些具体的资源参数。云管理平台预分配功能的实现有如下非常显著的收益：预先拿到资源信息，从而使其他方面的工作可以和计算资源的生产同步展开；预判计算资源实施的可行性，比如当计算容量不足时，虚机分配会失败，采用预分配的方式，可以提前暴露这个问题，从而尽早解决；预分配的实现往往结合了人工的状态调整，从而使资源选用更加灵活。

计算资源池拓展性的功能包括虚机和物理机的管理。虚机管理包括虚机的创建和回收，也包括对虚机状态的监控如虚机的创建时间、所属物理机、操作系统版本等内容均可进行展示和统计。物理机管理可包括物理机的配置信息管理和使用状态管理，方便进行查询使用。

（4）存储资源池

存储资源池主要用于定义和展示存储资源（包括 SAN、NAS 和光纤交换机），规划存储资源的设备用途、设备级别和可用状态，还要对计算资源池使用的存储资源进行分配。

存储资源池实现多地多中心的存储设备定义和展示。主要的树状层级结构从上到下为所属数据中心、存储设备类别、存储设备用途、存储设备级别和存储单元。通过树状层级结构将多地多中心的各存储设备按 SAN、NAS 和交换机区分存储设备类别，按生产资源池、多活资源池和灾备资源池区分设备用途，按白金级、金级、银级和铜级等服务等级区分设备级别，按是否提供镜像保护区分存储单元是由一对镜像存储还是一台单存储构成。展示信息还包括存储单元的初始化容量、初始化性能、剩余容量和剩余性能等。

存储资源池可进一步定义各存储单元的可用状态，用于区分同一存储级别下不同存储单元的生命周期和使用情况，主要包括可新建、不可新建和维护状态等。可新建代表存储处于生命周期早期且使用率较低，可用于对应级别的存储需求新建供给。不可新建代表存储处于生命周期晚期或使用率较高，仅可对已有系统进行扩容或回收。

维护状态代表存储处于不可用状态，存储维护完成之后再进行资源分配。

存储资源池支持对多地多中心的所有存储资源的自动化流程设计。对存储分配流程中的系统级别、存储容量需求和存储性能需求，通过自动化程序按预定义的存储用途、存储级别和可用状态自动匹配合适存储资源。最终通过自动化程序完成对应的 SAN 存储、NAS 存储和光纤交换机的存储配置变更和资源供给。

（5）网络资源池

云管理平台根据用户服务请求、资源纳管请求，根据网络资源池的分配策略自动生成对网络资源的分配请求。

网络资源的分配策略应在两个层面上进行设计，在统一的资源池层面，网络资源的分配需要对整个资源池的 IP 网段进行占位。这就要考虑管理网络、生产网络、NAS 网络等网络需求。另外一个层面是网络资源在某个安全区域或者安全分层内部的占位，一般会具体到虚机或者物理机对网络的需求，云管理平台要支持该项内容自动化的实现。

（6）云服务定义

云服务定义的内容包括四部分内容：基本信息、服务套餐、操作模型和属性信息管理。功能上可以实现对云服务的新增、修改、删除、发布和停用等。

基本信息用于定义云管理平台对外提供服务的条目，在自服务门户中以服务目录的形式提供。云服务的基本信息一般包括云服务名称、云服务类型、云服务状态、云服务提供部门、云服务所使用的系统镜像、服务审批流程等内容。

服务套餐用于定义云服务的硬件配置，实现配置信息与镜像文件的分离，镜像文件可以为一类云服务使用，而通过服务套餐实现差异化的 IT 服务供给。同一云服务下服务套餐的差异一般是配置上的，即通过设置 1C 4GB、2C 8GB、4C 16GB 等不同的套餐来满足业务方面的需求。为统一安全策略和运维，服务套餐一般采用固定的配比。

操作模型管理提供一个图形化的流程设计器，将云服务操作模型的各种计划以可视化的方式配置成执行流程。流程中的每个步骤，都可以配置输入输出参数以及执行相关的信息。操作模型的实现是基于云平台流程设计功能完成的。

属性信息用于定义云服务的参数信息。参数信息会在云服务的使用阶段生效，来指导该云服务的具体配置。

云服务定义的功能一般包括：查询，按服务名称查询出符合条件的记录；新建，填入云服务各项基本信息，新建云服务；修改，修改云服务定义信息页面，正确修改各项信息；查看，点击"服务名称"链接，进入查看云服务定义信息页面，各项信息为只读状态，不能修改；删除，删除创建的云服务。

（7）服务申请

服务申请包括新建服务、修改服务、删除服务、提交服务、关单、开始实施。

服务申请方面，由于云管理平台有管理员用户以及普通用户，拥有不同权限的用户看到的视图界面应该是不一样的，普通用户一般具有查询、新建、修改、删除、提交、关单的功能，管理员用户除上述普通权限外，还可以选择待实施状态的服务，开始实施，调用流程引擎。

云管理平台的管理员需要对服务申请的流程进行维护，对于某些特定场景，协助服务申请进行流转或者跳转，从而促进整体流程的闭环。

（8）工作流

工作流中包括工作流设计器和工作流模板管理。工作流设计器提供可视化的操作界面，用拖拽方式进行流程绘制；根据工作流的业务逻辑和流程组件构造流程模型，配置业务规则和业务数据；通过调用流程引擎接口实现动态部署，基于用户权限进行流程模型的分类管理。

工作流模板管理中用户可以进行删、改、查，进行流程模板的版本管理和任务组件的数据修订和记录。任务实例管理中可以代办任务的查办、已办和历史任务的查阅、任务实例的定时执行、任务组件的数据的修订和记录、流程环节的动态选择执行。

在云管理平台对虚机进行创建和删除时，在设计各类服务请求以串联工作环节时，工作流设计器都起着非常核心的作用。工作流的设计要区分不同的工作任务，需要支持人工处理的工作任务，支持通过 API 进行程序调用的工作任务，支持通过脚本进行执行的工作任务，支持权限配置和策略配置，从而实现工作流任务执行时候的隔离。

（9）日常检查

日常检查包括日常的健康巡检对各类平台的合规检查。

针对日常的健康巡检，云管理平台需要支持定时任务的创建和结果检查。云管理平台上创建的定时巡检任务会同步到操作系统实例中，实现自动化任务的配置，在完成结果之后反馈到云平台中。日常的健康巡检有助于协助运维人员发现系统运行中的问题，是对实时监控的一种重要补充。

针对各类平台的合规检查，云平台需要支持脚本下发到操作系统实例，并在检查完成后收集结果信息。合规检查则有助于在上线前，或者是大规模的软件升级之后的类场景中判定基础环境是否满足各类技术指标的要求。

（10）管理人员的职责和权限

对于云管理平台的管理人员，主要功能有权限管控、数据维护与治理、日常运维等。

①权限管控。云管理平台开放对象由企业内部自行根据实际情况设定，针对不同的用户，展示的功能可能不完全相同，并且有些功能只限于在特定的网络环境（比如生产网络）被用户看到,这时管理人员就会针对以上的情形进行权限的分级管理与管控，保障云管理平台的使用用户的权限合理化。

②数据维护与治理。云管理平台有一套自己的数据库，用于存储前端配置数据、表单数据、用户定义的数据，以及用户上传的文件。云管理平台的管理人员要对这些

数据进行维护，根据需要进行定期的清理，去除脏数据，保证云管理平台数据的唯一性、有效性。

③日常运维。管理人员也负责云管理平台的运维，包括云管平台日常 bug 的修复、功能的优化、版本的更新与发布，还要解决用户在日常使用过程中遇到的问题，保障平台的日常稳定运行。

3. 搭建云管理平台的常用批处理工具

云管理平台通常依靠调度工具及批处理工具来实现对私有云整个集群的运维管理工作。在私有云的每个节点上都部署批处理工具的 Agent，从而实现云管理平台对私有云的整体纳管。这里介绍几个常用的批处理工具分别为 Puppet、Mcollective 以及 Ant。

（1）Puppet

Puppet 是一个 IT 基础设施自动化管理工具，它能够帮助系统管理员管理基础设施的整个生命周期：供应（Provision）、配置（Configuration）、联动（Orchestration）及报告（Reporting）。基于 Puppet，系统管理员可实现自动化重复任务、快速部署关键性应用以及在本地或云端完成主动管理变更和快速扩展架构规模等。Puppet 是遵循 GPL 协议（2.7.0），基于 Ruby 语言开发的系统配置管理工具，是一种说明性语言表达系统，用库实现配置，基于 C/S 架构，配置客户端和服务端，也可以独立运行，实现配置文件、设置用户、制定 cron 计划任务、安装软件包、管理软件系统等功能。Puppet 把这些系统实体称为资源，Puppet 的设计目标是简化对这些资源的管理以及妥善处理资源间的依赖关系。Puppet 可以管理 40 多种资源，如 file、group、user、host、package、service、cron、exec、yum、repo 等。Puppet 采用 C/S 星状的结构，所有的客户端和一个或几个服务器交互。每个客户端周期的（默认半个小时）向服务器发送请求，获得其最新的配置信息，保证和该配置信息同步。每个 Puppet 客户端每半小时（可以设置）连接一次服务器端，下载最新的配置文件，并且严格按照配置文件来配置客户端。配置完成以后，Puppet 客户端可以反馈给服务器端一个消息。如果出错，也会给服务器端反馈一个消息。Puppet 通过声明性、基于模型的方法进行 IT 自动化管理。它的工作机制如下。

定义：使用 Puppet 语言来定义资源的状态。

模拟：根据资源关系图，Puppet 可以模拟部署。

强制：比对客户端主机状态和定义的资源状态是否一致，自动强制执行。

报告：通过 Puppet API，可以将日志发送到第三方监控工具。

Puppet 是 C/S 架构的，也就是说，它有服务端，也有客户端，管理员可以通过 Puppet 服务端（Master）管理每一台被管理的服务器，但是需要 Puppet 客户端作为中介，也就是说，Puppet 客户端作为代理（Agent），接收来自 Puppet 服务端的配置信息，按照服务端（Master）发送过来的配置信息，对被管理服务器进行配置，真正执行配置操作的是 Puppet 客户端。Puppet 服务端只负责将配置信息准备好，发送给 Puppet 客户端，以便客户端执行具体操作，Puppet 客户端还有另一个作用，就是向 Puppet 服务端发送报告，当客户端按照配置信息执行完成相关配置以后，会将执行信息发送到服务端，比如执行成功与否、执行结果等，默认情况下，每 30 分钟 Puppet 客户端会向 Puppet 服务端发起一次请求，请求受管理服务器的配置信息，Puppet 服务端将配置信息发送给客户端，客户端根据返回的信息判断被管理服务器是否符合管理员定义的配置。当然，Puppet 也可以不在 C/S 模式下工作，用户可以在受管理服务器上只安装 Puppet 客户端，使用客户端手动执行对应的配置文件，相当于配置文件中的信息并不是通过 Puppet 服务端发送，而是通过本地的配置文件获取，形成类似于单机模式的使用模式。

Puppet 极大减轻了运维人员在重复性、批量化操作方面的负担，能够非常有效地在各领域完成既定的运维子目标。但其缺陷在于只能针对某一垂直领域的特定问题进行高效处理，对于它们之间的关联性很难应对。运维的本质是保证服务的可用性，而自动化运维则是在完全保证这一前提下，尽可能将需要人为干涉的部分处理掉，所以判断其优劣的标准则是，与人工处理比，对服务的保证有没有提高。如果仅是解决报警、部署这些单一动作，后续仍然需要人去处理、去关注、去判断的话，就离这个目标还有距离，谈不上真正的自动化，只能算是工具化。

Puppet 是一个开源的软件自动化配置和部署工具，它使用简单功能强大，越来越受到关注，现在很多大型 IT 企业使用 puppet 对集群中的软件进行管理和部署，Puppet 可以把云中海量数据以配置管理的形式按资源类型管理，便于企业进行配置的管理。

（2）MCollective

MColletive 是 Marionette Collective 的缩写，是一个构建服务器编排（Server Orchestration）和并行工作执行系统的框架。首先，MCollective 是一种针对服务器集群进行可编程控制的系统管理解决方案。其次，MCollective 的设计打破了基于中心的存储式系统和像 SSH 这样的工具，不再仅仅痴迷于 SSH 的 for 循环。它使用发布订阅中间件（Publish Subscribe Middleware）这样的现代化工具和通过目标数据（Meta Data）而不是主机名（Hostname）来实时发现网络资源这样的现代化理念，提供了一个可扩展的、迅速的并行执行环境。MCollective 工具为命令行界面，但它可与数千个应用实例进行通信，而且传输速度惊人。无论部署的实例处于什么位置，通信都能以线速进行传输，使用的是一个类似多路传送的推送信息系统。MCollective 工具没有可视化用户界面，用户只能通过检索来获取需要应用的实例。Puppet Dashboard 能提供这部分功能，所以往往和 MCollective 搭配使用。MCollective 同时是一个调度器，可以解决多个 Puppet Agent 同时向 Master 提出请求和造成的性能、速度下降的问题；它可以根据不同的属性对节点进行分类，对不同分类执行不同的任务；它是一个控制终端，可以使用它控制 MCollective 也是一种 Client/Server 架构，而且 Client 和 Server 使用 Midware（中间件）进行通信，需要 Java 以及 ActiveMQ 支持客户端和服务器。利用

Mcolletive，IT 运维人员可以登录一台终端服务器，执行批量下发的任务，快速便捷地获取大量的数据信息。

MCollective 是一个与 Puppet 关系密切的服务运行框架。Puppet 擅长管理系统的状态，但 Agent 默认的 30 分钟间隔的运行方式使它不适合作为实时管理控制工具使用，而 MCollective 的功能定位是面向大规模主机群的实时任务并行处理。它利用消息中间件 技术实现节点间的信息传递，大量主机可以基于自身的某些固有属性（元数据）而非主机名进行分组，这意味着用这些信息可以按照不同标准将集群分为多个群组，任务执行的目标是一个群组，而不是一台主机。

MCollective 的主要工作特点有：能够与小到大型服务器集群交互；使用广播范式（Broadcast Paradigm）来进行请求分发，所有服务器会同时收到请求，而只有与请求所附带的过滤器匹配的服务器才会去执行这些请求；打破了以往用主机名作为身份验证手段的复杂命名规则，而是使用每台机器自身提供的丰富的目标数据（如 Puppet、Chef、 Facter、Ohai ）或者自身提供的插件；使用命令行调用远程代理；能够写自定义的设备报告；大量的 Agent 来管理包、服务和其他来自社区的通用组件；允许写 SimpleRPC 风格的 Agent、客户端和使用 Ruby 实现 Web UIs；能利用外部可插件化（Pluggable）实现本地需求；中间件系统有丰富的身份验证和授权模型，可以利用这些作为控制的第一道防线；重用中间件来做集群、路由和网络隔离，以实现安全和可扩展。

（3）Ant

Ant 批处理工具，解决了过去各个产品单独提供 Agent 程序而用户须分开部署的重复劳动问题。在 Ant 批处理工具的体系下，旧有的 Automation Agent、Monitor Agent、Discovery Agent、Network Agent 都作为模块被纳入采控平台框架管理。Ant 支持在每台主机部署完 Agent 后，在服务端批量安装、更新、卸载、启停上述模块。Ant 框架具备基本的作业能力，其他能力由各个业务模块进行赋能。Ant 分为 Server 端和 Agent 端。Ant Server 具备的模块及其相应描述见表 3-7。

表 3-7　Ant Server 模块及其相应描述

模块	描述
platform-ant-gateway	Ant manager 前端接口模块
platfrom-ant-lss	Ant Agent 心跳监护模块
platfrom-ant-postman	Ant 消息派发
platfrom-ant-fs	Ant 文件服务
platfrom-ant-manager	Ant 服务核心模块
platfrom-ant-dispatcher	Ant 消息下派
platfrom-ant-transporter	Ant 消息网关

模块	描述
platfrom-ant-executor	Ant 顶层代理
platfrom-ant-lvs	Ant 负载均衡接入
platfrom-ant-nginx	Ant 静态文件服务
platfrom-ant-adapter	Ant Agent 适配器

Ant Agent 是 Ant 的采集端，负责通过本机或远程（通过 SSH）等方式执行各类作业（自动化、监控、发现），并将中间日志和结果发送到 Ant Server 端。

Ant Agent 端可以有多级，直接连接到 Ant Server 端的 Agent 被称为第一级 Agent，直接连接到第一级 Agent 的 Agent 被称为第二级 Agent，以此类推。每级 Agent 上都可以安装远程模块（如远程监控、远程发现、网络采集模块）和本地模块（如本地监控模块）。云管理平台可以基于本地的 Ant Agent 端来实现对多种类资源的配置和纳管。

第四节　私有云云服务模型

作为一种资源配置方式，云计算将基于互联网的计算、存储、网络等资源进行统一配置和管理，并以"服务"的方式对外提供技术能力。它的一个核心概念就是"服务的位置和其他因素（例如运行它的硬件或操作系统），这些都与用户无关"，也就是通常所说的"云服务"。

云服务是云计算技术和业务应用的结合点，它的服务能力和服务质量由云计算实现水平支撑。同时，云服务也是云管理平台的核心内容，由云管理平台将所有的云服务交付给消费者（用户），并能够实现管理功能。

根据配置方式的差异，从宏观上通常将云服务分为 IaaS、PaaS 和 SaaS 三种典型的服务模型，如图 3-56 所示。

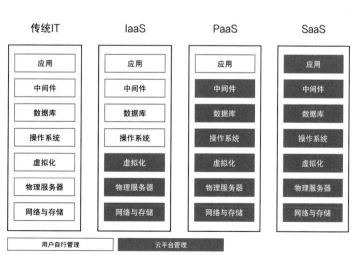

图 3-56 云服务模型

一、IaaS 云服务

从云服务的定义和构成模型角度看，IaaS 是 PaaS、SaaS 云服务的基础。它的基本理念就是 IT 将基础设施作为一种服务，在用户需要时，能够为其提供计算、存储、网络等基础设施。

基于商用技术框架的私有云所提供的 IaaS 云服务，通常采用红帽、SUSE、微软、IBM 等厂商的商用基础软件，并以此构建云服务产品。常见的 IaaS 私有云服务如见表 3-8。

表 3-8　常见的 Iaas 私有云服务

产品名称	服务内容	服务描述
IAAS_RHEL_通用云服务	通用红帽 Linux 服务	由 Linux 单虚机组成 按需分配 CPU/ 内存 / 存储 / 网卡 虚机安装红帽 RHEL 软件
IAAS_Win_通用云服务	通用 Windows Server 服务	由 Win 单虚机组成 按需分配 CPU/ 内存 / 存储 / 网卡 虚机安装 Windows Server 软件
IAAS_AIX_通用云服务	通用 AIX 服务	AIX 单虚机组成 按需分配 CPU/ 内存 / 存储 / 网卡 虚机安装 AIX 操作系统软件
IAAS_AIX_HA_高可用应用云服务	AIX 高可用双机服务	由 AIX HACMP 双虚机组成 每虚机分配同等配置的 CPU/ 内存 / 网卡 每虚机配置 2 块 300GB 磁盘构成的 MirrorVG 存储 每虚机安装 AIX 操作系统软件

IaaS 产品只包含最基础的 IT 基础设施服务，因此在使用上具有按需申请、灵活扩展的特性。当应对计算资源的需求时，也可以从横向、纵向两个维度进行资源分配。横向维度，对于采用负载均衡软件或硬件的应用系统，可以增加其 IaaS 设备数量，从而通过调度软件，均衡分摊业务负载。纵向维度，对于不支持负载均衡，或单机资源需求确实很大的需求，可以分配更多的计算、存储等资源。但是，横向、纵向两个维度也各有其局限性。横向扩容时，IaaS 服务交付后，要能够快速部署应用，快速分流负载，同时要确保新增的设备与原有设备的一致性。这里的一致性，不仅包括 IaaS 基础镜像的一致，还要包括软件补丁、硬件驱动、存储资源、网络配置，以及用户资源的同步。当 IaaS 资源纵向扩容时，则需要兼顾三个方面。首先，待扩容虚拟机所运行的物理机上，是否还有资源供扩容使用？如果剩余资源不足，就要考虑将虚拟机迁移

到其他资源充足的设备上，而且还要同步考虑这种操作是否会破坏应用层面的高可用功能。其次，新增的计算、存储、网络资源是否能够被 IaaS 虚拟机正常识别并配置？这主要取决于虚拟机本身的技术能力和限制。最后，纵向扩容完成后，应用程序是否需要做进一步的干预，比如调整参数或重启进程，从而能够使用新增的资源？因此，IaaS 资源纵向扩容时，需要考虑的因素更多，需要协调的相关方也更多，这也就增加了容量弹性伸缩的复杂度。

补丁管理的变化：是新建云服务，还是直接更新虚拟机镜像？

最初我们在维护 IaaS 基础镜像的时候，曾经采用过一种模式：当操作系统需要安装补丁程序的时候，采用直接更新基础镜像的方式。这样做的好处是在云服务不变的情况下，底层镜像能保持最新补丁版本，省却了 IaaS 云服务部署之后的补丁版本迭代，减少了云服务的数量，降低了云服务的维护成本。

但大概一年之后，它的劣势便显现出来。当有 IaaS 资源需要横向扩容时，新、旧设备虽然是同一个云服务，但基础镜像却是不同的，这成为一个棘手的问题。因为我们要求同一部署单元（资源、配置、功能都相同的一组设备）的配置必须保持一致，这样原有的设备就必须进行补丁追齐。对于 Openssh 这类的补丁，可以轻松安装，基本不会对运行的应用产生影响（除非应用中使用了 Openssh 相关的服务）；而对于像 Glibc 这类底层库的升级，则是要在应用进行测试之后才能实施的，甚至有的时候还需要重启应用或服务器。

大家都知道，协调应用系统进行测试，以及提供维护窗口，并非短时间内能够解决。因此，我们不得不重新审视这种 IaaS 补丁维护的方式。

经过充分的评估和准备，我们采用了新的基础镜像维护方式。首先，云服务中的镜像始终保持不变；其次，在资源交付流程中，自动增加补丁维护环节，对于新构建的部署单元设备，会自动安装所有补丁；最后，对于部署单元横向扩容的情况，则自动探测原有设备的补丁记录，进行选择性安装，确保横向扩容的设备与原有设备保持补丁版本的一致性。

二、PaaS 云服务

PaaS 以 IaaS 云服务为基础，提供了开发和部署应用所需的组件，使用户只需要关注自己的业务逻辑与应用，不必关心底层云端基础设施。

在云服务的分类中，PaaS 介于 IaaS 和 SaaS 之间，因此它具有 IaaS 的优点，能够向用户提供开发和应用的运行环境。基于虚拟化技术，PaaS 产品能够很方便地实现资源配置的扩充或缩减，也可以在不同的 PaaS 基础环境中进行迁移。

商用私有云的 PaaS 产品及其服务内容和服务描述见表 3-9。

表 3-9 商用私有云的 Paas 产品及其服务内容和服务描述

产品名称	服务内容	服务描述
PAAS_RHEL_Apache_Web 云服务	Apache Web 服务	由 RHEL_Apache 三虚机组成 虚机分配同等配置的 CPU/ 内存 / 存储 / 网卡 每虚机安装红帽 RHEL 和 Apache 软件
PAAS_RHEL_Weblogic_Java 应用云服务	Weblogic 应用服务	由 RHEL_Weblogic 三虚机组成 虚机分配同等配置的 CPU/ 内存 / 存储 / 网卡 提供多种配置套餐（4C 16GB，8C 32GB 等） 每虚机安装红帽 RHEL 和 Weblogic 软件
PAAS_RHEL_Tuxedo_交易应用云服务	Tuxedo 交易应用服务	由 RHEL_Tuxedo 三虚机组成 虚机分配同等配置的 CPU/ 内存 / 存储 / 网卡 提供多种配置套餐（4C 16GB，8C 32GB 等） 每虚机安装红帽 RHEL 和 Tuxedo 软件
PAAS_RHEL_MQ_消息应用云服务	MQ 消息应用服务	由 RHEL_MQ 三虚机组成 虚机分配同等配置的 CPU/ 内存 / 存储 / 网卡 提供多种配置套餐（4C 16GB，8C 32GB 等） 每虚机安装红帽 RHEL 和 WebSphere MQ 软件
PAAS_AIX_Oracle_RAC_联机交易数据库云服务	提供联机交易的高可用数据服务	由 AIX 和双节点 Oracle RAC 虚机组成 每虚机由同等配置的 CPU/ 内存 / 存储 / 网卡组成 每虚机安装 AIX 操作系统和 Oracle 数据库软件
PAAS_RHEL_Oracle_RAC_联机交易数据库云服务	提供联机交易的高可用数据服务	由红帽 RHEL 和双节点 Oracle RAC 物理服务器组成 每服务器由同等配置的 CPU/ 内存 / 存储 / 网卡组成 每服务器安装红帽 RHEL 和 Oracle 数据库软件

三、SaaS 云服务

SaaS 提供给消费者的是云计算服务商在云计算基础架构上构建的应用程序。用户可以通过客户端程序或接口访问这些应用程序，并且不需要深入了解或操作底层的存储、网络、服务器、操作系统等基础设施资源，甚至就连用户获得的应用服务，也仅能做一些有限的配置。

SaaS 云服务具有以下特点。

易用性：对 SaaS 云服务的使用者而言，不需要关心基础设施软硬件的细节或问题，而只需要把关注点放在自己的业务数据上就可以了。

扩展性：SaaS 云服务可以根据用户需求进行快速扩展，能及时满足用户在容量、性能方面的需求变化。

　　复杂性：SaaS 云服务承担了应用的部署和维护工作，构建一套能够满足不同用户需求的 SaaS 云服务时，也要从长远角度考虑它的迭代和升级。

　　维护性：SaaS 云服务用户不需要关心底层基础设施软硬件，从而降低了用户的维护成本。

　　性价比：与自建基础设施和自研应用软件相比，SasS 云服务大幅降低了用户的建设成本和维护成本，尤其对于一些需要快速投入商业运营的企业，SasS 云服务能够有效减少前期投资。

四、云服务的构建

　　根据云服务的技术实现以及业务需求特点，云服务的构建如图 3-57 所示。

　　以下将以 IaaS 云服务为例，介绍云服务的业务定义、结构模型和操作模型。

1. 云服务的业务定义

　　云服务的业务定义，是以业务的视角来描述云服务所能够提供的服务资源和技术能力。通过云服务的业务

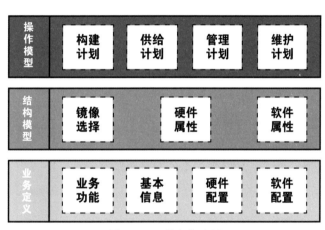

图 3-57 云服务构建图

定义，用户能够对其进行评估，并根据业务需求进行选择。云服务的业务定义见表 3-10。

表 3-10　云服务的业务定义

云服务基本信息	服务 ID	云服务统一编号	
	服务名称	IaaS 云服务名称	
	服务描述	IaaS 云服务描述信息：包括部署架构、软硬件分配规则等信息	
硬件配置信息	虚机数量	IaaS 云服务中包含的虚拟机数量	
	虚机配置	CPU	CPU 容量或分配规则
		内存	内存容量或分配规则
		存储	存储容量或分配规则
		网络	网卡数量及规格

软件配置信息	操作系统	操作系统信息
	应用软件	N/A
	通用技术软件	基础服务资源（NTP、DNS 等）
	中间件	N/A
	其他软件	工具软件
业务功能		IaaS 云服务能够满足的业务能力
管理功能		云服务管理能力，例如：供给、回收、漂移
可扩展性		IaaS 云服务可扩展能力描述
服务对象		使用者范围
服务提供部门		IaaS 发布者
服务负责人		IaaS 负责人

2. 云服务的结构模型

云服务的结构模型描述了云服务的组成结构以及非功能属性，例如，是否具有高可用部署模式，是否允许单机部署，以及云服务所包含的镜像数量等信息，如图 3-58 所示。

3. 云服务的操作模型

云服务的操作模型，是指对云服务生命周期进行管理的不同阶段，包括构建计划、供给计划、管理计划和维护计划四个部分。

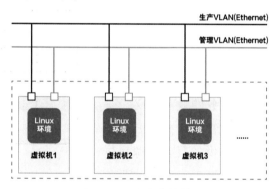

图 3-58 云服务结构模型

（1）构建计划

云服务构建计划，是制作和交付云服务镜像（Image）的过程。在构建计划中，要按照事先设计好的一系列规则，也就是"Image 描述文件"，来逐步实施构建过程。Image 描述文件包含内容见表 3-11。

表 3-11 Image 描述文件

描述分项	描述内容
操作系统类型版本	操作系统版本
已安装的软件包	已安装软件清单
中间件	无
工具软件	系统管理工具
应用软件	无

Image 构建如图 3-59 所示

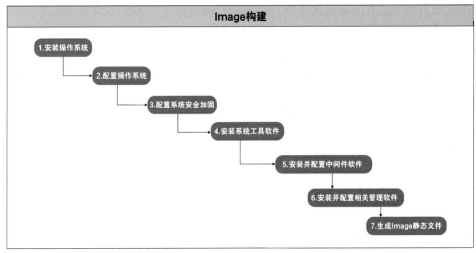

图 3-59 云服务镜像构建流程

（2）供给计划

云服务供给计划，是根据云服务使用者的资源需求，由云服务镜像部署虚拟机，并通过一系列的配置操作，使这些虚拟机的基础软硬件配置达到使用者需求标准的过程，也就是虚拟机的初始化过程，如图 3-60 所示。

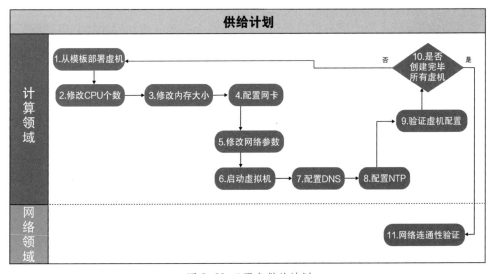

图 3-60 云服务供给计划

（3）管理计划

云服务管理计划，是对已经完成初始化的虚拟机，部署运维工具，配置运维环境，将这些虚拟机纳入已有的运维体系中，以实现其可管理性，如图 3-61 所示。

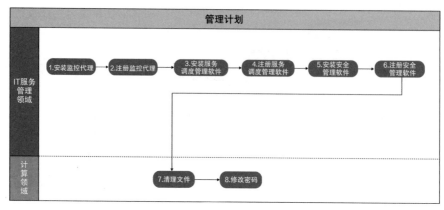

图 3-61 云服务管理计划

（4）维护计划

云服务维护计划，是对已投入使用的虚拟机进行日常运维时，所涉及到的包括虚拟机扩容、虚拟机漂移、虚拟机回收等事项。VMware 支持在虚拟机运行时直接修改 CPU、内存、磁盘、PCI 设备等硬件设备，并且能够被虚拟机中运行的操作系统即时识别，这种能力大大提升了虚拟机管理的灵活性。但是综合考虑虚拟机管理的应用场景和运行要求，这里建议采用静态方式进行虚拟机的配置变更，即在调整虚拟机硬件配置前，首先要关闭虚拟机。

扩容过程中，如果当前宿主机资源充足，那么就会自动完成扩容操作并启动虚拟机；但如果当前宿主机资源不足，则会触发虚拟机漂移操作，将其迁移到资源充足的宿主机上；由于此时虚拟机是关机状态，所以整个漂移过程耗时很短，如图 3-62 所示。

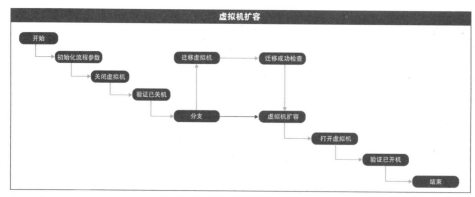

图 3-62 虚拟机扩容示意图

虚拟机的漂移在云计算场景中十分常见，既有主动进行的，也有因物理设备宕机等因素被动触发的。在云服务操作模型中，主动触发的虚拟机漂移过程是规范化和自动化的。虚拟机的漂移通常是计划内的资源调配，或是应急情况下的故障隔离，虚拟机漂移过程如图 3-63 所示。

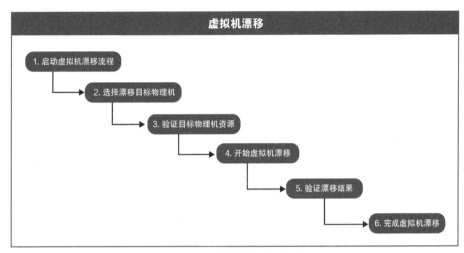

图 3-63 虚拟机漂移示意图

对于已经不再使用的虚拟机，要及时进行回收，释放所占用资源，其过程如图 3-64 所示。

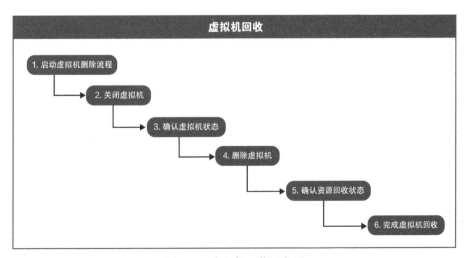

图 3-64 虚拟机回收示意图

第五节　私有云技术的发展趋势

伴随着云计算产业规模的不断扩大、技术和生态的日臻完善、数据中心的发展，经历了计算、存储、网络等资源的池化过程之后，数据中心才真正从传统型踏入云端，而私有云则是数据中心演进过程中非常关键的一环。

基于商用技术框架的私有云，经过快速的发展，已经非常成熟，积累了大量的用户经验、最佳实践，在产品的成熟度、运行的稳定性、工具的智能化、服务的贴合性方面有着极大的优势。不论部署规模如何，本身技术能力储备情况如何，用户都能够轻松上手，快速完成基础设施的部署，并且在短期内完成运维技术团队的建设。

那么，在商用技术框架范畴内，影响私有云发展的因素都有哪些呢？归纳起来，主要有三个因素：行业市场、技术发展和信息安全。

一、行业市场

近几年公有云凭借其自身技术成熟、门槛低、用例多的特点，得到了快速发展和广泛应用。私有云与公有云都有各自的市场空间，在市场竞争中，其中一方并不会彻底挤压对方的空间，甚至达到致其消亡的境地。但毕竟公有云的快速崛起容易给大家造成一种假象，仿佛云服务的未来在全面向公有云蔓延，公有云才是云计算服务该有的样子。但信息技术和应用市场的发展并非是一种零和博弈，基于商用技术框架的私有云并不会消亡，而是会不断演进。

二、技术发展

对商用技术栈私有云的未来发展产生影响的另一个因素，就是云原生架构的发展。云原生计算基金会（CNCF）在对云原生的定义中指出，"云原生技术有利于各组织在公有云、私有云和混合云等新型动态环境中，构建和运行可弹性扩展的应用"，这让人们看到了私有云未来发展的端倪。云间不再是泾渭分明，而是在发展中融合，在融合中演化。

三、信息安全

影响商用技术栈私有云发展的第三方面因素，就是在信息安全领域的强化。2020年中央经济工作会议中提出要大力发展数字经济，数字经济已经成为中国经济发展的重要驱动引擎之一。随之而来的是企业对信息安全重要性的认知和要求不断提高。在一切向云端迈进的大环境下，大数据时代的企业在尽最大可能挖掘数据资产价值的时候，不可避免地要在便利与安全之间进行权衡和协调，从而找到平衡点。私有云最大的特点就在于安全性和私有化。商用技术框架下的私有云使用户能够在获得灵活性、敏捷性的同时，也获得私有环境的安全性。

近年来，在国家相关政策的大力推动下，中国私有云市场得快速发展，以微服务架构为代表的成熟技术，进一步助力私有云行业的发展。而当"新基建"和信息技术应用创新成为主旋律时，企业对信息系统自主可控的要求也为私有云打开了新的增长空间。中国自主可控产业经过多年的发展，已经实现了从"基本不能用""基本可用"到"基本好用"，初步形成了以"CPU+OS"为核心的自主可控产业生态，并在各大领域得到成功应用。随着信息技术国产化工作的推进，基础设施软硬件的自主可控能力得到大幅提升，而上层应用软件的品类、功能、兼容性等也在快速拓展。对于企业而言，构建全栈国产化私有云，在技术和产品上已经不存在任何壁垒。

私有云发展之迅速，以至于业界有一种说法流传甚广：2020 年是信息技术应用创新元年，简称"信创元年"，2021 年则是"信创云元年"。由此可见，在人们对信息安全、数据安全的要求越来越严格的时候，一些企业和机构将目光重新投向了私有云。

在这种形势下，商用技术框架所包含的内容也发生了变化。以前，它更多的是代表国外成熟的商用云计算产品，而如今，其含义向国产倾斜，这也是在信息技术应用创新背景下产生的新变化。用户也更愿意采用安全、可控的技术产品。可见，私有云与信息技术应用创新相结合，也必将是有云发展的一块主阵地。

诚然，从目前技术领域生态来看，私有云的发展还有不明朗的地方，但就总体趋势而言，私有云会不断调整商用技术栈产品的占比，并更多地引入公有云技术栈产品。即便如此，这也并不影响它具有更好的上下游生态环境，包括硬件、基础软件、应用软件的兼容性。此外，私有云将具有企业的定制化特性，同时也享受到公有云的技术栈福利，能让用户获得公有云的生态体验。

云是未来发展的趋势，云计算将无处不在。新一代的企业IT架构也将面向多云协同、多元计算资源调度、超高吞吐存储等领域。可以预测的是，私有云的再度崛起是必然的。只是彼时的私有云，经过不断演进，吸纳了公有云的服务经验，融合了更多互联网行业技术和产品，从而形成了新的技术栈能力，已经不是它当初的模样了。

4

第四章
基于互联网技术的行业云

导　读

21世纪初期，互联网飞速进入Web 2.0时代，成就了互联网公司蓬勃发展的黄金时期。随着互联网公司的发展应运而生的，还有互联网技术的云计算。不同于各企业使用商用套件搭建私有云的模式，互联网公司更多地基于开源技术来构建云，并在满足自身使用需求的同时，利用该技术框架建设面向公众使用的公有云。根据中国信息通信研究院发布的《云计算白皮书》显示，2021年，全球云计算市场规模达3 307亿美元，中国云计算市场规模达3 229亿元，其中公有云市场规模为2 181亿元，私有云市场规模为1 048亿元。从目前的市场份额来看，互联网技术已经占据了市场的主导地位。另外，随着云计算在企业数字化转型过程中扮演越来越重要的角色，采用日趋成熟的互联网技术搭建行业云成为各家企业的首选方案。企业能够利用行业云"建生态、搭场景、扩用户"，提升数字化经营能力，通过技术为业务赋能。

本章主要回答以下问题：

（1）互联网技术的云计算是怎样产生及发展的？

（2）什么是行业云？

（3）行业云有哪些典型产品？

（4）行业云如何实现高可用？

（5）互联网技术行业云未来将向什么方向发展？

第一节　互联网技术的云计算的产生及发展

一、产生背景

21 世纪初期，随着智能终端的普及，越来越多的移动电子设备进入互联网，崛起的 Web 2.0 让互联网迎来了新的发展历史高峰。丰富的在线视频、搜索引擎、社交媒体、线上购物等功能的实现，需要互联网公司在数据中心部署大规模的服务器来应对井喷的算力需求、数据存储需求和高带宽的网络通信需求。传统模式下，利用商用套件搭建如此大规模的数据中心，一方面需要评估商用套件是否能够支持管理这么多的服务器节点，另一方面要付出购买套件和许可证的高昂成本。所以，互联网公司开始抛弃商用套件，探索利用开源技术来建设自己的云计算能力。

另外，互联网公司经营的业务也具有一定的潮汐特点。比如，当出现突发社会新闻的时候，搜索引擎和社交媒体的业务量就会陡增。又比如，当节日来临的时候，线上购物平台的访问量就会猛涨。对于互联网公司来讲，如果只准备满足平时业务量的云计算能力，则在业务量高峰时无法承接涌入的访问，导致系统崩溃；但如果按照业务高峰时的需求准备云计算能力，则会导致大部分资源在平时闲置，产生过多的成本支出。于是，互联网公司开始研究是否能够将平日冗余的资源共享给其他人并收取资源使用费，将成本支出转变为利润收入。

于是，2006 年，谷歌提出了"云计算"的概念；同年，亚马逊为了降低开支，通过弹性计算云服务将富余的计算能力售卖给其他需要使用数据中心服务的公司。此后的十年时间，亚马逊、谷歌、微软、阿里巴巴、腾讯等互联网公司纷纷进入云计算市场。在互联网公司之间不断的竞争和互联网公司内部持续的技术研究过程中，云计算经历了技术萌芽期、企业推广期、广泛应用期和大众普及期，云产品的功能日趋完善，云服务的种类日趋多样。2016 年以后，云计算发展到成熟稳定阶段，产品功能已基本健全，产品种类已日渐丰富，形成了较为稳定的市场格局。

二、发展过程

互联网技术的云计算最开始是为了支撑互联网公司自身业务产生的；而后通过将冗余的算力向公司外部售卖，形成了公有云（ToC）；又通过公有云技术的不断成熟和发展，将技术能力输出到政府、企业，为政府、企业搭建其专属的云（ToB、ToG）。所以，目前互联网技术的云计算经历了三个主要阶段：满足自身业务阶段、向外提供服务阶段、技术能力输出阶段。

1. 满足自身业务阶段

互联网公司一开始并不是为了发展公有云业务而建设基于互联网技术的云计算，而是为了满足自身业务发展的需要，支持业务的高访问量、高并发量。2009年，阿里巴巴旗下的淘宝和支付宝等业务的用户激增，服务器面临着爆满的危机，阿里巴巴在迫不得已的情况下开发了阿里云。2010年，腾讯开始构建腾讯云，将旗下的QQ、邮箱、手游等业务运行在腾讯云上。2012年，百度着重利用百度云发展自己的浏览器搜索内核。

"飞天"的诞生

2010年，马云对云计算充满信心、充满希望。让马云能够如此有底气的，就是时任阿里巴巴首席架构师的王坚。王坚于2008年9月加入阿里巴巴，2009年春节后，便带队开始自主研发云计算系统，并将其取名为"飞天"。但在2009年至2013年的四年间，王坚曾受到无数的质疑。在2012年阿里云年会上，王坚见到几个已经离职的员工，一时间百感交集，当着全体员工的面，哭得像个委屈的孩子。"这几年我挨的骂甚至比我一辈子挨的骂还多，但是我不后悔。"2013年，阿里云横空出世。仅一年时间阿里云就赢利6.5亿元。王坚也证明了自己的坚持。现在，阿里云在国内的市场份额牢牢占据着榜首，在全球的市场份额稳居第三，真正实现了"一飞冲天"。

2. 向外提供服务阶段

随着云计算在互联网公司业务发展中发挥了重要作用，互联网公司逐步将技术能力向外延展，通过分享日常冗余资源、大力建设数据中心基础设施，搭建起面向个人提供服务的公有云。个人用户不需要自己搭建数据中心，不需要有专人维护基础设施，只需要随需随用，按照使用量支付费用。公有云为个人用户和小企业提供了十分便利的计算资源，在需求和供给两方面都爆发式地增长，并在一定程度上被业界认为是未来云计算的发展方向。

3. 技术能力输出阶段

随着公有云的发展，互联网公司又将目标群体扩大至大客户，意图将基于互联网技术的云计算输出给企业和政府。类似于商业化软件，互联网公司基于互联网技术的云计算打包成一个整体软件，部署在企业和政府环境中，并提供相应的售后维保服务。如阿里巴巴推出了阿里云行业云（Alibaba Cloud Apsara Stack）、腾讯推出了腾讯云企业版（Tencent Cloud Enterprise, TCE）。

同时，各大型企业和政府现存的私有云基本都是使用商用套件搭建的或者完全没有虚拟化，在面临企业数字化转型的发展要求时，若想要使用当下最先进的技术重构其私有云的架构，一种重构的方式是基于开源软件进行自主开发，另一种重构的方式是购买互联网公司的技术能力输出。

基于开源软件自主开发的方式，主要是基于 OpenStack、CloudStack 等开源云计算平台，针对自己的业务特点进行二次开发，需要一定的开发工作量。基于开源软件自主开发的优势，一方面在于开放，更容易实现定制化功能，另一方面在于起步投资低，节省软件费用，降低了前期的投入成本。但基于开源软件自主开发也存在着明显的缺点：第一，Unix 操作系统对于图形化界面的支持较弱，用户友好度较差，不利于用户的日常使用与维护；第二，开源软件的整体协调性较差，各个技术之间的交互、调用较为复杂；第三，后期的维护成本、排障成本、升级成本等较高；第四，在对开源软件进行版本升级后，使用者还需要对自己开发的功能进行适配，增加了工作量。

购买互联网公司的技术能力输出的方式，主要是直接购买互联网公司的产品及售后维保服务，无须定制开发。这种方式的优势一方面在于软件的维护和故障的排查具有售后保障，问题解决效率高，省心省力；另一方面在于通过与互联网公司的合作，能够培养自身技术人才队伍。购买互联网公司的技术能力输出的缺点在于：第一，搭建云的起步成本较高，可以说是花钱买服务；第二，对企业自身的定制化开发支持较弱。

两种重构方式相比较而言，购买互联网公司的技术能力输出的方式可能更符合大多数企业的诉求。于是基于互联网技术的云计算在企业和政府的数据中心再次发挥了技术优势。

三、技术优势

相比于使用商用套件，使用互联网技术搭建云具有诸多优势。

第一，互联网技术能够更好地支持技术的自主可控。不同于商用套件公司，互联网公司更多地使用开源产品软件或者基于开源产品进行二次开发，这使得采用互联网技术可以更容易地掌握相关技术能力，实现关键技术的自主可控。

第二，互联网技术能够更高效地支持多种芯片。不同于商用套件的瀑布式开发模式，互联网技术采用敏捷开发、快速迭代的方式。随着搭载着海光处理器、鲲鹏处理器、飞腾处理器等一系列国产芯片的服务器进入市场，互联网技术对于硬件的适配更加及时高效。

第三，互联网技术能够更有效地控制成本。不同于商用套件按照使用的 CPU 核数、软件套数等个数收取使用许可的费用，互联网技术属于一次性买断，在规模不断扩大的情况下可以逐渐降低单位成本。

第四，互联网技术具备更强大的开放和兼容能力。不同于商用套件的封闭性和技术垄断，互联网技术在可扩展性、安全性以及稳定性上更能促进技术的发展和融合。

第二节　行业云及其架构

一、行业云的定义

　　云计算是一个不断发展的领域，因此对于云计算的分类，没有一个明确的定义和标准，各家互联网公司也在不断提出自己的概念。一般来讲，根据业界基本达成的共识，从使用云的用户群体角度划分，云计算可以分为私有云、公有云和行业云。私有云是企业自己建设的、只供自己使用的云；公有云是由云服务商建设、向公众提供服务、供所有人使用的云；行业云是为了满足在政策和管理上有特殊限制和风险要求建设的云，可以由企业自身建设，也可以由云服务商建设，但是只面向特定行业，如政务云、金融云等。

二、行业云的技术架构

1. 总体逻辑架构

　　行业云的总体逻辑架构如图 4-1 所示，它由基础设施层、IaaS 层、PaaS 层、SaaS 层、运营运维管理模块以及信息安全保障模块构成。此外，行业云还可以提供互联网服务和行业生态应用等应用服务，并可适应用户需求和业务发展，对云服务目录进行扩展和定制。

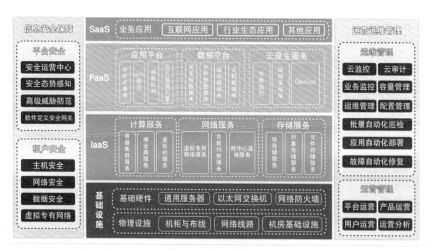

图 4-1　行业云平台逻辑架构

（1）SaaS：应用上云

　　部署行业云的最终目的在于支撑用户所需要的各种应用，如向互联网用户提供的互联网应用、向行业生态合作伙伴提供的行业生态应用等，一般被称为 SaaS。

在线共享文档应用

A公司期望使用在线共享文档产品来提升内部协作的效率。同时，基于信息安全方面考虑，A公司不希望员工将公司内部文档上传到公有云上的共享文档应用，而期望将文档保存在安全级别更高的环境中，甚至是自己内部的环境中。通过行业云的在线共享文档应用服务，A公司通过文档协同编译功能提升了内部的运作效率，又避免了将公司内部文档暴露在互联网上带来的信息安全风险。

常见的SaaS主要有以下几类：政府领域的电子政务、智慧党建，公共事业领域的科研管理、健康码、疫苗服务，文旅与地产领域的建筑/景区物联网、智慧园区，金融领域的网银、在线投保理赔、证券交易及行情，工业领域的工业互联网平台、互联网营销，传媒领域的在线音视频，交通与出行领域的车联网、地铁PIS、自动驾驶机器视觉训练与仿真，医疗领域的HIS、PECS、LIS、RIS等。

此外，所有的企业几乎都有ERP、CRM、HR、OA等企业运营所必备的IT系统。

（2）PaaS平台：SaaS运行支柱与迭代加速器

SaaS的顺利部署和稳定运行，依赖于应用平台、数据平台、云原生服务三大组件，而这三大组件一般被称为PaaS平台。PaaS平台能够提供中间件服务，包括分布式事务、API网关、消息队列与流式数据引擎等组件。SaaS软件的运行过程离不开对数据的读取与存储，PaaS平台通过集成一系列成熟的数据库和大数据组件，为SaaS软件提供丰富的数据中台服务。PaaS平台还能够集成DevOps平台，与微服务平台、容器平台和虚拟化计算调度平台等联动，实现应用的持续集成和持续开发。成熟的PaaS平台可以大大提升软件开发的效率，降低软件开发的门槛，让行业云上的应用真正实现"百花齐放，百家争鸣"。

（3）IaaS基础架构：数据中心操作系统

通过建立PaaS平台解决软件开发与部署效率问题之后，应用能否稳定高效地运行，还取决于应用所需资源层面的高效调度和稳定工作，也就是IaaS所覆盖的领域。IaaS实质上是一个管理调度分布式硬件资源的数据中心操作系统。

我们知道，在计算机单机时代，操作系统会向应用程序提供CPU、RAM和存储资源，也就是控制单元、计算单元与存储（包括内外部存储）单元。这就是由图灵和冯·诺伊曼为代表的计算机的定义者所建立的现代计算机组成体系，如图4-2所示，这三

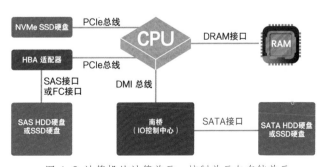

图4-2 计算机的计算单元、控制单元与存储单元

者之间通过各种标准的局部总线互联互通。

数十年来，计算机系统已经从单机时代进化到云计算时代，但 CPU、RAM 和存储这三大件的地位依然没有丝毫动摇，且在计算机系统的硬件成本构成中占据首要地位。但是，局部总线无法延伸至计算机的机箱外

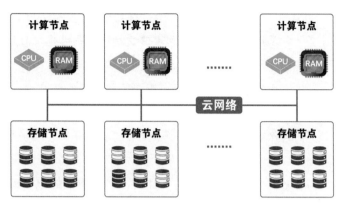

图 4-3 云网络支撑下的计算与存储集群

部，难以为分布式系统提供易扩展的泛在连接。因此，在大型分布式系统中，云网络为计算与存储提供连接的需求，如图 4-3 所示。

在云网络的支撑下，云管控平面可以按需为应用的各个组件分配所需要的 CPU、RAM 和云存储资源，并通过闭环反馈机制，实现资源的弹性伸缩，也就是所谓的 IaaS。同时，考虑到高可用的需求，行业云的 IaaS 层在软硬件设计层面，实现了任何单点故障都不影响业务、应用和用户对硬件的单点故障无感知的技术。

（4）运维运营管理平台

行业云是一个多租户同时使用的大型分布式系统。为了满足租户自助运维、统一运营、平台与产品性能监控及故障自动化定位修复等需求，行业云建立了统一的运维运营管理平台。用户可以通过图形化的 Web 控制台界面，实现性能监控、行为审计、容量管理、配置管理、计量计费、自动巡检、应用部署、故障告警及修复等功能。

（5）基础设施服务

由于行业云所具有的对众多用户提供信息基础设施服务的属性，属于《中华人民共和国网络安全法》第三十一条中"涉及国家安全、国计民生、公共利益的关键信息技术基础设施"，行业云的运营方应当依法按照网络安全等级保护制度的要求，履行安全保护义务。云安全组件作为保障网络免受干扰、破坏或者未经授权的访问，防止网络数据泄露或者被窃取、篡改的必要技术手段，也应当成为行业云必不可缺的组成部分。

2. 部署方式

由于行业云对外提供服务的属性，为使遍布国内甚至延展到全球的用户能够获得最佳的应用体验，上台云采用多地域（Region）、每地域多可用区（Available Zone）的方式进行部署，如图 4-4 所示。

我们注意到，生态的服务分为三类。

全局服务。全局服务是跨地域生效的，如用户控制台服务，无论用户访问哪个地域，用户的认证信息、权限信息以及计量计费信息等元数据保持全局的一致。

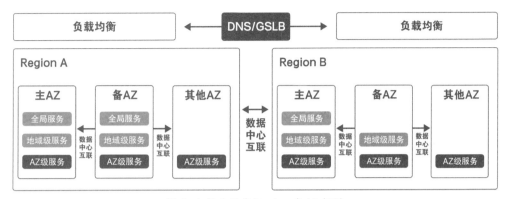

图 4-4 行业云多 Region 多 AZ 部署

　　地域级服务。地域级服务是跨 AZ 生效的，如关系型数据库服务、负载均衡服务和容器引擎服务等服务，可以实现同地域跨 AZ 的多活，用户的业务可以同时分担到两个或多个 AZ 承载。当一个 AZ 出现整体故障时，不影响业务的正常运行。如云上的某一种服务为地域级服务，可以认为此种服务符合"同城多活"的标准。

　　AZ 级服务。AZ 级服务在 AZ 内部是有效的，如块存储服务可以被同一 AZ 的虚拟机所访问。由于 AZ 级服务本身不具备跨 AZ 级的高可用保障，需要在业务的基础架构设计中充分考虑到单一 AZ 出现整体故障时，如何通过资源级别和应用级别的冗余设计，在使得 RTO 和 RPO 处于可接受范围内的同时，总体拥有成本（Total Cost of Ownership, TCO）最优。

　　当行业云有两个 Region，其中主 Region 具有两个 AZ，备 Region 只有一个 AZ 时，多地多 Region 模型就退化为传统的"同城双活，异地灾备，两地三中心"部署模式，如图 4-5 所示。在实践中，两地三中心模型可以作为行业云建设的起点，随着行业云业务的发展，不断地建设新的 Region 和 AZ，最后实现行业云的服务覆盖全球。

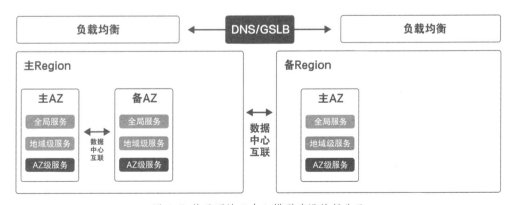

图 4-5 基于两地三中心模型建设的行业云

3. 网络架构

所有云平台的建设都离不开基础网络，行业云也不例外。考虑到未来 3 到 5 年的发展，基础网络的设计和实现应当遵循以下原则。

标准化。基础网络应当采用通用的网络节点设备、通用的链路技术、通用的控制信令与数据转发协议和通用的认证鉴权方式，以避免被特定的设备厂商或芯片厂商绑定，保障业务的连续性。

扩展性。基础网络在设计之初就应当充分考虑未来的扩展。未来大规模扩容时，新增的节点与链路能与原有网络充分兼容；新节点与链路上线时，对现有的业务尽量少造成冲击，以充分保护所有投资，既考虑边际效益，又兼顾沉没成本。

安全性。网络的安全性包括机密性（Confidentiality）、完整性（Integrity）和可用性（Availability）。特别地，网络在设计时需要通过节点级、链路级和协议级的多层面组合拳来保障可用性，既避免单点/单链路故障影响业务的连续性，又可以在网络出现错误时快速定位故障点并排除故障。

行业云的网络分为 AZ 内网络（DCN）和跨 Region 跨 AZ 网络（DCI）部分。每个 AZ 内的网络架构如图 4-6 所示。

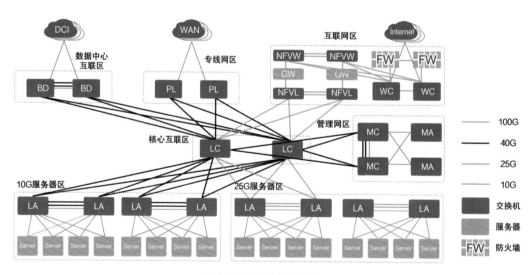

图 4-6 行业云单 AZ 组网

为使得网络架构清晰，便于排除故障，DCN 网络采用了模块化的设计，将网络的每个区域划分为独立的模块，各区域模块的功能见表 4-1。

表 4-1 行业云网络功能模块一览表

模块名称	模块功能	备注
核心互联区	提供高扩展性、高可靠的整网交换核心，连接所有其他模块	提供 40GE/100GE 以太网的无阻塞交换
10GE 服务器区	对于使用 10GE 网卡的服务器资源池，使用 10GE 下行 /40GE 上行的交换机，并将其连接到核心，以提供管控、计算和存储等服务	TOR 交换机 10GE 下行到服务器，40GE 上行到核心
25GE 服务器区	对于使用 25GE 网卡的服务器资源池，使用 25GE 下行 /40GE 上行的交换机，并将其连接到核心，以提供管控、计算和存储等服务	TOR 交换机 25GE 下行到服务器，100GE 上行到核心
管理网区	连接到服务器和交换机的带外管理口	千兆下行、10GE 上行
互联网区	连接到互联网	
专线网区	连接到用户专线或集团办公网	
数据中心互联区	连接到其他 AZ 和 Region	

图 4-6 中，各组网节点的定义见表 4-2。

表 4-2 行业云网络节点一览表

节点名称	节点功能	典型配置	备注
LC	Lan Core，整网核心，相当于 Spine-Leaf 架构中的 Spine	双主控，正交 CLOS 架构，8 槽位，每槽位 36 口 100GE/40GE 以太网接口	初期 2 台，可扩展为 4 台
LA-10GE	Lan Access，为管控、计算或存储节点提供万兆以太网接入	48×10GE + 6×40GE，支持 VXLAN 分布式网关	2 台一组堆叠
LA-25GE	Lan Access，为管控、计算或存储节点提供 25GE 以太网接入	48×25GE + 8×100GE，支持 VXLAN 分布式网关	2 台一组堆叠
MC	Management Core，带外管理网汇聚以及运维通道接入	48×10GE + 6×40GE	2 台一组堆叠
MA	Management Access，服务器、网络设备带外管理口以及 NTP、堡垒机接入	48×1GE + 4×10GE	

节点名称	节点功能	典型配置	备注
NFVL	NFV LAN，东西向流量进入网关区域的边界	32×100GE	2台一组
NFVW	NFV WAN，南北向流量进入网关区域的边界	32×100GE	2台一组
WC	WAN Core，互联网核心，连接到互联网线路	2U，4个半宽槽位，每槽位支持8×100GE或24×10GE扩展卡	2台一组堆叠
PL	Private Line，专线边界，连接到专线、办公网等企业内网线路	48×10GE + 6×40GE	2台一组堆叠
BD	Border，DCI边界，连接到行业云的其他AZ	48×10GE + 6×40GE	
GW	Gateway，NFV方式实现的负载均衡硬件资源池	标准机架式服务器，配置2×24核处理器，384GB RAM，480GB SATA SSD，2×100GE以太网接口，2×10GE以太网接口	
FW	Firewall，硬件防火墙设备，部署在云平台与互联网的边界和云平台与企业内网的边界	支持8个10GE以太网接口，全业务吞吐能力10Gbps以上	

（1）行业云组网架构设计思路

行业云的组网与常见的数据中心网络Spine-Leaf架构大同小异。LC交换机作为Spine节点，承担整网流量的无阻塞交换。LA、BMS-LA、PL、BD和NFVL交换机可视为Leaf节点，将普通服务器区、BMS服务器区、专线接入、DCI线路和NFV区接入LC。

与Spine-Leaf架构不同的是，连接到互联网的边界交换机WC不是直接连接到Spine上，而是通过NFVW交换机，连接到NFV网关服务器上。这样一来，行业云的云内网络与互联网之间，得到了充分隔离，只能通过NFV网关服务器互通，在一定程度上增强了云内网络的安全性。

（2）行业云与传统云平台组网的区别

行业云的业务需求与互联网公有云有很多相同之处，基于互联网技术构建的行业云，也吸收了互联网公有云实现的一些关键技术，如软件定义存储和软件定义安全等。

软件定义存储技术的引入，使得原有基于 FC SAN 的集中式存储演进为基于通用 x86 服务器的分布式存储，而原本通过 FC SAN 网络实现的计算节点与存储节点之间的互访，在软件定义存储体系中，是通过标准的以太网和 TCP/IP 协议实现的。因此，在行业云中，存储网络融合到了业务网络之中，实现了网络通信层面的统一。

软件定义安全技术的出现，则使得行业云的网络与信息安全不再依赖专用硬件设备，而是通过通用 x86 服务器 +NFV 软件实现。这样一来，对于云节点数量与数据量大规模扩展的场景，可以通过安全节点的分布式扩容实现，专用硬件成本不会成为扩容的瓶颈。同时，也不需要在云内对异构的安全产品进行运维管理，实现了安全体系的统一。由此，行业云的组网大大简化，可扩展性也有了质的飞跃。在考虑到所有节点与链路高可用的情况下，单个 AZ 可扩展至 12 000 台以上的服务器节点，总 CPU 计算能力可达 6 万 TFLOPS 以上。有了这样一张高可用、易扩展、标准开放的基础网络，行业云就可以为用户提供品质卓越的 IaaS/PaaS。

第三节　行业云的产品与技术

一、IaaS 产品与技术

IaaS 是云计算的基础服务。IaaS 将计算基础设施作为服务提供给用户，包括 CPU、内存、存储、网络和其他基本的计算资源。用户可以按需在 IaaS 提供的资源上部署自定义的操作系统、中间件、数据库和各类应用程序。用户虽然不管理和控制基础设施硬件本身，但可以控制操作系统的选择、计算能力与存储空间的应用，也可以在授权的范围内管理交换机、防火墙及负载均衡等网络组件。行业云的 IaaS 产品包括计算、存储和网络产品，见表 4-3。

表 4-3 行业云 IaaS 产品与服务一览

产品类型	产品与服务名称	产品与服务简介
计算	云服务器（Cloud Virtual Machine）	基于 KVM 实现，结合强大高可用的调度系统计算调度组件，提供全面、弹性、可靠、极速、安全、易用的计算服务，满足各场景诉求，为云业务提供高效便捷的基础服务
	弹性伸缩（Auto Scaling）	可以根据用户业务需求和策略，自动调整计算资源，帮助用户以最合适的实例数量应对业务情况，全程无需人工干预，帮助用户降低人工部署工作的负担

产品类型	产品与服务名称	产品与服务简介
计算	裸金属服务器（Bare Metal Server）	是为用户提供的云上物理服务器资源，提供高性能、稳定的物理计算服务，满足业务对计算性能的极致要求
	容器服务（K8S SERVICE）	为用户提供稳定、安全、高效、灵活扩展、简单易用的 Kubernetes 容器管理平台
存储	云硬盘（Cloud Block Storage）	是为行业云用户提供的低时延、高性能、高可靠的块级存储，具备三副本数据高可靠、存储容量弹性扩容、在线快照、超高 I/O 性能等高级特性，适用于不同业务应用系统的块存储需求，可提供高性能混闪与 SSD 全闪两种实例，满足成本与性能平衡场景和极致 I/O 性能场景的需求
	云文件存储（Cloud File Storage）	提供了安全可靠、可扩展的高性能共享文件存储服务，可与云服务器、容器服务等服务搭配使用。文件存储提供了标准的 NFS 文件系统访问协议，为多个 CVM 云服务器实例提供共享的数据源，支持弹性容量和性能的扩展，现有应用无须修改即可挂载使用，是一种高可用、高可靠的分布式文件系统，适用于大数据分析、媒体处理和内容管理等场景
	云对象存储（Cloud Object Storage）	是面向用户提供可扩展、高可靠、强安全、低成本的 PB 级海量数据存储能力，同时保证核心敏感数据私密性，支持 S3 和 Swift 接口，可用于存储海量非结构化数据
网络	虚拟私有网络（Virtual Private Cloud）	为用户提供隔离的云上网络空间,用户可以使用控制台、命令行来管理云上网络环境
	云负载均衡（Cloud Load Balancer）	产品能够为用户提供高效、安全的流量分发服务，用户通过使用 CLB 负载均衡产品，可以将高并发的应用请求均衡地转发到后台应用服务器，实现业务的平稳运行

续表

产品类型	产品与服务名称	产品与服务简介
网络	弹性公网 IP（Elastic IP Address）	简称弹性 IP 地址或 EIP。EIP 是某地域下一个固定不变的公网 IP 地址。借助弹性公网 IP，用户可以实现多种互联网访问功能
	NAT 网关（NAT Gateway）	是一种支持 IP 地址转换的网络云服务，它能够为云服务器等网络端点提供高性能的 Internet 公网访问服务
	专线接入（Direct Connection）	为用户提供了一种快速、可靠的连接用户企业内网与行业云的方法，相比于公网接入，专线接入可以建立更安全、更稳定、更低时延、更多带宽选择性，并与互联网完全隔离的私有网络连接服务
	对等连接（Peering Connection）	提供高带宽、低延时的本地 VPC 互联服务，可以帮助用户打通行业云上的不同 VPC 间的通信链路
	VPN 连接（VPN Connection）	是一种网络隧道技术，帮助用户在互联网上快速构建一条安全、可靠的加密通道，实现用户本地数据中心与云上资源的互联互通

下面，我们将为各位读者详细介绍行业云的主要 IaaS 产品的实现。

1. 计算产品与技术

行业云常见的计算产品包括云服务器（CVM）、弹性伸缩（AS）、裸金属服务器（BMS）和容器服务（K8S SERVICE）。在实践中，CVM、BMS 和 K8S SERVICE 可以互为补充，并在 AS 的调度下实现资源的自动化调配。

（1）云服务器

为用户提供计算资源，是云计算的生产力工具。CVM 可以为用户提供安全可靠的弹性计算服务，避免了使用传统服务器时需要预估资源用量及前期投入的情况。通过 CVM，用户可以在短时间内快速启动任意数量（依赖物理资源）的 CVM 并即时部署应用程序。CVM 实例支持用户自定义一切资源，例如 CPU、内存、硬盘、网络、安全等，并可在访问量和负载等需求发生变化时轻松地调整它们。实例是 CVM 的核心概念，提供具体的计算能力、实现计算需求，并且可随着业务需求的变化，实时扩展或缩减计算资源。用户可直接在 CVM 控制台上对实例进行一系列的操作，其他服务如镜像、快照、安全组等资源的配置都依赖于实例。

CVM 的核心技术为虚拟化技术。在计算机领域，虚拟化并不是一个新概念。早在 20 世纪 80 年代，大型机和小型机就采用虚拟化技术，在一台计算机上运行多个操作系统，并分配给不同的用户或业务使用，让昂贵的专用计算机的计算能力能够尽量用于产出价值。

到 2004 年以后，以 Intel 为代表的 CPU 厂商，在 x86 服务器 / 台式机的处理器上也引入了多核心技术。在 2020 年 Intel 推出的 Xeon Scalable Platinum 系列处理器中，一颗物理 CPU 的内核数量可达 56 个。在超线程（Hyper Thread）技术的加持下，单台 4 路服务器上，操作系统可见的 vCPU 数量可达 448 个！

然而，不幸的是，在多核处理器出现时，计算机科学还未能在编程框架、编程语言、编译器和操作系统 API 等一系列工具链层面上解决并行计算问题。由于绝大多数应用程序并没有对多核做有效的优化，容易出现"一核有难，八核围观"的画面（如图 4-7 所示），或者，多 CPU 竞争一个资源时（最常见的是自旋锁），会出现 CPU 排队竞争资源的情况。

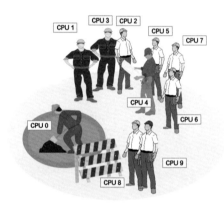

图 4-7 "一核有难，八核围观"

因此，我们需要合适的方法来组织 CPU 内核，使得它们能够有效地协同工作。将一台多内核计算机虚拟化为多台虚拟机的虚拟化技术能迅速地从 PowerPC、SPARC、安腾等大型机上，下沉到普通 PC 及服务器上。

假设某台服务器具有 64 个处理器内核，我们只需要将它虚拟为 16 台虚拟机，每台有 4 个内核。应用设计与开发者只需要为这 4 个内核做好合理的分工，就可以实现让整机的 64 个内核都高效地并行工作了。

在行业云中，最常见的虚拟化平台为 KVM（Kernel-based Virtual Machine）。KVM 最大的特点是，在内核层面原生支持 Intel 的 VT-X 技术，无须像其他虚拟化平台那样在运行时动态捕捉 ring0 中的特权指令和敏感指令，从而实现虚拟化造成的系统性能开销趋近于 0。这种虚拟化技术，叫作硬件辅助虚拟化。

虚拟化系统的进化

当 x86 处理器从 8086 演进到 286 以后，保护模式被引入。在保护模式下，x86 服务器分为 4 个特权环（ring），其中 ring0 可以执行所有命令，访问所有地址和硬件资源。在非 ring0 下，如果执行一些特权指令，则会让系统产生 Trap。在过去的半虚拟化体系中，虚拟机在执行特权指令时，由 VMM 处理特权指令引发的 Trap，避免虚拟机进入 ring0 时引发所谓的"虚拟机逃逸"。

但 x86 体系中，除了特权指令外，还有一类"敏感指令"，可以修改一些系统底层关键信息，但不触发 Trap。为避免敏感指令造成安全问题而采用的方法在性能或扩展性上都有难以规避的缺陷。因而，在业界一直有这样的声音：Intel x86 的虚拟化不适合用于生产环境，虚拟化技术是 PowerPC 和 SPARC 等大型机和小型机等专用计算机系统的特有技术。2008 年前后，Intel 的 VT 系列技术通过引入了新的硬件指令和硬件寄存器标志，完美解决了虚拟化的三大问题：虚拟机处理特权指令问题、虚拟机内存空间隔离问题、虚拟机 I/O 设备访问问题。VT 系列技术的出现和成熟，让"x86 的虚拟化不适合生产环境"这一结论，以及衍生的"x86 虚拟化会损耗性能"这一推论，彻底成为历史。从此，x86 的虚拟化技术进入硬件辅助虚拟化时代。

在行业云建设中，KVM 技术有助于实现单 AZ 内分钟时间内创建数千个 CVM 实例。CVM 可以用于以下场景。

企业官网、简单的 Web 应用：网站初始阶段访问量小，只需要一台低配置的云服务器 CVM 即可运行应用程序、数据库、存储文件等。随着网站发展，用户可以随时提高 CVM 的配置，增加 CVM 的数量，无须担心低配服务器在业务突增时带来的资源不足问题。

多媒体、大流量的 App 或网站：CVM 与云对象存储搭配，将云对象存储作为静态图片、视频、下载包的存储，以降低存储费用，同时配合内容分发网络（Content Delivery Network，CDN）和负载均衡，可大幅减少用户访问等待时间，降低带宽费用，提高可用性。

数据库：支持对 I/O 要求较高的数据库。使用较高配置的 I/O 优化型 CVM，同时采用 SSD 云硬盘，可实现支持高 I/O 并发和更高的数据可靠性，也可以采用多台稍微低配的 I/O 优化型 CVM，搭配负载均衡，实现高可用架构。

在 CVM 的使用中，也有一些限制条件，这些条件与 CVM 操作系统或行业云虚拟化平台体系架构相关，在使用时应当注意以下问题：对于 4GB 及以上内存的云服务器，强烈建议选择 64 位操作系统（32 位操作系统存在 4GB 的内存寻址限制）；Windows32 位操作系统支持的最高 CPU 核数为 4 核；暂不支持虚拟化软件安装和嵌套虚拟化（如在 CVM 内安装 VMware 或 XEN 等其他虚拟化软件）；不建议在 CVM 上部署某些特殊软件，如 Oracle、DB2、SAP HANA 等对硬件有要求的数据库、工业控制软件等。

（2）弹性伸缩

弹性伸缩可以根据用户的业务需求和预设策略，自动调整 CVM 计算资源，确保用户拥有适量的 CVM 实例来处理应用程序的负载。

在实践中，用户期望 CVM 实例数能与应用系统的性能，如每秒 HTTP 请求数量

（Query per Second, QPS）、请求成功率和响应时延相匹配，也就是将 QPS、请求成功率和响应时延等性能参数作为性能控制系统的输入，而将 CVM 实例数作为性能控制系统的输出。从自动控制系统的视角看，基于开环控制的 CVM 实例伸缩控制如图 4-8 所示。

图 4-8 基于开环控制的 CVM 实例伸缩控制

熟悉自动控制理论的读者一定会发现，此种控制 CVM 数量的方法有开环控制系统的固有缺陷：当存在扰动时，最终的控制结果会与用户期望的有较大的偏差，如图 4-9 所示。

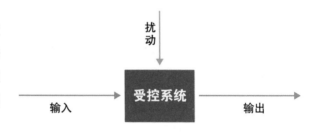

图 4-9 开环控制系统在扰动下难以校正输出偏差

因此，工程师们在控制系统中引入了采样—调节—反馈装置，对系统的输出进行采样，通过调节装置得到反馈量，将反馈量与系统输入做差分后得到的偏差量输入受控系统，这样可以克服扰动对控制系统的影响，如图 4-10 所示。

如果调节装置的算法设计得合适，系统最终会在可接受的时间内，将偏差收敛到可接受的范围。反之，如果调节装置的算法设计不当，会

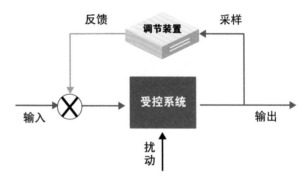

图 4-10 基于闭环控制的 CVM 弹性伸缩

让系统变得不稳定，甚至产生发散或自发振荡。因此，弹性伸缩的算法就当仁不让地成为图 4-10 所示的闭环控制系统的核心。

瓦特蒸汽机与自动控制系统

"瓦特受跳动的水壶盖启发，发明了蒸汽机"的故事早已为人熟知。但鲜为人知的是，蒸汽机的发明者并非詹姆斯·瓦特（James Watt，1736—1819），而是英国工程师托马斯·纽科门（Thomas Newcomen，1663—1729）。由于纽科门发明的蒸汽机只能做往复运动，其仅能用在矿井提升等狭窄领域，难以成为帮助百行百业实现工业化的原动机。瓦特对纽科门蒸汽机进行了重大改进，使其成为能够驱动圆周运动的机械，但由于缺乏对蒸汽机的控制，蒸汽机难以连续工作。瓦特经过长期的思考和实践，为蒸汽机增加了机械实现的

采样和反馈控制装置，使得蒸汽机可以基于操作者的意志，以相对稳定的速度和功率运转。此后，纺织业、采矿业、冶金业和造纸业等工业部门都先后采用蒸汽机作为动力，波澜壮阔的工业革命从此揭幕。

比较常见的自动控制算法叫 PID 算法。P、I 和 D 分别为 Proportional（比例）、Integral（积分）、Differential（微分）的缩写。顾名思义，PID 就是将采样到的输出量的比例、积分和微分三个因子进行加权后，得到反馈控制调节量的算法，其系统框图如图 4-11 所示。

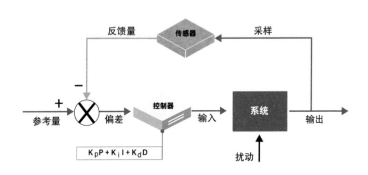

图 4-11 基于 PID 算法的采样反馈系统

图中，控制器给出的输入量 Input 为关于时间量 t 的函数。其中，K_p 为比例因子（P）的加权系数，K_i 为积分因子（I）的加权系数，K_d 为微分因子（D）的加权系数。比例因子 P 指的是控制器产生的输入量，为偏差量乘以一个常数系数。如偏差量为 0，则 P 就等于 0。积分因子 I 指的是控制器产生的输入量，为偏差量 E（t）在一定时间内对时间量 t 的积分。I 代表历史的偏差情况。可见，只要偏差量一直是正值，I 会随着时间而不断增加。只有 I 为负值（产生超调）一段时间后，I 的量才会归零。微分因子 D 指的是控制器产生的输入量，为偏差量 E（t）在一定时间内对时间量 t 的导数（微分）。D 代表偏差量的变化率。当系统偏差的变化率较大时，D 会增加。

调整三个加权系数能够对系统的收敛速度和稳定性造成影响。例如：增加 K_i 可以提升系统的稳定性，减少最终的稳态偏差，但会降低收敛速度；增加 K_d 会提升收敛速度，但也可能在特定的条件下造成系统振荡。弹性伸缩产品基于海量用户数据的积累，对加权系数做了合理调优，实现了 IT 资源量与业务负载的适配，如图 4-12 所示。

由于行业云的使用者众多，并且互联网类业务的资源使用量具有突发性，特别是在促销等活动期间，单一业务的访问量可能突破其历史记录，

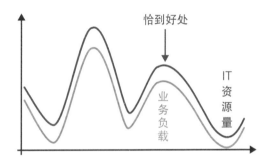

图 4-12 弹性伸缩产品实现了 IT 资源量与业务负载的适配

因此，弹性伸缩产品需要具备快速响应和快速扩容的能力，如分钟级别时间可扩容500个以上的CVM，以应对激增的业务访问量。

某社交网站的架构演进

某著名社交网站在2014年以前，采用的是非云化架构，使用一批物理服务器配合一部分虚拟机来处理前后台业务。2014年，某影视制作人在该社交网站上发表了一篇揭露某明星隐私的文章。该文章迅速传播，访问量飙升，很快系统过载，大面积用户无法访问该社交网站，导致运营该社交网站的企业受到了一定的损失。经过事故复盘，该社交网站进行了架构的变革，将业务全面迁移上云，并利用云平台的弹性伸缩能力，在突发访问导致CPU占用率和内存占用率的加权指数达到一定水平线时触发自动扩容，大大减少了突发热点话题导致大面积用户无法访问社交网站的故障发生频次。

当然，仅仅有扩容出的CVM还不能解决业务负载激增的燃眉之急，还需要自动化的手段，将一部分用户的访问引导到新加入集群的CVM，这样才能让弹性伸缩生产的CVM真正帮助其他CVM分担业务负载。弹性伸缩组件通过将新的CVM实例自动连接到LB，与其他CVM构成RS（Real Server，真实服务器）集群；进而，在检测到系统负载下降并决策释放部分资源时，将关闭的多余CVM实例从LB摘除，从而自动化地实现了负载分担。

正如瓦特在蒸汽机上引入自动控制装置后，蒸汽机才成为通用性质的工业原动机那样，云平台引入基于自动控制原理设计的弹性伸缩组件后，才从上一代虚拟化平台演进为高度自动化、智能化和高可用的云平台，实现了质的飞跃。

（3）裸金属服务器

在前文中，我们看到，CVM具有强适应性、高安全性、易扩容性和高可用性等特性，但CVM也有不能覆盖的场景。

以SAP HANA数据库为例，它是一种内存计算数据库，同时具备OLTP和OLAP能力。为使得SAP HANA数据库的在线交易与在线分析同时取得较高的性能，SAP公司对HANA数据库的运行环境有严格的要求，需要服务器为经过SAP HANA认证的机型。显然，基于KVM产生的虚拟机难以满足这样严格的要求。

除此之外，部分高性能计算（HPC）业务，如流体力学计算、气象数据计算、地质与油气行业物化探数据计算等业务，对服务器的计算性能、稳定性和实时性要求很高，甚至使用CVM无法管理的特殊硬件。因此，CVM产品也无法满足这些业务的要求。

对于此类场景的需求，BMS是相对最优的解决方案。BMS是云上物理服务器，可以和现有云计算、网络等服务无缝集成，满足业务对计算性能的极致要求，提供高性能、稳定的物理计算资源，并且可以与 CVM、VPC 等云产品配合使用，集成传统托管主机的稳定性与云上资源高度弹性的优势。

　　BMS 支持通过控制台自动化生产并使用，按照业务需求选择 BMS 的机型（包括 BMS CPU、RAM 及硬盘等配置）、操作系统、RAID 配置、私有网络等信息，用户装机后即可得到所需的 BMS。

　　BMS 实现的关键技术点在于操作系统的自动安装。在所有工业标准的 x86 服务器上都有一个带外管理以太网接口，如 HPE 的 iLO 口、Dell 的 iDRAC 口等。带外管理以太网接口用于服务器主板上的基板管理控制器（Baseboard Manager Controller, BMC）对外通信，以执行智能平台管理接口（Intelligent Platform Management Interface）的功能。有了带外管理以太网接口，云平台可以在 BMS 上电后，远程自动化地为服务器安装用户所选的操作系统，并且远程设置服务器的 IP 地址等入网所需的基本配置，最终为用户提供一台或一批标准化的服务器。

　　由于 BMS 需要用户在云控制台上提交使用申请指令后才开始安装操作系统，而用户需要等待操作系统安装完成后才可以使用 BMS，并开始自行部署 BMS 上运行的应用，这样一来，基于 BMS 的业务部署时间会比 CVM 上业务部署长若干个数量级。因此，对于需要频繁迭代和实时扩/缩容的应用而言，不建议采用 BMS 承载，选用 CVM 会是更好的选择。事实上，如果应用对频繁迭代和实时扩/缩容的需求不断提升，基于硬件辅助虚拟化技术的 CVM 也难以满足业务的需求。我们需要更轻量级的虚拟化技术。

（4）容器服务

　　容器技术与虚拟化技术大大提升了计算机硬件资源的利用率，也让业务部署变得更加灵活，但虚拟化技术也有着难以克服的局限性。在宿主机上，每个虚拟机都有一套操作系统，操作系统同时以持久化存储态和运行态占据约 100GB 级别的磁盘存储空间和 1GB 级别的 RAM 空间。当需要进行扩缩容时，为每个虚拟机复制出持久化存储态和运行态的操作系统实例，至少要消耗一分钟的时间。那么，在对系统扩/缩容的响应时间有较高要求的场景下，就需要响应更快的虚拟化技术来实现。

　　①容器（Container）技术。

　　容器技术就是为快速扩/缩容需求而生的新型计算虚拟化技术。容器技术本质上是在 Linux 操作系统中启动若干进程，并使得这些进程彼此感知不到其他进程的存在的轻量级隔离技术。它是如何实现的呢？我们知道，在同一个操作系统上部署多个应用或一个应用的多个实例，有可能遇到三个问题：网络端口冲突、资源冲突、权限冲突与安全问题。容器技术通过应用 Linux 操作系统中的三大隔离机制，解决了这三个问题，它们是 Namespace、CGroups 和 UnionFS。

　　Namespace 机制在 Linux 内核 2.4 版本中引入，在 2.6 版本中有了较为完备的实现。它是一种资源隔离方案，进程 pid、用户及用户组、系统的 IPC（Inter-Process Communication，进程间通信）、文件系统挂载点、主机名与域名，以及网络等系统进程运行依赖的资源均可以通过 Namespace 进行隔离。

CGroups 机制有时也被称为 Control Groups，在 Linux 内核 2.6 版本中引入，提供对进程或进程组的资源使用限制、隔离和统计。使用 CGroups 可以限制特定进程的 CPU 和内存使用，甚至在超限时将进程强制终止（杀死）。

UnionFS 机制是一种类似"硬盘保护卡"的机制。它提供了一个虚拟的分层文件系统，包括只读层和可读写层等。进程在向这个文件系统的可写层写入的内容，默认情况下并不会真正地被持久化地写入真实的文件系统，而是在可写层实例被销毁的同时永久丢失。

容器技术是 Namespace、CGroups 和 UnionFS 这三种技术的结合。容器运行时引擎可以基于容器镜像，利用 UnionFS 为容器创建一个虚拟的文件系统，并启动容器镜像中的可执行文件时利用 Namespace 隔离进程，利用 CGroups 限制该进程所占用的资源，使得每个进程在同一个操作系统下独立进行。

图 4-13 中，每个容器都有自己的进程，所有容器共用宿主机的操作系统实例，从而在大大减少了操作系统的 RAM 和磁盘存储开销的同时，也将容器实例创建的时间从分钟级缩短到了秒级。

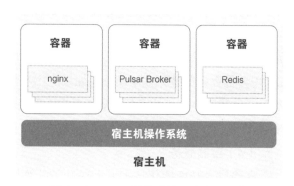

图 4-13 Linux 操作系统下的容器隔离

②容器服务。

创建、运行、销毁容器实例的操作需要依赖于容器运行时引擎，Linux 下最常见的容器运行时引擎是 docker。随着容器技术的发展，业界也出现了 containerd、rkt 和 podman 等其他容器运行时引擎。然而，仅有容器运行时引擎，只能手工创建和销毁容器实例，而无法基于性能监控数据实现容器的在线扩 / 缩容。因此，出现了容器编排平台——Kubernetes。在行业云服务中，我们基于互联网技术对开源社区版本 Kubernetes 进行了大量的改造和优化，实现了以容器为核心的多集群管理、高度可扩展的高性能容器服务（K8S SERVICE）。K8S SERVICE 完全兼容原生 Kubernetes API，开箱即用，为容器应用提供高效部署、资源调度、服务发现和动态伸缩等完整功能。

K8S SERVICE 通过标准的 CRI（Container Runtime Interface，容器运行时接口）与容器运行时引擎进行交互。除了业界主流的 docker 外，K8S SERVICE 还可以支持 containerd 等第三方容器运行时引擎，在未来 Kubernetes 主线版本不再支持 docker 的情况下，能够保证业务的连续性。

K8S SERVICE 在 Kubernetes 的 PV/PVC、StorageClass 和 CSI 机制的基础之上，对行业云的存储产品做了充分验证过的适配，实现了容器挂载块存储或文件存储。对于 StatefulSet（有状态容器集合）模式进行容器化部署的应用，K8S SERVICE 利用 StorageClass 实现 PVC 的动态创建。每个属于 StatefulSet 应用的 Pod 会挂载一个块存储保存自己的数据，在 Pod 发生调度的时候，块存储数据也会随之发生调度，挂载到原 Pod 的目录。而对于 Deployment 或 DeamonSet 模式进行容器化部署的应用，可以在不同的 Pod 上挂载相同的文件存储地址，实现多读多写。

考虑到生产级别的可用性和性能，K8S SERVICE 没有采用开源社区常见的 CNI（Container Network Interface，容器网络接口）来实现容器网络的功能，而是使用了自行研发的 Global Router 插件，Pod 入网后，它可以与虚拟机所在的虚拟私有网络融合，并可以使用网络产品中的负载均衡作为 Kubernetes Ingress（七层）或 Service Load Balancer（四层）。

为解决源社区版本的 Kubernetes 中节点数量可扩展性较差的问题，K8S SERVICE 对分布式数据库 etcd 和 apiserver 做了性能上的优化，大大精简了容器集群在运行时对 etcd 和 apiserver 的查询动作，使得 K8S SERVICE 管理的节点数达到 5000 以上时，etcd 和 apiserver 依然不成为集群扩展的瓶颈，将社区版本 Kubernetes 的扩展能力提升了一个数量级。

K8S SERVICE 在社区版本 Kubernetes 提供的 Helm 工具基础上，实现了 Helm Chart 在指定集群内的图形化的增、删、改、查，更加便于用户实现由多组件构成的应用的快速部署及 CI/CD（持续集成 / 持续开发）。

③容器服务的弹性伸缩。

容器服务的弹性伸缩有 HPA（Horizontal Pod Auto-Scaler）和 VPA（Vertical Pod Auto-Scaler）两种方式。HPA 方式与 VM 的弹性伸缩类似，在系统负载增加、响应延迟下降时，Kubernetes 拉起更多的 Pod，并将 Pod 挂接到 service 或 ingress 上分担集群工作；VPA 方式则是拉起占用更多存算资源的 Pod 并销毁现有 Pod 来实现弹性伸缩。基于用户业务连续性考虑，K8S SERVICE 只提供 HPA 方式，以规避 VPA 带来的数据丢失等潜在问题。

K8S SERVICE 的弹性伸缩组件，也是一个基于自动控制原理的闭环控制系统。K8S SERVICE 基于 Promethues 采集各 Pod 的性能指标，如 HTTP 5xx（HTTP 错误码，一般代表性能不足）在 HTTP 响应中的占比等参数，反馈至 Kubernetes 的 Master 节点作为执行弹性伸缩行为的依据。当整个集群负载过高时，K8S SERVICE 还可以与 CVM/AS 联动，请求系统生产出更多的 CVM，以加入 K8S SERVICE 的 Node 集群，分担集群其他 Node 的负担，如图 4-14 所示。

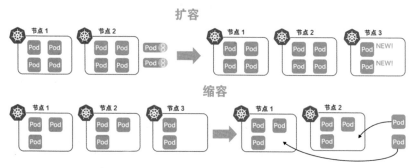

图 4-14 K8S SERVICE 的工作节点自动扩缩容

K8S SERVICE 的开发团队借鉴了先进的自适应控制、系统辨识及深度神经网络等先进控制理论，基于 K8S SERVICE 构建的容器化部署的应用，能将资源损耗率降低到业界平均水平的 1/10 甚至更低，在保护用户投资的同时，也更好地承担了节约资源的社会责任。

2. 存储产品与技术

在传统的企业 IT 基础设施架构中，基于 FC SAN（Fibre-Channel Storage Area Network）的集中式存储占据统治地位。FC SAN 实现了将小型机与服务器上的存储接口大规模扩展，从点到点的方式演进为交换网络的方式，从而实现了一套磁盘阵列服务于多台主机。但随着计算节点的增加，集中式存储控制器（俗称机头）的处理能力逐渐成了存储 I/O 和吞吐能力的瓶颈。因此，将 I/O 压力分散到多个节点的分布式存储系统出现了。分布式存储使用 x86 服务器作为存储节点，各节点之间通过通用开放标准的以太网和 TCP/IP 等协议进行通信。以太网的高度可扩展性理论上可以实现容量、I/O 能力和吞吐能力的无限扩展。因此，分布式存储成为行业云的主流存储解决方案。

行业云的分布式存储根据访问方式，分为三种：云块存储（也叫云硬盘，CBS）、云对象存储（COS）、云文件存储（CFS）。

（1）云硬盘

每个 CVM 实例实际上是一台虚拟出来的服务器，有自己的 CPU、RAM 和网卡，当然也有自己的系统盘和数据盘。当 CVM 从一台宿主机迁移到另一台宿主机时，会发生运行时上下文的迁移和持久化数据的迁移。前者包括 CPU Register File 的内容和 RAM 的内容，而后者须要将系统盘和数据盘迁移到新的宿主机上。后者数据量（100GB ～ 1TB）远远大于前者（1 ～ 10GB），会大大影响虚拟机迁移的速度。在基于 SAN 存储的虚拟化或小型云计算平台中，解决这个问题的方案是将 SAN 存储的 LUN 挂载给 CVM 作为系统盘或数据盘。这样，CVM 在宿主机集群内迁移的时候，只要宿主机连接到了 SAN 网络，CVM 就可以在目标宿主机上继续挂载原来的系统盘和数据盘，而无须迁移持久化存储卷。而在行业云场景则使用分布式块存储，又称为云硬盘来解决这一问题。与业界通用的分布式存储类似，CBS 也采用同个 AZ 内三副本来保证服务的高可用性和数据的持久性。在三副本下，服务的可用性可达 99.95%，而数据的可靠性可达 99.999 999%。

① CBS 的数据平面设计。

CBS 提供多种类型及规格的磁盘实例，满足稳定、低延迟的存储性能要求，并支持在同可用区的实例上挂载或卸载，可以在几分钟内调整存储容量，满足弹性的数据需求。CBS 的生命周期独立于 CVM 实例，始终不受实例运行时间的影响；同时，用户可以将多块 CBS 连挂载至同一个实例，也可以将 CBS 从实例中断开并挂载到另一个实例。这种灵活的挂载机制的实现，离不开 CBS 的数据平面设计。CBS 的数据平面分为存储集群端和客户端。

图 4-15 中，左侧为宿主机，其操作系统中已经安装了 CBS 的客户端驱动程序——CBS Client。宿主机上的 QEMU 在挂载了 CBS 存储卷的同时，向 CVM 呈现一个块设备（Block Device）。以 VM GuestOS 使用 Linux 系统时为例，这个块设备的名称一般为 /dev/vd*（* 可以为 a-z 的字母）。宿主机上的 QEMU 在处理 VM GuestOS 对 /dev/vd* 这个块设备的 I/O 操作的时候，会将 I/O 操作通过以太网发送到数据主副本所在的目的节点上。目的节点将主副本内容落盘后，会向另外两个副本所在的节点传输数据，并等待这两个副本返回写入成功后，目的节点才向宿主机的 QEMU 返回落盘成功，以保证三副本的强一致性。

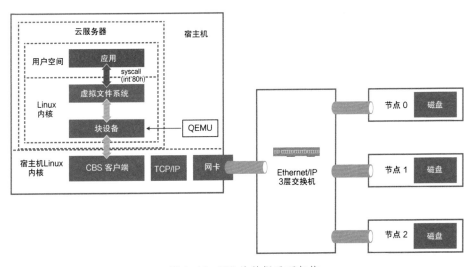

图 4-15　CBS 的数据平面架构

如图 4-16 所示，CBS 驱动将 CBS 划分为多个数据块，每个数据块通过特定的算法映射到主副本所在节点 / 磁盘和从副本所在节点 / 磁盘。三个副本所在的节点 / 磁盘

/ 磁盘偏移量三元数组，被称为小表对（Tablet Pair）。小表对的分配是由 CBS 的专有一致性哈希算法（Consistency Hash）生成的，可以实现良好的负载均衡性，使得每一块硬盘的有效空间能被最大化利用。

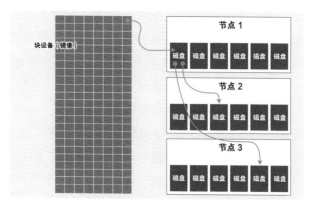

图 4-16 CBS 三副本写入顺序

② CBS 的数据迁移重建。

熟悉分布式存储的读者可能都理解，分布式存储系统有两个最核心的问题：一是将某一块数据的各个副本保存在什么地方？二是如某副本不可用时，是否重建该副本？如果重建，在什么地方重建？

第一个问题在前文中已经通过小表对算法得到解决，而第二个问题在 CBS 中的解决方案是，集群的管理平面定期检查每个物理硬盘和每个节点的在线状态。如果有某块物理硬盘或某个节点状态异常，所有对该硬盘 / 该节点的写入请求将被暂缓执行；如果异常节点在给定的时间阈值内恢复，则将暂缓执行的写入请求在恢复后执行落盘。这种方式叫作原地恢复；如果超出时间阈值，CBS 的管控平面将在其他硬盘 / 其他节点重构相关的所有副本，这种方式叫作迁移恢复。二者的实现如图 4-17 所示。

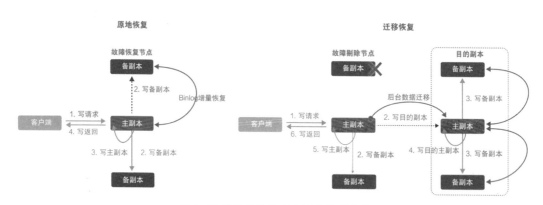

图 4-17 数据原地恢复与迁移恢复概览

③ CBS 的缓存分配机制。

CBS 支持三种配置：普通云硬盘、高性能云硬盘和 SSD 云硬盘。三者的区别见表 4-4。

表 4-4　云硬盘配置对比

对比项	普通云硬盘	高性能云硬盘	SSD 云硬盘
存储介质	SATA HDD	NVMe SSD + SATA HDD	全 SSD
IOPS	1 000+	4 000+	25 000+
吞吐	50MB/s	150MB/s	260MB/s
访问时延	≤ 10ms	≤ 3ms	可达 500μs
适用情况	适用于延时不敏感类型应用、大文件顺序读写型业务、冷工作负载应用、归档业务，以及数据不经常访问的低 I/O 负载的业务场景	适用于虚拟机系统盘、中小型数据库、Web 服务器，以及企业办公业务、日志服务等对存储容量和性能有平衡诉求的场景	适用于高负载、对数据可靠性要求高的 I/O 密集型等核心关键业务系统，可支持百万行表级别的 MySQL、Oracle、SQL Server、MongoDB 等中大型关系数据库应用，适用于数据分析、挖掘、商业智能等领域

我们注意到，对于高负载、核心数据库等场景，CBS 采用了全 NVMe SSD 承载高 I/O、高吞吐和大并发的访问需求；而对于低 I/O 负载的业务场景，CBS 采用了 SATA HDD 硬盘来实现低成本的大容量存储。对于这两种场景，CBS 的数据平面只需要合理地将负载分担到各块物理存储盘，就可以获得预期的效果。较为复杂的场景需要取得成本与性能平衡的混闪存储，也就是高性能云硬盘产品。高性能云硬盘产品采用 HDD 硬盘作为主存储介质，同时使用高速低延迟的 NVMe 盘作为缓存，提升总体性能。

所有缓存的工作原理都基于计算机系统中两个重要的定律：时间局部性定律与空间局部性定律。

让我们用生活中常见的例子来理解。如果小 X 光顾过一家小吃店，那么，小 X 下次还光顾这家小吃店的可能性显著高于小 X 光顾其他没有去过的小吃店的可能性。类似地，在计算机的世界中，如果某块数据被读取或写入过，那么，短时间内这块数据被再次读取或写入的可能性也显著高于其他数据被读取或写入的可能性，这叫作时间局部性。

让我们换一种情形来类比。假如小 X 刚刚光顾过一家小吃店，那么，小 X 光顾小吃店隔壁的便利店的可能性也显著高于小 X 光顾过其他便利店的可能性。同样地，在计算机的世界中，某块数据被读取或写入过，与这块数据邻接的数据被读取或写入的

可能性也是显著高于其他数据的，这叫作空间局部性。

基于时间局部性与空间局部性，工程师们将最近被读取或被写入过的数据放在一个成本高而速度快的存储区域，这样，下一次读写这些数据的时候，就可以取得较好的性能。当然，基于成本考虑，高速缓存的容量是有限的，一般是主存储的 5%～10%。那么，当被访问过的数据越来越多，高速缓存容纳不下时，就应当按照一定的算法将高速缓存中的内容淘汰。缓存的分配与淘汰机制是所有缓存加速的系统的核心算法之一。

为了更好地利用高速缓存，CBS 对缓存分配和淘汰机制进行了持续的优化，将 SSD 缓存空间划分为 A 和 B 两个区。A 区保存首次访问的数据和从 B 区淘汰的数据，并采用 FIFO 淘汰数据到 HDD，而 A 区中被重复访问的数据会升级到 B 区。B 区采用 LRU（Least Recently Used，最近最少使用）算法淘汰数据到 A 区。A 区和 B 区的长度比例可动态调整。但对于特殊的大块连续 I/O，CBS 会不通过缓存直接透写到 HDD，避免对 A 区造成冲击。此外，CBS 还对缓存中 LBA（Logical Block Addressing, 逻辑块地址）连续的 I/O 进行合并，然后一并写入 HDD，以节约 HDD 的 I/O 占用。图 4-18 中描述了 CBS 的缓存分区淘汰算法。

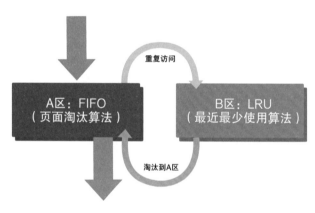

图 4-18　CBS 缓存分区淘汰算法

④ CBS 与 Ceph 的对比。

熟悉开源分布式存储 Ceph 的读者可能会发现，CBS 的实现机制和 Ceph 有类似之处。事实上，CBS 在开发之初借鉴了 Ceph 的一些设计理念，如提供 QEMU 驱动直接挂载 CBS 卷就是借鉴了 Ceph 的 RBD 块挂载机制，但 CBS 在数据平面和控制平面的一些关键设计上与 Ceph 有非常大的区别，见表 4-5。

表 4-5　CBS 与 Ceph 的对比

对比项	CBS	Ceph	设计考虑
数据块单位	1MB（小表）	16KB/32KB（PG）	Ceph 需要兼顾对象存储的小文件能被充分打散，而 CBS 的实例大小一般为 GB 级别，如果数据块太多，就会增加元数据存储查询负担

续表

对比项	CBS	Ceph	设计考虑
数据块组织	每实例直接拆分为1MB小表	每RBD块拆分为2MB/4MB的Object，Object拆分为PG	CBS的小表数量与Ceph的Object数量级大致相当，因此不需要多一级组织
冗余机制	三副本	N副本或纠删码	CBS为避免写惩罚带来的性能损耗，不应当使用纠删码实现。由于CBS不涉及1MB以下的小规模实例，无须使用多于3的副本数以保证读写性能
故障恢复	原地恢复等待超时后迁移恢复	仅支持迁移恢复	为保证企业级核心生产业务系统稳定，避免部分组件瞬时丢失心跳造成集群震荡，Ceph增加了等待后原地恢复的机制
集群抗分裂机制	Zookeeper仲裁	无	企业级核心生产业务需要分布式集群发生分裂时，踢出部分节点，以避免系统混乱

某银行 Ceph 集群故障经过

某境外商业银行购买了基于 Ceph 实现的商业分布式存储产品，用于对承载生产业务的虚拟机集群提供基于 RBD 块的块存储服务。某日凌晨，管理员收到大量告警信息，挂载了该分布式存储集群提供的块存储的虚拟机大面积挂死。经分析，是由于集群中单台服务器的内置 SAS HBA 卡固件出现 bug，对操作系统误报某块物理磁盘使用率 100%，而 Ceph 默认在集群中任一磁盘使用率达 95% 时，整体集群停止写入，因此导致挂载了该分布式存储提供的 RBD 块实例的虚拟机全部挂死并反复重启失败。最终该商业银行弃用基于 Ceph 的分布式存储方案。

⑤ CBS 的快照功能。

与绝大部分块存储产品类似，CBS 提供了快照功能，快速保存单一实例某一时间点的数据。CBS 的快照使用写时重定向（Redirect On Write，ROW）的方式来实现，第一次拍摄快照时对全量数据分块进行索引，此后每次对该实例写入时，并不写入原始数据块上，而是分配一个新的存储块写入，并修改原始数据块索引，同时保持快照索引不变。如图 4-19 所示，原始卷分为 8 块，做 ROW 机制的快照后，其中第 8 块的内容发生了改变，我们在存储池中分配了第 9 块，原 1～7 块和第 9 块组成了内容改变后的原始卷，而读取该卷的快照时，读取的是原 1～8 块的内容。这种机制实质上是将存储卷

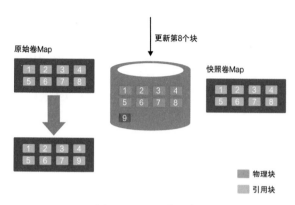

图 4-19　ROW 快照机制

的写操作重定向到了其他存储块，因此被称为"写时重定向"。在基于 SAN 网络的集中式存储中，较少采用这种机制，这是因为新分配的块在物理位置上有可能不连续，造成原本连续的磁盘 I/O 有可能被拆分，多次写入后 LUN 卷的读取性能会下降。但在分布式存储中，由于不同的块会分布在不同的存储节点和磁盘上，ROW 机制对存储卷的读写性能并没有显著的影响。因而，在 CBS 中采取了 ROW 机制，以避免写时拷贝（Copy On Write，COW）引起的写性能下降。

云硬盘实例的快照可以保存到 COS 中，并利用 COS 的远程复制功能，在另一个 Region 或 AZ 可以通过快照文件同步云硬盘实例的内容。

基于以上的设计理念，CBS 成为了高可靠、高性能、易扩展且便于备份的分布式存储产品，可以为虚拟机热迁移、海量数据分析及核心数据库等应用场景提供适应用户需求的块存储服务。

（2）云文件存储

以 CBS 为代表的块存储，是云计算环境中最常用的存储服务，基于 CBS 可以实现高性能的 I/O 密集业务，但 CBS 并不能满足所有场景的需求。CBS 提供的服务方式叫作裸卷（RAW Volume），也就是一个不具备文件系统的块设备。而操作系统对应用程序呈现的持久化操作都是基于文件的。以 Linux 系统为例，使用 CBS 需要通过 mount 命令，或在 /etc/fstab 中的自动挂载配置，由 Linux 操作系统将 CBS 格式化为 Linux 操作系统支持的格式并挂载到 vfs 中，才可以被应用系统所使用。类似地，对于运行 Windows 操作系统的 CVM 主机，也需要将挂载的 CBS 卷格式化为 Windows 操作系统支持的文件格式。细心的读者可能会发现，Linux 支持的主流文件格式为 ext3、ext4，而 Windows 操作系统支持的主流文件格式为 NTFS，即使使用一些第三方解决方案实现交叉挂载，在文件权限的管控等方面也会存在不适配的情况。

为了解决这一问题，行业云中，除了提供 CBS 服务外，还提供了 CFS 服务。CFS 为用户提供云端的文件存储，也就是一台高性能，永不停机，且能满足私密性要求的 NAS。

如图 4-20 所示，CFS 的客户端可以是 CVM 或 BMS，还可以是 K8S SERVICE 生产出的容器 Pod。它们通过 NFS 或 SMB 协议与 NAS 服务器交互。NAS 服务器是 CFS 服务的提供者。一方面，NAS 服务器通过前文所述的文件存储协议，接收来自客户端的文件读写请求；另一方面，NAS 服务器把分布式块存储资源池的块实例挂载到自身的 vfs 中，格式化后实现各服务实例的文件的存储，并提供统一的 POSIX 接口。

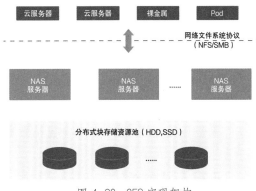

图 4-20　CFS 实现架构

以 CVM 运行 Linux 操作系统为例，在挂载 CFS 提供的 NFS 服务后，CFS 所在的卷成为 CVM 上文件系统的一部分。应用开发者只需要通过 POSIX 标准中的 5 个接口函数就可以对 CFS 上的文件进行读写。

open()，返回的是文件 fd（文件句柄）。

read()，通过文件 fd 读取指定长度的内容。

write()，通过文件 fd 写入指定长度的内容。

close()，调用文件 fd 关闭文件，此时才能保证写入的内容真正落盘，形成闭环。

对于一些特殊的文件，Linux 还提供了函数 ioctl()，通过文件 fd 对文件进行其他操作，如物理设备控制等。

熟悉 Linux 编程的读者可以发现，对 CFS 的操作与本地文件的操作并无二致，这样就大大降低了现有应用程序适配的工作量。

为了提升可用性和性能，CFS 采用多服务器集群部署。同时，为了避免写入冲突，同一个服务实例（文件路径）只在一台 NAS Server 上承载，不同的服务实例分散到不同的 NAS Server，以实现负载分担。一旦单台 NAS Server 出现故障，该 NAS Server 上的服务实例会疏散到其他 NAS Server 上，以避免单点故障造成服务不可用。在存储节点端，CFS 的存储架构与 CBS 一样，通过本地三副本实现，可以达到 99.999 999% 的数据可靠性。进一步，CFS 还可以和 CBS 共用一个块存储资源池，以提升底层服务器与磁盘资源利用率。当然，CFS 系统中，无论是前端的 NAS Server 的性能，还是后端的块存储资源池，其吞吐性能和存储容量都不是无穷大的。为了避免资源的滥用和争抢，CFS 提供了对不同用户吞吐性能和存储容量的配额限制。CFS 主要用于视频制作、企业文件共享、医疗影像存储和其他专用软件存储环境。

某广电传媒集团文件存储最佳实践

某广电传媒集团用户将视频编辑业务放在云上实现。该集团有两类视频业务：A 类为传统节目，如地方新闻及天气预报等节目，通过传统广电网络播出，采用 1080i（1080 行，隔行扫描）技术标准；B 类为互联网创新节目，如综艺娱乐类，通过互联网播出，采用 4K（3 840×2 160）技术标准。显然，后者数据量比前者数据量高一个数量级。CFS 产品为不同的节目组分配不同的实例，并在实例上应用相关的配额及 QoS 策略，有效地为两类不同节目的制作合理分配了存储容量和传输带宽资源。

（3）云对象存储

在虚拟机系统盘以及数据库等对访问实时性有较高要求的场景中，CBS 是用户的首选；而对于视频制作等大文件场景，CFS 能完美满足用户需求。然而，无论是 CBS 还是 CFS，都不是万能的。对于 Web 页面静态图片 / 文本 / 代码模板、冷数据归档、程序代码与文档存储，以及相册存储等场景，开发者需要更合适的存储方案，以满足如下需求：可通过通用标准的 API 进行读写；可从文件的任意偏移量开始读写；可以从互联网任意位置发起访问，传输可以利用标准协议和算法实现加密；可以通过 CDN 实现互联网访问加速；可对文件打上自定义的标签，并通过标签快速检索；可对同一文件的不同版本进行管理；可实现文件跨可用区（AZ）的同步；对于不常用的数据，可以使用较低成本的方式进行归档。

基于这些需求，对象存储（Object Storage）就出现了。最早的对象存储服务是亚马逊公司 AWS 推出的"Simple Storage Service"，字面意思为"简单存储服务"。恰巧，"Simple Storage Service"这三个单词的首字母都是 S，这种存储服务又被称为"S3"。由于 AWS 在云计算领域的巨大影响力，S3 服务的 API 接口标准也成为了对象存储的事实标准。

COS 就是完全兼容 S3 API 的存储服务产品。COS 没有目录层次结构，没有数据格式限制，可容纳海量数据且支持 HTTP/HTTPS 协议访问，用户可通过控制台、API、SDK 等多样化方式简单、快速地接入。作为一种分布式存储产品，COS 的存储空间无容量上限，不需要进行分区管理，所有用户都能使用具备高扩展性、低成本、可靠和安全的数据存储服务。

对象存储中的对象实际上就是存储池中的文件，是对象存储的基本单元。存储桶（Bucket）是对象的载体，可理解为存放对象的"容器"。对象被存放到存储桶中，就像是一张照片存放到所在的相册。用户可以通过控制台、API、SDK 等多种方式管理存储桶和对象，配置它们的属性，例如，配置存储桶及对象的访问权限等。用户访问对象存储的方式可以体现出存储桶和对象这两个概念。例如，网络地址 https://cos.cloud.*******.com/image-linux/CentOS-8.4.2105-x86_64-dvd1.iso 可以分为四部分。"https://"代表访问的方式为基于 TLS 的 HTTPS 安全访问；"cos.cloud.*******.com/"为 cos 服务的域名，该域名将被解析为对象存储 HTTP 网关对外提供服务的 VIP（Virtual IP）地址；"image-linux/"是用户创建的存储桶名称，用户可以创建自定义名称的存储桶，其名称成为访问对象所用的 URL 的一部分；"CentOS-8.4.2105-x86_64-dvd1.iso"是对象名称，从名字可以看出，它大概率是 CentOS 8.4 的 x86 64bit 版本安装镜像。以上四部分就组成了一个完整的访问对象存储内的文件的网络地址。我们可以非常方便地使用浏览器访问并下载这个文件，也可以在 Linux 命令行下用 curl 等工具下载它。

对于对象存储的访问是基于 HTTP/HTTPS 的。HTTP/HTTPS 是一种非常优秀的标准化协议，原生支持断点续传功能，用以实现从文件的任意偏移量读写，由于 HTTP/HTTPS 是基于 TCP/IP 的，只要 IP 可达，就可以访问 COS，且可以通过支撑 HTTPS 的 TLS 进行鉴权和加密，当然，对网页静态代码、图片及音视频等内容，由于 CDN 天然支持 HTTP 访问加速，COS 存储的内容也可以缓存在 CDN 中，使得全球各地的用户都可以取得最佳的访问体验。

COS 实现架构如下图 4-21 所示。

① COS 的一致性哈希算法。

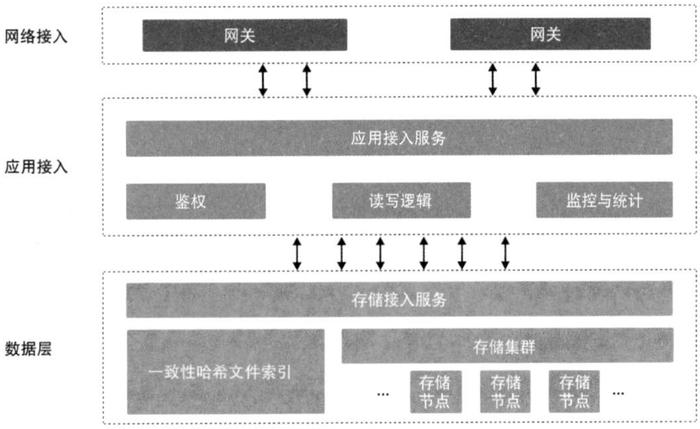

COS 采用了一致性哈希（Consistency Hash）算法来解决分布式存储的两个核心问题："怎样确定数据应当存到哪个节点的哪块盘？"和"如果有若干节点加入或退出集群，如何重新分布集群中的数据？"。一致性哈希算法的设计非常有趣，下面就让我们用一个小故事来帮助大家理解这一算法。

图 4-21　COS 实现架构

在古代，城邦 A 对城邦 B 发起入侵，城邦 B 的英雄 L 决心率领 300 勇士保卫家园。为了战术的需要，L 给 300 勇士中每个人发放了一个 10 000 以内的随机数号码，并且编为 3 个分队。这样的分组工作也很简单，每个人将自己的号码除以 3 取余数，按余数分组就行了，如图 4-22 所示。

激战过后，300 勇士中有 50 人为捍卫家园献出了宝贵的生命，同时又有 200 名勇士加入了队伍，

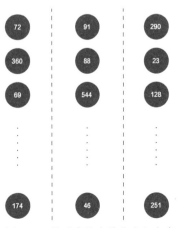

图 4-22　基于序号余数的分组方式

使得参与城邦保卫战的队伍扩充到了 450 人。L 觉得，为便于管理，应当将队伍分为更多的团队，所以他决定将 450 人分为 5 个小组。那么，是不是只要大家按自己号码除以 5 取余数进行分组就可以了呢？这种做法虽然简单直接，但会造成每个团队中很多人离开自己原来的战友，有可能对战斗的配合造成不利的影响。因此，L 决定重新构建一种分组算法，并整编队伍，无论战术需要将勇士们分为几队，都尽量不拆散原有的战斗组合；同时，有新的勇士加入队伍时，也能尽量平均加入到各团队。

L 首先重新为每个勇士分配了一个号码，这个号码从原来的五位数改为了一个 64 位无符号长整数。大家取余数的模也改为 2 的 32 次方。接着，L 画了一个圆环，圆环上有 2 的 32 次方个点，并给它命名为"一致性哈希环"。每个勇士根据自己的余数，在一致性哈希环上找到自己该去的点。然后，L 在圆上进行五等分，并画出 A、B、C、D 和 E 五个标记。

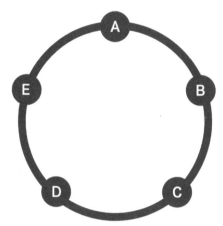

图 4-23 一致性哈希环的等分

如图 4-23 所示，勇士们根据自己的位置，按照哈希环上的五个标记进行站队：在圆上 A、B 之间的，进入 A 队；B、C 之间的，进入 B 队……依此类推。这样，450 名勇士就较为均匀地分为了 5 个队，每个队的人数大致在 90 人。如果根据战术需要，再组建一个 F 分队的时候，只需要在 E 和 A 之间再添加一个 F 点，如图 4-24 所示。

这样，原来的 E 队一分为二，不影响 A、B、C 和 D 四个分队的勇士们的队形。这种增加分队的方案看起来是不错的，但是带来了新的问题：E 队被拆分为两个队以后，每个队只有原来一半的人数。而且，即使有新的勇士补充入队，落在新的两个队的概率也是落在其他队的一半。这在分布式系统的负载均衡中，叫作冷热不均问题。怎么解决这个问题呢？L 为哈希环上的每个节点赋予多个分身，并让每个分身随机地分布在整个哈希环上。

如图 4-25 中，哈希环上原有 5 个节点，

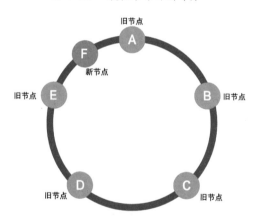

图 4-24 向一致性哈希环插入新分界点

图 4-25 改进过的哈希环

在改进过的哈希环上，每个节点拥有了 6 个分身，即变成了 30 个节点。为了让各个节点代表的队伍分布更均匀，我们可以将分身数设为一个比较大的数，如 65 536。这样，每位勇士根据自己的随机数编号，在哈希环上顺时针向前看，只要发现了哪个节点的分身，就加入这个节点代表的分队。对概率论的大数定律有所了解的读者可以发现，A、B、C、D 和 E 五个节点代表的分队人数依然保持大致相等。

那么，如果需要增加一个 F 小分队呢？我们为 F 小分队增加节点 F，并将 F 也复制 65 536 个分身，随机分布在哈希环上。由于 F 的各分身分布的随机性，原本属于其他小分队而应当转到 F 小分队的勇士也是平均分布的，从统计意义上看，可以做到从 A 到 E 各个分队抽调的勇士数量大致均衡。同理，如果我们要解散某一个小分队，如解散小分队 D，D 的各个分身在哈希环上消失后，需要归属到其他分队的勇士的目标分队也是大致均匀分布的。

这样一来，L 就通过改进的一致性哈希算法，实现了三点目标：让现有的勇士和新加入战团的勇士能够均匀分配到各个小分队；当需要从各小分队抽调勇士组建新的小分队的时候，对其他勇士没有影响，并且尽量均匀地从各个小分队抽调；当某个小分队需要解散的时候，勇士能均匀分到其他小分队，已经在其他小分队的勇士不受影响。

如果我们把分布式存储的数据块想象为刚才故事中的勇士，把数据块的哈希值想象为故事中的勇士编号，把分布式存储集群的节点和物理磁盘想象为故事中的小分队，也就是把一致性哈希算法应用到存储系统中后，存储系统就具备了以下特性：对于现有存储集群，数据能够均匀地分散到各个存储节点上的各块物理盘；当集群扩容时，系统会均匀地从现有的各个存储节点上的物理盘中迁移数据到新的节点上的物理盘；当集群部分磁盘或者节点出现故障，系统能够将这些磁盘或节点相关数据重建的副本分散到集群内其他的节点上的各个物理盘。

② COS 的算法应用与改进。

COS 对象存储采用一致性哈希算法，可以通过增加更多的存储节点来实现容量的横向扩展。但细心的读者会发现另外几个问题。

其一，对象存储的组织形式是 Bucket-Object 的两层结构，每个 Object 可能有多于一个的版本（Version），所有版本都是切成若干数据块落盘的。如何组织数据结构，使得用户请求访问 Bucket-Object-Version 的三元组时，系统能够快速找到三元组对应的所有数据块呢？

其二，在对象存储中，一个非常有实用性的功能就是给对象增加标签（Tag），用户可以根据标签快速查找同一类对象。如何实现根据自定义标签快速列出所有带有该标签的对象呢？

其三，对象存储的访问方式是基于 HTTP/HTTPS 的，如果使用单个 HTTP/HTTPS 服务节点对外作为对象存储网关，无论是性能还是可用性都得不到保证，而如果使用

集群方式对外提供服务，如何实现集群中各个 HTTP/HTTPS 服务节点的负载均衡呢？

对于前两个问题，COS 的开发者们在系统中引入了一个高效的 Key-Value 数据库 lavadb 来解决这两个问题。在对象存储中，对象到数据块的映射关系、对象本身的一些属性以及对象的标签这三类信息被统称为 Metadata。COS 可以利用分布式键值（Key-Value）数据库实现 Metadata 的高性能存储和检索，并保障任意节点故障不影响 Metadata 的增、删、改、查。而对于第三个问题，COS 在采用多个 HTTP/HTTPS 对象网关节点的同时，将 HTTP/HTTPS 对象网关节点集群通过 LB 进行负载均衡，对外呈现 LB 的 VIP，以实现多个网关节点吞吐量的叠加，以及单节点故障情况下保障业务连续性。

对于不同的对象类型，COS 使用不同的方式存储文件。例如：对于尺寸较小的对象，为保证读写性能，COS 会采取四副本存储，存储介质为 NVMe 缓存 + SATA 大容量机械硬盘（HDD）；对于普通对象，COS 使用 8+4EC（Erase Code，纠删码）存储，相当于 1.5 副本，存储介质也使用 NVMe 缓存 + SATA HDD；对于冷数据归档存储，COS 会采用 12+4EC，在纯 SATA HDD 介质存储，通过这种方式实现性能与成本的平衡。

对于同一文件需要在不同的 AZ 或不同的 Region 存储的场景，COS 提供了远程同步复制功能，可以自动定时将指定的对象复制到其他 AZ 或 Region。CBS 快照存储到 COS 时，可以利用这个功能将 CBS 实例中存储的数据自动化快速同步到其他 AZ 或 Region。

③ COS 与常见的对象存储的对比。

熟悉开源云存储的读者可能会了解，在开源社区中常见的对象存储组件有 OpenStack Swift 和 Ceph 两种。相比之下，COS 在可扩展性、可用性、成本与性能平衡等方面具有较大的优势，更适用于生产环境。表 4-6 中列出了三者的对比。COS 具备上述的优秀特性，因此 COS 产品被广泛用于海量数据存储、Web 静态非结构化数据存储、重要数据容灾和开发代码及文档管理等场景。

表 4-6 COS 与常见开源分布式对象存储方案的对比

对比项	COS	Ceph	OpenStack Swift
扩展规模	可达 100PB	<10PB	<10PB
冗余方式	多副本 / 纠删码并存	多副本 / 纠删码二选一	多副本 / 纠删码二选一
负载均衡算法	一致性哈希	CRUSH	一致性哈希
HA	可远端复制	仅支持 AZ 内	仅支持 AZ 内
自定义标签	支持	支持	不支持
空间利用率	≥ 85%	≤ 75%	≥ 85%
对象网关 HA	支持	不支持	不支持
SPDK 技术	支持	支持	不支持

3. 网络产品与技术

（1）网络技术的发展与演进

数据中心网络的发展，经历了传统架构时代、大二层时代、私有云网络时代以及大型云网络时代。

①传统架构时代。在传统架构时代，数据中心网络架构沿袭园区网络的接入—汇聚—核心三层架构，并通过生成树（STP）等协议，解决冗余链路和节点带来的环路问题，如图 4-26 所示。虽然以 CISCO 为代表的网络设备厂商通过设备堆叠、集群以及虚拟化机框等手段对三层架构＋生成树的缺陷有所改进，但依然难以解决二层广播域过大、子网数量受 VLAN 规格限制难以突破 4K 以及网络配置与计算联动等问题。

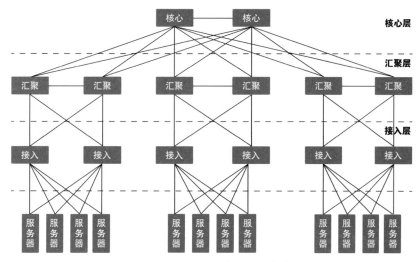

图 4-26 传统数据中心网络架构

②大二层时代。在 2012 年前后，TRILL、Fabricpath、SPB 及 VEPA 等技术的出现，使得数据中心网络演进到了大二层时代，整网物理网络采用 Spine-Leaf 架构搭建，如图 4-27 所示。Spine-Leaf 架构中，网络的核心层和汇聚层进行了合并，由同一套设备实现其功能，因此这种网络物理层设计也被称为"Collapsed Core"，字面意思为

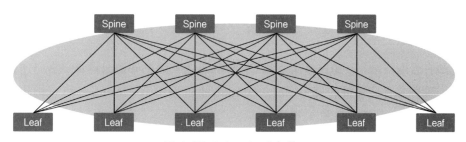

图 4-27 Spine-Leaf 架构

"塌缩核心"。这种设计的主要目的就是在保留三层模型的大部分好处的同时，降低网络成本。在大二层时代，网络开始有了 Underlay 和 Overlay 的区分。Overlay 可以理解为一个二层 VPN，不同租户或不同子网所在的 Overlay 在逻辑上隔离。如图 4-28 所示，一张物理网络虚拟出了多张 Overlay 网络，并为数据中心的不同用户提供其虚拟资源的连接。在云计算体系中，这种虚拟化网络被叫作 VPC。但由于大二层技术在自动化部署等方面存在着缺陷，需要管理员为云上用户手工配置子网，且难以穿越 DCI（Data Center Interconnection，数据中心互联）网络，很快被以 OpenStack 为代表的私有云技术淘汰。

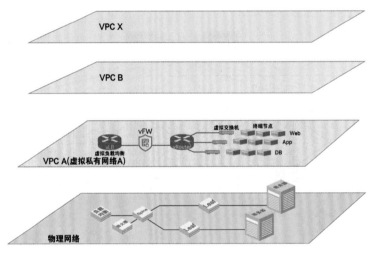

图 4-28 基于网络虚拟化技术构建的 Overlay

某海外搜索引擎数据中心大二层方案

俄罗斯著名的互联网搜索引擎 Y 公司，期望基于现有 Spine-Leaf 架构的数据中心物理网络，建设多个大二层网络。于是，Y 公司决定使用 VPLS（Virtual Private Link Service）技术作为数据平面，MP-BGP 作为控制平面，实现 L2 Over L3 的大二层网络。但是，在若干 VPLS L2 网络需要互通时，需要在 MP-BGP 上通过 route target 的配置实现。繁重的配置工作使得 Y 公司网络管理员不堪重负，最终在 VXLAN 技术出现后，Y 公司全面转向通过 VXLAN 构建大二层网络。

③私有云网络时代。2014 年起，以 OpenStack 为代表的开源云计算平台迅速普及，成为这一阶段私有云建设的事实标准。OpenStack 的网络组件 Neutron 可以构建一个虚拟 Overlay 网络，其拓扑如图 4-29 所示。

图 4-29 中，各个虚拟交换机和虚拟路由器由宿主机上的 OVS（开放虚拟交换

机）实现。所有的 OVS 执行查找转发表并
转发数据包的功能。由于 OVS 为软件实现，
这种网络方案被归类为 SDN 的一种。在这
种方案中，跨 OVS 之间的数据包需要进入
Overlay，也就是封装在 VXLAN 或 NVGRE
隧道中转发。在 OpenStack KiLO 版本
中，为了提升网络的处理性能，Neutron
中引入了层次化端口绑定（Hierarchy Port
Binding）功能，让网络中的硬件交换机替
代 OVS 执行大部分查表和 Overlay 封装 / 解
封装功能，OVS 仅执行 VLAN 打标签 / 去
标签功能，如图 4-30 所示。

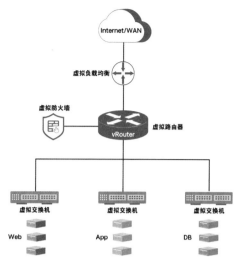

图 4-29　Neutron 的拓扑

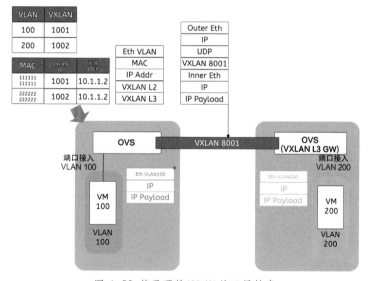

图 4-30　基于硬件 VXLAN 的三层转发

　　由于交换机采用 ASIC 执行查表、转发和 Overlay 封装 / 解封装 / 重路由的操作，
效率高，时延低，并能够大大减少 OVS 占用的 CPU 资源，因此，硬件交换机作为
Overlay 边界的硬件 SDN 方案成为 2015 年至 2018 年的主流方案。

　　④大型云网络时代。如同白垩纪过后，哺乳动物与鸟类取代了侏罗纪时期恐龙在
地球生物圈中的霸权那样，随着云计算技术的进一步发展，基于互联网技术构建的云
计算解决方案逐步取代 OpenStack，并成为大中规模行业云的首选方案。在大规模行业
云的建设中，为单 AZ 构建可以容纳万级别服务器和百万级 CVM、容器的云网络，成

为网络工程师需要面对的新挑战。如果仍采用私有云网络时代的硬件 SDN 网络方案，无法满足百万级别端点入网需求，并且硬件交换机本身的查表能力会成为网络瓶颈。

为了使得 VTEP（Virtual Tunnel End Point，虚拟隧道端点）能够实现百万级别端点的转发表项存储、查询和执行结果，在宿主机上的 vSwitch 执行 VTEP 软件功能的软件 SDN 方案重出江湖。工程师在 OVS 和软件负载均衡、软件安全网关等关键节点上引入了 Intel 主导的 DPDK（Data Plane Develop Kit）技术，从而克服了早期基于 OVS 的软件 SDN 方案在吞吐量、包转发率和转发时延方面的弱项。DPDK 技术将在后文详细介绍。

在大型云网络中，VPC 仍然是分配网络资源最基本的单元。在 VPC 中，各 Endpoint 需要通过负载均衡（LB）对外提供服务，而弹性 IP（EIP）可以帮助 LB 管理对外服务的 IP 地址。Endpoint 对外发起的访问可以通过 NAT 网关转发到 Internet。

对于一些特殊访问需求，VPC 需要为来自专线、其他 Region 和远端互联网的连接打开特殊的访问通道，这些通道分别被称为专线接入（DC，Direct Connect）、对等连接（Peer Connection）和 VPN 连接（Virtual Private Network Connection）。

（2）虚拟私有网络（VPC）

① VPC 关键技术实现。

如前文所述，VPC 并非一个新概念。早在 OpenStack 繁盛的时代，VPC 就是云计算网络中的资源基本分配单元。VPC 的关键技术是 Overlay 技术。由于云平台的多个租户有可能在内部网络使用重叠的地址，Overlay 技术可以将物理网络虚拟为多个平面，彼此之间可以使用重叠的地址而不冲突。熟悉传统广域网络技术的读者们可能会发现，Overlay 技术与传统广域网络中的 MPLS VPN/VRF（Virtual Routing Forwarding，虚拟路由转发）技术有非常多的相似之处。实际上，在数据包的构成上，Overlay 网络与 VPN 技术也有类似之处。图 4-31 是 MPLS 数据包头部与 VXLAN 数据包头部的对比。

在 图 4-31 中，我们可以很容易地看出，无论是 MPLS，还是 VXLAN 技术，都在数据包的头部增加了一些字段，网络中的节点可以通过这些字段来区分这个数据包属于哪个 VPN，然后再解析封装在内部的以太网

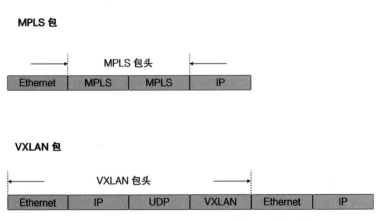

图 4-31 MPLS 数据包头部与 VXLAN 数据包头部的对比

包头、IP 包头或 TCP/UDP
包头。

如图 4-32 所示，由
于 VXLAN 的 VNI（Virtual
Network Index，虚 拟 网 络
编号）字段可用以区分不
同的 VPC，因此在两个
VPC 内虽然都使用了同样
的 目 的 地 址（Destination
IP，DIP），但交换机 B

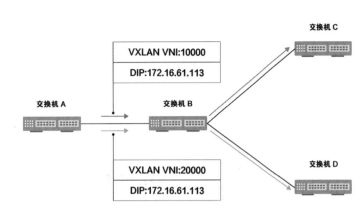

图 4-32 通过 VXLAN VNI 区分 VPC

可以通过 VNI 和 DIP 的组合作为 Key，查询转发表，将 VNI 10000/DIP 172.16.61.113
和 VNI 20000/DIP 172.16.61.113 这两个不同的数据包转发到不同的下一跳。VXLAN 的
VNI 字段长度为 24bit，因此，VXLAN VNI 数量可达 16M。将 VXLAN VNI 作为 VPC
ID，可以满足较大型的云平台中 VPC 数量的需求。由于 VXLAN 具备良好的可扩展性，
多家大型公有云服务商在实现 VPC 的 Overlay 时，也采用了 VXLAN 技术。

与 VXLAN 技术并行的另一条技术路线，是基于 GRE（Generic Routing Encapsulation，
通用路由封装）隧道的 Overlay。如图 4-33 所示，GRE 的 C、K 和 S 三个标志位决定了
GRE 头部是否要增加 Checksum（校验和）、Key（键值）和 Sequence Number（序列号）
三个可选字段。那么，如果我们将 C 和 S 设为 0，K 设为 1，就可以构建一个 8 字节的
GRE 头部。

比特 0-3			4-12	13-15	16-31
C	K	S	保留置0	版本	协议号
校验和（可选）				保留置1（可选）	
键值（可选）					
序列号（可选）					

图 4-33　GRE 封装格式

如图 4-34 所示，整个 GRE
头部长度为 8 字节，其中第 0、
1 字节为标志位，2、3 字节为
协议号。由于在 VPC 中实际
上所有的端点均通过 IP 通信，
GRE 数据包中封装 IP 报文即

比特 0	比特 15	比特 16	比特 31
标志位		协议号 = 0x0800（IP）	
32比特键值（VPCID）			
比特 32	比特 47	比特 48	比特 63

图 4-34 可用于 Overlay 的 GRE 头部

可，协议号应当为 0x0800。GRE 头部的第 4-7 字节为 Key 字段，在这里作为 VPC ID
使用。Key 字段的长度为 32bit，因此，使用 GRE 封装可以实现 2^{32} = 4 294 967 296，

也就是 4G 个 VPC, 比 VXLAN 的 VPC 数量多了 2^{16} − 1=65 535 倍, 能够满足更多的租户和 VPC 的需求。部分大型公有云服务商在设计初期就考虑到租户可能达到百万级别, 因此采用了 GRE 隧道隔离, 避免了未来扩展方面的风险。

采用 GRE 隧道构建 VPC Overlay 还有另外两个优势。第一个优势是, GRE 隧道比 VXLAN 隧道的网络传输封装开销小, 效率高。如图 4-35 所示, VXLAN 头部在原以太网数据包头部基础上增加了 14 字节的外层以太网头、20 字节的 IP 头、8 字节的 UDP 头以及 8 字节的 VXLAN 头, 共 50 字节; 而 GRE 头部则是在原以太网头部和原 IP 头部之间, 插入 20 字节的外部 IP 头及 8 字节的 GRE 头, 共 28 字节。相比之下, GRE 头部较 VXLAN 头部节约了 44% 的封装开销。

图 4-35 VXLAN 与 GRE 数据包头结构对比

第二个优势是 CPU 处理数据包的效率提升了。计算机内存访问中有一个非常重要的概念——对齐 (Alignment)。这是因为计算机对内存的访问是以"字"(WORD) 为单位的。常见的 x86 工作在 IA32 模式时, 字长为 4 字节, 32 比特。如果访问内存的指令中, 内存地址是可以被 4 整除的地址, 那么可以用一条指令完成内存的读取和访问。例如 MOV EAX, DWORD PTR[EBP+0x0000000C], 这条指令的作用是将基址寄存器 EBP 中存储的地址, 加上偏移量 0x0000000C, 得到这条指令要访问的地址, 并读取该地址指向的 4 字节内存内容, 存在寄存器 EAX 中。假设 EBP 中的基址为 0x80A20108, 可以计算出该指令访问的逻辑地址为 0x80A20114, 其行为是将 0x80A20114 开始的 4 字节内容存放到 EAX 寄存器。但是, 如果 EBP 基址为 0x80A20106, 指令需要从地址 0x80A20112 读取 4 字节, Intel 处理器的流水线会将这条指令拆分为 2 条微指令读取。在不考虑高速缓存的前提下, 会增加约 70% 的指令执行时间。在操作系统中, 对于网络数据包的处理, 也是需要通过计算机指令读取数据包头部内容并决定进行下一步处理的。因此, 在操作系统设计时, 为优化计算机指令对数据包头部的读取, 在网络驱动层和协议栈层, 也做了针对性的优化。如以太网的驱动程序, 就会将分配到的 4 字节对齐的内存地址, 增加 2 个字节的预偏移 (prepad), 作为以太网网卡控制器存放数据包缓存的起始地址。在 Linux 操作系统中, 这一地址就是 mbuf 数据结构中的 m_data 指针地址。这样一来, 在 IPv4 头部的起始地址, 就是在 2 字节的 prepad 之后, 再偏移 14 字节的地址, 也就是一个 4 字节对齐的地址了。

图 4-36 展示了 IPv4 头部的数据结构。可以看出, IPv4 数据包头中, 源地址和目

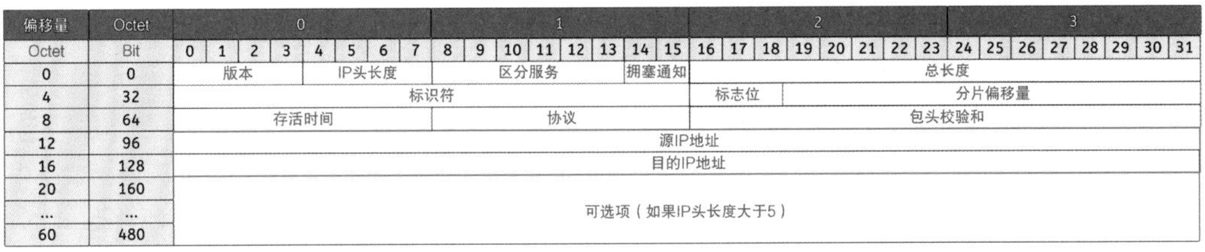

偏移量 Octet		0					1				2			3	
Octet	Bit	0 1 2 3	4 5 6 7	8 9 10 11 12 13 14 15			16 17 18 19 20 21 22 23		24 25 26 27 28 29 30 31						
0	0	版本	IP头长度	区分服务	拥塞通知		总长度								
4	32	标识符					标志位	分片偏移量							
8	64	存活时间		协议			包头校验和								
12	96	源IP地址													
16	128	目的IP地址													
20	160														
...	...	可选项（如果IP头长度大于5）													
60	480														

图 4-36　IPv4 头部数据结构

的地址都是 4 字节对齐的 32 位数据。因此，这种设计可以使得 CPU 访问源地址和目的地址的数据，均可以在一条指令内完成。如果 IP 数据包是被封装在 GRE 隧道中，由于 GRE 隧道的封装是在原始数据包的以太网数据包包头与 IP 包头之间插入了 28 字节的 GRE 隧道头，剥离 GRE 头后再访问内部 IP 数据包包头的 CPU 指令，其内存地址依然是 4 字节对齐的，不影响 CPU 访问和解析数据包的效率。但是，如果这个 IP 数据包被封装在 VXLAN 隧道中，情况则发生了变化。由于 VXLAN 封装需要在原始的以太网报文前端添加 50 字节的 VXLAN 数据包头，而 50 字节不是 4 字节对齐的，这将导致剥离了 VXLAN 包头之后，实际承载业务的 IP 包头不是 4 字节对齐的。同理，在 20 字节的 IP 包头之后，紧跟的 TCP 或 UDP 包头也不是 4 字节对齐的。显而易见，这会使得宿主机上的 vSwitch 处理性能大大降低。送到 iptables 模块进行安全规则相关的处理时也会有同样的问题。除非在宿主机上进行数据包的复制，否则是没有办法将起始地址非 4 字节对齐的数据包变为 4 字节对齐的。因此，所有的 VXLAN 数据包，相比于 GRE 隧道数据包，都难以避免这个问题。相比之下，如果在实现 VPC Overlay 时使用了 GRE 隧道，就可以避免 CPU 处理能力的浪费。

② VPC 对于裸金属服务器的接入实现。

我们注意到，在 CVM 宿主机服务器区域，VPC 的边界是 vSwitch，也就是 CVM 在入网时，在 vSwitch 上接入 VPC。那么，对于裸金属服务器 BMS 接入 VPC 的场景，就出现了一个问题：BMS 以裸金属方式发放计算资源，操作系统可以由用户自定义，因此，我们是没有办法保证 BMS 上运行了 vSwitch 的。

为了解决这一问题，在行业云的建设中，对于 BMS 的入网仍然采用在硬件交换机上接入 VPC，进行 Overlay 隧道的封装与解封装。由于硬件交换机能够完整支持 GRE 隧道的款型限制较多，一般需要 Broadcom Trident-3 或其他可编程的 ASIC 的支持，为了避免供应链风险，行业云的设计在此处采取了"特事特办"的方针：对于 BMS，在 BMS 接入交换机上，使用 VXLAN 封装来自 BMS 的报文并进入对应的 VPC。

那么，在同一 VPC 内，BMS 与 CVM 互通的时候，如何解决此处的 VXLAN 和 GRE 隧道的互通问题呢？行业云的一种实践是，引入裸金属网关 XGW（Translate Gateway），实现 VXLAN 与 GRE 隧道的转换，如图 4-37 所示。

在图 4-37 中，CVM 在 vSwitch 上接入 GRE 隧道，BMS 在 BMS-LA 上接入 VXLAN 隧道。二者通过 XGW 进行转换。我们在前文中提到，硬件交换机，也就是 BMS-LA 作为 VXLAN 网关时，本身的查表能力会成为网络瓶颈。那么，我们将 BMS-LA 交换机作为 BMS 的 VPC 接入点时，会不会出现性能问题呢？实际上，在行业云的 VPC 设计中，这个问题并不会出

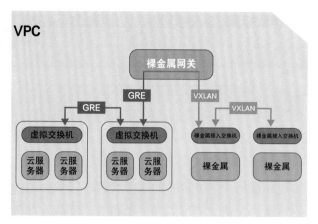

图 4-37　BMS 与 CVM 接入 VPC

现。在行业云的 VPC 中，BMS 的数量一般不会超过 10 000 台，也就是 BMS 本身只消耗 10K 的表项。而 BMS 与 CVM 的交互是需要在 XGW 上进行隧道转换的，XGW 维护和查找所有的 CVM 表项，对其他 BMS 只表现自身的 IP 地址和 MAC 地址即可，占用的交换机表项非常有限。

③ VPC 的地址分配。

行业云的每个租户可以为自己的业务申请 VPC，VPC 可用的地址有三类，见表 4-7。表中的地址都是所谓的"火星地址"（Martian Address），即地球上不会实际存在的 IP 地址。在 RFC1918 中，规定了这三个段的地址保留为大 / 中 / 小型局域网使用，不应当被发布到互联网。因此，在 VPC 中，每个用户都可以使用这三段地址。

表 4-7　VPC 可用地址

网段地址 / 掩码	起始 IP	结束 IP	理论地址数量	备注
10.0.0.0/8	10.0.0.1	10.255.255.254	2^{24}=16M	超大型 VPC 使用
172.16.0.0/12	172.16.0.1	172.31.255.255	2^{20}=1M	大中型 VPC 使用
192.168.0.0/16	192.168.0.1	192.168.255.255	2^{16}=64K	中小型 VPC 使用

VPC 使用的这三段地址在互联网上是不可路由的，如果用户需要从互联网或者从企业内网访问 VPC 对外提供的服务，应当访问哪个地址呢？这就涉及我们接下来将要提到的产品——云均衡负载（CLB）和弹性 IP（EIP）。

（3）云负载均衡与弹性 IP

① CLB 的实现。

在 VPC 中，对外提供服务的 CVM、K8S SERVICE、BMS，其 IP 地址都是 VPC 内部的"火

星地址"，如 172.16.61.113，在互联网上是不会有指向这个地址的路由的。那么，我们应当用什么办法解决 VPC 内的端点对外提供服务的问题呢？

在传统的数据中心，为了实现将多个用户的请求分发到不同的物理服务器或者虚拟机上，工程师会在网络出口部署一台或一组负载均衡器设备。如图 4-38 所示，有了负载均衡设备，就可以通过反向 NAT 或 HTTP 反向代理等方式，让多个真实的服务器（Real Server, RS）分担用户请求，实现业务性能的横向扩展（Scale-out），以及提升整个系统的可用性。

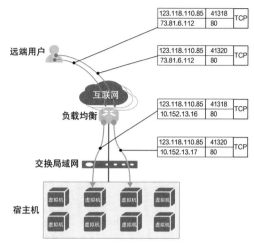

图 4-38 传统负载均衡的部署

在 OpenStack 中，Neutron 提供了 LBaaS 这一抽象模型，可以使用 nginx、haproxy 等开源组件实现 LBaaS 的功能。F5、A10、H3C 及 Dptech 等专用负载均衡设备厂商也为 OpenStack Neutron 提供了自身产品的 LBaaS 驱动。

而在行业云中，提供负载均衡的产品叫作 CLB（Cloud Load Balancer）。CLB 采用 NFV 方式实现，也就是在 x86 物理服务器或虚拟机上，运行定制化的软件实现网络节点的功能。如图 4-39 所示，所有运行 CLB 的服务器都部署在图上红色框线中的互联网 /NFV 区的 GW 服务器池上，从互联网、企业其他内网站点，以及 VPC 内部访问 CVM/BMS/ 容器 Pod 等 RS 对外宣告的 VIP（Virtual IP）的流量，都需要经

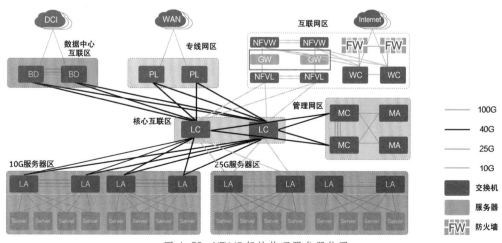

图 4-39 NFV 运行的物理服务器位置

过这些服务器。

如图 4-40 所示，来自云内和企业内网的访问，经过 LC 绕行到运行于 GW 服务器池的内网 CLB，再访问位于服务器池的 RS；而来自互联网的访问，经过 LC 进入外网 CLB，同样地，最终访问位于服务器池的 RS。

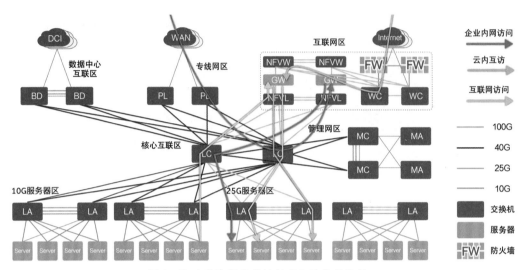

图 4-40 各类访问流量经行 CLB 的物理路径

② CLB 的工作模式。

行业云的 CLB 除内外网之分以外，还分为 L4（传统型）和 L7（增强型）两种。

L4 CLB 实际上是做简单的反向 NAT 操作，根据访问者的源 IP（SIP，Source IP）、目的 IP（DIP，Destination IP）、源端口（SPort，Source Port）、目的端口（Destination Port）及协议号（Protocol）构成的五元组（5-tuple），建立和查找连接会话表项，将目

的 IP 和目的端口转换为后端 RS 的 IP 和服务端口，并将请求转发到 RS 上。对于 RS 的回程流量同样做反向的转换。

图 4-41 中，用户 A 的 IP 地址为 123.118.110.85，CLB 实例对外发布的 IP 地址为 73.81.6.112，服务端口为 80，该 CLB 实例后端有 4 个 RS，IP 地址分别为 10.152.13.3，10.152.13.16，10.152.13.22 和 10.152.13.31。CLB 会根据特定的算法选定一个 RS，将用户 A 的 HTTP 请求转发到 RS 上。目前 CLB 支持的算法有加权

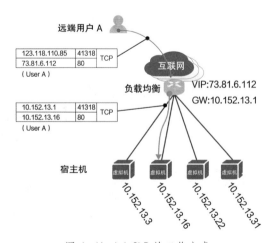

图 4-41 L4 CLB 的工作方式

轮转算法、加权最小连接数及源地址散列等。

L4 CLB 的配置较为简单，转发时延也较低，但对于一些与 HTTP 应用层相关的需求，L4 CLB 就有些力不从心了。例如，基于 URL 的转发，如将指向同一域名的不同 URL 转发到不同 RS；基于用户会话的转发，保证来自同一用户的链接被同一台 RS 处理；HTTPS 功能，如 HTTPS 卸载为 HTTP 等。

对于这些场景，行业云提供了 L7 CLB。L7 CLB 的实例对外呈现为一个 HTTP/HTTPS 服务器，接收来自用户的 HTTP/HTTPS 的请求，并根据其请求中的 URL 及 Cookie 等关键参数，对 RS 发起 HTTP/HTTPS 请求，并将 RS 返回的内容回送给用户。

如图 4-42 所示，各用户解析域名 foobar.com，得到 CLB 实例对外呈现的 VIP 73.81.6.112。CLB 接收并解析来自用户的 HTTP 请求，向挑选出的 RS 实例发起 HTTP 请求，并将 RS 实例返回的 HTTP 内容返回给用户。由于 L7 CLB 这样的工作流程与内网用户通过代理服务器（Proxy Server）访问外网的工作流程非常类似，区别在于发起访问的方向是从局域网外部向局域网内部发起访问，因此，这种工作方式也被称为反向代理方式。

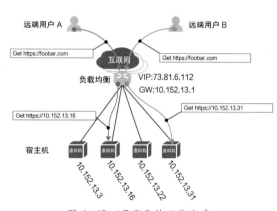

图 4-42　L7 CLB 的工作方式

对于 HTTPS 访问，反向代理工作方式需要解决一个问题：如果 L7 CLB 对外呈现的域名为 foobar.com，但并不能够提供有效的证书，向用户端证明自己是 foobar.com，用户端浏览器会提示用户，该网站的证书无效，可能是仿冒网站。因此，部署 L7 CLB 的工程师需要将为域名申请的证书安装到 L7 CLB 上，以避免用户侧浏览器提示告警。

这样一来，L7 CLB 可以将来自用户端的 HTTPS 请求卸载，并转换为 HTTP 请求送至后端的 RS，也可以再重新加密，通过 HTTPS 访问 RS。

L7 CLB 还可以实现将不同的 URL 请求发送到指定的 RS 上进行处理。

图 4-43 中，用户 A 访问 URL：https://foobar. com/aaa。这个请求根据 L7 CLB 实例上配置的策略被转发到 RS 10.152.13.16。而用户 B 访问

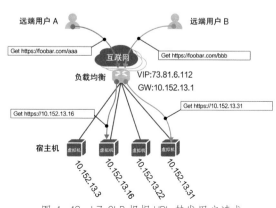

图 4-43　L7 CLB 根据 URL 转发用户请求

URL：https://foobar. com/bbb。这个请求会匹配 L7 CLB 实例上的另一条策略，被转发到 10.152.13.31。

③ CLB 与计算产品的联动。

在关于计算产品的小节中，我们提到了弹性伸缩功能。弹性伸缩功能可以在弹性伸缩组内的 CVM 性能不足以处理过多的用户请求时，调用计算调度组件生产出更多的 CVM，加入弹性伸缩组，从而提升 CVM 实例集群的负载性能。实际上，弹性伸缩功能还会将加入弹性伸缩组的 CVM 也加入绑定的 CLB 的 RS 集群，这样，才能够让用户请求抵达弹性伸缩生产出来的 CVM。

但是，为了防止出现一个弹性伸缩组占用云内过多资源的极端情况，弹性伸缩组的 CVM 实例数量是有上限的。当 CVM 实例数量达到弹性伸缩组上限时，L7 CLB 还可以提供访问请求过载保护功能，如进行限流和熔断等。也就是说，合理配置的 L7 CLB 可以实现 API 网关（API Gateway）的部分功能。

此外，L7 CLB 还可以集成 WAF 功能，能防范常见的 Web 漏洞攻击，如 SQL 注入、XSS 跨站、获取敏感信息或网页挂马等行为，以及部分 CC（Challenge Collapsar）攻击，以提升系统的安全性。由于 L7 CLB 本身具有 HTTPS 卸载功能，可以解密并检查来自用户的 HTTPS 内部所有内容，无须在 WAF 再解密一次，这样也降低了开启 WAF 后的访问时延，避免了计算资源的浪费。

我们注意到，无论是 L4 CLB 还是 L7 CLB，最终每个实例对外提供服务的时候，至少需要一个 VIP 地址。对于向互联网提供服务的场景，有可能需要 3 到 4 个 VIP 地址向不同的 ISP（Internet Service Provider，互联网服务提供商，一般称为运营商）发布。外网 CLB 产品提供了在一个 LB 上绑定 4 个 VIP 的功能，在实践中，可以用于绑定来自四家 ISP 的外网地址，使得用户无论从哪个 ISP 接入互联网，都可以取得最佳的访问体验。

④ EIP 服务。

对于一些轻量级的业务，只需要单个 CVM 对外提供服务的场景，我们就不需要重量级的 CLB 了。行业云为这种场景提供了另一个网络产品组件：弹性 IP（Elastic IP, EIP）。EIP 的作用是，将从 ISP 或 CNNIC 一类的互联网管理机构申请到的公网 IP 地址池中的一个地址绑定到 CVM 的弹性网卡（Elastic Network Interface Card）上。在 CVM 绑定了 EIP 后，就可以直接接收并处理来自互联网的访问请求，或主动向互联网发起访问了。

有了 CLB 和 EIP，我们就可以为行业云的互联网用户和办公网用户提供一个访问 VPC 对外发布的业务的通道了。用户可以访问 VPC 对外发布的业务地址（VIP 或 EIP），并经过目的地址转换（Destination Network Address Translation，DNAT）或反向代理访问 CVM 等 RS。

实际上，除了这种正常的业务访问需求以外，还有一些对行业云的特殊访问需求，我们需要通过 VPC 边界的其他网关承载的云网络产品来实现，我们将继续简介这些云网络产品。

（4）对等连接，专线接入和 VPN 连接

VPC 内的多个 CVM 实例可以加入一个弹性伸缩组，并通过一个 CLB 实例，对云内或云外提供统一的服务 VIP；也可以在一个 CVM 实例的弹性网卡上配置一个 EIP，将这个 CVM 实例暴露在互联网上，互联网用户可以直接通过 EIP 访问这个 CVM 实例。EIP 和 LB 的共同特点是，将指向对 VPC 外部发布的 IP 地址的请求，进行 DNAT 之后，或重新构建新的 HTTP/HTTPS 请求，最终才能访问 RS。简而言之，访问者访问的地址并非 RS 在 VPC 内真实的地址。

那么，如果云外的一些服务器需要与 CVM 或 BMS 等 RS 直接通过 VPC 内部进行交互，这种访问应当如何实现呢？我们需要分不同的情况来具体分析。

在图 4-44 中，VPC X 位于行业云 Region A，有 3 个其他 site 与行业云 Region A 互联。场景 1：行业云 Region B 通过跨城市长途专线连接到 Region A。场景 2：行业云用户的其他 IDC X 通过专线连接到 Region A。场景 3：行业云用户的其他 IDC Y 不具备部署专线条件，通过互联网与 Region A 互访。特别地，这 3 个 site 内部的 CVM 或 CVM 都需要与 Region A 内 VPC 1 000 中的 CVM 直接互联互通，不通过 DNAT 地址转换。

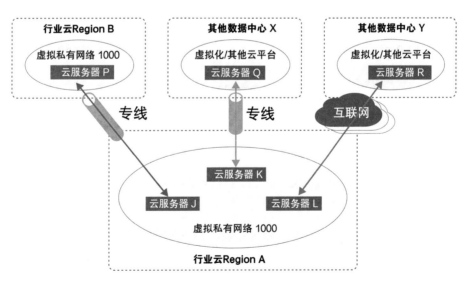

图 4-44　其他对 VPC 内 VM 的访问场景

①对等连接：跨 Region 和跨 VPC 互通。

对于场景 1，行业云提供了对等连接（Peering Connection, PC）产品来实现这一功能。对等连接产品可以实现两个不同 Region 内的 VPC 互联互通，VPC 内的 CVM/BMS 不

经过 NAT 进行交互。

假定 Region A 和 Region B 中的 VPC 分别使用 CIDR：172.18.0.0/16 和 172.19.0.0/16，CVM P 和 CVM J 的 IP 地址为 172.18.110.100 和 172.19.110.100，其所在宿主机的 Underlay 地址相同，均为 10.154.10.10。

由于不同的 Region 中，Underlay 的地址有可能出现重叠，即 Region A 内有可能存在某些节点的 Underlay 地址，与 Region B 中的部分节点 Underlay 地址重叠，因此，不能像同 Region 内多 AZ 互通那样，通过专线直接打通两个 Region 的 Underlay 地址，继而打通 VPC Overlay 隧道。

为了解决这一问题，我们在行业云中引入了一个网关——PCGW（Peering Connection Gateway）。PCGW 的作用是，构建三段式 Overlay 隧道，使得用以构建 VPC 的 Overlay 能够穿越专线，到达其他 Region。

在图 4-45 中，用户通过 PCGW，使得 VPC 跨越了 Region A 和 Region B。由于云服务器 P 和云服务器 K 所在的宿主机的 Underlay IP 地址均为 10.154.10.10，显然二者之间直接建立 Overlay 隧道不可行，但我们可以利用 PCGW 建立三段式 Overlay 隧道实现跨 Region 的 VPC 打通。

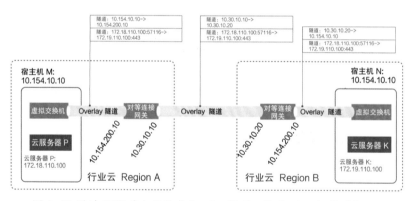

图 4-45 通过 PCGW 建立三段式 Overlay 隧道，跨 Region 打通两个 VPC

PCGW 在 Region A 内终结来自云服务器 P 所在宿主机的 Overlay 隧道。Region A 的 PCGW 与 Region B 的 PCGW 建立跨 Region 的 Overlay 隧道，并将 Overlay 中云服务器 P 到云服务器 K 的流量封装在跨 Region 的 Overlay 隧道中。Region B 的 PCGW 与云服务器 K 所在宿主机建立 Overlay 隧道，并将 Overlay 中云服务器 P 到云服务器 K 的流量封装在 Region 内 Overlay 隧道中送至云服务器 K 所在宿主机。虽然 Region A 内云服务器 P 所在宿主机的 Underlay IP 和 Region B 内云服务器 K 所在宿主机的 Underlay IP 均为 10.154.10.10，但通过 PCGW，两台宿主机上的 CVM 是可以通过 Overlay 隧道互访的，也就是实现了将 VPC 拉远到其他 Region。

②专线接入：VPC 拉远到云外。

对于场景 2，如果行业云的用户在行业云外还有自建的 IDC，IDC 中有普通物理服务器或第三方虚拟化平台 / 云平台生产的 CVM，有没有办法不通过 NAT 与用户 VPC 内的 CVM 互访呢？行业云为此种需求提供的云网络产品叫作专线接入（Direct Connect，DC）。

专线接入将行业云内的 VPC 拉远到行业云用户自建的数据中心，使得自建的数据中心中的 CVM 或服务器可以与 VPC 内的 CVM 直接交互，而不需要通过 CLB 或 EIP 做地址转换。我们假设 VPC 的 CIDR 为 10.64.0.0/16，其中一个 CVM 实例的 IP 地址为 10.64.130.10，其所在的宿主机 IP 地址为 10.154.10.10。用户其他 IDC 中的一个 CVM 的 IP 地址为 10.65.140.10，二者需要通过 IP 直通，不做 NAT，如图 4-46 所示。由于 Overlay 实际上是通过隧道技术实现的，来自云外 IDC 的端点的流量需要在云网络的边界就进入 Overlay 隧道，才能避免带有 10.0.0.0/8 网段的 Overlay IP 地址的流量与 Underlay 中其他 IP 地址位于 10.0.0.0/8 网段的节点的流量混淆。

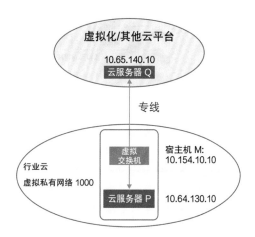

图 4-46 用户其他 IDC 与行业云内 CVM 的互通

因此，行业云在专线接入交换机 PL 上进行了特殊的设计，PL 作为专线接入 VPC 的边界，来自专线的流量将被封装进 Overlay。PL 与 BMS-LA 类似，是基于 ASIC 的物理交换机。为降低行业云软件与硬件的耦合性，PL 上进行的是标准 VXLAN 封装，在 VNI 中体现 VPC ID。为了让 PL 封装的标准 VXLAN 隧道能够和通往 CVM 的自定义 Overlay 隧道互通，需要一个网关进行隧道的转换。这个网关叫作 DCGW（Direct Connect Gateway）。

在图 4-47 中，PL 承担了 VPC 边界的作用，DCGW 实现了将 PL 封装的标准 VXLAN 隧道转换为自定义 Overlay 隧道，访问步骤如下：PL 将来自专线的流量封装进 VXLAN，VNI 为所去的 VPC ID。DCGW 将 VXLAN 隧道中的 IP 报文剥离出来并封装进自定义 Overlay 隧道；CVM 的宿主机上的 vSwitch 对自定义 Overlay 隧道解封装，并将原始 IP 报文送到 CVM。这样，行业云用户就可以实现通过专线，打通 VPC 与云外其他 IDC 的直接互访。

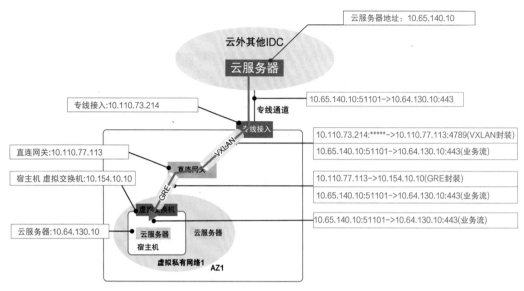

云服务器地址：10.65.140.10

云外其他IDC

云服务器

专线接入:10.110.73.214

专线通道

10.65.140.10:51101->10.64.130.10:443

专线接入

10.110.73.214:*****->10.110.77.113:4789(VXLAN封装)

直连网关:10.110.77.113

VXLAN

10.65.140.10:51101->10.64.130.10:443(业务流)

宿主机 虚拟交换机:10.154.10.10

直连网关

10.110.77.113->10.154.10.10(GRE封装)

GRE

10.65.140.10:51101->10.64.130.10:443(业务流)

虚拟交换机

云服务器:10.64.130.10

云服务器

云服务器

10.65.140.10:51101->10.64.130.10:443(业务流)

宿主机

虚拟私有网络1

AZ1

图 4-47 专线远端的 CVM 通过 DCGW 访问 VPC 内 CVM

③ VPN：云内外通过互联网线路互通。

我们再来分析一下第 3 种场景：行业云用户需要打通 VPC 与云外 IDC 的直接互访，但不具备部署专线的条件。对于这种场景，行业云提供的云网络产品为 VPN 连接（VPN Connection）。

与对等连接和专线接入类似，VPN 连接也需要一个网关实例支撑连接的建立和运行，这种网关叫作 VPNGW（Virtual Private Network Gateway）。VPNGW 会与远端的另一个 VPN 设备建立 IPSec 隧道，使得用户内网 IP 地址相关的流量能够穿越互联网，并保证其安全性。基于 VPNGW 实现云外 DC 跨越互联网与行业云 VPC 内 CVM 互访的流量，如图 4-48 所示。我们可以看出，VPN 连接不仅依赖于云内的

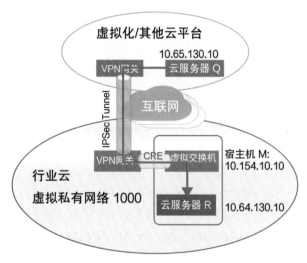

图 4-48 VPN 连接的工作方式

VPNGW，还需要用户自行准备好支持 IPSec 的 VPN 设备。

连接工作步骤如下：云外 IDC 的 VPN 设备（可以为专用 IPSec VPN 网关或支

持 IPSec VPN 的路由器 / 防火墙等设备）与行业云的 VPNGW 建立 IPSec VPN 连接；云外 IDC 的 VPN 设备将来自云服务器 Q 的访问请求封装进入 IPSec 隧道；行业云的 VPNGW 收到来自云外 IDC 的 IPSec VPN 报文，将其解封装得到原始 IP 报文，并封装进自定义 Overlay 隧道，转发到云服务器 P 所在的宿主机；云服务器 P 所在的宿主机解封自定义 Overlay 隧道并将数据包转发给云服务器 P。这样，用户就实现了在无专线的情况下云外 IDC 与行业云上 VPC 的互联互通。

对等连接、专线接入和 VPN 连接的对比见表 4-8。

表 4-8 云外接入 VPC 的方式对比

对比项	对等连接	专线接入	VPN 连接
适用场景	行业云内跨地域的 VPC 经过专线互通	行业云 VPC 与用户云外的 IDC 通过专线互通	行业云 VPC 与用户云外的 IDC 通过互联网互通
所需网关	PCGW	PL，DCGW	VPNGW
涉及隧道	自定义 Overlay	VXLAN，自定义 Overlay	IPSec，自定义 Overlay
访问质量	最高	一般	最低

VPC、CLB、EIP、PC、DC 和 VPN 等云网络产品所依赖的关键网元，如 vSwitch 或网关等，实际上都是由运行在 x86 物理服务器或虚拟机上的软件实现的，也就是所谓的网络功能虚拟化（NFV）是 SDN 的一个分支。但是，使用 x86 + Linux 实现 NFV 的道路一直较为曲折。接下来，我们将简要介绍 NFV 相关的关键技术。

（5）云网络关键技术与展望

① DPDK：云网络性能助推器

云网络的构建离不开基于 NFV 技术实现的网关和虚拟交换机等虚拟化网元。然而，在 2013 年以前，x86 + Linux 体系架构中如何实现高性能的网络数据包解析、处理与转发，一直没有得到有效的突破，这是因为 Linux 的软转发性能受到 x86 和 Linux 体系结构的双重制约。实际上，早在 20 世纪 90 年代，就有厂商期望通过在基于 x86 处理器的计算机上，安装多个网络适配器，结合 Linux 的软转发功能，实现路由器的功能，如图 4-49 所示。随着 Intel x86 的革新，以及以太网逐渐占

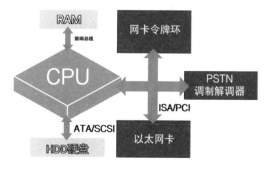

图 4-49 最初基于 x86 PC 的路由器实现

据链路层标准的统治地位，基于 x86 的 NFV 服务器的架构也随之发展。

在图 4-50 中，不同速率的以太网适配器（网卡）可以通过 PCI-E 接口连接到 CPU。当以太网适配器接收到数据包时，会将接收到的数据包写入操作系统驱动为以太网分配的缓存地址（即 Linux 的 mbuf->m_data 指针）。随后，以太网适配器会向 CPU 发起中断，CPU 在中断处理程序中进入内核态，读取网卡接收到的数据包，并将数据包拷贝到用户态应用可以访问的地址空间，返回到操作系统。这个工

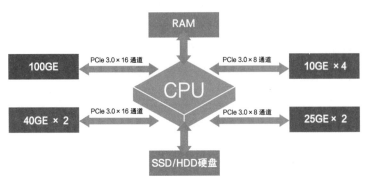

图 4-50　NFV 服务器的内部架构

作流程中，有三点造成了处理器性能的严重浪费：中断处理打断原有的流程会引起指令缓存的 cache-line miss；把数据包拷贝到用户态会浪费大量的时间；从中断处理程序返回到原操作系统又会引起指令缓存的 cache-line miss。

为了解决上述三个问题，Intel 在 2013 年发布了 DPDK（Data Plane Develop Kit，数据平面开发套件），大大提升了 Linux 下网络数据包的处理性能。DPDK 引入了三大机制，消除了在中断、Cache-line miss 和内存拷贝中浪费的宝贵的 CPU 时间，以提升网络数据包处理效率。一是用户态驱动机制。在数据平面使得网络适配器直接可以通过 DMA（Direct Memory Access，直接内存访问）方式访问用户态可读写的内存缓冲区，在控制平面将网络适配器的内部控制寄存器映射给地址空间。二是 CPU 核绑定与轮询机。将线程池中每个线程绑定以太网适配器的一个接收 / 发送队列，并且通过轮询方式从队列中取数据包或查询是否发送成功，不使用中断。三是大页（Huge Page）机制。不使用 Linux 下默认的 4K 内存页，而是使用最大可达 1GB 的大页。

基于 DPDK 开发的网络数据包转发程序，可以利用 DPDK 的三大机制，消除以下性能卡点：读取数据包 mbuf 或发送数据包时需要进出 Linux 内核；需要在内核态和用户态之间复制数据包内容；多个 CPU 核心 / 超线程（Hyper-Thread，HT）可能竞争硬件或软件资源；访问到 TLB 中无效页面，产生 TLB miss，导致 CPU 时间浪费在页面调度。

当然，从辩证的角度看，事物的利弊往往是一体两面的。DPDK 的设计理念是以资源（内存资源和 CPU 资源）换时间，如基于 DPDK 开发的程序，需要独占若干 CPU 核 / 线程构成线程池。这样一来，在 CVM 的宿主机上，就会减少可以用于虚拟化售卖的 CPU 资源。因此，在行业云的 SDN 云网络中，最佳实践是各个 NFV 网关使用

DPDK 开发，并不是在 CVM 宿主机的 vSwitch 上引入 DPDK。经过测试，NFV 网关中的 CLB、PCGW 和 DCGW 的最小型虚拟机实例的转发吞吐性能可达 50Gbps，整机吞吐性能瓶颈已经不在 CPU 的处理能力上。

② RDMA：数据传输任意门。

云网络的另一个演进方向是云存储网络的优化。在行业云的分布式存储中，有大量的节点之间的数据同步的场景。例如：三副本机制下，主副本所在节点在每次处理写入时，都需要将写入的数据同步到从副本；CVM 宿主机上，块存储驱动与块存储池各节点之间的数据往来；文件存储网关（机头）或对象存储网关（HTTP/HTTPS 服务器），与后端存储池各节点之间的数据读写。

在传统的 Linux 或其他操作系统中，不同的节点之间一般通过 TCP/IP 和 Socket 协议栈进行数据交互。如图 4-51 所示，发送端的应用层将待发送的数据写入缓冲区，并调用 socket 函数发起向接收端的发送。Linux 操作系统会将应用层在用户态的缓冲区写入内核缓冲区，最终调用网络适配器驱动发送数据包。而接收端在接收到数据包后，在中断处理例程中记录数据包缓冲区描述符（Buffer Describer, BD），并在中断下半部中上送 socket 层处理，最终数据包内容被复制到应用层 socket 的接收缓冲区。

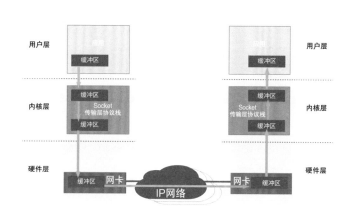

图 4-51　通过 TCP/IP socket 协议栈通信的数据处理流程

在这个过程中，接收端与发送端各需要处理 2 次中断或系统调用（syscall），进行一次数据包复制。这带来了两个问题。

如果所发送和接收的数据量较大，达到 1Gbps 时，会占用大量的 CPU 时间用于低价值的重复工作，甚至导致 CPU 成为存储吞吐性能的卡点。另外，从发送端到接收端经过的调用过程环节过多，会增加存储访问的时延。为了消除这两个性能卡点，以 Mellanox 牵头的行业组织——开放网络联盟（Open Fabrics Alliance，OFA）推出了 RDMA（Remote Direct Memory Access）技术。RDMA 实际上是一个囊括了硬件、驱动、协议栈及应用的体系，其定位是在需要低时延、高性能的大量数据交互的场景，通过替代传统的 socket 机制，解决 socket 机制难以避免的性能卡点。RDMA 的数据流向如图 4-52 所示。在基于 RDMA 机制的分布式计算与存储系统中，一个节点如果期望访问远端节点内存中的一块数据，在远端节点允许的前提下，可以直接调用 RDMA 的函数

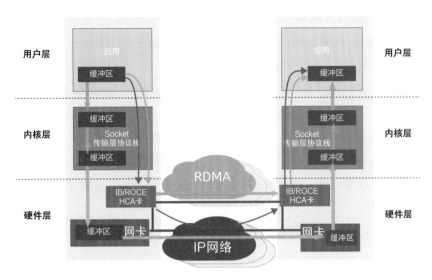

图 4-52　RDMA 与 socket 的对比

（RDMA Verb），无须进入操作系统内核，支持 RDMA 的网络适配器会将 RDMA 请求直接发送到对端的 RDMA 网络适配器，对端 RDMA 网络适配器通过 DMA 对本地的 RAM 执行数据的读写过程。整个过程中，发起端不产生中断，内核不感知该行为，而执行端的 CPU 不感知该行为，来自远程的内存访问不占用执行端的 CPU 资源，从而消除了两个性能卡点。

　　RDMA 有两种实现方式：基于 IB（Infiniband）的 RDMA 和基于以太网的 RDMA，后者又被称为 RoCE（RDMA over Converged Ethernet）。由于 IB 生态体系为 Mellanox 控制下的半封闭体系，无论是成本还是扩展性都难以满足 1 000 节点以上大规模行业云的需求，一般用于 HPC 领域。因而，基于以太网的 RoCE，凭借以太网在扩展性、兼容性和成本等方面的天然优势，在公有云和行业云网络中的应用也日趋广泛。

　　一开始，工程师们在以太网上运行 RDMA 时，遇到了一个难题：以太网本身是没有防丢包机制的。如果网络中有极小比例（如千分之一）的丢包，会使得 RDMA 的性能下降到无法接受的地步。这是因为 RDMA 与 TCP 的流控机制根本不同。TCP 的流控机制使用滑动窗口机制，当 TCP 的发送端发现有包丢失（实际上是没有收到 ACK）的时候，TCP 的拥塞窗口会减小，发送端重传丢失的包，并根据减小的拥塞窗口降低发送速率，避免丢包再次发生。而 RDMA 并没有这种基于负反馈的流控机制，当丢失一个包的时候，需要重新传输整个 RDMA 会话的内容。

　　举一个极端的例子：主机 A 通过 RDMA 读取主机 B 上的内存，数据块大小为 16MB，中间以太网的丢包率为 1/4 000，也就是千分之 0.25。在这种情况下，两台主机的传输速率几乎为 0。这是因为，假设 16MB 的数据会被拆分为 16 384 个数据包发送，那么，只有每个数据包都被对方成功接收，16MB 数据才算发送成功。如果每个数据包的丢包概率为 0.025%，总的发送成功概率是（1 − 0.025%）× 16 384 ≈ 0.016 6。如果我们打开系统内核底层的诊断信息，可以看到，网卡一直在发送，但它就像西西弗斯徒劳地推石头一样，并没有任何实质性进展。

西西弗斯

西西弗斯是希腊神话中的人物，由于触犯了众神的利益，被要求推一块巨石上山作为惩罚，但由于巨石太重，每当巨石即将到山顶时，就会又滚下山去。西西弗斯被迫不断重复地将巨石推上山顶，直到生命在这样一件反复而无效的劳作中消耗殆尽。

那么为什么 IB 网络中不会出现这样的问题呢？原来，IB 网络在数据链路层具备完善的流控机制，不因为网络拥塞而出现丢包。IB 网络的发送与接收是基于信用令牌机制的，只有下游接收端处理完数据包，空出缓存资源，将令牌给上游发送端，上游发送端才能发送下一个数据包，这就保证数据包的传输是可靠的，不会由于拥塞而丢包。

但是，以太网是没有原生的流控机制的。如果期望在以太网上运行 RDMA，就需要通过一定的技术手段来为以太网增加流控机制，以保证 RDMA 流不因网络中交换节点的拥塞而丢包。实际上，在以太网交换机 ASIC 的内部，有一小片存储区域，叫作包缓冲区（Packet Buffer）。不同款型的 ASIC 的包缓冲区从 1.5MB 到 64MB 不等。对于极短时间内的拥塞，以太网交换机能够利用缓存暂时储存上游过多的数据包，并在流量高峰期过后再发送到下游，这种机制叫作流量整形（Traffic Shaping）。但如果上游持续发送超出接口能力的数据流，无论交换机内部有多大的数据包的缓存，都无法避免丢包的发生。因此，我们需要在以太网交换机上引入一种机制，在缓存即将消耗殆尽时，通知上游减慢发送，从而避免丢包的产生，这就是无损以太网技术。

无损以太网需要实现三个关键特性：基于优先级的流控（Priority-based Flow Control，PFC），显式拥塞通告（Explicit Congestion Notification，ECN），RoCEv2 的拥塞管理（RoCEv2 Congestion Management，RCM）。

IEEE 802.1Qbb 标准中定义了 PFC。在 IEEE 802.1p 中，以太网有 3bit 的优先级字段，对应着以太网交换机中每个端口的 8 个队列。如图 4-53 所示，第 7 个队列的接收缓存即将耗尽，因此，开启了 PFC 功能的交换机会向上游发送 PAUSE 帧，请求上游交换机减缓这个队列报文的发送。这种机制可以为不同类型的数据流分配不同的缓存资源，为不同优先级的队列设定不同的拥塞门限。当拥塞发生，指定队列的缓存使用量到达门限，上一跳设备暂停发送本优先级报文，从而延缓拥塞的恶化。

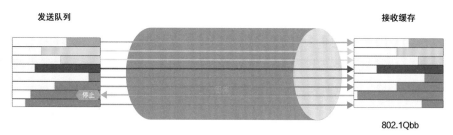

图 4-53 以太网的 8 个队列

在以太网交换机上开启 PFC 后，以太网交换机可以通过请求上游减缓发送，立竿见影地帮助自己缓解缓存即将耗尽的危机，但上游交换机的缓存也是有限的。如果发送方服务器依然持续大流量发送数据包，最终还是难以避免丢包的发生。因此，我们还需要另一个机制，使得最初的发送方能够减缓发送的流量。这种机制就是 ECN。ECN 实现了明确的拥塞通知。当交换机发现端口出现拥塞，该端口的缓存队列增长超过门限值时，会在向下游发送的数据包中打上拥塞标记。在最初定义 ECN 的 RFC 3168 中，这个标记是利用 IP 数据包中的 ECN Field 字段实现的。

当下游接收端在收到 ECN Field 为 3 的数据包时，会通过 CNP（Congestion Notification Packet）通知发送端。发送端收到此数据包时，暂时降低发送速率，并经过一个预先设定的时间窗后再恢复发送速率。这种机制就是 RCM。

如果沿途所有以太网交换机支持 PFC 和 ECN，发送方和接收方支持 RCM，就具备实现 RoCE 的基本条件。在此基础上，以太网交换机还可以通过增强传输选择（Enhanced Transmission Selection，ETS）和数据中心网桥能力交换（Data Center Bridging Exchange，DCBX）来提升 RoCE 部署的自动化程度。

总结来讲，RoCE 有三大关键特性和两大辅助特性。三大关键特性是 PFC、ECN 和 RCM，两大辅助特性是 ETS 和 DCBX。从图 4-54 中，我们可以看出 RoCE 的几大关键特性的作用域：PFC 作用于拥塞发生点和上一跳之间；ECN 和 RCM 作用于接收端和发送端之间；ETS 和 DCBX 作用于所有网络节点之间。

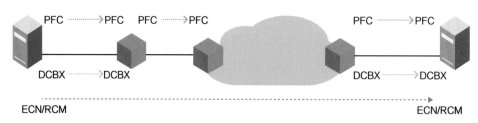

图 4-54 RoCE 的关键特性的作用域

网络通过支持 RoCE，能够实现虚拟机迁移的加速和存储的加速，大大节约了 CPU 开销，也降低了关键业务的存储时延，提升了用户体验。从长期来看，由于 NVMe 盘的成本呈下降态势，基于 NVMe 盘的全闪存储也会逐渐成为主流。实际上，目前在行业云中已经有了全闪 NVMe 的应用。通过 NVMe over RoCE，可以实现在无损以太网上承载 NVMe 协议，并通过让 CVM 的宿主机或容器的节点直接操作远端 NVMe 控制器的 PCI-E 配置空间，将分布式云存储的读写延迟降低到 1ms 以内，也就是行业云未来将会支持的增强型 SSD 云盘。

4.IaaS 产品小结

IaaS 产品一般包括云计算产品、云存储产品及云网络产品。通过合理搭配 IaaS 产品，可以为大部分基于传统的面向服务的架构（Service-Oriented Architecture，SOA）的应用构建易扩展、高可用的运行环境，并实现政企业务迁移上云。

但是，对于一些创新型敏态业务，特别是基于微服务架构（Micro Service Architecture，MSA）的业务而言，仅依托 IaaS 产品还不能完全满足业务部署上云的需求。因此，在 IaaS 的基础上，又产生了 PaaS 产品与服务，在解决 SOA 架构业务上云的同时，还可以帮助用户更容易地构建和维护基于微服务的敏态业务。

二、PaaS 产品与技术

PaaS 是云计算的三种主要服务模式之一。在美国国家标准与技术研究所（National Institute of Standards and Technology，NIST）的定义中，PaaS 服务就是将消费者创建或获取的应用程序，利用资源提供者指定的编程语言和工具部署到云的基础设施上。消费者不直接管理或控制包括网络、服务器、运行系统、存储甚至单个应用的功能在内的底层云基础设施，但可以控制部署的应用程序，也有可能配置应用的托管环境。

在行业云中，PaaS 主要包括三个领域：中间件服务、数据库与大数据服务和云原生服务。行业云的主要 PaaS 产品见表 4-9。

表 4-9 行业云 PaaS 产品一览表

产品类型	产品与服务名称	产品与服务简介
中间件服务	API 网关（APIGW）	API 网关是用于实现完整 API 托管的服务，协助开发者轻松完成 API 的创建、维护、发布、监控等整个生命周期的管理

产品类型	产品与服务名称	产品与服务简介
中间件服务	分布式消息队列（Distributed Message Queue，DMQ）	分布式消息队列是一款高可靠金融级分布式消息中间件，计算与存储分离架构，支持多种开发语言和消息队列协议，可为分布式应用提供高性能消息、异步解耦和削峰填谷的能力，一般用于关键业务等场景
	流式数据引擎（Kafka）	流式数据引擎是一个分布式高吞吐量、高可扩展性的消息系统，基于发布/订阅模式，通过消息解耦，使生产者和消费者异步交互，无须彼此等待，一般用于日志收集及大数据投递等场景
	分布式事务（Distributed Transaction Framework，DTF）	分布式事务是高性能、高可用的分布式事务中间件，用于提供分布式的场景中，特别是微服务架构下的事务一致性服务
数据库与大数据服务	分布式关系型数据库（RDS for MySQL）	分布式关系型数据库是部署在云上的一种支持自动水平拆分、Shared Nothing 架构的分布式数据库，具有强一致、高可用、分布式水平扩展、高性能、企业级安全等特性，同时提供智能 DBA、自动化运营、监控告警等配套设施，为用户提供完整的分布式数据库解决方案
	分析型云数据库（DBase）	分析型云数据库是行业云搭载的新一代分布式 NewSQL 国产数据库，与开源数据库 PostgreSQL 高度兼容。DBase 具备业界领先的 HTAP 能力，在提供 NewSQL 便利性的同时还能完整支持事务并保持 SQL 兼容性，支持主从热备，提供自动容灾切换、数据备份、故障迁移、实例监控、在线扩容、数据回档等全套的数据库服务
	云缓存数据库（RDS for Redis）	云缓存数据库是行业云提供的兼容 Redis 协议的缓存数据库，具备高可用和高弹性等特征，兼容 Redis 4.0 版本协议，提供集群版本能力，最大支持 4TB 的存储容量、千万级的并发请求，可满足业务在缓存、存储和计算等不同场景中的需求
	文档数据库（MongoDB）	文档数据库 是行业云基于开源的 MongoDB 打造的高性能 NoSQL 数据库，完全兼容 MongoDB 协议，同时支持分布式集群和双机热备模式，提供指标丰富的监控管理，弹性可扩展、自动容灾及控制管理系统等功能

续表

产品类型	产品与服务名称	产品与服务简介
数据库与大数据服务	云 ElasticSearch（CES）	云 ElasticSearch 是基于开源搜索引擎 ElasticSearch 构建的分布式、高可用、可伸缩的云端托管 ElasticSearch 服务。ElasticSearch 是一款分布式的基于 RESTful API 的搜索分析引擎，可以应用于日益增多的海量数据搜索和分析等应用场景
云原生服务	微服务框架（Micro Service Framework, MSF）	微服务框架是一个围绕应用和微服务的 PaaS 平台，提供一站式服务全生命周期管理能力、数据化运营、配置管理和服务治理，提供多维度应用、服务监控数据，助力服务性能优化
	DevOps 平台	DevOps 涵盖了软件开发从构想到交付的一切所需，使研发团队在云端高效协同，实践敏捷开发与 DevOps，提升软件交付质量与速度，是一站式软件研发管理平台

行业云用户和开发者可以利用这些成熟的 PaaS 组件和服务，以及"低耦合，高内聚"和"机制与策略分离"的设计思想，将业务逻辑与底层实现解耦，降低开发门槛，提升开发效率，减少编码和测试的工作量，甚至实现"低代码开发"。

1. 中间件服务

中间件是介于应用系统与系统软件之间的组件。由于 IT 应用是为具体业务服务的，如果将实现具体业务中各环节的底层逻辑进行恰当的封装，IT 应用的设计与开发者可以不需要过度关注底层的实现，就可以更好地聚焦于更有价值的业务逻辑实现本身。这种封装好的组件就被称为中间件。

中间件在系统中的位置如图 4-55 所示。应用层无须自行实现一些经常重复使用的底层逻辑，只需要调用中间件提供的 API，就可以利用中间件提供的能力，自身只需要实现业务逻辑即可。以中间件领域中常用的消息队列（Message Queue, MQ）为例，只要通过标准的 AMQP 等消息队列协议，就可以实现消息的生产与消费，而不需要自行解决消息的接收、发送、存储及分布式一致性等问题。

行业云 PaaS 层的中间件服务主要包括 API 网关、分布式消息队列、流式数据

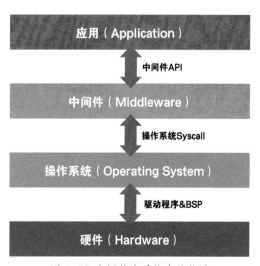

图 4-55 中间件在系统中的位置

引擎和分布式事务。用户开发的应用程序或第三方应用程序都可以很容易地与这些成熟的中间件进行对接，并基于这些成熟的中间件快速开发迭代应用，实现降低排错成本、提升开发效率、适应业务敏捷迭代的趋势的目的。

（1）API 网关

随着信息化和数字化的发展，行业云用户对内和对外的业务应用与日俱增，各业务之间的耦合也日趋复杂。由于目前绝大部分云上业务应用对外提供的 API 都是基于 HTTP/HTTPS 的，API 网关可以为行业云用户的应用实现 API 的管理功能，如 API 的发布、维护、监控和管理等功能，实现 API 的统一认证鉴权，以及业务的限流、熔断、降级与恢复等服务质量（Quality of Service，QoS）保证功能。

为了让读者们对 API 网关的功能有直观的认知，我们来举一个例子。

foobar 公司开发了一个报销系统，其域名为 sse.foobar.com。报销系统中的单据需要关联以下三类信息，并从其他系统中读取相关字段：报销人所在的部门、部门主管及秘书，用于报销单审初；报销单所关联的出差流程，用于确定相关的出差补助天数；报销单所关联的产品或市场项目，用于分摊费用。而这些信息所在的应用和 API 见表 4-10。

表 4-10 某报销系统涉及周边系统的 API

应用功能	API URL
员工信息查询	hr.foobar.com/query.aspx?employeeid=[员工 ID]
出差流程查询	travel.foobar.com/query.aspx?businesstravelid=[出差流程 ID]
财务编码查询	finance.foobar.com/query.aspx?productid=[产品 ID]
	finance.foobar.com/query.aspx?mktprojectid=[市场项目 ID]

开发报销系统会涉及 3 个域名和 4 个 API 接口。那么这些因素中的任意一个发生变化，都会导致需要重新修改报销系统的代码，并重新构建版本，完成测试后再发布。随着用户数量的增加以及各应用耦合度的提高，API 接口的变更的影响面会不断扩大，开发验证的工作量也会呈指数上升。产生这种现象的根本原因是虽然企业可以通过部署 IaaS 云计算等方式，让各个应用系统共享计算、存储、网络、安全等基础设施资源，但各个应用系统之间是以烟囱式相互隔离的，数据互联互通存在鸿沟。如图 4-56 所示，不同的应用彼此之间使用统一的 IaaS 平台，但前端 Web 层和后端 App 层的设计是孤立且割裂的，各应用之间的互访需要通过各自 Web 前端提供的 REST API 实现。

图 4-56　烟囱式系统

如果有一种机制，可以统一用户各应用的 API 接口，就可以大大降低用户开发测试人员在应用迭代时的开发测试工作量了。这种机制就是 API 网关。

如果 foobar 公司引入 API 网关，就可以将 API 网关作为企业内部系统的统一接口，基于 API 网关对其他各个系统的 API 做一层封装和转发，所有的查询工作在 apigw.foobar.com/query.aspx 进行。其封装对应关系见表 4-11，输入参数 method 决定了查询的内容，接下来的输入参数作为查询键值。

表 4-11　API 网关输入与输出的 URL 对应关系

应用功能	输入 URL	输出 URL
员工信息查询	apigw.foobar.com/query.aspx?method=hr&employeeid=[员工 ID]	hr.foobar.com/query.aspx?employeeid=[员工 ID]
出差流程查询	apigw.foobar.com/query.aspx?method=travel&businesstravelid=[出差流程 ID]	travel.foobar.com/query.aspx?businesstravelid=[出差流程 ID]
财务编码查询	apigw.foobar.com/query.aspx?method=finance&productid=[产品 ID]	finance.foobar.com/query.aspx?productid=[产品 ID]
	apigw.foobar.com/query.aspx?method=finance&mktprojectid=[市场项目 ID]	finance.foobar.com/query.aspx?mktprojectid=[市场项目 ID]

API 网关将各应用的 API 封装后，对外统一呈现。这样一来，如果对某个应用对外的 API 进行了修改，只需要更改 APIGW 的设置，而无须修改其他应用调用这个应用的相关代码，也不需要重新测试验证其他所有应用了，由此实现了基于 API 网关的 API 统一管理，如图 4-57 所示。

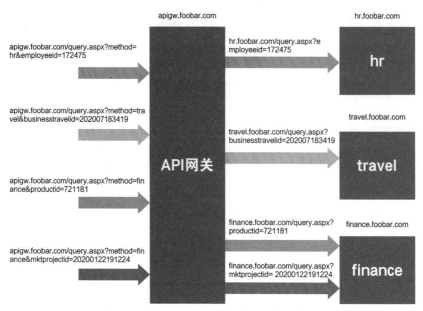

图 4-57 基于 API 网关实现的 API 统一管理

在开源社区中,最常见的 API 网关为 Kong 项目。它是基于 nginx 进行二次开发实现的,在 nginx 中增加了统一鉴权、限流与熔断等 QoS 能力,提供易于使用的 RESTful API 来操作和配置 API 管理系统,它可以水平扩展多个 Kong 服务器,通过前置的负载均衡配置把请求均匀地分发到各个服务器,以应对大批量的网络请求。

在行业云中,我们在 CLB 的基础上,也融合了 Kong 的特性,进行了深度优化和改造,实现了云上的 API 网关产品。行业云的 API 网关产品与其他开源 API 网关的对比见表 4-12。

表 4-12 API 网关功能对比

API 网关功能	Kong	Apisix	行业云 API 网关	对比结论
API 管理	支持	支持	支持	基本一致
API 认证鉴权	AUTH 插件:密钥对,外部认证	AUTH 插件:密钥对,外部认证	密钥对、OAuth2.0	行业云 API 网关不需要用户自行搭建 AAA
API 网关支持对接的后端类型	服务节点	服务节点	公网地址 /VPC/ K8S SERVICE/ MSF	开源产品仅支持对接服务节点;而行业云 API 网关除了对接节点外,还可对接多种云资源

续表

API 网关功能	Kong	Apisix	行业云 API 网关	对比结论
性能监控	依赖 prometheus/grafana	依赖 prometheus/grafana	支持查看 API、用户等多维度的调用情况	开源产品需要用户搭建监控平台，行业云 API 网关具有原生多指标维度监控能力
生成当前 API 的调用文档和 SDK	不支持	不支持	支持	行业云 API 网关可基于 OpenAPI 3.0 规范自动基于用户托管的 API 生成调用文档和 SDK，方便开发者使用

此外，API 网关产品还继承了开源 API 网关的 HTTPS 转发、黑白名单、API 域名自定义、版本管理和 API 在线调试等功能，支持集群部署。行业云上的用户通过 API 网关部署业务后，最终无论是在移动客户端、桌面客户端、物联网或其他应用，都可以直接通过域名调用 API 网关提供的 API 服务。

（2）分布式消息队列

随着时间的推移，各行各业在行业云上部署的业务的深度和广度都在不断地增加。当需要拆分为多个子系统的大中型分布式应用部署上云的时候，行业云对消息队列的支持就成为具有普遍性的需求。

①消息队列的概念。

从字面上我们可以很容易地理解，消息队列本质上还是一个实现组件间消息通信的工具。利用消息队列通讯的双方被称为消息生产者（Message Productor）和消息消费者（Message Consumer）。对应地，消息生产者将消息发送至消息队列称为消息生产，而消息消费者从消息队列读取消息称为消息消费。在消息处理流程中，如果消费速度跟不上生产速度，未处理的消息会越来越多，这部分消息就被称为堆积消息。堆积消息可以持久化存储到消息队列节点（一般称为 broker）的持久化存储盘中，这种情况被称为消息持久化。消息生产者或消息消费者与消息队列组件之间通信的协议叫作消息协议。常见的消息协议有 AMQP、STOMP、XMPP、JMS 等。

②消息队列的作用。

大中型分布式应用的各个子系统无论是部署在不同物理机或虚拟机上，还是不同的容器 Pod 上，它们都需要相互通信来共同完成某些功能，消息队列是大中型分布式应用系统间通信所必不可少的组件，一般用于实现异步处理、应用解耦、流量削峰三个功能。

第一，消息队列可以实现异步处理。以账户注册为例，应用将账户注册信息提交到账户数据库成功后，会发送注册验证邮件和注册验证短信，并在验证环节完成后返回信息给客户端。如图 4-58 所示，用户从提交注册到得到返回结果需要 250ms 的时间。

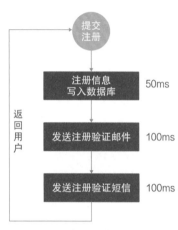

图 4-58 串行同步处理的流程

我们将该系统拆分为三个子系统，并引入消息队列实现组件间通信。如图 4-59 所示，注册账户的功能被拆分为注册系统、发送验证邮件系统和发送验证短信系统，注册系统可以通过消息队列将请求投递给另外两个验证子系统。

这样，用户注册的工作流程就如图 4-60 所示。用户提交注册后，注册系统将注册信息写入了账户数据库，随即通过消息队列向另外两个验证系统投递请求，驱动这两个系统发送注册验证邮件和注册验证短信，并返回用户。这样一来，用户响应时间就缩短到了 50ms，也就是通过拆分系统，并使用消息队列化同步为异步，提升了 5 倍的用户响应速度。

图 4-59 拆分系统并使用消息队列通信

第二，消息队列可以实现应用解耦。在刚才提到的这个案例中，如果对注册验证方式做修改，比如将发送验证邮件改为发送验证消息到绑定的企业微信号，也不需要对注册系统的代码做修改，只需要将发送验证邮件子系统换为另一个向企业微信号发送验证信息的子

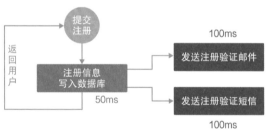

图 4-60 通过消息队列实现的异步操作

系统。这样一来，系统开发和迭代的效率就有了质的提升。

第三，消息队列可以实现流量削峰。我们假设发送注册验证邮件系统每分钟可以发送 1 000 封邮件，在某一时刻有 10 000 个用户同时注册。如果系统采取图 4-60 所示的串行同步处理，会导致 10 000 个用户排队等待注册邮件发送完毕才能看到返回的页面，最晚提交注册请求的用户甚至将等待 10 分钟之久。对于基于 B-S 架构的应用，这是难以接受的。而在引入消息队列以后，由于系统的工作方式从同步变成了异步，用户响应时间不再受到两个发送验证信息的子系统的制约，用户可以在点击完"提交"按钮后很快看见系统给出提示，从而放心地等待接收验证邮件。

③常见的消息队列实现。

业界最常见的开源消息队列是 RabbitMQ。它使用 Erlang 语言开发，在易用性、扩展性、高可用性和响应速度方面有着较好的表现。特别地，由于 Erlang 语言是编译执行的，RabbitMQ 的响应速度非常迅速，这也是其名称中"Rabbit"（兔子）的由来。此外，Apache 旗下的 ActiveMQ 和阿里巴巴开源的 RocketMQ 等消息队列，也是开发者不错的选择。三者的对比见表 4-13。

表 4-13 常见开源消息队列中间件的对比

对比项	RabbitMQ	RocketMQ	ActiveMQ
开发语言	Erlang	Java	Java
架构	存算融合	存算融合	存算融合
可扩展性	不够灵活，发送消息需要指明 broker 地址	较灵活，发送方、接收方和 name server 连接	较灵活，可以通过网络连接器（Network Connector）连接多个 broker，形成集群
吞吐量	一般	一般	一般
同步算法	GM	同步双写	GM
可用性	主备自动切换，通过 mirror queue 来支持 master/slave，master 提供服务，slave 仅备份	主备自动切换，master 不可用时 slave 只提供读服务	可用性较高，broker 中存在 2 节点即可提供高可用服务
批量发送	不支持	不支持	支持
消息可靠性	可靠性高，发送消息时指定消息为持久化，就会写入到磁盘	可靠性高，broker 具有同步双写机制，主备都写成功，才向应用返回成功	可靠性一般，实际应用中出现过消息丢失的问题
数据校验	无	CRC	无
消息回溯	不支持	不支持	支持
优点	可靠性高	可靠性高	可靠性非常高，吞吐量较大
事务消息	不支持	支持	支持
定时消息	不支持	支持	不支持
消息轨迹	不支持	支持	不支持

④行业云的分布式消息队列服务。

行业云用户在云上部署的企业级应用,对消息队列中间件会有一些更高的要求。如,带有支付或交易性质的业务,就需要保证不丢失消息;有些用户需要具有较强的消息吞吐能力;还有些用户需要能够支持较多的消息堆积量。这些需求都对流行的开源消息队列方案带来了挑战。此外,消息队列本身的运维还需要配套的认证鉴权、性能监控及告警组件等。如果在部署开源社区消息队列中间件后,用户还自行搭建这些配套支撑体系,除了耗费更多的人力、物力外,也难以同云平台统一的支撑子系统归一化,增加了运维运营成本。

为应对这些需求,行业云上搭载了 DMQ 产品,以满足用户的以下各类需求:对数据可靠性要求极高,要求做到高可用容灾;拥有大型分布式系统,对消息与本地事务的一致性有高要求;高并发、低时延的海量消息投递需求;在多个地域有部署业务系统,需要进行跨地域的消息生产消费。

DMQ 的部署架构如图 4-61 所示。DMQ 内置了 HTTP 网关和一系列消息 Proxy 组件作为前端,生产者和消费者可通过 HTTP 或 TCP 与 DMQ 进行通讯;Proxy 组件的后端为 broker 节点,处理消息的收发和同步;对于消息持久化的需求由 DMQ 的存储节点 bookie 来满足。行业云的建设方和用户可以根据自身需求,单独扩容 Proxy 组件 /HTTP 网关、broker 节点或 bookie 节点,以提升消息接收与处理能力或扩充消息持久化堆积空间。

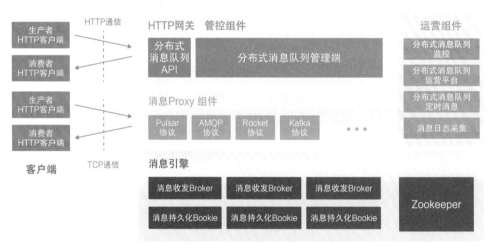

图 4-61 DMQ 的部署架构

行业云的一个重要特点是支持多租户。如果各租户自行部署其需要的消息队列中间件,也会造成一定的资源浪费。行业云的 DMQ 服务原生支持多租户,各租户可共享 DMQ 集群提供的计算(Proxy 和 broker 节点)与存储资源(Bookie 节点)。同时,由于行业云具备多地域（Region）的部署方式，DMQ 还可以实现跨地域的集群复制，可以实现异地灾备及多地系统数据同步。

为了满足不同场景的需求，DMQ 提供多种订阅方式，且可以灵活组合，如图 4-62 所示。如果用户想实现传统的 "发布—订阅消息"形式，可以让每个消费者都有唯一的订阅名称。而用户如果想实现传统的"消息队列" 形式，可以使多个消费者共享使用同一个订阅名称。当然，用户还可以同时让一些消费者使用独占方式，另一些消费者使用其他方式。

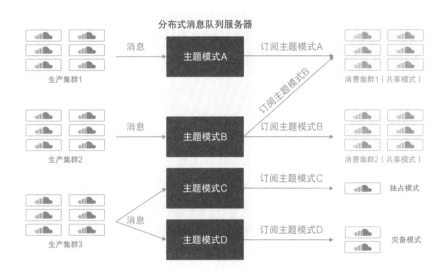

图 4-62 DMQ 多订阅模式

此外，DMQ 还具备下列这些优势：支持行业标准的消息队列功能，例如消息分区、延时和定时消息、顺序消息、消息重试和死信等；支持分布式事务消息，确保本地事务和消息队列的一致性；性能对标 Kafka，支持多进程同时读写，能承受海量数据的压力；分片存储可确保多节点数据均衡，支持冷热存储分离；多维度指标监控告警，支持查看消息轨迹，精准定位问题；故障自动恢复，任何 broker 节点或 bookie 节点发生故障，生产者和消费者均无感知；Topic 数量单集群可达 1M，单订阅可支持 100K 消费者；存储无须重均衡（Rebalance），存储节点扩容后可立即接管业务；支持基于 SHA256 的密钥鉴权和 TLS 加密，保证消息服务的安全性和完整性；支持业界所有主流消息协议，将现有业务的消息服务迁移到 DMQ 时几乎不需要增加额外的开发测试工作量。

（3）流式数据引擎

① Kafka 简介。

随着行业云用户的业务发展，日志采集分析、大数据流式处理、用户活动跟踪和

225

应用运营指标收集等海量消息投递的需求越来越常见。对于这些海量消息数据的投递，传统消息队列难以满足百万级消息吞吐，毫秒级别延迟，与 Spark、Hermes、HDFS/HBase 等大数据生态组件融合，以及与 Logstash 和 ES 等日志聚合分析套件无缝对接的需求。Kafka 在这些场景下就成为行业云用户优先的选择。

Kafka 的原型为 Apache 基金会旗下的开源中间件 Kafka。Kafka 最早由美国领英公司（LinkedIn）开发，并于 2011 年捐献给 Apache 基金会。它是一个分布式高吞吐的多副本流式数据引擎，最早用于 LinkedIn 的日志收集和消息系统，也可作为消息队列使用。它的设计目标主要有：以时间复杂度为 O（1）的方式提供消息持久化能力，即使对 TB 级以上数据也能保证常数时间的访问性能；高吞吐率，4 个 CPU 内核支撑单机每秒 100K 条消息的吞吐；支持消息分区及分布式消费，同时保证每个 partition 内的消息顺序传输；同时支持离线数据处理和实时数据处理；支持吞吐能力在线水平扩展。

Kafka 的业务部署架构如图 4-63 所示。Kafka 是分布式的，以集群方式部署，其消息投递是基于主题模式的，为了实现负载均衡，主题模式会分为多个分区。为了提升服务可用性和消息持久性，主题模式可以有多个副本，每个副本会分布到集群中自己对应的代理上。为了保持一致性，主题模式的多个副本中有且仅有一个主副本为主代理，其他的副本为从代理。生产者将一个消息提交到主代理后，主代理会将消息持久化存储，并同步给从代理，从代理也完成持久化存储之后，该条消息才可以被消费者消费。

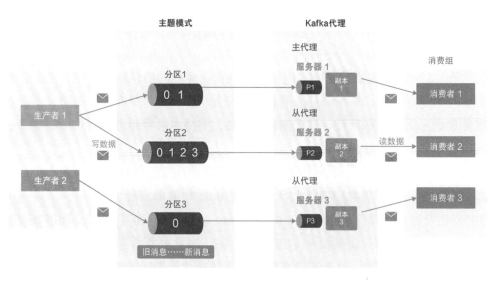

图 4-63 Kafka 业务部署架构

为保证集群的高可用，以及避免集群分类造成业务中断的风险，Kafka 引入了 Zookeeper，既能实现元数据的分布式存储，又能作为集群的仲裁节点。每个 broker 在启动时，都会在 Zookeeper 上进行注册，也就是到 /brokers/ids 下创建自己的节点，如 /brokers/ids/[0...N]，并将自身的 IP 地址和端口信息注册到该节点。生产者和消费者也需要使用类似的方法到 Zookeeper 集群进行注册。

Kafka 的一个消息处理过程分为五个阶段，如图 4-64 所示。生产阶段：生产者将消息打包。发布阶段：生产者将打包的批量消息发送给 Leader，Leader 所在的 broker 接收消息并将消息持久化存储落盘。提交阶段：Leader 将消息复制到 Follower，Follower 所在的 broker 将消息持久化存储落盘。追赶阶段：broker 处理从消费者上一次处理位置（Offset）到新提交的消息之间的消息。获取阶段：消费者从 broker 批量获取消息。

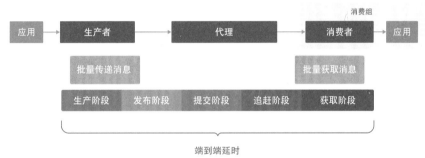

图 4-64　Kafka 的消息处理流程

可见，Kafka 生产端和消费端都是按批打包投递消息，这样可以减少 Kafka 消息递送代码执行的次数。Kafka 消息打包的大小默认为 16KB，合理调整这个参数可以降低消息处理的平均时延，提高吞吐量。

②行业云的 Kafka 服务。

在 100% 兼容开源 Kafka 的基础上，行业云针对用户对于性能、高可用、运维和扩容方面的诉求，对 Kafka 做了一系列增强，包括以下几方面：通过异步刷盘、内存数据块映射和线程锁优化，实现了生产性能提升 50%；优化算法及多副本策略，解决开源 Kafka 在极端情况下丢失消息的问题；图形化配置并融合行业云完善的监控告警和运维工单系统，加速问题定位；支持多租户实例隔离、VPC 网络隔离、计量计费、自动化扩 / 缩容和规格升 / 降配。

针对存在大量网络数据收发操作和大量数据持久化到磁盘的 I/O 操作，行业云的 Kafka 服务对网络和 I/O 进行了深度优化。开源版本 Kafka 在 I/O 主线程中进行持久化落盘，导致了 I/O 比较高时，处理线程会浪费大量的时间阻塞在等待落盘成功，从而极大地降低了处理性能，尤其是在 I/O 较高时，客户端的延迟也会极大地增加。而在行业云上，Kafka 采用了异步落盘的方式，将落盘任务推送到落盘线程，由专用的落盘线程

实现持久化落盘，从而不会阻塞主处理线程。经测试，行业云的 Kafka 在极高的负载下，整个生产的平均延迟也保持在很低的水平。而社区版本 Kafka 随着 I/O 负载的增加，客户端的延迟也在不断地增加，最高甚至达到 100s 级别。

对于磁盘中持久化的消息，行业云的 Kafka 引入了二分法查找、稀疏索引、内存元数据映射和顺序读写机制，优化了读写效率。在向消费者发送消息时，broker 采用 Sendfile 系统调用，将数据直接从 Page Cache 发送到网络，实现了零拷贝，大大降低了时延，提升了总体性能。而针对消息的校验，行业云的 Kafka 利用了 SSE4.2 等单指令多数据（Single Instruction Multiple Data，SIMD）指令，实现了快速的 CRC 校验，提升了 100% 以上的运算效率。

在企业级别的生产业务中，性能监控是必不可少的。行业云的 Kafka 支持生产消费流监控、旁路监控和数据统计可视化，并可以针对流量、请求及消息堆积等指标及其组合进行自定义多维度告警。

（4）分布式事务

在行业云上部署的应用中，有一类应用对数据的一致性有着严格的要求，这种应用就需要使用所谓的事务（Transaction）机制。

①事务的概念。

所谓的事务，就是为了解决一致性问题而在计算机系统中引入的机制。事务具备 ACID 四大特性：A 即原子性（Atomic），指的是事务要么全部完成，要么回滚为初始状态；C 即一致性（Consistency），指的是事务开始前和结束后数据库的完整性不被破坏；I 即隔离性（Isolation），指的是数据库允许多个并发事务同时对其数据进行读写和修改的能力，隔离性可以防止多个事务并发执行时由于交叉执行而导致的数据不一致；D 即持久性（Duration），指的是事务处理结束后，对数据的修改就是永久的，即便系统出现故障，数据也不会丢失。

某手机在线发售引发投诉

某手机厂商的新款手机于某年在线发售。由于厂商在自建云平台上搭建的电商系统存在缺陷，后台的事务机制不够完善，而且在该厂商营销的号召力下，短时间内涌入电商系统抢购的用户过多，服务器丢失了少部分用户的抢购数据。导致这部分用户虽然得到了抢购成功的提示，后台并未产生订单。鉴于该手机厂商在国内具有较大的影响力，该事件从数码产品爱好者圈流传到了整个互联网，成为年度热点事件之一。而涉及该事件的手机厂商也耗费了巨大的公关成本，以消除负面影响。

②分布式系统对事务的基本需求。

实际上，在关系型数据库 Oracle、MySQL、SQLServer 或 MariaDB 中，对事务的支持已经实现得相当完备。大量银行、金控、证券和保险行业涉及的资金等核心业务的交易数据均通过这一类关系型数据库处理，但在行业云用户的业务中，特别是具备互联网性质的交易业务中，涉及多个数据库的场景时，事务的实现将会变得非常复杂。

假设航空公司会员使用积分换取机票，在数据库端采用事务，以保证交易的数据正确性，整个过程如图 4-65 所示。系统首先锁定航班所在数据库行，查询航班是否有剩余的机票可售，如有，将航班可售机票数量减去 1，并锁定用户所在数据库行，查询航班票价和积分余额；如积分余额足以支付航班票价，则将用户的积分余额扣除航班票价，并提交事务。过程中若任何一个判断结果为否，则事务回滚。在上述描述的过程中，至少涉及两个数据库的表的锁定和解锁。如果航空公司对该活动的规则做一定修改，例如在特定的时间段参与积分换机票活动可抽取航空公司 VIP 休息室使用券，就有可能涉及更多的数据库。又如一旦航空公司由于特定原因需要将活动换取的航班取消，需要将航班涉及的所有交易取消，原本

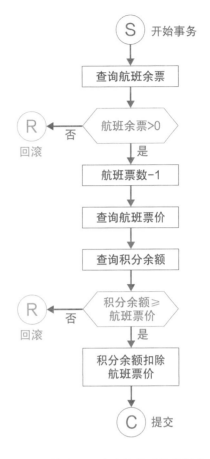

图 4-65 航空公司积分换机票的数据库操作流程

赠送的积分或其他卡券也需要从会员账户中扣除。这将涉及对历史交易的重放和回退。

显然，随着业务的发展，在基于 SOA 的分布式应用环境下，越来越多的应用要求对多个数据库资源、多个服务的访问都能被纳入同一个事务当中。对于开发者而言，如果有统一的框架解决这种跨应用和跨数据库的事务问题，就能够大大降低开发难度，减少系统出错可能性，提升开发效率，这就是分布式事务框架。

③行业云的分布式事务框架服务。

分布式事务（DTF），就是基于上述需求产生的应用中间件。行业云上提供的 DTF 产品可以用于提供分布式的场景中，特别是微服务架构下的事务一致性服务。DTF 可以和 Spring Cloud/Spring Boot 开发框架无缝衔接，也支持包括 Dubbo 的任意 Java 开发框架，还可以与 MySQL、CynosDB 及 MariaDB 等数据库配合使用，帮助企业用户轻松实现跨数据库和跨应用的事务开发、部署与可视化管理。

行业云 DTF 具有 TCC（Try-Confirm/Cancel）和 FMT（Framework-Managed Transaction）

两种工作模式。

所谓的 TCC 模式就是让 DTF 作为事务的总协调者，由用户根据自己业务实现 Try、Confirm 和 Cancel 操作。Try 指的是预留，即资源的预留和锁定，如锁定航班的一张机票和用户账户的 10 000 积分。Confirm 指的是确认操作，这一步实际上是真正的 Commit，即前文中提到的对航班机票数的自减，用户积分账户的自减，用户已购机票的订单记录以及其他赠送权益的记录提交到数据库并持久化落盘。Cancel 指的是撤销操作，可以理解为把预留阶段的动作撤销掉，如用户账户余额不足或航班已超售等情况下，事务回滚到事务启动前状态。图 4-66 体现了采用 TCC 工作模式的事务流程。

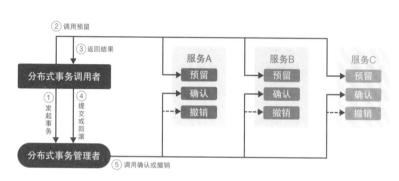

图 4-66 DTF 的 Try-Confirm/Cancel 事务模型

我们可以看到，TCC 事务模型的流程本身比较简单。由 DTF 调用者向 DTF 管理者发起事务后，自行调用事务涉及的各服务的 Try 动作，返回结果后根据自身逻辑判断，向 DTF 发起提交或回滚请求，DTF 调用各服务的 Confirm 或 Cancel。TCC 事务模型的难点在于业务上的定义。开发者需要对于每一个操作定义三个动作，分别对应 Try-Confirm-Cancel。因此，TCC 是对应用代码有侵入的分布式事务的工作方式，如现有应用计划使用 DTF，需要重新修改现有的代码，重新编译构建应用。

因此，DTF 为开发者增加了 FMT 工作模式。在 FMT 模式下，DTF 会成为 SQL 语句的代理，并代替调用者向各个子服务发起事务，开发者无须自行编写 Confirm/Cancel 方法，就能实现对代码无侵入式修改。

如图 4-67，FMT 的工作模式分为两个阶段。第一阶段：FMT 拦截业务 SQL 语句，并保存 SQL 执行前的快照，执行 SQL，并且添加相应的行锁，避免出现并发冲突。第二阶段：数据库执行业务 SQL，若成功，那么删除一阶段中产生的锁和快照，返回成功；若其一失败，则重做快照，回滚数据，删除行锁。无疑，

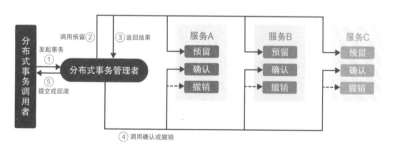

图 4-67 DTF 的 FMT（Framework Managed Transaction）事务模型

FMT 有其优点，整个事务处理过程由框架自动化完成，无须人工参与，无业务侵入性。但 FMT 基于框架来对 SQL 和事务等进行拦截，所以会有性能损耗，这是 FMT 的缺点。

由于 TCC 与 FMT 各有其优点，在同一个应用中，也可能出现二者混合使用的情况。DTF 支持在 TCC 事务下，嵌套 TCC 与 FMT 子事务，也可以在 FMT 事务下，再嵌套 FMT 子事务。在一个主事务中，TCC 与 FMT 子事务也支持混用。除此之外，DTF 还可以以 SATA 和 MQ 模式工作，但这两种模式对一致性的保障不如 TCC 和 FMT 模式，对于一致性没有严格要求的场景才可以使用。

行业云用户的开发团队和运维团队在使用 DTF 时，难免会遇到性能问题、失败事务追踪问题、总事务数量统计问题以及健康度监控问题。DTF 具有全方位可视化监控能力，包括查看任意时间段主事务、异常事务、总事务的数量，以及对运行事务分组的健康度监控。因此，运维团队可针对监控内容自定义设置告警，在第一时间处理异常事务。

特别地，行业云的 DTF 比起其他开源解决方案进行了下面一系列的优化。

TCC 性能方面的优化：通过优化主事务、分支事务的状态机制，减少了超过 80% 每次主事务、分支事务对数据库的操作次数，并移除本地事务操作，通过算法保障一致性以提升性能。

高可用性优化：DTF 的事务协调器 TC（Transaction Coordinator）采用集群部署，采用无状态节点，可以快速故障恢复。即使 TC 全部出现故障，DTF 也可以通过熔断新事务注册的机制避免事务丢失或出现不一致。

FMT 支持可重入锁：在一条主事务中，多个分支事务对数据表中某一行数据进行多重增、删、改动作时，采用可重入行锁及回滚操作，可处理较复杂的应用场景。

由于 DTF 具有上述这些优点，行业云用户可以基于 DTF 优化多种应用场景的事务性能和开发成本。例如：在金融领域，能实现高频交易下数据高效同步、转账的高并发处理、账务管理的事务交易细节追溯；在政务及公共事业领域，能实现生活缴费高并发实时处理、健康码等跨地域信息实时同步；在泛互联网应用场景中，能实现订单、支付、库存、积分灵活对账。

2. 数据库与大数据服务

分布式事务 DTF 提供的是对多个异构数据库发起事务处理相关请求的策略逻辑，而底层的数据存储检索，以及对数据的增、删、改操作机制，则依赖于不同的数据库组件实现。

由于行业云上部署的应用有可能涉及的数据类型和增、删、改、查的需求是多种多样的，行业云需要为这些应用提供不同类型的数据库组件，以适应对应的业务需求。让我们继续以前文提到的航空公司会员 App 为例，直观地为大家介绍应用对数据的需求与对应的服务组件之间的关系。

关系型数据库：前文中提到的以会员积分换取机票的业务，是典型的在线交易型

（On-Line Transactional Processing，OLTP）业务。OLTP业务会涉及根据键值，对高频次结构化数据进行条件检索，并有一定比例的数据修改。对于此种需求，一般使用关系型数据库实现应用所需的结构化数据存储、查询和事务型修改。

分析型数据库：航空公司在会员积分换取机票活动结束后，需要一些统计数据来分析不同类型会员参与活动的情况，如白金卡、金卡、银卡、普通会员参与活动的消费统计情况等。从数据库中抽取这一类分析统计数据的业务，是典型的在线分析型（On-Line Analytical Processing，OLAP）业务。OLAP业务需要从数据库中数以万计的数据行中抽取特定的列进行统计分析。对于这种需求，需要使用为该种数据访问进行了优化的分析型数据库，才能够实现高效的数据抽取分析。

缓存数据库：航空公司需要统计会员应用中一些页面的访问量（Page View，PV）、点赞数和评论数等信息。在业务高峰期，这些数据的变化会非常频繁，为了不对后台数据库造成冲击，应用开发者需要使用缓存数据库存储这些频繁读写的非关键数据，避免后台核心业务数据库负载过重。

文档数据库：航空公司会员App新增了一些增值业务，如机场附近的汽车租赁、酒店餐饮及娱乐购物场所，这些业务可能需要存储和检索一些非结构化数据，如每日推荐、商家服务介绍和顾客点评等内容。由于这些数据是非结构化的，除了数值和文本外，还可能含有图片和视频等多媒体数据。因此，需要适合非结构化数据的文档数据库为这些数据提供存储、检索和增、删、改等服务。

行业云为以上几种场景提供了完备的数据库服务，下面，我们将对这些数据库服务做详细的介绍。

（1）分布式关系型数据库

①关系型数据库简介。

由于OLTP场景是最早的数据库应用场景，为OLTP场景而生的关系型数据库也是积累最深厚、应用最广泛、选择最丰富的数据库类型。

目前，全球数据库排行前三的是Oracle、SQLServer和MySQL，均是适合OLTP场景的关系型数据库。其中，Oracle和SQLServer为商业闭源数据库，MySQL为开源数据库。在云计算成为大趋势的今天，以MySQL为代表的开源关系型数据库借助开源社区和云计算的力量，在市场份额上正飞速追赶Oracle和SQLServer。MySQL以其开放性、快速响应以及轻量级等特点，受到互联网行业开发与运维团队的青睐，已成为开源关系型数据库的事实标准，也成为著名的互联网LAMP（Linux, Apache, MySQL, PHP）体系中的关键组件。

随着企业级IT架构的迭代，越来越多的企业级IT应用在开发阶段也选择了MySQL作为所依赖的关系型数据库。同时，在开源社区中也涌现了以MariaDB为代表的其他开源关系型数据库，大多数都在SQL语法层面与MySQL兼容。可以认为，

MySQL 的 SQL 语法已经成为关系型数据库的事实标准之一。因此，各家云服务商在提供关系型数据库服务时同样会兼容 MySQL。

②行业云分布式关系型数据库。

为了满足各行各业的不同应用对关系型数据库的需求，行业云提供了与 MySQL 高度兼容的分布式关系型数据库（RDS for MySQL）服务。

RDS for MySQL 的定位是金融级别的分布式关系型数据库，在高度兼容 MySQL 的同时，在业务高可用、数据强同步复制、扩展能力和安全方面实现了金融级的高标准。图 4-68 展示了 RDS for MySQL 的总体架构，其整体上可以划分为数据平面和控制平面两部分。控制平面具有可视化运营运维、元数据维护、集群仲裁、作业调度、日志记录、性能监控及告警等功能；数据平面具有 SQL 解析，数据存储、查询、修改和同步，以及数据备份等功能。

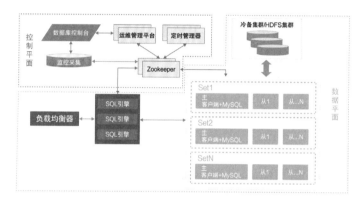

图 4-68　RDS for MySQL 的总体架构

RDS for MySQL 的设计理念就是让用户像使用普通 MySQL 一样使用分布式数据库。因此，RDS for MySQL 设计淡化水平拆分的概念，用户无须手动配置分表逻辑，也无须额外部署管理中间件，只需要在建表时指定分表关键字即可，用户可以用连接 MySQL 的方式连接 RDS for MySQL 分布式实例，也可以使用熟悉的对象映射框架来使用 RDS for MySQL 分布式实例。

RDS for MySQL 作为分布式数据库，具备强大的可扩展能力。RDS for MySQL 的数据平面部署方式如图 4-69 所示。RDS for MySQL 的每个节点上运行了前端组件和后端组件。前端组件为 OLTP-SQL 引擎层，负责解析 SQL 语句，并将数据增、删、改、查的操作命令送到后端的数据库存储引擎层。基于一

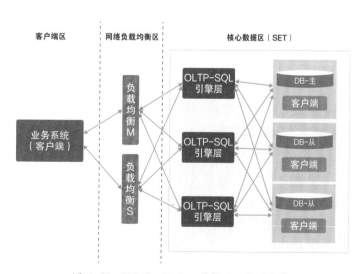

图 4-69　RDS for MySQL 数据平面部署架构

致性的考虑，每个库实例的写请求无论被重定向到哪个前端节点，最后均由同一个后端节点执行。而对于读请求，每个后端节点都可以均衡地执行，这种读写分离的机制既保证了数据的强一致性，又大大优化了占 70% 以上的读操作的性能。同时，控制平面在用户建立数据库实例时，会根据后端节点的负载情况，将多个新实例的主节点均衡地分配到不同的节点上，以实现 RDS for MySQL 集群的总体负载均衡。若集群性能不足以支撑，可以通过增加新的节点予以扩展，也就是所谓的 Scale-Out。

为了提升 RDS for MySQL 集群 CPU 的总体利用率，RDS for MySQL 支持闲时超用技术，在绝对保证每个实例预分配性能下限的基础上，允许实例使用超过预分配的性能。假定 A 实例承载新闻业务，B 实例是承载游戏业务，A 实例和 B 实例被分配到一台物理设备中，A 可以在 B 的空闲时间内抢占一部分空闲性能。当然，在 A 实例和 B 实例同时面对业务峰值时，系统会确保 A 实例和 B 实例底线的性能需求。相对于传统的方案，闲时超用是一种更加灵活的性能隔离方案，让用户业务在面对偶然峰值时能保持运行流畅，也经常用于实例之间性能的削峰填谷，以节省成本。在集群中实例相对较多、分配较均衡的情况下，或已经预知实例之间可削峰填谷的情况下，开启闲时超用技术可以取得较大的收益，而对于多个业务峰值点相近的情况下，用户也可以在 RDS for MySQL 管控平台上关闭闲时超用功能。

由于关系型数据库往往用于储存关键业务的交易信息等核心敏感数据，其安全性也越来越受到用户的关注。RDS for MySQL 提供了内核级别的安全策略，可以通过防止误删元数据、限制非授权用户安装插件以及限制服务器文件系统访问等手段弥补开源 MySQL 常见的漏洞。同时，RDS for MySQL 还支持 SQL 防火墙、数据存储加密和 SSL 连接加密等安全功能。另外，RDS for MySQL 还提供了强大的安全审计功能，可以审计数据库系统、服务器操作系统和运维系统的所有操作，使得一切针对数据库的内外部攻击无可遁形。

为了提升数据库运维的效率，行业云为 RDS for MySQL 提供了强大的运维平台，通过运维平台能对数据库进行丰富的运维操作，如实例管理、系统监控与告警、参数管理、备份与恢复、在线修改表结构等。此外，为了突破关系型数据库中常见的慢查询等性能瓶颈，RDS for MySQL 引入了智能性能分析系统，提供数据采集、自动处理、性能检测、SQL 性能检测及业务诊断等多种智能工具的集合，并根据分析结果提供智能优化建议。

行业云用户可以选用 RDS for MySQL 承载核心业务，如实时高并发交易场景、海量结构化数据存储场景，甚至替代现有云下的传统数据库，实现全量业务上云。

（2）分析型云数据库

随着数据库技术的广泛应用，企业信息系统产生了大量的业务数据，如何从这些海量的业务数据中提取出对企业决策分析有用的信息，成为企业决策管理人员所面临的重要难题。因此，数据库管理员逐渐尝试对 OLTP 数据库中的数据进行再加工，得到决策者所需要的分析统计数据，这就是所谓的 OLAP。

目前业界主流的 OLAP 数据库之一是 PostGRESQL。它在支持 OLTP 关系型数据库的事务四大核心特性的基础上，还具有强大的 OLAP 功能，并对 IP 地址、复数和布尔类型等高级数据类型有着良好的支持。PostGRESQL 除支持标准 SQL 语法外，还可以支持 JSON 和其他 NoSQL 功能，在 OLTP 和 OLAP 兼顾的场景被广泛应用。

行业云在 PostGRESQL 开源社区版本的基础上提供的 DBase 产品，对 PostGRESQL 做了一系列增强，使之更贴合行业云用户的需求，也更适合数据库上云的场景。首先，DBase 在兼容 PostGRESQL 语法的基础上，增加了一部分对 Oracle 语法的兼容，降低了业务迁移成本。同时，DBase 通过全分布式设计，实现了服务高可用、业务可扩展和分布式数据一致性。图 4-70 展示了 DBase 的总体架构设计，其中，DBase 运维管理平台（OSS）和全局事务管理器（GTM）属于控制平面，协调节点（Coordinator Node，CN）和数据节点（Data Node, DN）属于数据平面。DBase OSS 实现监控告警、运维管理、访问控制、安全审计和数据治理等功能；GTM 负责管理集群事务信息；而 CN 对外提供 SQL 解析等功能，并将命令下发到 DN 执行。

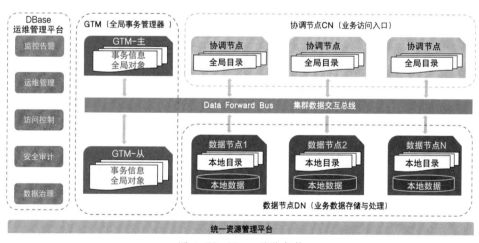

图 4-70　DBase 总体架构

DBase 通过将 PostGRESQL 改造为前后端分离的分布式架构，实现了一系列依赖于分布式架构的特性。多活 / 多主：每个 CN 提供相同的集群视图，应用可以从任何一个 CN 进行写入，而无须感知集群拓扑。读 / 写扩展：数据被分片存储在了不同的 DN，集群的总读 / 写能力，随着集群规模的扩大而得到近乎线性的提升。一致性：一个 CN 节点提交的事务，会并发同步到其他的 CN 节点，并实现所有副本最终一致。集群结构透明：数据位于不同的数据库节点中，应用查询数据时，不需要关心数据具体

的所在节点。

由于 OLAP 需要经常从数据库中抽取一大批数据行的同一个特定列进行累加、计算平均值、计算方差或标准差、寻找中位值等统计分析操作，所以 OLAP 一般使用列式存储，也就是将每列数据连续存储在持久化盘中。为了在同一集群同时提供 OLTP 和 OLAP 能力，DBase 实时对行列存储进行转换，如图 4-71 所示。DBase 的 OLTP 业务在 DN 主节点上运行，OLAP 业务在 DN 节点的备节点上运行，二者的数据同步采用流复制的方式来进行。在用户界面上，DBase 集群的 CN 节点提供 OLTP 和 OLAP 两个平面视角，实现了对二者的兼顾。

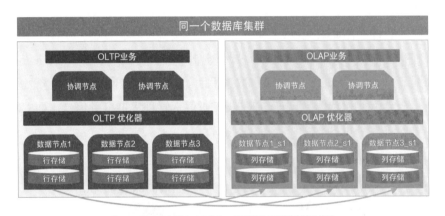

从OLTP节点复制到OLAP节点，实现行存储到列存储的转换

图 4-71 DBase 兼顾 OLTP 与 OLAP 的优化

在传统的数据库运维管理体系中，DBA 拥有几乎不被制约的权力，从信息安全理论角度看，存在着人员方面的薄弱环节。为此，DBase 提出数据库管理三权分立的理论，将传统数据库系统管理员的角色分解为三个相互独立的角色：安全管理员、审计管理员和数据管理员。DBase 的安全管理员可以针对业务需求，配置数据加密规则对数据进行加密，即使由于服务器安全漏洞导致数据库文件整体外泄，加密机制仍然能保证数据不被泄露，也可以通过对数据库的部分字段进行处理实现数据脱敏。DBase 的审计管理员可以制定审计策略并执行细粒度的审计。DBase 的数据管理员在前二者的制约下进行数据库运维。

为提升管理运维效率，DBase 内建立了一套 OSS 运维管理平台，集租户管理、服务器资源管理、项目管理及实例监控运维管理于一体。数据库管理员可以通过运维管理平台很方便地通过图形化的 Web 界面高效管理数据库，通过可视化的指标展示快速发现系统潜在问题。

由于 DBase 具有这些领先的功能设计，DBase 可广泛应用于物联网地理信息系统、高并发的事务处理以及企业 BI 系统的数据库场景，也可以在部分应用场景中取代传统的 Oracle 等数据库，实现数据库业务迁移上云。

（3）分布式缓存数据库

Redis 是互联网技术栈中最常用的中间件之一，它是"Remote Dictionary Service"（远程字典服务）的缩写。Redis 是一个可以通过网络访问的 Key-Value 数据库，可以支持键值对、批量键值对、计数、列表、无序字典（哈希表）、有序字典、集合以及跳跃列表等多种数据结构，支持利用其 GeoHash 功能计算地理距离和筛选附近的对象。工程师还可以利用 Redis 提供的原子操作机制实现分布式锁，甚至利用其列表数据结构充当轻量级的消息队列。当然，由于 Redis 是一个内存数据库，其最常见的应用场景是利用其强大的高并发缓存能力，对用户频繁访问的数据提供缓存，在提升用户体验的同时，对后端数据库起到保护作用，避免数据库过载。

随着互联网的发展，越来越多的应用互联网化，相当多的应用存在短期超高并发的数据访问需求。而行业云提供的关系型数据库或分析型数据库，虽然具备良好的弹性扩容能力，但短期超高并发访问仍然有可能使得数据库子系统的负载超出其处理能力，从而导致服务不可用。此外，还有一些频繁被访问的数据，如静态页面、系统推荐内容及内部论坛的热门留言等，设法降低其访问时延可以提升行业云的用户体验。

基于这些需求考虑，行业云引入了分布式缓存数据库 RDS for Redis。RDS for Redis 产品在兼容开源社区的 Redis 基础上，在高可用、集群扩展、性能监控及数据回滚等方面做了深度的二次开发，使之更能符合行业云用户的需求。

RDS for Redis 总体架构如图 4-72 所示。与行业云其他的数据库服务类似，RDS for Redis 也采用了控制平面、监控平面与数据平面分离的设计架构。控制平面提供 Redis

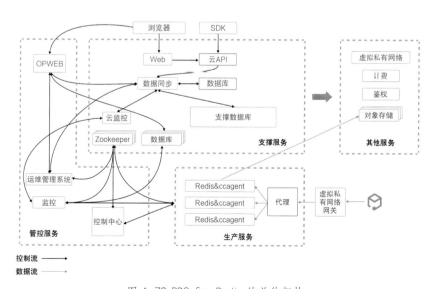

图 4-72 RDS for Redis 的总体架构

控制台所需要的后端接口和 API v3 接口，可以根据来自云控制台或 API 的请求，为行业云用户分配、变更或销毁 Redis 服务实例。监控平面负责监控 RDS for Redis 服务的各节点工作状态，并上报相关的监控数据到云监控。数据平面负责存储元数据。

RDS for Redis 的数据平面使用集群 + 哨兵方式构建，集群中每物理节点上有 Proxy 和 Redis 两个逻辑节点，并在集群中混部了 3 个 Sentinel 节点实例，如图 4-73 所示。

图 4-73 行业云 Redis 的数据平面

Proxy 节点负责与使用 Redis 的应用实例通信，并从 Sentinel 节点确定应用实例访问的数据库如何分片，分片的主从节点各位于哪个 Redis 服务节点上。主节点所在的 Redis 服务节点会向从节点进行数据的同步。Redis 服务节点默认为 5 个，可以根据需要进行扩容。由于 RDS for Redis 采用了 Proxy-Redis 前后端机制，整集群的性能可以随着节点数的扩展而线性提升，最高可达 10M+ QPS。为保证整个集群的可靠运行，Redis 引入了类似 Zookeeper 的仲裁机制，称为 Sentinel（哨兵）节点集群。Sentinel 节点至少为 3 个，并且一般为奇数个，负责 Redis 元数据的维护，如为 Redis 服务实例分配所在的主从节点等。

图 4-74 显示的是 RDS for Redis 的数据流向。CVM 和容器 Pod 上分别运行了应用 A 和应用 B，并向 RDS for Redis 申请了缓存数据库服务实例。由于 RDS for Redis 的服务器位于 underlay，CVM 和容器 Pod 访问 RDS for Redis 需要经过 VPCGW。VPCGW

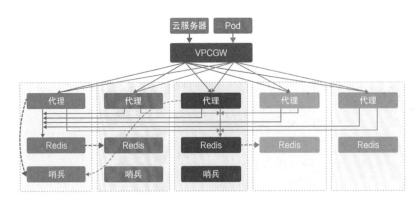

图 4-74 RDS for Redis 的数据流向图

在实现 NAT 的同时，还将请求均分到 5 个 Proxy 节点，Proxy 节点通过 Sentinel 节点取得该服务实例所在的 Redis 主服务节点后，将请求送到该主服务节点。主服务节点向从服务节点发起同步。

Redis 作为内存数据库，具有超高写性能的特点。在行业云中，主服务节点的数据写压力有可能高达 100K+ TPS。因此，Redis 的主从同步实际上不是强一致性，而是最终一致性，也就是从节点有一个追赶主节点的过程，并不是从节点写入成功后，主节点才向调用者返回成功的。

Redis 虽然是内存数据库，但也有数据持久化的需求。RDS for Redis 支持 RDB 和 AOF 两种持久化机制，前者为定期将内存数据快照全量以二进制方式存写入硬盘，会消耗较多磁盘资源，并且 RPO 较高，但节约 CPU 资源；后者为每秒将 Redis 执行命令写入 AOF 文件尾部，恢复时重放文件中命令，可大大节约磁盘空间，RPO 可下降到秒级，但会造成 CPU 资源的占用增加。

某企业应用缓存数据库处理论坛热点

某大型企业经常在内部员工论坛发布企业高层管理人员撰写的文章。为量化宣传效果，论坛增加了浏览数、点赞数、评论数和分享数等统计指标。统计指标功能上线后，原后端数据库 MySQL 的 QPS 和 TPS 数增加了上百倍。由于社区版本 MySQL 的 QPS 只能支持到 15K，功能上线后直接导致高峰期内部员工论坛访问速度极其缓慢，所有内容需要很长时间加载，甚至直接返回数据库连接超时错误。论坛开发团队通过借鉴业内经验，发现统计指标数据具有实时变化且并非不容许出现错误的关键数据。因此，开发团队引入 Redis 作为缓存数据库用于存储统计指标数据，并异步写入 MySQL，统计指标数据写入数据库造成的 MySQL 性能瓶颈问题在引入 Redis 后迎刃而解，还可以利用 Redis 的布隆过滤器及地理信息数据类型等功能，实现简单快捷的数据去重和分析用户的阅读、点赞、评论、分享、地域等功能。

Redis 作为缓存数据库，其内部的数据有过期时间，数据过期后会被自动删除，类似考场交卷铃响时监考官会从所有考生手中收回试卷一样。如果读者们站在监考官的角度看这个操作，会发现，在短时间内收回大量的试卷实际上是不可能完成的。同样，如果 RDS for Redis 中有大量的 Key 同时到期，也会造成 CPU 负载过高。所以 RDS for Redis 设置了保护机制，在出现大量 Key 同时到期时，会分批销毁这批数据，一方面避免 CPU 负载过高，另一方面也避免了有可能出现的缓存击穿现象。

行业云用户通过应用 RDS for Redis 服务，在互动论坛、在线学习答题、内部福利领取以及网上办事大厅等高并发场景，可以有效地降低核心数据库 RDS for MySQL 等组件的负担，还可以降低最终用户的访问延迟，提升用户使用体验。

（4）云文档数据库

传统的关系型数据库通过索引、分库分表和读写分离等方式，实现了结构化数据的高效率存储与检索。而随着 Web 2.0 的兴起，社交媒体、流媒体及短视频等业务的迅速增长，在整个互联网中非结构化数据的增长率比结构化数据的增长率高出若干个数量级。因此，用于存储非关系型数据的文档数据库，对于新型互联网业务而言，有可能比关系型结构化数据库更加重要。

目前，业界主流的开源文档数据库为 MongoDB。MongoDB 和传统的 SQL 数据库不同，数据不是以表格的形式存储，取而代之的是更加灵活的"文档"模型，可以用一条记录来表现复杂的、层次化的数据结构。由于 MongoDB 对数据的组织方式非常适合用于目前业界主流的面向对象的开发，越来越多的应用开发者倾向于选择 MongoDB，以实现数据库中的数据组织方式与程序运行时的数据组织方式尽量对齐。此外，MongoDB 放弃了传统数据库中的预定义模式，文档的键（Key）和值（Value）不再是固定的类型和大小，而是可以根据具体的业务需求灵活自定义，避免了刚性的数据结构对应用快速迭代造成的约束。

行业云提供的 MongoDB，是在开源社区的 MongoDB 的基础上，对于扩展性和高可用性做了深度优化，并将其认证鉴权、性能监控和计量计费功能与行业云的管控、运维和运营平台进行对接，使之成为能承载企业级应用的产品。行业云 MongoDB 的架构如图 4-75 所示，同样采用了管控与数据分离、数据平面前后端分离的设计。用户对行业云 MongoDB 的界面登录、创建实例及查看使用情况等在管理模块中实现；数据备份、性能监控、在线迁移/升级和日志管理在支撑模块中实现；接入模块和副本节点共同构成存储、检索和分析数据的数据平面。

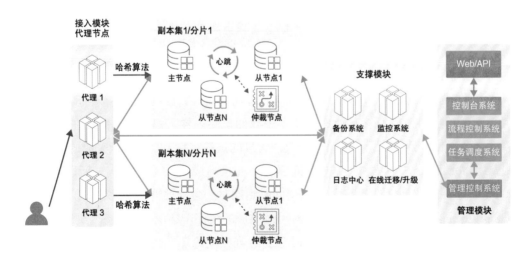

图 4-75 行业云 MongoDB 的架构图

数据平面上，当客户端发送写请求，请求通过 VPCGW 被均匀地分配到 Proxy 节点上，Proxy 节点依据哈希算法，得到数据分片所在的主节点，并将访问请求发送到该主节点。主节点将数据写入数据库文件落盘，并同步到其他从节点落盘。在所有从节点落盘后，主节点向调用者返回成功。同时，其他从节点可以作为只读实例提供数据读取服务，提升数据读性能。当主节点发生故障时，其他各个从节点检测到丢失主节点心跳，会重新选举出新的主节点。同时，系统会尝试自动恢复发生故障的主节点，该主节点重启后重新加入集群，成为从节点并从主节点同步数据。如任意一个从节点不可达，系统也会重新拉起该节点。

行业云 MongoDB 可以将数据定期备份，或在用户手动操作下触发备份。备份数据可以储存到对象存储等分布式存储集群，也可以根据备份，将整个实例回档或备份实例中的特定数据库。

对于系统运维人员，行业云 MongoDB 提供了对所有租户实例、所有流程任务和所有操作日志的运维管理能力，以及强大的性能监控能力，运维人员可以使用这些功能进行系统排障，或分析性能瓶颈进而对系统性能进行调优。

行业云 MongoDB 具有数据结构灵活、高可用性和强扩展性，可以在物联网/车联网、在线视频培训、互动论坛、社交平台、地理信息数据处理及物流信息系统等需要处理大量非结构化数据的场景发挥其优势。

（5）云 ElasticSearch

随着用户在云上的业务越来越多，数据的指数级增长与对进行快速搜索和分析的需求之间的矛盾也日益明显。对于网站搜索、移动应用搜索和内容推荐搜索等全文搜索场景，应用服务日志查询、分析及异常监控的日志检索分析场景，以及电商、移动应用、媒体等服务中海量数据实时分析的场景，均要求在海量复杂类型数据中快速查找出所需内容。

① ElasticSearch 简介。

从计算机科学的视角看，衡量算法的标准主要是时间复杂度（Time Complexity）和空间复杂度（Space Complexity）。一般来说，对于海量数据的检索，用户期望的时间复杂度为 O(1)，也就是一个固定值。但由于实际算法的实现原因，如果时间复杂度为 O(log(N))，也就是与数据量的对数成正比，也是可以接受的。ElasticSearch 是一个基于 Lucene 二次开发的，对海量数据的探索能够实现时间复杂度在 O(1) 和 O(log(N)) 之间的开源企业级搜索引擎。

ElasticSearch：来自程序员的浪漫

ElasticSearch 的创始人谢伊·班农（Shay Banon）的妻子是一位烹饪爱好者，并有志于创立自己的餐饮品牌。谢伊·班农为了方便妻子检索食谱，为妻子推荐了 Lucene 的一个早期版本。但在尝试之后，他发现，虽然 Lucene

具有强大的搜索功能，但对于没有任何开发经验的使用者而言，Lucene 在易用性方面有严重的缺陷。因此，谢伊·班农开始对 Lucene 进行封装和二次开发。不久，谢伊·班农发布了一个基于 Lucene，用 Java 语言编写的开源项目，并给它起名为 Compass。后来，谢伊·班农在工作中发现在分布式应用中，对分布式实时搜索引擎的需求属于普遍性的需求，于是他决定对 Compass 进行重构，将其改造为一个独立的服务，并起名为 ElasticSearch，继而作为一个新的项目公开发布。很快，ElasticSearch 成为 Github 上最活跃的开源项目之一，谢伊·班农也因此实现了财务自由，但他的妻子一直还在等待丈夫尽早交付新婚时承诺的食谱搜索引擎产品，以实现自己创立餐饮品牌的梦想。

ElasticSearch 原生地支持基于分布式的海量数据存储能力，结合爬虫等数据收集工具，能够高效地从互联网收集海量的结构化、半结构化和非结构化数据，并实现压缩存储。ElasticSearch 还使用了倒排索引机制，每个字段都被索引且可用于搜索，在海量数据下实现近秒级的实时响应，在社交网络、代码管理检索、电商和日志分析等场景都能够高效查到用户期望的数据。同时，ElasticSearch 具有强大的数据分析能力，能够实现自动分词以及数据聚合、分析和统计。维基百科、Github 和 StackOverflow 等大型网站都使用了 ElasticSearch。

由于 ElasticSearch 也使用 JSON 格式承载数据模型，事实上，它也可以作为文档数据库使用。ElasticSearch 与 MongoDB 最大的区别是，后者支持事务，并侧重于 OLTP 场景，而前者不支持事务，不支持严格的 ACID 特性，更擅长查询和分析等功能。传统的数据库的索引基于 B-Tree 或 B+Tree，其目的是实现索引空间与查询性能的平衡。由于关系型数据库索引的左侧原则限制，索引执行必须有严格的顺序。如果查询字段很少，可以通过创建少量索引提高查询性能，如果查询字段很多且字段无序，那索引就失去了意义。而 ElasticSearch 是默认全部字段都会创建索引，且全部字段查询无须保证顺序。因此，当数据量超过千万或者上亿时，ElasticSearch 的倒排索引核心算法保证了其查询性能大大强于基于 B-Tree 索引的所有数据库，其数据检索的效率提升非常明显。

在日志分析的场景，ElasticSearch 是著名的"ELK 三件套"之一（另外两件是 Logstash 和 Kibana）。由于 ElasticSearch 具有非常强大的全文检索能力，运维系统的开发者无须耗费精力自行编写检索系统。ElasticSearch 甚至支持模糊查询能力。虽然 MongoDB 和 PostgreSQL 等数据库也可以通过特殊设计的 SQL 语句实现模糊查询，但由于该种查询难以通过索引加速，时间复杂度为 O(N)，在千万级数据的场景中，查询时间很可能达到秒级别，属于典型的拖累整个系统性能的 SQL 慢查询。而 ElasticSearch 可以经过分词后，通过倒排索引快速检索，在 O(1) 的时间内返回模糊查询的结果。

②行业云的 ElasticSearch。

为了让行业云用户在类似前文所述的场景中应用 ElasticSearch 这些强大的能力，行业云为用户提供了 CES 服务，将 ElasticSearch 云服务化，使得行业云用户无需自行部署和运维 ElasticSearch 组件，而是可以使用行业云所提供的 CES 服务，实现高效的分布式海量数据存储、检索、分析。

CES 的总体架构如图 4-76 所示。CES 运行所依赖的计算、存储和网络等基础资源依托于行业云的 IaaS 层分配。CES 的核心组件部署在 CVM 上，数据存储于 CVM 挂载的 CBS 实例中，多个 CVM 组建的 CES 集群通过 CLB 对行业云内外的其他组件提供服务，并使用 COS 作为集群数据备份、更新 IK 词典及软件包升级的存储池。CES 在逻辑层集成了 ElasticSearch 和 Kibana，后者作为 ElasticSearch 的前端视图呈现层，提供可视化分析和操作界面。同时，为了让用户可以通过友好的 Web 控制台界面操作 CES，CES 在管控层通过统一的 API 界面对接云控制台，提供集群创建、查询、升级和销毁等功能。行业云上的用户可以在分钟级时间内自动化地完成 CES 集群的创建。管控层会自动创建 CVM，挂载 CBS，在 VM 中安装 ElasticSearch、Kibana、监控与日志服务等组件，申请 CLB 和 COS 等资源，用户无须干预过程，这大大节约了用户的工作量。

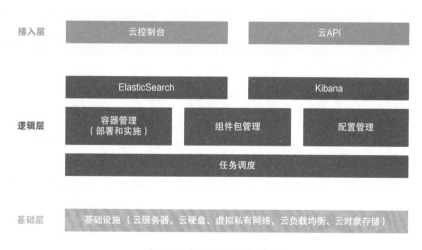

图 4-76 行业云 CES 架构图

CES 还提供了自动和手工两种快照备份方式，可以将 CES 中存储的数据以快照方式备份到 COS 存储，也可以按需恢复数据。对于运行中的 CES 集群，CES 的管控子系统提供了多项监控指标，用以监测集群的运行情况，如存储、I/O、CPU、内存使用率等。

由于 CES 在高度兼容社区版本 ElasticSearch+Kibana 的基础上，在部署和运维环节增加了这些先进的增强特性，行业云用户在开发或部署成熟的日志分析、物联网数据分析、全文检索及商业智能（BI）等应用时，可以通过直接使用 CES 来支撑应用的运行，以节约整体成本，提升工作效率。

3. 微服务框架与 DevOps 服务

云原生定义了为上云设计的应用的一系列要素。云原生计算基金会对云原生定义了四大支柱：微服务、容器化、DevOps 和持续交付，如图 4-77 所示。

微服务、DevOps 和持续交付等一系列概念并非新鲜事物，而是数年甚至数十年前就存在的概念。

微服务实际上是对传统的 SOA 架构进行的改造。所谓微服务，指的是基于"低耦合，高内聚"的原则将大型的应用拆分为若干最小化的模块，这种模块被称为微服务。各个微服务之间可以通过基于 HTTP/HTTPS 的 REST API 或 gRPC 等方式进行交互。每个微服务可

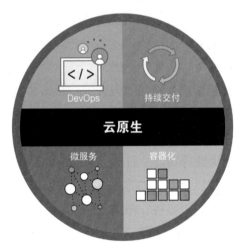

图 4-77 云原生四支柱

以基于性能监控反馈的系统负载情况，调用计算资源和调动平台的接口，实现弹性伸缩。为了对微服务进行精细化治理，工程师们在微服务系统中引入了 API 网关或边车代理（Sidecar Proxy）等机制，以实现统一鉴权、限流、熔断、降级及灰度发布等增强功能。

DevOps 是 Development（开发）和 Operation（运维）两个英文单词的组合，也就是一种弥合开发部门、测试部门和运维部门之间鸿沟的手段。图 4-78 是一幅形象地描述 DevOps 实施前后对比的漫画。在运用 DevOps 方法论之前，黄色小人代表的开发团队与红色小人代表的运维团队之间，处于互不关心或互相指责的状态。DevOps 的落地拆除了团队之间的部门墙，使得两个团队融为一体，彼此亲密无间。正如漫画中展现的这样，DevOps 是一种重视软件开发人员（Dev）和 IT 运维技术人员（Ops）之间沟通合作的文化、

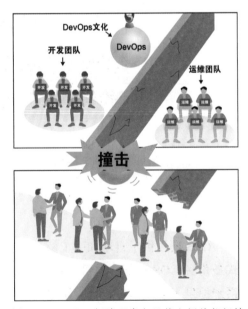

图 4-78 DevOps 拆除开发与运维之间的部门墙

运动或惯例。DevOps 通过自动化和流程化的应用交付和架构变更，使得应用的构建、测试和发布能够更加快捷、频繁和可靠。为了实现应用交付和架构变更，DevOps 应用了一系列工具集合，这些集合被称为 DevOps 工具链。

持续交付可自动将已验证的代码发布到存储库，其目标是拥有一个可随时部署到生产环境的代码库，并自动构建可自动部署到生产环境的交付物。当用户将传统的应用拆分为微服务，或设计了新的基于微服务的应用，并将 IT 团队进行了适应 DevOps 的重构，将应用的开发、部署、运维与迭代流程搬到线上的持续交付流水线中，用户就实现了应用的云原生化。行业云为有云原生需求的用户提供了微服务框架（MSF）组件和 DevOps、CI/CD 组件。

（1）微服务框架

微服务框架是行业云为微服务化应用提供的技术底座，能够为微服务化应用提供服务注册、服务发现、鉴权、限流、降级、性能监控、弹性伸缩及灰度发布等功能。

①开源微服务框架。

目前，业界常见的开源微服务框架有传统微服务框架和新一代微服务框架（微服务网格）。前者最常见的开源产品是 Spring Cloud，而后者最常见的开源产品是 Istio。

Spring Cloud 的名字中虽然有"Cloud"，但实际上与云计算没有强相关性，而是一个基于大名鼎鼎的 Spring Boot 框架的用于快速构建分布式系统的开发框架及周边工具链。

Spring Cloud 名字的由来

Spring Cloud 的名字源于黎巴嫩作家哈利勒·纪伯伦的作品《先行者》：

"At first it was but like a swallow, then a lark, then an eagle, then as vast as a spring cloud, and then it filled the starry heavens."中文翻译为：初若燕子，再似云雀，继而像老鹰，然后漫卷如春云，终于占满了星光璀璨的天空。

Spring Cloud 及周边工具链的架构如图 4-79 所示，主要由四部分组成：数据平面、控制平面、性能监控平面和安全工具。

Spring Cloud 的数据平面包括微服务网关、负载均衡组件和基于 Spring Boot 的各个微服务化的应用组件。微服务网关一般使用 Netflix 套件中的 Zuul 实现，部分情况下也可以采用 Kong 实现，用于提供微服务组件各 API 的注册与转发。负载均衡组件 Ribbon 是一种分布式负载均衡器，可以实现各个微服务组件对外及组件之间访问的负载均衡，也就是按照运维人员配置的算法，将来自 Spring Cloud 集群之外或集群之内的

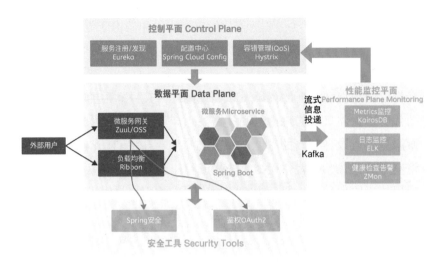

图 4-79 Spring Cloud 及相关工具链架构图

请求分发到组件实例上。因而,服务注册中心成为整个微服务系统控制平面的关键节点。服务请求者可以从控制平面的服务注册中心获取目的微服务节点,再进行请求的分发。

Spring Cloud 的控制平面包括服务注册中心、配置中心和容错管理。服务注册中心使用 Netflix 套件中的 Eureka,以实现服务的注册和发现。配置中心采用配置管理工具 Spring Cloud Config,实现配置的集中管理,并可以为不同环境保存不同的配置文件,大大降低了配置错误影响服务运行的概率。容错管理使用 Netflix 套件中的 Hystrix,实现对服务的限流、熔断、降级和恢复。Hystrix 是一个为微服务场景开发的 QoS 控制器。当服务提供者响应非常慢时,消费者对提供者的请求就会被强制等待。在高负载场景下,如果不做任何处理,此类问题可能会导致服务消费者的资源耗竭甚至整个系统崩溃。由于微服务架构下,各服务有可能存在互相依赖的情况,A 服务的不可用可能会引发 B、C、D、E 等一系列服务的不可用,这种现象叫作微服务的雪崩效应。Hystrix 能够检测到特定微服务拖慢整个系统,并对其进行限流甚至熔断,保证核心微服务不被拖垮。

Spring Cloud 工具链中,推荐的性能监控工具有 ELK 三件套、KairosDB、Zmon 等,以实现日志监控、Metrics 监控、健康检查和告警功能。Spring Cloud 还提供了统一的鉴权机制,如 Spring Security OAuth2 等。在 Spring Security OAuth2 的保障下,微服务请求者只有在得到授权的情况下,才能够在授权时间范围内访问被授权的资源,并实现认证、授权、访问和撤销授权的整个过程可审计。

正是由于 Spring Cloud 具备如此之多的优秀特性,自 2016 年 Spring Cloud 的第一个版本发布以来,Spring Cloud 的用户量和市场渗透率迅速提升,并成为微服务的事实标准。

然而 Spring Cloud 也存在一些使用限制和约束。一方面是 Spring Cloud 只支持 Java 语言，导致近年来使用 Python、Go 等新型编程语言开发的数据分析、机器学习及高并发等应用无法使用 Spring Cloud 框架；另一方面是使用 Spring Cloud 需要在代码中调用 Spring Cloud 提供的库函数，使得一些非微服务应用进行微服务改造时，需要对代码进行侵入式修改，让开发和测试的工作量成倍增加。

为了解决这些问题，非侵入式的微服务解决方案——微服务网格（Service Mesh）应运而生。业界常见的微服务网格方案中，社区最活跃、成熟度最高、应用最广泛、最有代表性的开源产品就是 Istio。Istio 实际上是一个框架，是一系列工具链的总和。与 Spring Cloud 类似，Istio 也分为控制平面、数据平面、性能监控平面和图形界面。

Istio 的特点是非侵入式和开发语言无关性。所谓的非侵入式，指的是基于 Istio 构建微服务化应用，或对传统单体应用进行微服务化改造的时候，是不需要对代码进行特殊修改的。而开发语言无关性，指的是基于 Istio 构建微服务化应用时，可以使用多种语言开发，而不会被限制使用特定的开发语言。实现这两点的一个关键技术，叫作边车代理（Sidecar Proxy）。Sidecar 的字面意思，指的是三轮摩托车的边斗，使用这个词形容 Istio 的代理机制，实际上是一种比拟的修辞手法，将向承载微服务的容器 Pod 中插入 Envoy 通信代理实现微服务数据平面治理的方案，与 BMW 为摩托车增加边斗以提升军用摩托车的综合作战能力的创新，进行了形象的类比。

重型边斗摩托车传承史与 Istio

1938 年宝马公司推出了 R71 重型边斗摩托，以 750 毫升的排量、180kg 的重量和 95km/h 的行驶速度，成为在当时惊艳一时的产品。第二次世界大战期间，其改型宝马 R75 成为了纳粹德国的军用制式装备，保有量数以万计。与此同时，苏联通过特殊渠道获取到宝马 R71 之后，对其进行仿制，并以产地乌拉尔山命名，起名为乌拉尔 M72。乌拉尔 M72 在卫国战争中生产了上万辆。战争结束至今，全球约有百万辆级别的乌拉尔 M72 投入使用。1956 年，中华人民共和国从苏联获取了一批乌拉尔 M72。第二机械工业部组织了航空工业系统的洪都机械厂和湘江机械厂等 80 余个工厂的技术骨干进行攻关仿制，于 1957 年生产出乌拉尔 M72 的中国版本——长江 750。在此之后的 60 余年中，长江 750 不但在中国国内大规模生产和销售，还远销到全球各国。然而，在边斗摩托车的诞生地欧洲，无论是宝马 R71、R75，还是乌拉尔 M72，都已随着欧洲的去工业化而停产多年。欧美一批古典摩托车迷只能设法购买来自中国的长江 750，并将其作为玩具收藏。Istio 的创始人也是一位古典摩托车收藏者，在得到一辆长江 750 后，突发灵感，为 Istio 的容器 Pod 内增加代理的流量治理方案起名为 Sidecar。

图 4-80 描述了一个基本的 Envoy
Sidecar 工作方式。一般来说，Istio 会与
Kubernetes 配合使用。Kubernetes 的基本
调度单元是 Pod，每个 Pod 中会有若干个
容器，其中一个是对外提供服务的主容器。
对于使用 Istio Service Mesh 方案的场景，
Kubernetes 在创建 Pod 时，除了在 Pod 中
拉起主容器外，还会在 Pod 中增加一个
Envoy 容器，作为主容器的边车代理，并
修改所在节点的 iptables 策略，让主容器

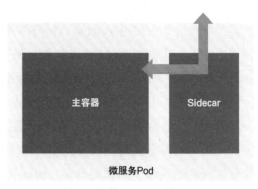

图 4-80 基于 Envoy 的 Sidecar

对外的所有通信流量都通过 Envoy 输入 / 输出。这样，Envoy 就对 Pod 内主容器的网络
流量进行了接管，继而 Istio 的控制平面就可以对各个 Pod 内的 Envoy 进行控制，以实
现各个微服务节点之间的流量治理。

图 4-81 展示了 Istio 控制平面通过数据平面进行服务观测和服务治理的机制。Istio
的数据平面就是前文提到的 Envoy。Envoy 是一个开源边缘和服务代理，可以向运行在
主容器中的应用程序屏蔽复杂的容器网络，使其无须了解网络拓扑。Envoy 除了支持
HTTP 外，还可以支持 HTTP/2 和 gRPC 等流行的通信协议，为 Istio 提供丰富的数据平
面功能。而且，对于向集群外部暴露服务的场景，Envoy 也可以作为 Kubernetes Ingress
使用，充当轻量级 API 网关。Istio 控制平面的核心组件是 Istiod，它负责将高级路由规
则和流量控制行为转换为 Envoy 的配置，并在运行时将其发送到 Sidecar。Istiod 由一

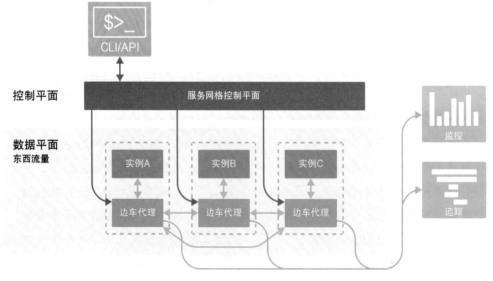

图 4-81 Istio 的控制平面与数据平面的协作

组相互协作的组件构成，包括用于服务发现的 PiLOt 或 Consul、用于配置的 Galley、用于证书生成的 Citadel 以及用于策略实施与遥测的 Mixer 等。

Spring Cloud 和 Istio 之间的对比见表 4-14。Istio 作为新事物，与 Spring Cloud 相比有非常明显的优势，但也有一些不足。将过去基于 Spring Cloud 构建的微服务化应用迁移到 Istio 上也存在一定的困难。

表 4-14 Spring Cloud 与 Istio 对比

对比项	Spring Cloud	Istio
支持的开发语言	Java	不限
支持的 IaaS	虚拟机，Docker，Kubernetes	Kubernetics
微服务间通信协议	gRPC	HTTP，HTTP/2，gRPC
数据平面机制	代码中调用接口	Sidecar（Envoy）
API 网关	Zuul	Envoy
负载均衡	Ribbon	Envoy
服务发现组件	Eureka	PiLOt/Consul
QoS 组件	Hystrix	Envoy
性能监控组件	ELK	Prometheus，Statsd，Grafana
优势	性能损耗小，可同时兼容虚拟机和容器作为部署节点	非侵入式，不限定编程语言

②行业云的微服务框架。

为了融合 Spring Cloud 和 Istio 的优势，并适应不同架构的微服务化应用，行业云推出了自己的微服务框架（MSF）。MSF 在融合两种微服务技术路线的同时，还增加了关键组件高可用、日志审计和应用控制台等功能，并与行业云的 DMQ、Kafka 和 APIGW 等中间件服务产品进行无缝对接，大大节约了应用部署和运维的成本。MSF 针对微服务开发、部署、治理及运维阶段提供全方位解决方案，如图 4-82 所示。

MSF 既支持 Spring Cloud 开发框架，又支持基于 Istio 的服务网格。MSF 提供与 Spring Cloud 高度兼容的服务开发框架，还基于稳定版本的开源组件，推出了经过深度优化后的服务注册、调

图 4-82 MSF 为应用四阶段提供的服务

用链及动态配置 SDK，并自研了服务鉴权、服务限流及服务路由 SDK，形成一整套微服务开发框架，同时结合脚手架代码生成功能，快速生成基于 MSF SDK 的微服务工程。而对于期望利用 Istio 提供的微服务网格体系实现同一应用中的不同微服务采用异构语言开发的用户，MSF 也提供基于 Istio 进行了改造的 MSF Mesh 框架，采用 Consul + Envoy + Mixer 工具链，为微服务提供服务自动注册 / 发现、透明服务路由、负载均衡、熔断、限流、输出调用及统计日志等功能。对于行业云用户原有的微服务化应用，无论是基于 Spring Cloud 微服务框架还是基于 Istio 微服务网格构建的，都可以无缝迁移到 MSF 上。

MSF 针对分布式系统的应用发布和管理，提供了简单易用的可视化控制台。相对于传统的应用发布需要运维人员登录到每一台服务器进行发布和部署，用户通过 MSF 可视化控制台就可以发布应用，包括创建、部署、启动应用，也能查看应用的部署状态。除此之外，用户可以通过控制台管理应用，包括回滚应用、扩容、缩容和删除应用。MSF 提供应用开发和部署所需的虚拟机集群、容器集群、网络、负载均衡、命名空间等资源的管理、运维和监控。用户可以基于资源管理功能，在 VPC 内创建 MSF 业务集群，并监控集群内实例状态，配置网络和命名空间等，实现资源细粒度的管理。对于命名空间的管理，可以在一个集群内创建不同的命名空间。各命名空间的资源相互隔离，可用于部署不同的应用，也可以通过命名空间区分统一应用的不同环境，如可以将同一应用的开发环境，联调环境和测试环境分别放到不同的命名空间中，实现单集群内的细粒度的资源的管理，以及实现集群内不同应用或不同资源的隔离。

无论是基于 Spring Cloud 还是 MSF Mesh 模式开发部署的应用，微服务治理都是应用高并发、高可靠、高容错和高效率的基础。因此，MSF 在微服务治理的注册 / 发现、流量管理、访问控制、容错保护和配置服务这五个方面都对开源社区组件做了深度优化，为行业云用户构建更贴合用户需求的微服务治理体系，主要优化点包括：服务发现中心 Consul 集群化部署，避免单点故障；与云监控联动的流量管理，可基于应用角度分析应用性能；基于标签的微服务鉴权，为开发者设定微服务权限，提升效率；分布式系统的统一配置发布和异构；配置加密存储，满足安全合规要求。

MSF 可以通过对日志等信息的收集和分析，得到一次请求在各个服务间的调用链关系，有助于梳理应用的请求入口与服务的调用来源、依赖关系。当遇到请求耗时较长、请求返回失败或业务运行异常的情况，应用开发与运维团队可以通过调用链进行分析，快速定位问题。对于已经构建上线的微服务系统，MSF 提供了完善的运维手段，包括监控系统的性能、采集及分析系统全量日志以及监控各微服务的成功或失败请求比例。

在应用行业云上的 MSF 服务实现微服务改造或构建微服务化的应用后，用户可以在控制台上通过图形界面，便捷地对应用进行创建、部署、启动、升级、回滚、扩容和删除。

（2）DevOps

①DevOps简介。

DevOps本质上是组织的应用开发、技术运营和质量保障的一组方法论的总和，其落地是对组织内IT应用相关流程的深度变革。而在组织中，流程最好的载体又是IT应用本身。因此，DevOps相关的IT工具链作为各行各业IT数字化转型的外化，也成为各行各业业务上云的重要需求。

目前，互联网软件的开发与发布，事实上已经形成了流水线式的标准流程，大致可以划分为以下几个阶段，如图4-83所示。编码（Coding）：指编写程序代码的工作。构建（Build）：指将编码阶段产生的程序代码通过编译连接生成二进制文件，或打包为可执行的交付件的过程，如将Java代码编译为字节码并打包为jar，并打包为docker容器镜像。集成（Integrate）：指将代码集成到主干代码库的过程。测试（Test）：指验证继承阶段的制成品的功能和性能是否符合预期，以及系统的健壮性。交付（Deliver）：指开发团队将测试过的制成品提供给部署团队。部署（Deploy）：指将经过测试的制成品发布到内部试运行环境和正式生产环境。

图4-83 CI/CD流水线的各阶段

在DevOps出现以前，以上的工作都需要程序员手工完成，例如在Linux下常见的使用git或svn命令拉取代码，使用make命令，基于Makefile实现编译构建和集成，再利用docker命令制作docker镜像等手工操作。开发者期望通过使用DevOps工具自动化完成这些重复的动作，以实现CI和CD。

在CI中，开发人员提交了新代码之后会立刻进行构建和测试，并根据测试结果来确定新代码和原有代码能否正确地集成在一起，如图4-84所示。需要注意的是，持续集成的核心原则是，

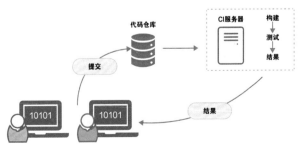

图4-84 持续集成的流程示意图

代码集成到主干之前，必须通过自动化测试。只要有一个测试用例失败，就不能集成。持续集成可以让产品在快速迭代的同时保持高质量。

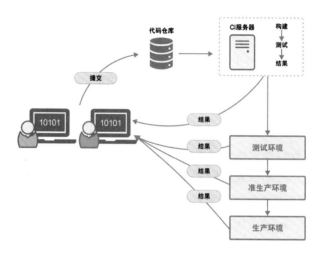

图 4-85 持续交付和持续部署的流程示意图

比持续集成自动化程度更高的是持续交付和持续部署，其工作流程如图 4-85 所示。持续交付前文介绍过，而持续部署是对持续交付的进一步升级，它指的是代码通过评审以后，自动部署到生产环境，使得代码在任何时刻都是可部署的。

②开源 DevOps 工具。

DevOps 生态圈工具链可谓琳琅满目。但是随着 DevOps 实践的普及和深入，Jenkins 成了 DevOps 工具链中的事实核心。Jenkins 是帮助程序员实现 CI/CD 的自动化工具，可以为用户提供自定义流水线的模板，并允许用户在流水线的各阶段中部署自定义的插件来适配工具链中的代码管理、编译构建、代码集成、自动测试、打包交付和自动部署等工具。例如，当应用需要运行在容器平台 Kubernetes 环境下，Jenkins 就可以将制品推送到 Kubernetes 的镜像仓库 harbor，进而调用 Kubernetes 中的 kubectl 实现自动部署等 CI/CD 工作。

开发者在应用了 Jenkins 后，可以方便地完成从代码到制品的自动化过程。但从软件工程的视角看，与编码及测试的重要性不相上下的是需求分析与软件设计等前期工作，而业界缺乏系统性的工具对这部分工作进行数字化的跟踪。图 4-86 是最简单的"瀑布模型"描述的应用开发流程。从图中可见，CI/CD 只是实现了从程序编写到部署/发布的自动化和数字化，并没有需求分析与软件设计阶段的数字化。事实上，在很多政企用户内部，这部分的工作大部分依赖于人工线下操作，不但效率低下，还容易发生错误。而从项目管理视角看，对软件开发项目的管理，除了跟进以上的工作流程外，还需要有对工作量、进度、风险与问题、人员调配和项目协同等多方面的管理。

图 4-86 软件工程视角下的应用开发流程

在这些问题与需求的驱动下，行业云用户所需要的 DevOps 开发工具相对于流行的 Jenkins，不但需要满足 CI/CD 的需求，还需要具有项目管理、需求管理、设计管理、缺陷跟踪、版本管理、迭代管理以及团队协作等软件工程数字化方面的能力，以实现软件工程全流程的自动化和数字化。

③行业云 DevOps 服务。

行业云 DevOps 服务为用户提供了 DevOps 及软件工程数字化的开发者工具。行业云 DevOps 支持主流的敏捷产品研发模式和方法论，结合互联网行业产品研发的特色，可以帮助产品团队以敏捷迭代、小步快跑的研发方式进行产品规划、项目管理、质量跟踪等研发管理工作，从而更好、更快地完成产品交付并发布上线。

行业云 DevOps 将大型的软件开发工作称为史诗，每个史诗要经历多次迭代才能完成，每次迭代对应一个版本。而每个版本中包含许多较小的需求或任务，通过需求管理功能将每个需求或者任务对应一个或多个需要实现的功能。

在开发过程中，行业云 DevOps 针对常用的 svn 和 git 两种不同的代码仓库都提供了支持，可以在同一项目中同时使用两种仓库，能够高效管理代码资产。行业云 DevOps 集成了制品仓库，免去了 Jenkins 用户需要自行集成 Nexus 和 Artifactory 等制品库组件的工作。行业云 DevOps 的制品库支持 Docker Image、Maven/Jar、Kubernetes Helm、Nodejs npm 及 PyPI 等常见构制品包类型，并可以建立制品与源代码之间版本控制的关联性，协同进行版本控制。

在测试过程中，行业云 DevOps 能够利用缺陷管理功能对功能不符合预期的情况进行追踪，还可以自动化进行对制品的集成测试，并将测试进度以甘特图等形式可视化呈现，自动生成测试报表。为提升自动化测试的效果，行业云 DevOps 还引入了互联网行业先进的自动化测试工具 QTA（Quick Test Automation），它支持 Windows、Android、iOS 等操作系统，支持用例编写、用例组织以及用例分布式执行等功能。

在 CI/CD 流程中，行业云 DevOps 可以完全兼容 Jenkins 的操作、插件和 Jenkinsfile，实现自动化构建、单元测试、自定义流水线、多流水线管理、集成代码扫描及制品安全扫描等功能，也可以与现有的 Jenkins 直接对接，实现原有的 CI/CD 环境无缝迁移。

在部署 / 交付阶段，行业云 DevOps 除了支持可视化的发布流水线、丰富的蓝绿 / 灰度 / 滚动发布策略，以及发布申请电子流系统等完备的持续部署相关功能外，还考虑到应用文档也是应用交付件的一部分，因而将 API 文档等文档管理的功能也纳入了自动化发布流程中，从流程上保证了交付的文档与应用版本保持一致。

此外，对于协作和任务分配场景，行业云 DevOps 还提供了可视化任务分配功能，以及文件与 Wiki 功能，实现组织内部的高效率协作。

4.PaaS 产品小结

行业云的 PaaS 产品为应用开发者提供了丰富易用的各类中间件和数据库组件，结合微服务框架和 DevOps 开发者工具，使得行业云上的应用开发难度大大降低，开发者无须重复"发明轮子"，可以更聚焦于业务逻辑与策略，而不需要关心具体实现机制，也无须将宝贵的时间用在测试、部署和发布等重复的手工工作上，从而大大提升了应用迭代的效率，降低了人力等方面的成本。

三、运营管控平台产品与技术

由于行业云的规模往往较为庞大，在建设基于互联网技术的行业云时，不仅仅需要继承互联网技术的技术架构和产品，还需要从互联网技术多年大规模稳定运营的最佳实践和设计理念中抽取核心要素，以帮助行业云实现稳定高效运营。作为互联网技术运营管控理念在实践中的外化，运营管控平台是行业云中不可或缺的一个组件。运营管控平台的功能包括云控制台（Cloud Center）、基础设施管理（DCOS）、运营平台、云监控（Cloud Monitor）和云审计（Cloud Audit）等。

1. 云控制台

云控制台是行业云的基础底座，主要由管控集群容器平台和管控集群支撑组件构成，如图 4-87 所示。

图 4-87 云控制台架构图

前端服务模块实际上是一个 Web 服务端，提供了行业云操作的图形化入口，分为租户端和运营端。租户端控制台用于对行业云的租户进行租户侧资源与业务的管理，而运营端控制台用于行业云的管理员对行业云进行运维管理和资源运营操作。

服务转发模块实际上是一个分布式 API 网关。无论是租户端操作还是运营端操作，前端服务模块都会通过云 API 将操作传递到服务转发模块，再根据租户选择的 AZ，将操作需求转到对应的 Region 或 AZ 的服务 OSS 控制组件上。行业云实际上是一个开放的平台，除了通过前端服务模块外，第三方的多云管理平台等应用也可以通过云 API 调用行业云提供的各项功能，对行业云上的服务进行增、删、改、查操作。只要是在前端服务控制台上能够实现的功能，都可以通过云 API 实现。

服务 OSS 模块是各个云产品的控制平面的总和，以容器的方式在云控制台的管控底座节点上运行。以消息队列 DMQ 产品为例，在每个 AZ 中有两个 Admin 管控容器，负责 DMQ 实例的创建、维护和监控。当各个云产品组件的 OSS 接收到来自服务转发模块的增、删、改、查信令时，会对其所服务的云产品执行相应的操作。

支撑组件是各个云产品及服务 OSS 模块所依赖的一些中间件及容器管控平台，主要包括分布式文件存储 HDFS、缓存 Redis、轻量级消息队列 RabbitMQ、分布式键值数据库 Zookeeper 和分布式日志服务 ElasticSearch 等。DNS、NTP、YUM、SDN 控制器等保障云平台运行的组件，以及管控调度 OSS 模块中各容器的 TCS 容器编排平台，也属于支撑组件。为了保证行业云管控平面的高可用，支撑组件中所有的实例均为多副本运行。

基于信息安全基本规范中的用户认证、授权和责任审计原则，云控制台提供了 AAA 系统。AAA 系统是认证（Authentication）、授权（Authorization）和计费（Accounting）的简称，是网络安全中进行访问控制的一种安全管理机制。行业云的用户需要经过统一的身份鉴权才可以接入前端服务。行业云的管理员可以为用户设定身份认证鉴权策略，如口令复杂度、多因素认证、口令修改周期、口令一次性有效和绑定手机或邮箱等，并审计所有的用户登录日志记录。

基于云控制台，行业云用户可以在网络可达的任意时间和地点对云资源进行管理和远程运维。以租户创建云服务器 CVM 为例，主要在云控制台上完成以下步骤：租户通过用户名和口令登录云控制台的 Web 控制台；租户进入云服务器 CVM 产品实例创建页面，选择"新建"；租户按需为云服务器 CVM 实例选择 CPU 核数、RAM 大小等规格；租户为云服务器 CVM 分配系统盘大小；租户为云服务器选择所在子网并为子网绑定网络访问控制列表（ACL）；租户在 Web 控制台上点击"创建"；云控制台通过云 API，向云服务器 CVM、CBS、虚拟私有网络 VPC 的控制平面 OSS 组件下发创建指令；各组件的控制平面将创建实例的任务执行完毕，并调用云控制台的回调 API 通知云控制台；租户可以在 Web 控制台上看到云服务器 CVM 成功创建，并可以通过 VNC 或 putty 等工具登录到云服务器 CVM。

我们发现，以上步骤的前 6 步，实质上都是云控制台的准备工作。真正地创建云服务器 CVM 实例的工作通过是调用云 API，向涉及的各产品的控制平面 OSS 组件下发指令来完成的。这也为第三方管理平台及对行业云的二次开发提供了便利，行业云的建设使用方可以自行开发一些应用，调用云 API，自动创建所需要的云服务实例，从而便捷地分配和使用云资源。

2. 基础设施管理

基础设施管理（DCOS）是对行业云所在的数据中心基础设施资源（如网络设备和物理服务器等）进行生命周期内自动化管理的系统。它可以实现新服务器数据导入、服务器资源发现、操作系统自动部署、配置初始化、远程上下电、远程硬重启以及数据中心内设备监控与告警等功能。实际上，DCOS 为行业云提供的是一个完整的硬件设备自动化管理系统。

DCOS 的产品架构如图 4-88 所示，服务器管理组件为 DCOS 的核心能力。交付和运维人员将物理服务器的规划数据导入 DCOS 后，DCOS 从云控制台的网络管理系统（NMS）获取网络配置信息，并基于网络配置信息，通过带外网络实现服务器设备发现和带外权限接管。交付人员可以在 DCOS 界面上进行服务器操作系统自动安装和标准化配置。在完成这一系列工作后，DCOS 会通过远端管理的方式，对服务器进行数据采集，并上报到云监控组件，同时将配置信息同步到 CMDB。DCOS 的整体工作流程如图 4-89 所示。

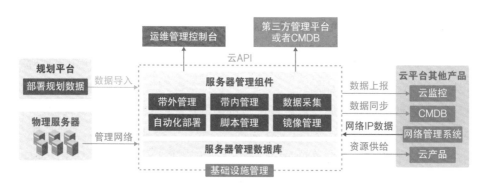

图 4-88 DCOS 产品架构

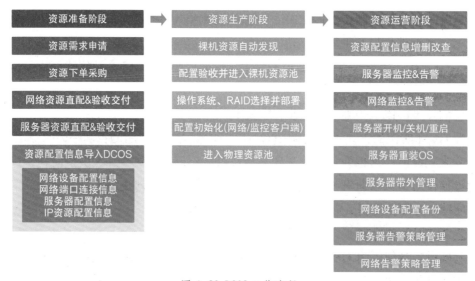

图 4-89 DCOS 工作流程

DCOS 主要包含带外和部署、服务器探针、网络心跳、网络质量探测、管控系统以及告警系统等几大模块。带外和部署模块负责物理裸机的自动发现、带外管理（电源操作、BIOS 修改、KVM 等）、自定义系统部署（RAID 采集修改、自定义分区、OS 安装）等。服务器探针通过在宿主机安装 Agent，实现本机软硬件信息（包括 CPU、内存、磁盘 I/O 等系统数据）的周期收集。网络心跳是由中央控制器定期向管辖的机器发送 ICMP 包来探测目标机器的连通性，若连续多次 ping 失败，则产生告警。该模块是进行机器故障判断的手段之一。网络质量探针与网络心跳有所不同，该模块得到的结果是网络延时和丢包情况。用户可利用网络质量探针跟踪多个区域间的网络质量。网络质量探针也支持用户自行配置探测目标。管控系统提供了远程文件传输、脚本执行、OS 密码修改等自动化运维操作。该模块支持多 VPC 场景，适用基于 NAT 环境的管控。告警系统提供告警策略配置，进行告警判断、去重、屏蔽、抑制、转发通知以及恢复。告警来源包括 DCOS 其他模块采集结果以及用户自行上报的数据。告警类型分为数值型和字符型，其中数值型告警由告警系统根据上报数值和相关告警策略判断产生，字符型告警则由各系统或用户直接上报。

行业云的 DCOS 组件只能由运维与运营者使用，不向租户开放。当新服务器上架并连接到行业云网络后，DCOS 可以通过带外网络自动发现服务器资源，将其状态识别为已开机上电。管理员可以在 DCOS 中，手工选择服务器需要的操作系统、RAID 类型、网络方案、监控 Agent 以及后置脚本，并通过 PXE（Preboot Execute Environment）方式进行服务器远程初始化。约 10 到 20 分钟后，服务器远程初始化完成，状态变为"运营中"，工程师就可以在运营平台中将服务器加入云产品集群了。

PXE 技术的源流

在 1995 年前后，计算机的硬盘价格相当昂贵，1GB 容量的硬盘售价高达 2 000 元。在教学科研实验室等计算机需求较多的场景，使用服务器 + 无盘工作站 + 局域网的方式节约总成本，成为了一种流行的方案。实现这种方案的技术是 RPL（Remote Initial Program Load）。RPL 可以支持当时常见的操作系统从网络引导，无须在工作站上配置硬盘、软盘或光盘驱动器。在工作站数量较多的情况下，大大节约了硬件成本。然而，由于 RPL 技术依托的网络通信协议的限制，当网络因规模或安全性原因不得不划分为多个二层子网的时候，需要在每个子网中增加 RPL 服务器，总体成本会迅速上升。因此，由 Intel 主导的新一代远程启动技术 PXE 就浮出了水面。PXE 使用 TCP/IP 协议代替了 RPL 中的 IPX/NetBEUI 协议，可以方便地跨越子网。只要在网络 IP 可达的范围内，无盘工作站就可以从服务器获取操作系统程序并运行起来。从 2005 年起，PXE 迅速取代了 RPL，成为无盘工作站 – 服务器系统远程引导的

主流方案。2008 年以后，随着虚拟化和云计算技术的兴起，数据中心越来越多的管理员也开始利用 PXE 技术，自动化地为服务器安装操作系统，并初始化操作系统设置。

除了服务器自动初始化外，DCOS 还可以支持服务器关键状态监控、网络连接与 IP 地址管理、服务器迁移及信息导入 / 导出等功能，实现服务器运维管理的高度自动化。在行业云的数据中心新建以及设备扩容和设备替换过程中，DCOS 可以起到用计算机代替人承担重复性工作的作用，甚至可以实现运维团队每人运维数万台服务器的规模效应。

3. 运营平台

行业云与私有云最重要的区别之一在于行业云具有运营相关的属性。行业云具有完整的运营平台，包含产品资源与计量计费、消息与工单服务、云平台门户管理、文档管理、公告管理和第三方产品接入等主要功能。

为了更好地对不同产品进行用量统计、定价和计费，行业云统一了产品模型，所有产品统一使用四层定义模型：产品、子产品、产品项（计费项）以及产品细项（计费细项）。在行业云的运营端能够根据四层定义模型对产品进行计量和计费管理。管理员可以在租户端定义不同类型的云服务器子产品，以最常见的云服务器为例，管理员就可以在运营平台上创建两种类型的云服务器子产品：标准型 S1—普通内存和 GPU 型 G2—大内存。

在行业云平台中，可售卖的资源是有限制的。比如云服务器的内存资源受限于云服务器资源池的内存数量，或者租户或项目的可使用资源受限于资源分配策略等。因此，管理员需要在资源配额管理的页面上进行资源管理。当属于某租户或项目的可售卖资源到达管理员设定的限额的时候，申请资源的入口页面按钮会变为灰色，无法下单申请。

为实现账实相符，云平台还需要对各个租户的使用量进行统计，并在需要时进行云资源的成本核算。运营平台的计量服务与计费服务功能就是基于这方面的需求进行设计的。行业云上各个云服务的 OSS 组件会按照设定的周期（小时、天、周或月等）对租户的资源实际用量进行统计，并将统计信息推送到计量平台。计量平台会对这些统计信息进行统一的聚合统计、查询、筛选和展示，并作为计费服务的输入。计费服务可按照各产品细项中的售卖属性进行定价并计算资源的费用，生成明细账单。

由于行业云平台具备多租户的特点，其最终使用方与运营方是分离的，双方有很大的可能不在统一地点，甚至属于完全无任何隶属关系的不同法人实体。因而，使用方与运营方的沟通往往通过线上途径进行。站内信、邮件、短信和工单就是最常见的线上沟通途径。行业云提供了消息服务机制。各产品可以根据业务场景，按照模板在运营平台的消息中心注册，在满足触发发送消息的条件时，消息中心会通过消息网关，将消息以站内信、邮件或短信等方式发送给用户。行业云也具有工单系统，用于帮助用户对故障进行排查和解决。用户可以在租户端发起工单，运营人员能够在运营端收到工单，并能够在工单分类管理、客服系统和排班管理等子系统中进行工单流程的处理，也能够在工单沟通子系统中和用户进行交互，以获取更多信息，直至最后问题解决。

运营平台的另一个重要功能是文档管理。在云产品的使用过程中，用户有可能遇到使用和操作上的疑问。一份好的产品文档能够大大提升产品的易用性，使得用户付出较少的学习成本就能够快速掌握云产品的应用和日常维护。行业云的文档管理模块可以在运营端在线上传、编辑和管理各个产品的文档，包括产品白皮书、产品介绍PPT、产品API手册及产品架构说明书等。产品文档在运营端正式发布后，租户端可以按产品或按文档分类进行查询，也可以在产品使用中查看在线帮助。

运营平台为行业云的运营者提供了官网运营模块，运营团队可以根据需要，编辑云平台的官网内容，如导航栏、Banner链接、官网底部内容、产品介绍及解决方案介绍等内容。运营平台也为行业云的运营者提供了公告管理功能，运营团队可以向用户发布公告，通告一些重要信息，并且可以选择公告的展示范围，如官网首页、公告页或控制台首页等。

一般来说，行业云平台的产品与研发团队更聚焦于IaaS和PaaS等系统运行机制层面，在行业应用等策略层面，行业云运营方及其生态合作伙伴则占据规划与研发的主导地位。因此，行业云平台需要具备接入第三方行业应用产品及行业中间件产品的能力。行业云运营平台提供了产品接入管理能力，第三方产品只要在开发时遵循行业云API规范，或符合适配层要求，就可以接入到行业云。第三方产品接入的主要适配点有控制台接入（包括运营端和租户端）、账户体系接入、计量计费接入以及消息中心对接等。完成这些对接工作后，第三方应用就可以作为行业云的PaaS或SaaS服务提供给行业云的用户了。

4. 云监控

行业云用户将自身业务逐渐迁移到行业云上以后，使用的云服务器、存储、网络、容器、中间件及数据库等实例数量也会逐渐增加。如何有效监控这些云上资源的使用情况，在系统出现异常时及时通知管理员，并将可能出现的业务故障解决在萌芽状态，也成为云平台建设中亟待解决的问题。为了打消行业云运营方和用户的顾虑，实现高效监控资源与服务，行业云提供了云监控产品。云监控产品实时监控行业云上各产品资源及服务，是所有云产品的监控管理总入口。云监控目前可以监控云服务器、云硬盘、微服务框架、弹性缓存数据库、文档数据库、关系型数据库及云负载均衡等产品。

用户可以在云监控产品的用户界面上查看详细全面的监控数据。基础监控实时监控云服务器、云数据库、负载均衡等云产品，提取云产品关键监控信息及用户自定义

监控指标，聚合处理后，以可视化图表形式向行业云用户展示。

云监控可以让行业云用户全面了解产品资源使用率、云产品运行状况和应用程序性能。进一步地，云监控产品提供了基于监控数据自定义设置告警策略并绑定对应资源与接收组的功能，提供立体化云产品数据监控、智能化数据分析、实时化故障告警和个性化数据报表配置，用户可以及时、准确地掌控业务和各个云产品的健康状况，在服务运行的指标出现劣化苗头的时候防患于未然。

云监控在租户端和运营端呈现出不同的功能。在租户端，云监控实际上是租户使用的云产品的整体监控情况的总入口。租户可以查看最近一小时、最近一天或最近一周的服务健康状态和异常情况等信息，并根据自身应用的运行情况，自定义服务健康度检测指标和告警策略。云监控提供了自定义看板功能，可以通过自定义监控看板查看跨实例、跨产品的监控数据，掌握核心实例的性能状况，或通过自定义监控看板订阅一个业务/集群下的总性能状况，直观地了解资源总体情况，避免逐个查阅监控数据而造成效率低下。云监控平台也增加了管理员自定义告警的功能，管理员可以自行调整告警触发条件、告警发送范围、告警送达方式和告警收敛策略，以优化运维团队工作效率，提升整体生产力。在运营端，云监控侧重于从云平台和云产品整体视角对系统运行状态进行监控。而且，云监控可以监控行业云平台所有物理服务器的工作状态，包括该物理服务器用于运行哪个云产品、物理服务器的 CPU 和 RAM 的使用率、物理服务器状态是否异常等。

与行业云上其他云产品类似，云监控可以通过 RestAPI 与其他第三方产品对接，实现将监控数据输出到其他对接的监控告警平台，或通过第三方产品拉取云上监控信息用于统一呈现等。

5. 云审计

在传统的烟囱式系统架构体系下，对于运维操作的审计和追溯一直是困扰用户的问题。随着用户的各应用系统上云，所有的运维操作都在统一的云平台上进行，针对运维人员行为进行统一审计的难度大大降低。在行业云上，无论是在运营端还是在租户端，用户对所有云产品执行的操作都会被日志记录下来。与此同时，云审计产品可以基于云平台账号活动的事件（包括通过管理控制台、API 服务、命令行工具和其他服务执行的操作）历史记录进行审计，从而实现对云平台账号进行监管、合规性检查、操作审核和风险审核。

相对于其他第三方审计工具而言，云审计产品具有以下四大特点。

第一，高效性。在云审计过程中，用户操作的相关日志数据存储在云平台中。用户无须导出到本地进行分析，而是通过云上服务，利用云平台将审计相关的计算任务分配到整个云网络的空闲计算机上，迅速得到审计结果，大大提升审计的效率。

第二，共享性。相对于传统架构中日志分块存储于不同用户或不同应用提供的日志系统，行业云进行了改进。行业云将所有产品的日志数据分类并统一存储于行业云的日志系统中。用户在云审计平台上也可以随时审阅云平台收集到的各项数据和资料，以便及时分享审计信息，避免重复劳动。

第三，可监督性。行业云用户的管理者可以通过云审计产品，实时监督内部各用户子账号的操作情况，或定期抽查复盘特定用户的操作。

第四，合规性。通过实时记录云平台账号内的所有操作行为，定位和溯源问题及故障，并从规则前置层面确保运行在云平台上的业务安全合规。

云审计产品的功能强大，适用于安全分析、资源变更追踪及合规审计等场景，并为云上业务的安全与合规提供底线层面的保障。

第四节　行业云的高可用方案

一、业务高可用的定义与需求

1. 高可用相关的基础概念

在运营级与企业级应用中，一个重要的概念是服务级别协议（Service Level Agreement，SLA）。SLA 的关键指标有可用性（Availability）、RTO 和 RPO。

衡量可用性的指标一般为可用性百分比。以电信运营商（ISP）提供的企业专线服务为例，如 ISP 向用户承诺可用性指标为 99.99%（一般称为 4 个 9），那每年计划外停止服务的时间在全年服务时间中的占比就不应当高于 0.01%，也就是 365（天）×24（小时）×0.01%=0.876（小时），合 52.56 分钟。一些较为重要的业务有可能对可用性提出更高的要求，如 99.999% 或 99.999 9%，对应的计划外停止服务时间就不应该多于 5.256 分钟或 0.525 6 分钟（约 31.5 秒）。

RTO 指的是从灾难状态恢复到可运行状态所需的时间，用来衡量系统的业务恢复能力，也就是所谓的业务连续性。通过对系统 RTO 的优化，可以使得灾难发生时，能够迅速恢复业务。

RPO 指的是在灾难过程中的数据丢失量，用来衡量系统的数据冗余备份能力，也就是所谓的数据可靠性。通过对系统 RPO 的优化，可以使得在灾难发生时尽量少丢失数据。

2. 高可用建设目标

高可用领域的建设目标可以从 RTO 和 RPO 两个维度进行衡量。我们可以借鉴常用的象限分析法，将 RTO 作为 X 轴，RPO 作为 Y 轴，二者交叉得到四个象限，如图 4-90 所示。

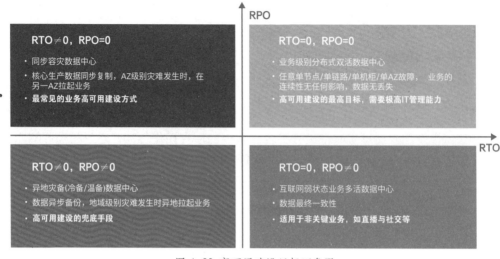

图 4-90 高可用建设目标四象限

右上象限是要求最高的场景，RTO 和 RPO 均为 0。这代表着业务在两个或多个数据中心上实现分布式双活或多活部署。任一节点、链路、机柜故障，甚至单数据中心整体出现故障，都不影响业务连续性，用户可以无感知地继续使用数据中心承载的业务。实现这一象限的建设目标，不仅需要经过严格设计测试的技术架构，还需要极高的 IT 业务管理能力。因此，这种目标的建设成本也是最高的。

左上象限相对右上象限而言，是退而求其次的场景，RTO ≠ 0，RPO = 0。这代表业务在两个或多个数据中心上以同步容灾的方式运行，核心数据在两个或多个数据中心之间严格同步，也就是所谓的实现强一致性。当单一 AZ 整体故障时，业务可以切换到另一 AZ 运行，是最常见的业务高可用建设方式，需要实现核心数据库的强一致性同步。为此，有可能在数据库写性能方面做一定的妥协。

右下象限是右上象限在另一方面的妥协。对于一些对状态与数据没有强一致性要求但对性能与扩展性有较高要求的业务，我们可以在一致性方面做一定的妥协，用最终一致性代替强一致性，以实现系统性能更好的扩展性。业务可以依据一定的策略，被分发到两个或多个数据中心，而业务产生的数据并非实时强一致同步。这种建设方式的 RTO = 0，RPO ≠ 0，适用于音视频、社交平台及门户网站等非关键业务。

左下象限是高可用建设的一种兜底手段。当数据中心建设方在机房、网络线路及技术架构等方面不具备前三种建设方式的前置条件时，可以采用此种方式。这种方式一般会建设温备或冷备数据中心，主数据中心的核心数据通过异步方式定期复制到备份数据中心。当主数据中心因故无法运行业务时，可以在备份数据中心拉起业务，并保证核心关键数据的丢失量在可控范围内。显然，这种建设方式的 RTO 和 RTO 均不为 0。

在实践中，我们可以根据实际业务需求，结合成本考量，进行数据中心高可用方面的规划与建设。

3. 高可用要素与需求分解

一般来说，业界认为数据中心业务的高可用建设可以总结为七个要素，如图 4-91 所示。这七个要素可以分为两个大类：技术部分和非技术部分。前者包括基础设施高可用、网络连接高可用、数据存储高可用和应用高可用，而后者包括专业技术支持能力、运行维护管理能力和灾难恢复预案。

图 4-91 数据中心高可用七要素

基础设施高可用指的是数据中心的供配电系统、散热系统、综合布线和硬件设备的高可用冗余，如业界最高标准的 Tier-IV 级别数据中心，供电来自两家不同的电网企业，后备供电系统至少具备 2N（N 表示自然数）个 UPS 系统以及 N+1 个柴油发电机，空调与机柜 PDU（Power Distribution Unit，电源分配单元）均为双电源，以保证数据中心基础设施的可用性达到 99.995%，每年计划外停止服务的时间不高于 0.4 小时。各级别数据中心的标准可参见《数据中心电信基础设施标准》（ANSI-TIA-942-2005）。

网络连接高可用指的是数据中心内外部的网络节点和链路均具备高可用的基本条件，包括数据中心内部网络高可用、数据中心到互联网的连接高可用、数据中心到企业内网的高可用以及数据中心之间互联链路的高可用。以利用裸光纤链路实现数据中心互联为例，一般建议租用两家不同供应商的线路，并且两条线路在地理层面也经过不同的路径。由于运营商能够保证单链路的可用性达到99.99%，采用冗余的运营商线路，可以将单数据中心的外联网络可用性提升到 99.999 999%。

数据存储高可用指的是在数据中心内部，数据以一定的冗余方式存储，以保证一定数量范围内的磁盘或存储节点出现故障时，整系统的数据存储服务依然可用，数据无丢失。同时，将数据跨数据中心进行同步或异步复制，以保证在单一数据中心整体出现故障时，备份数据中心能够继续提供数据存储服务，并且数据丢失量在 RTO 范围以内。

应用高可用指的是通过在数据中心内部以及跨数据中心之间部署多个应用实例，并通过负载均衡、负载分担机制将用户请求分发到不同的应用实例。当单个数据中心内一部分实例甚至全部实例出现故障时，用户仍然可以正常访问数据中心内

的应用。

专业技术支持能力是指对灾难恢复过程提供技术与非技术各方面综合保障的能力，以使得灾备系统能够真正起到作用。

运行维护管理能力指的是运行环境管理、系统管理、安全管理和变更管理等相关能力内容，以保证对于数据中心所运行的业务相关的操作都是在流程控制下执行的。

灾难恢复预案是保障关键业务功能在高可用数据中心的恢复、主系统的灾后重建和回退工作以及突发事件应急响应的组织流程和预案，甚至进行沙盘推演及实际应急演练。

H公司双活数据中心切换演练

H公司是国际著名超大型ICT企业，其90%以上的运营流程为IT应用系统所支撑。为保证业务连续性，H公司建设了位于D市的双活数据中心。为了验证双活数据中心是否在实际中能够对业务连续性实现有效保障，H公司制定并执行了一个时间跨度达6个月的数据中心切换演练方案。H公司组织跨国专家团队在理论层面进行充分的沙盘推演后，决定将某年春节假期的第二天0:00（大年初一0:00）定为切换演练的零时，并提前通知全体员工及全球合作伙伴，对上下班打卡、财务及产线等关键系统不可用的情况做出兜底预案。最终双活数据中心切换完美完成，没有对企业业务运营造成任何影响。

二、行业云高可用设计

1. 行业云高可用总体介绍

行业云的高可用部署，是一个具有完整体系的解决方案。图4-92展示了行业云具备的"八横四纵"高可用体系，以支撑行业云上业务的高可用。

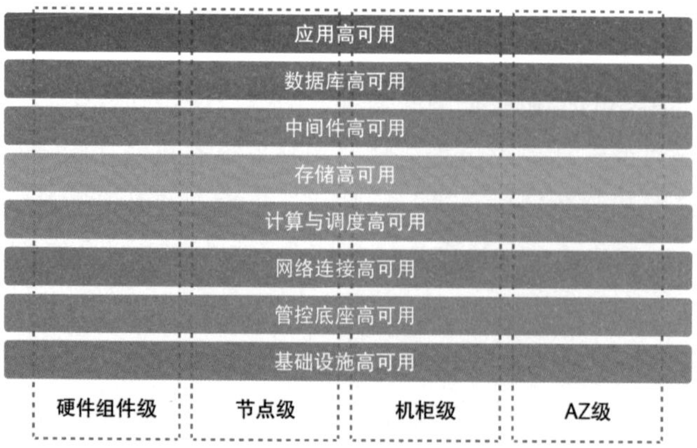

应用高可用			
数据库高可用			
中间件高可用			
存储高可用			
计算与调度高可用			
网络连接高可用			
管控底座高可用			
基础设施高可用			
硬件组件级	节点级	机柜级	AZ级

图4-92 行业云高可用体系

所谓的"四纵"，高可用级别从低到高分别如下。

硬件组件级高可用：任一硬件组件，如单块磁盘、单条网络线缆或单个电源模块等组件出现故障，均不影响业务的正常运行，也不会引起数据丢失。

节点级高可用：任一硬件节点，如管控支撑节点、计算节点、存储节点、网络节点、中间件节点或数据库节点出现故障，均不影响业务的正常运行，也不会引起数据丢失。

机柜级高可用：任一机柜发生整体故障，如 PDU 断电或其他物理设施故障造成机柜内部分或所有设备均掉线时，不影响业务的正常运行，也不会引起数据丢失。

AZ 级高可用：任一 AZ 整体出现故障，如整个机房的电力供应或网络连接中断等情况，使得整个 AZ 无法提供服务时，不影响业务的正常运行，也不会引起重要的数据丢失。

而"八横"则包括以下高可用特性。

基础设施高可用：如前文提到的，行业云的数据中心部署在 Tier-IV 或 Tier-III+ 级别的数据中心中，保证单数据中心的可用性达到 99.99%。

管控底座高可用：在行业云的管控底座中，所有支撑组件及各个产品的控制平面均运行多个实例，可以实现跨 AZ 级别的高可用。如果在全局负载均衡的辅助下，可以实现多 Region 高可用，也就是当任一 Region 中所有 AZ 出现故障时，仍然可以访问其他 Region 的云控制台，对云上资源和业务进行操作。

网络连接高可用：在行业云中，无论是每个 AZ 内的网络设计、AZ 间的网络互联、还是云边界的网络连接，均支持高可用设计，保证单一链路或单一节点的故障不影响整网的连通性。

计算与调度高可用：行业云中的计算资源，如云服务器和容器服务平台等，能够实现 AZ 内或跨 AZ 的算力调度。

存储高可用：行业云中的存储资源，如云硬盘、文件存储及对象存储等，能够实现 AZ 内或跨 AZ 的多副本冗余存储。

中间件高可用：行业云提供的中间件服务能够具备跨 AZ 的高可用性，无论是部分中间件服务节点出现故障，还是单 AZ 内所有中间件服务节点出现故障，云平台都能够保证中间件服务的可用，并且数据的丢失在可接受范围内。

数据库高可用：行业云提供的数据库服务能够具备跨 AZ 的高可用性，无论是部分数据库服务节点出现故障，还是单 AZ 内所有数据库节点出现故障，云平台能够保证数据库服务始终可用。并且在核心数据不丢失的同时，对数据库读写性能的影响在可接受范围内。

应用高可用：行业云为应用提供的微服务框架、键值缓存及分布式事务等底层机制，能够保证只要应用开发者基于业界形成的一定规范进行应用开发，无论是部分应用实例出现故障，还是单 AZ 内的所有实例全部出现故障，都不影响应用对外

提供服务。

为了实现以上"八横四纵"的高可用架构，行业云的部署应当按照一定的规范进行，一个典型的模型是"同城双活 + 仲裁"的模型，如图 4-93 所示。

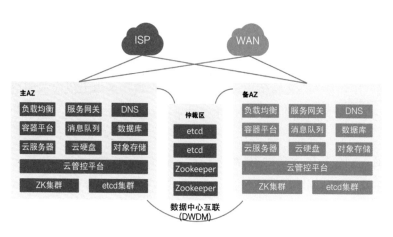

图 4-93 行业云高可用部署典型模型

同城双活就是在一定的地理距离范围内部署两个数据中心，这两个数据中心中运行的业务采用互备（A-B）或负载分担（A-A）的方式部署。当任一数据中心发生故障时，另一数据中心能够接管故障数据中心的业务，实现业务的高可用，也就是使得 RTO 符合用户的需求。同时，两个数据中心中运行的业务所产生的数据，可以按照一定的要求，在两个数据中心之间实现一致性同步，从而将 RPO 控制在一定范围内。为实现同城双活，行业云可以部署在通过 DCI 线路互联互通的两个同城数据中心中。而且，在具备条件时，可以利用密集波分复用（Dense Wavelength Division Multiplexing，DWDM）来实现 DCI，以支撑更多的业务双活及数据强一致同步。

在同城双活的基础上，行业云还可以增加一个特殊的区域，以提升双 AZ 切换的效率，这个区域被称为"仲裁区"。仲裁区仅需要少量的服务器资源，并与另外两个 AZ 通过不少于 200MB 的专线互通。

2. 行业云高可用总体设计

行业云的高可用部署实际上是保障应用高可用（RTO 尽量趋近于 0）和数据高可用（RPO 尽量趋近于 0）的手段。也就是说，用户最终感知到的是行业云上业务的高可用。我们可以将应用高可用的实现进行分解，如图 4-94 所示，其中，属于云产品本身的有负载均衡、Web 前端云服务器、存储（包括块存储和对象存储）、中间件（包括 API 网关、消息队列及缓存等）及数据库的高可用；同时，还需要网络、计算调度、管控平台、支撑组件与仲裁组件等支撑云平台运行的基础设施及控制平面的高可用。

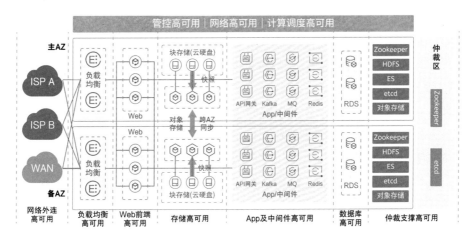

图 4-94 基于行业云实现的应用高可用

3. 行业云 IaaS 产品高可用部署

行业云想实现应用级别的高可用，首先要实现 IaaS 的高可用。IaaS 的高可用包括网络外连高可用、负载均衡高可用、Web 前端高可用、数据存储高可用和 App 层高可用。

（1）网络外连高可用

任何云平台的高可用，首先是网络外连高可用。网络外连高可用指的是每个 AZ 无论连接到企业内网还是连接到互联网，都具备冗余的链路。为了避免单 ISP 整体故障影响整个 AZ 甚至整个云平台的网络连接，行业云应采用异构 ISP 接入，也就是每个 AZ 均使用至少两家 ISP 提供的线路连接到互联网。同样，行业云在建设 DCI 时，也应当尽量利用异构 ISP 提供的专线线路。这样，当单线路或某 ISP 出现整体故障时，不会对用户访问行业云上的业务造成影响。图 4-95 展示了线路切换的机制。如果行业云用户企业内网到单 AZ 的单一线路出现故障，可以通过备用线路访问行业云上的业务。

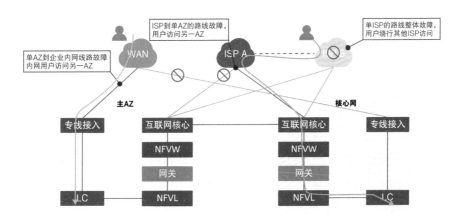

图 4-95 行业云外联高可用线路切换

如果备用线路也出现故障，可以访问另一个 AZ。同样，互联网用户访问行业云上的业务时，如行业云的互联网线路出现单线路故障，可以通过备用线路提供服务。一旦单 AZ 所有互联网线路都出现故障，用户就可以访问另一个 AZ 提供的服务。

（2）负载均衡高可用

当来自互联网或来自用户企业内网的访问请求通过行业云外联线路进入行业云内部之后，首先会到达负载均衡集群。在传统的非云架构或基于 OpenStack 的早期云平台中，往往使用 F5、H3C 或 A10 等设备厂商的专用负载均衡设备。厂商设备内置的软件具备负载均衡的高可用机制，也就是在负载均衡集群内实时同步所有用户的会话状态。这样，一台设备出现故障时，另一台设备能够正确处理集群内用户的会话。

相比传统云平台上的专用负载均衡设备，行业云上的负载均衡设备能够实现跨 AZ 集群，也就是在跨 AZ 的至少四个节点上实现用户会话的同步。这样一来，配合对外的路由发布，即使单一 AZ 的两个负载均衡节点出现故障，另一 AZ 的负载均衡节点也可以接管用户会话，如图 4-96 所示。同时，行业云的负载均衡节点除了挂载本 AZ 内的 RS 以外，还可以挂载同一 Region 内其他 AZ 的 RS。如果某一 AZ 内的 RS 全部出现故障，可以由另一 AZ 的 RS 无缝接管业务。

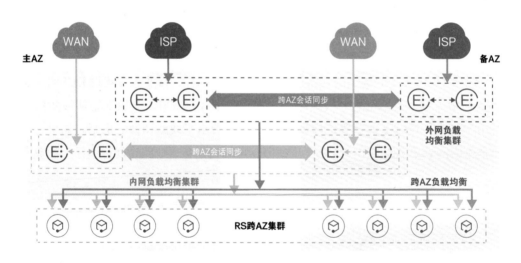

图 4-96 行业云的负载均衡高可用

（3）Web 前端高可用

行业云用户的访问请求经过负载均衡后，首先来到的是 Web 前端。由于 Web 前端使用 HTTP/HTTPS 协议，本质上是一个无状态或弱状态的组件。Web 服务器软件可以通过 Cookie 和 session token 等因素来判断用户登录状态。如果用户在上传或下载较大文件时由于所在 RS 发生异常导致传输中断，也可以利用断点续传功能能继续传输，不需要重头上传或下载。

Web 前端一般运行在云服务器 CVM 上或容器平台 K8S SERVICE 提供的容器 Pod 上。无论是 CVM 还是 K8S SERVICE 的容器 Pod，都可以支持跨 AZ 的 Web 高可用。对于使用 CVM 运行 Web 前端的场景，我们可以在两个 AZ 各申请一套 Web 前端所需的 CVM，用于部署 App 实例，并挂载到 CLB 上。如果单 AZ 的 CVM 全部出现故障，双活 AZ 中运行的 Web 前端可以接管所有访问业务。而对于容器化部署的 Web 前端，K8S SERVICE 可以跨 AZ 调度 Pod。如果用户使用 deployment 方式部署 Web 前端，当单 AZ 全部出现故障时，K8S SERVICE 会检测到该 deployment 集群内的 Pod 数量少于期待的数量，继而会在双活 AZ 内其他节点拉起新的 Pod，并挂载到以 Ingress 方式或 Service LoadBalancer 方式工作的 CLB 上。这样一来，即使单 AZ 整体出现故障，也可以保证 Web 前端的高可用。

（4）数据存储高可用

对象存储主要存储的是 Web 前端对外呈现页面所需要的 CSS 样式表、HTML 或 JS 等代码、图片和视频等静态资源，以及用户上传的文件。行业云上的对象存储是具备跨 AZ 同步或跨地域异步复制的功能的。因此，无论是 Web 前端开发者上传的前端静态资源，还是用户上传到 Web 服务器的文件，都可以通过对象存储的跨 AZ 同步或跨地域异步复制机制，实现跨 AZ 的最终一致性和高可用。

（5）App 层高可用

Web 前端接收到用户请求后，会将请求通过 API 传递给基于 Java、Go 或 Python 等高级语言开发的后端 App。与 Web 前端高可用类似，App 层高可用也可以用计算高可用来作为基础。

（6）行业云 IaaS 产品高可用小结

我们将行业云上常用的 IaaS 产品的高可用部署方式及能力进行小结，见表 4-15 所示。

表 4-15 行业云 IaaS 高可用能力小结

产品名称	部署方式	一致性	RTO	RPO
云负载均衡 CLB	跨 AZ 集群	跨 AZ 强一致性	≈0	=0
云服务器 CVM	AZ 内集群	不涉及	≈0	不涉及
容器平台 K8S SERVICE	跨 AZ 集群	不涉及	≈0	不涉及
云硬盘 CBS	AZ 内集群，可跨 AZ 保存与恢复快照	AZ 内强一致性，跨 AZ 最终一致性	≈0	AZ 内 =0 跨 AZ ≠ 0
对象存储 COS	AZ 内集群，跨 AZ 异步复制	AZ 内强一致性，跨 AZ 最终一致性	≈0	AZ 内 =0 跨 AZ ≠ 0

4.行业云 PaaS 产品高可用部署

我们如果期望行业云上的 App 层实现跨 AZ 的高可用，一方面可以通过负载均衡、云服务器和其他 IaaS 产品的配合来降低 RTO，另一方面还需要在 App 开发的时候使用行业云上可支持跨 AZ 高可用的 PaaS 产品，使得在 RTO 无限趋近于 0 的同时 RPO 也控制在可接受的范围内。这些 PaaS 产品最重要的有流式数据引擎（Kafka）、消息队列（DMQ）、关系型数据库（RDS for MySQL）、缓存数据库（RDS for Redis）以及微服务框架 MSF。

（1）Kafka 高可用

Kafka 的高可用机制如图 4-97 所示。从运行 App 的 CVM 或容器 Pod 向 Kafka 发起生产请求时，App 首先通过 VPCGW 实现对 Kafka 集群的服务发现，VPCGW 会将请求转发到App 所使用的 Kafka 实例的 Leader 所在节点。Leader 在将消息持久化的同时，将之同步到其他 AZ 的 Follower。

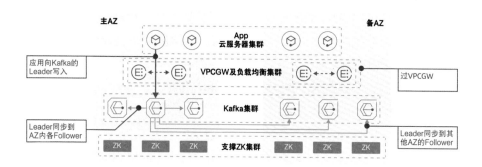

图 4-97 流式数据引擎 Kafka 的高可用机制

注意到 Kafka 实际上实现的是最终一致性，而非强一致性，也就是 Follower 有一个追赶 Leader 的过程，而不是所有 Follower 向 Leader 确认同步成功后 Leader 才返回生产成功。此种最终一致性的机制的优势在于集群的总性能可以随 broker 节点数量的扩展而线性提升。但这种机制也有在极端情况下丢失少量消息的缺陷。因而，Kafka 较为适合大数据及日志采集投递等高性能有损服务场景的需求。对于无损服务的场景，我们推荐 DMQ。

（2）DMQ 高可用

DMQ 的高可用机制如图 4-98 所示。对比图 4-98 和图 4-97 可以发现，用户开发的 App 在使用行业云上的 DMQ 和 Kafka 时，从 App 实例到消息队列工作节点的数据流向大同小异。其主要区别在于 Kafka 是存算一体的架构，而 DMQ 是"前店后厂"式的存算分离架构。DMQ 的高可用部署是在 2 个 AZ 各部署 3 个前端 broker 节点和 3 个后端 Bookie 节点，并各自组成集群。所有前端 broker 节点均注册到 2 个 AZ 的 VPCGW

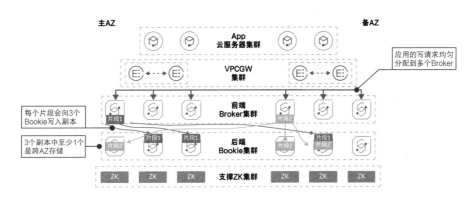

图 4-98 DMQ 的高可用机制

集群，以保证 2 个 AZ 的 VPCGW 都可以将请求转发到双 AZ 内所有的 6 个 broker 节点。

对于消息生产场景，App 到 DMQ 的消息生产请求会经过 VPCGW，VPCGW 将消息生产请求均匀地分配到 DMQ 的各 broker 节点，broker 节点会向跨 AZ 的 3 个不同的 Bookie 节点写入 3 个副本。当 3 个副本都写入成功后，broker 节点才会向 App 返回消息生产成功。因此，DMQ 的分布式一致性是强一致性。也就是说，即使在极端情况下，只要双 AZ 集群中不多于 3 个 Bookie 节点发生故障，就不会造成消息的丢失。

（3）RDS for MySQL 高可用

由于 App 产生的核心数据一般都在数据库中存储并利用数据库本身的功能实现增、删、改、查，因此 App 的高可用，特别是 RPO 指标，所依赖的一个要素就是数据库的高可用。在应用开发中，最常见的关系型数据库是 RDS for MySQL。RDS for MySQL 的高可用部署如图 4-99 所示。我们可以看出，由于 RDS for MySQL 采取了类似 DMQ 的前后端分离机制以及强一致性机制，其高可用机制也与 DMQ 类似。

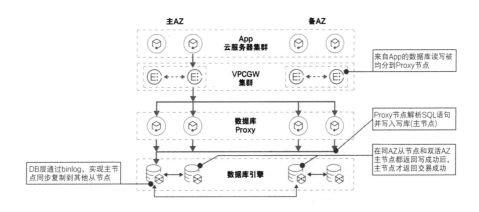

图 4-99 RDS for MySQL 的高可用部署

RDS for MySQL 与 DMQ 在高可用部署方面主要有两点区别。其一是 RDS for MySQL 在每个 AZ 部署的是 2 个数据库 Proxy 节点和 2 个数据库引擎节点；其二是 RDS for MySQL 为读写分离架构，某一实例分配到的数据库引擎主节点承接所有来自数据库 Proxy 节点的写请求。

来自用户的写请求首先到达 VPCGW 集群，在 VPCGW 集群上被均匀分配到 4 个数据库 Proxy 节点。4 个数据库 Proxy 节点会对 SQL 语句进行解析，并将数据写入用户该实例的数据库引擎主节点。数据库引擎主节点一方面会将数据写入本地持久化盘，另一方面会通过 binlog 同步到同一 AZ 的从节点，以及另一 AZ 的主节点。这两个节点返回数据落盘成功以后，主节点才返回写成功。同时，另一 AZ 的主节点会以 binlog 方式向从节点同步数据。

可以发现，RDS for MySQL 的集群高可用机制，实际上在是强一致性和最终一致性之间做了一定的妥协，实现的是 3 节点的强一致性，另 1 个节点为最终一致性。采取这种设计主要是因为 RDS for MySQL 一般是同步读写，App 通过 SQL 语句向 RDS for MySQL 写入数据的时候，会阻塞现有进程或线程的运行，只有在 RDS for MySQL 返回成功后，进程或线程才会继续运行。如果 RDS for MySQL 的写入延迟过大，会造成进程或线程一直阻塞，从而降低用户访问体验。如果出现某一 App 所有实例的线程池中所有线程全部阻塞的情况，虽然并不会导致 CPU 占有率的上升，但会造成大量的响应超时，甚至拖垮其他依赖该 App 的服务，造成"服务雪崩"。因此，RDS for MySQL 需要在保证数据一致性的前提下，尽快向上游调用者返回 SQL 写语句成功或失败的结果，以避免前文所述的情况发生。

我们会注意到，RDS for MySQL 在进行高可用部署时，有数据跨 AZ 同步的过程。由于两个 AZ 之间一般会通过专用光纤线路或运营商线路等实现 DCI 互联，DCI 的时延会成为制约数据跨 AZ 延迟的主要因素。因此，为保证 RDS for MySQL 高可用部署对性能的影响在可接受范围内，一般建议 DCI 线路的 RTT（Round-Trip Time，往返时延）不高于 3ms。

（4）RDS for Redis 高可用

另一种最常见的数据库是以 Redis 为代表的缓存键值数据库。如前文所述，Redis 为了向 App 层提供足够高的读写性能，会将数据存在 RAM 中，并可以按业务需要持久化到磁盘。因此，其跨 AZ 的高可用部署也需要考虑到这一点，在性能和一致性这两个要素发生冲突时，更多地向性能方面倾斜。

RDS for Redis 的跨 AZ 高可用部署方案如图 4-100 所示。来自 App 的对于某个键的读写请求，会被 VPCGW 均分到整个 AZ 中的多个 Redis Proxy 节点，Redis Proxy 节点再向这个键所在的 Redis Cache 主节点写入数据，Redis Cache 主节点会将写入的数据向其他节点发起复制请求。与 RDS for MySQL 不同的是，RDS for Redis 的读写性能是

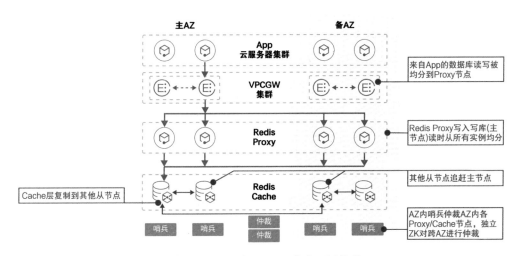

图 4-100 RDS for Redis 的高可用部署

第一优先级的。因此，其跨 AZ 的高可用采用最终一致性模型，也就是让其他从节点追赶主节点的数据更新。

（5）MSF 高可用

对于使用了 MSF 的场景，会涉及 MSF 的高可用。MSF 的高可用主要取决于其服务注册发现中心 Consul。在行业云中，MSF 跨 AZ 部署时，会在每个 AZ 部署至少 3 个 Consul 的实例以构成集群，这样，即使单一 AZ 整体出现故障，另一 AZ 的 3 个 Consul 的实例也可以继续提供服务，保证 MSF 的控制平面不会瘫痪。

（6）行业云 PaaS 产品高可用小结

行业云中常见的 PaaS 产品的高可用设计见表 4-16。

表 4-16 行业云中常见的 PaaS 产品的高可用设计

产品名称	部署方式	一致性	RTO	RPO
Kafka	3+3，Follower 跨 AZ	最终一致性	≈0	≠ 0
DMQ	3+3，broker/Bookie 跨 AZ	强一致性	≈0	=0
RDS for MySQL	2+2，从节点跨 AZ	强一致性	≈0	=0
RDS for Redis	6+6，Cache 从节点跨 AZ	最终一致性	≈0	≠ 0
MSF	3+3，Consul 节点跨 AZ	最终一致性	≈0	≠ 0

5. 行业云管控与支撑仲裁高可用

行业云的各 PaaS 组件具备跨 AZ 高可用能力后，还需要云控制台与支撑仲裁组件实现高可用，如此才能真正地构建高可用的云上应用。

（1）云控制台的高可用

前文提到，云控制台是行业云的总控制平面，在云控制台上可以通过云 API 对行业云底座中运行的各产品的控制平面的元数据进行增、删、改、查操作，从而分配、管理或释放行业云上的资源实例。在行业云中，云控制台是一个全局性质的服务，无论行业云部署了多少个 Region 和多少个 AZ，在每个 Region 的每个 AZ 上都运行了云控制台的前端实例。用户可以通过 GSLB 提供的智能 DNS 功能，将行业云域名解析，从而得到最合适的 IP 地址。这样，只要行业云有一个 AZ 处于可用状态，用户都可以访问云控制台，继而通过运维手段为自己的业务提供保障，如下图 4-101 所示。

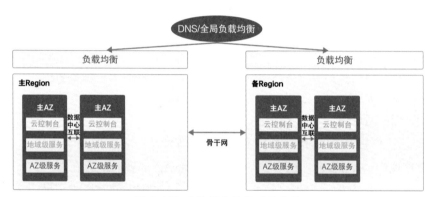

图 4-101 云控制台的高可用部署

（2）云服务支撑组件的高可用

在行业云中，大部分产品与组件的集群协同工作依赖于 Zookeeper（以下简称为 ZK）这一键值数据库实现一些元数据的分布式存储以及预防集群分裂。当行业云上的 IaaS 产品和 PaaS 产品跨 AZ 部署的时候，各产品所依赖的 ZK 实例会分别在两个 AZ 中部署并组成跨 AZ 集群。而 ZK 为防止集群分裂，使用基于 Paxos 算法的多数派选举机制。也就是，如 ZK 集群中总共有 N（N>2）个节点，那么，只有在存活节点大于 N/2 时，整个 ZK 集群才可以对外提供服务。如果 N 为奇数，则需要集群中存活节点数 ≥（N+1）/2；如果 N 为偶数，则需要集群中存活节点数 ≥ N/2+1。

Paxos 算法的提出

算法大师莱斯利·兰伯特（Leslie Lamport）在 1990 年向 ACM TOCS Jnl. 的评审委员会提交了一篇名为 *The Part-Time Parliament* 的论文。论文采用了寓言的方式讲述了一个发生在 19 世纪初在爱琴海 Paxos 小岛上的故事。小岛的政治议事需要通过民主提议和投票的方式，基于多数派的意见，得出最终的一致性决议。但是小岛居民平时需要忙于自己的生计，难以保证参加每次民主投票。如何解决在部分居民不能参与提议和投票的情况下还能形成多数派并达成一致结论，就是这篇论文的主要目的。但由于论文的故事性过强，时任主编要求兰伯特使用严谨的数据证明方式来描述该算法，否则他们将不考虑接收这篇论文。兰伯特没有接受他的建议，并撤销了对这篇论文的提交。直到1998年的ACM TOCS上，这篇延迟了9年的论文终于被接收。2001年，兰伯特发表了 *Paxos Made Simple*。这次他做出了让步，放弃了故事性的描述方式，使用了通俗易懂的语言重新讲述原文，使得大家都能充分理解。文中讲述的是，在一个分布式集群中，由于网络传输的延时和数据传输都不具有确定性，各节点的在线状态也不具有确定性，如果期望该集群得到一致性的结论，就需要保证集群中在线的节点数量多于离线节点数量。如果集群分裂为若干子集群，只有某个子集群的节点数量多于集群内其他所有节点数量的总和时，集群才能得出一致性结论。

但是，使用这种算法可能会有一个潜在的问题。考虑一种情况，在两个AZ中都部署M个ZK，集群总节点数为2M。此时单AZ故障会使得集群内存活的ZK节点数为M，不能形成多数派，将不满足集群正常工作条件。针对这种情况，一般有两种解决方案。

第一种解决方案是在主AZ（以下称为MAZ）部署3个ZK节点，备AZ（以下称为SAZ）部署2个ZK节点，构成5节点的ZK集群。此外，还在SAZ部署另一个AZ备用节点，但不加入ZK集群，如图4-102所示。当SAZ出现故障时，MAZ中还有3个ZK节点可

图4-102　主备AZ的ZK 5+1部署方式

以形成多数派，保障业务不受影响。但在MAZ出现故障时，由于SAZ中只有2个ZK节点在集群中，还需要运维人员手工将备用节点加入ZK集群，形成3个节点的多数派，如此才能让业务从MAZ切换到SAZ。这种方案又称为双AZ准双活方案。显然，这种方案需要手工拉起备节点，RTO $\neq$ 0。

第二种解决方案是在SAZ和MAZ各部署3个ZK节点，同时增加一处位于第三处机房（如办公区增加一个机柜）的仲裁区，在仲裁区中部署1到2个ZK节点，使得ZK的集群总节点数为7个或8个。如图4-103所示，ZK集群的总节点数为8个。无论是MAZ还是SAZ出现故障，存活的ZK节点数均为5个。而仲裁区出现故障时，

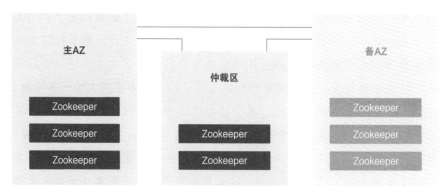

图 4-103 增加仲裁区后的 ZK 集群

存活的节点数为 6 个。这样，无论是任何单个 AZ 出现故障，还是仲裁区出现故障，都可以保证 ZK 集群中仍然有多数派实例保持运行。

行业云内部各产品的管理控制平面组件，以容器的方式部署在行业云的底座服务器集群中。一方面，为保证 AZ 内和跨 AZ 的高可用，这些组件在每个 AZ 内都有多个实例。另一方面，底座中基于 Kubernetes 的容器编排平台也需要将容器平台相关的元数据存储在 etcd 中。为节省资源，etcd 一般与 Kubernetes 的 Master 混合部署在同一硬件节点，因此，在下文中，我们会将 Master 和 etcd 视为一体。

etcd 是一个类似 ZK 的分布式键值数据库，其高可用和一致性机制也与 ZK 类似，采用 Raft 一致性，至少需要 3 节点构成集群，且集群内需要选举形成多数派，如此整个集群才可以正常工作。因此，我们还需要在部署底座高可用时考虑到底座容器平台的 Master 和 etcd。如图 4-104 所示，在 MAZ 和 SAZ 各部署一套 3 节点的 ZK 集群和一套 Master/etcd 集群，同时，仲裁区部署 2 个 ZK 节点和 2 个 Master/etcd 节点。这样，无论是 MAZ 或 SAZ 故障，还是仲裁区整体故障，都不会导致 ZK 集群和 Master/etcd 集群整体不可用，从而保证行业云具备 RTO≈0 的基本条件。

图 4-104 Kubernetes Master/etcd 节点的高可用部署（有仲裁区）

在不具备条件部署仲裁区的情况下，我们也可以仅使用双 AZ 部署。如图 4-105 所示，我们在双 AZ 各部署 3 个 ZK 节点和 3 个 Master/etcd 节点。其中，MAZ 中的 3 个 ZK 和 Master/etcd 节点均加入了集群，而 SAZ 只有 2 个 ZK 节点和 2 个 Master/etcd 节点加入集群，另有 1 个 ZK 节点和 1 个 Master/etcd 节点备用。这样，ZK 集群和 Master/etcd 节点的集群规模均为 5 节点。当 SAZ 故障时，MAZ 内可以

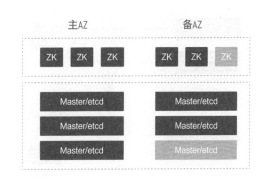

图 4-105 Kubernetes Master/etcd 节点的高可用部署（无仲裁区）

保证 ZK 集群和 Master 集群的节点数均为 3 节点，集群可以正常工作。如 MAZ 出现故障，需要手工将 SAZ 中的 ZK 备节点和 Master/etcd 备节点加入集群，以使得集群满足 3 节点的多数派。

实际上，传统的"同城双活"的数据中心高可用方案是不完善的，需要第三个区域，也就是仲裁区的存在，才能保证 RTO≈0。那么，为什么不将仲裁区与 MAZ 或 SAZ 合并呢？前文中提到过，数据中心的电力供应和外部网络连接等基础设施，是数据中心业务运行的基础。我们之所以在实践中设计同城双活、双活＋仲裁区以及异地灾备等多数据中心部署方案，都是为了防止单数据中心基础设施出现问题时整个数据中心发生故障。那么，如果我们将仲裁区与某一 AZ 合并，当该 AZ 整体故障时，仲裁区和 AZ 内的 ZK 节点及 Master/etcd 节点将会全部脱离集群，进而使得支撑行业云整个 Region 运行的 ZK 集群和 Master/etcd 集群停止工作，业务无法正常运行。因此，如果将仲裁区与任意一个 AZ 合并，将导致通过增加仲裁区来缩短 RTO 的效果无法实现。

三、行业云高可用常见场景

如前文所述，行业云的使用者期望业务的可用性可以达到 99.999 9%。但实际上，服务器单节点、网络设备单节点、外连线路或数据中心其他基础设施的可用性一般在 99.9% 和 99.99% 之间。因而，我们需要考虑单节点故障、单机柜故障、单线路故障以及整 AZ 故障等不同情况下行业云业务的高可用切换。

1. 单 AZ 互联网出口故障

单 AZ 的业务可用性与 AZ 所在机房的互联网线路有强相关性。当行业云某一 AZ 的互联网线路出现故障时，可以通过图 4-106 所示的机制，使得该 AZ 内部的云服务器等承载业务的资源依然可以对外提供服务。在图 4-106 中，MAZ 与 SAZ 各自有运营商线路连接到互联网，同时，MAZ 和 SAZ 之间通过 DCI 线路互联。我们如果期望某一业务会优先访问 MAZ，可以在 MAZ 和 SAZ 的 CLB 组成跨 AZ 集群的基础上，

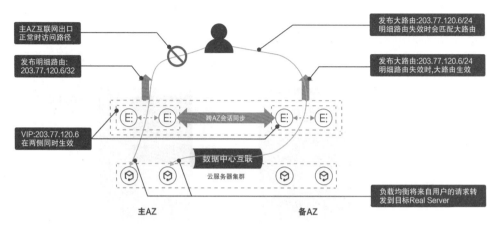

图 4-106 单 AZ 互联网线路出现故障时的数据流向

让 MAZ 的外网边界交换机对外发布子网掩码较长的路由，而 SAZ 的外网边界交换机对外发布子网掩码较短的路由。这种"大小路由"是数据中心高可用常见的方式。当 MAZ 与互联网之间的线路发生故障，MAZ 发布的路由失效，来自用户的访问请求会被运营商的路由器匹配到 SAZ 对外发布的路由，从而将流量牵引到 SAZ 的 CLB 节点。由于 CLB 是跨 AZ 的集群，可以通过 DCI 将用户访问请求分发到另一 AZ。MAZ 内部的 CVM 依然可以通过 DCI 挂载到 CLB 集群上，通过 SAZ 的互联网线路对外提供服务。需要注意的是，这种情况下的 RTO 取决于路由收敛时间，并不能严格为 0。

2. 云服务器宿主机单节点故障

由于服务器的可用性一般为 99.9% 到 99.99%，在实践中有可能出现宿主机（物理服务器）的单节点发生故障的情况。宿主机的故障有两种：一种是轻度故障或高负载告警，另一种是严重故障。

发生轻度故障或高负载告警时，云平台将执行云服务器疏散的动作，将故障或告警的宿主机上的云服务器快速迁移到其他服务器上，也就是通过所谓的虚拟机热迁移来应对这种情况。虚拟机热迁移的工作方式如图 4-107 所示。最左边的宿主机出现故障，此时，可以通过云平台的云服务器热迁移功能，将故障宿主机上的所有云服务器热迁移到其他宿主机。迁移后的

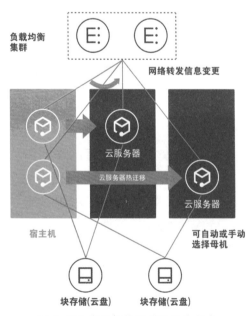

图 4-107 虚拟机热迁移的工作方式

云服务器仍然保持 IP 地址不变,通过负载均衡仍然可以将来自云外或云内的请求分发到云服务器。为使得云服务器迁移后,还可以运行迁移前系统盘上的操作系统,云服务器需要用 CBS 提供的云硬盘实例作为系统盘。

当宿主机上的 Hypervisor 接收到云服务器热迁移的指令时,会执行以下动作,如图 4-108 所示。将云服务器的所有 RAM 内容复制到新的宿主机;暂停云服务器的运行,将脏内存(复制期间云服务器上程序运行修改过的 RAM)、寄存器上下文(CPU 内部的寄存器组)、云服务器相关的 virtio 状态、云服务器的网络 IP 地址与路由转发信息等迁移到目的宿主机;在目的宿主机上重新启动云服务器的运行。

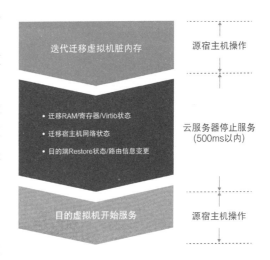

图 4-108 云服务器热迁移关键技术

云服务器迁移的整个过程可以控制在 500ms 以内,在理想情况下,可以将云服务器停止服务的时间压缩到 100ms。如配合负载均衡使用,可以使得对于绝大部分用户的 RTO 几乎为 0,发生迁移的云服务器上的用户也几乎感知不到云服务器迁移的 RTO。

严重故障主要指服务器的 CPU、主板及 RAM 等部件出现物理故障,或出现内核异常(Kernel Panic)导致系统重启的情况。对于这种严重故障,云平台会检测到宿主机离线,并在其他宿主机上重新启动受到影响的云服务器。显然,由于云服务器所在的宿主机已经停止运行或重启,这些云服务器运行时内容会全部丢失。相应地,发生重启的这些云服务器上的用户,后续的业务请求会由负载均衡分发到其他的云服务器上。对于无状态的 Web 前端而言,用户实际上几乎感知不到业务被其他云服务器接管。而对于其他应用,如果运行时的状态能够存储在 RDS for MySQL 和 RDS for Redis 一类的数据库中,新拉起的云服务器可以从这些数据库中读取用户业务运行时的状态,实际上也能够做到 RTO 趋近于 0。

总之,如果在行业云中出现云服务器宿主机的单节点故障,行业云平台能够实现快速业务倒换,使得用户体验到的 RTO≈0。

3. 计算与存储区域整机柜故障

由于行业云的服务器需要置放于机柜中,而机柜本身的可用性取决于机柜本身的设计规范性、机柜制冷与通风系统的可靠性以及供电的冗余与连续性。因而,我们需要考虑到整机柜故障对行业云业务的冲击,以及如何从架构方面保障在出现整机柜故障时,行业云的 RTO 和 RPO 能够满足用户所需的 SLA。

图 4-109 中展示了单个机柜发生故障时对行业云中各组件的影响。灰色部分代表故障机柜，蓝色部分代表正常机柜。

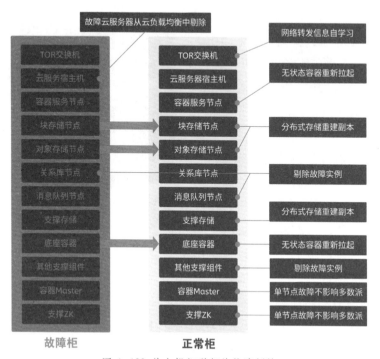

图 4-109 单个机柜引起的故障倒换

一般来说，每 2 到 3 个机柜中的服务器会连接一组柜顶交换机（Top of Rack，TOR）。每组 TOR 由 2 台盒式交换机组成，彼此之间通过堆叠、MC-LAG（Multi-Chassis Link Aggregate）等高可用机制，实时同步转发平面 ASIC 内部的 MAC 表、FIB 表和 ARP（L3Host）表等核心数据库，从而实现某机柜故障导致单台 TOR 故障的时候，在同一组的另一台 TOR 能够无缝接管业务的转发。可以认为 RTO≈0，实际上一般在 50ms 以内。

机柜故障导致的 CVM 宿主机故障会触发负载均衡剔除所涉及的宿主机。同时，云平台会在其他宿主机上重新拉起 CVM 顶替。对于大部分用户而言，RTO≈0，实际上一般在 1s 以内，少部分用户的 RTO 可能达到分钟级别。

与 CVM 宿主机类似，容器平台 K8S SERVICE 的工作节点如果位于故障机柜中，也会使得该工作节点上的容器 Pod 全部停止运行。由于 K8S SERVICE 继承了 Kubernetes 的高可用特性，无论对应的 Pod 是使用何种方式编排生成的，K8S SERVICE 都可以在其他健康的工作节点上重新拉起容器 Pod，并将其加入负载均衡上，以实现容器化部署的应用的高可用。由于容器的启动与调度效率显著高于 CVM，容器化部署的应用 RTO 一般为秒级。

对于机柜故障引起的机柜中云存储节点的故障,无论是 CBS,还是 COS,只要不在一个机柜中部署两个属于同一个存储资源池的存储节点,就不会引起分布式存储的服务中断和数据丢失。当机柜故障引发节点离线时,CBS 和 COS 都会在其他健康的硬件节点上重建副本,同时其他健康节点也可以对外提供服务,从而做到 RTO≈0,RPO=0。

如果在故障机柜中,还有分布式消息中间件和分布式数据库等 PaaS 组件节点,由于 DMQ、Kafka、RDS for Redis、RDS for MySQL 和 MongoDB 等 PaaS 组件都是多节点多副本部署,各副本节点之间通过内置的数据同步机制实现分布式数据一致性。如前文所述,所有的中间件和数据库在单节点发生故障时,均可以实现 RTO≈0。其中,DMQ、RDS for MySQL 和 RDS for Redis 在 AZ 内可以做到数据的强一致性,也就是 RPO=0。Kafka 和 MSF 是最终一致性,存在着从副本或从节点"追赶"主副本或主节点的过程,因此,其 RPO ≠ 0。

除了 IaaS 和 PaaS 外,行业云的底座中还存在着支撑云控制台、运维平台、运营平台及其他产品组件的控制平面运行的分布式存储、容器平台、ZK 及其他支撑组件等。由于这些支撑组件都是以多副本的方式部署,并将每个副本分散到不同的节点上,单节点的故障只会影响一个副本,可以认为单节点故障的 RTO≈0,RPO=0。

总之,当单个计算或存储机柜发生故障时,对行业云上应用的影响在可控范围内,实际上总的 RTO 和 RPO 可以控制在分钟级别。如对应用的 RTO 和 RPO 有较高要求,在选择了合适的中间件产品的前提下,能实现 RTO≈0,RPO=0。

4. 单网络机柜整体故障

行业云中,另一种可能出现的机柜故障场景是单网络机柜整体故障。在行业云的实际部署中,一般来说,为维护方便,核心交换机、外网(互联网)边界交换机、广域接入交换机、网关交换机、网关服务器及防火墙设备将会被放在一组专用的网络机柜。由于这些网络硬件均为双冗余部署,我们可以将每种硬件设备的 2 个冗余节点分开放在 2 个不同的机柜,如图 4-110 所示。

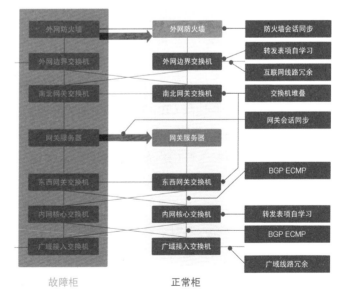

图 4-110 单网络机柜引起的故障倒换

行业云上的外网防火墙设备支持会话同步的功能。当防火墙在处理一个新建网络连接时，会将基于源 IP、源端口、目的 IP、目的端口、协议号的五元组唯一标识出的用户会话信息同步到另一台防火墙设备。在机柜故障引起单台防火墙掉电时，另一个机柜的防火墙也能够在内存中找到用户收发的会话数据包对应的会话信息，从而接管用户会话，保证用户与行业云对外发布的服务之间的交互能够继续。

单台外网边界交换机（WC）或广域接入交换机（PL）在受到机柜故障影响而无法正常工作时，会引起该交换机上的互联网线路以及通过该互联网线路发布的路由失效，用户会通过另一台外网边界交换机的互联网线路访问行业云提供的服务。

南北向网关交换机（NFVW）和东西向网关交换机（NFVL）都是支持双机堆叠的。因此，在单机柜故障导致南北向网关交换机和东西向网关交换机发生故障时，会发生堆叠切换，非故障机柜会接管故障机柜中交换机的所有流量。

网关服务器上运行着 VPCGW、CLB 等网关和负载均衡等 SDN 网元。为避免单点故障造成服务不可用，这些网关和负载均衡均以双实例的方式部署，双实例构成一个集群。与传统防火墙或负载均衡等设备类似，这些 SDN 网元在工作时需要维护和查询用户会话信息，根据会话来进行匹配用户访问并转发到目的地址。当单个网元实例发生故障的时候，另一个实例可以接管相关的流量。需要注意的是，在部署这些 SDN 网元时需要将同一网元的两个不同实例部署在不同的网络机柜中的服务器。如此一来，单机柜发生故障的时候，另一网元实例不受影响。

在行业云中，最为重要的是核心交换机。当单机柜故障引起核心交换机故障时，流量需要切换到另一台核心交换机上。由于核心交换机不使用堆叠的方式形成双机集群，而是通过三层 ECMP 方式对其他 Leaf 交换机呈现权重相同的链路，形成 BGP ECMP 冗余路由，因此，单台核心交换机故障会导致相关 BGP 路由失效，其他 Leaf 交换机会将流量切换到另一台正常的核心交换机上，网络中断时间在秒级。

由于网络柜为行业云整网的关键网络节点所在，所以在网络柜出现故障时，RTO 一般在 10 秒到 1 分钟。需要注意的是，由于核心交换机的倒换会导致瞬间网络中断，而所有的 CVM 和容器挂载 CBS 都有可能通过核心交换机，所以需要在 CVM 宿主机上开启 I/O Hang 能力。在网络中断时，CVM 宿主机的驱动暂时挂起 I/O，待网络恢复后再把 I/O 通过网络发送到 CBS 的各个节点，从而实现 RPO=0。

5. 双 AZ 部署时单 AZ 整体故障

如果单 AZ 所在的机房出现了某些极端情况，如电力故障或其他灾难性不可抗力，导致整个 AZ 出现故障，此时，需要另一 AZ 接管全部业务。图 4-111 中展示的是在行业云 MAZ 故障下，某一应用整体切换到 SAZ 的场景。假设该应用使用 CVM 作为前端 Web 服务器，Web 前端中所需的静态资源放置于对象存储中，后端 App 在 CVM 或 K8S SERVICE 的容器 Pod 上运行，利用行业云提供的中间件和数据库服务，实现组件

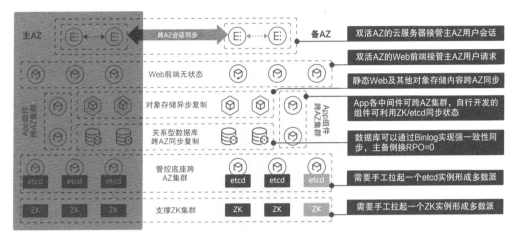

图 4-111 单 AZ 故障引起行业云的业务切换

之间消息的投递和数据的持久化存储。

当 MAZ 整体发生故障时,首先会触发 MAZ 侧负载均衡对外发布的路由失效,用户访问请求会被动态路由牵引到 SAZ 侧的负载均衡上。由于负载均衡是跨 AZ 高可用的,SAZ 的负载均衡可以接管来自用户的会话并转发请求,实现 RTO≈0。

负载均衡把来自用户请求转发到 RS 的依据是 RS 的健康度。由于 MAZ 整体发生故障,位于 MAZ 的所有 CVM 的健康度为 0,负载均衡集群不会将任何请求转发到 MAZ,而是让 SAZ 的 CVM 承担请求。同样的,从 Web 前端到 App 后端的请求也会由 SAZ 内的所有运行 App 的 CVM 或容器 Pod 承担,其 RTO≈0。

一般来说,运行 Web 前端的负载均衡只会挂载一个 CBS 实例,作为系统盘使用,其他 Web 所需的静态内容,如文本、图片、代码或视频等,会放置在对象存储中。这样可以在便于 HTTP 访问的同时,也可以利用对象存储的跨 AZ 同步等功能,实现双 AZ 内容的一致,其 RTO≈0,RPO=0。

行业云应用的 App 后端层,无论是在 CVM 上运行,还是在容器 Pod 上运行,只要在开发时使用了能实现跨 AZ 高可用的中间件和数据库,并利用行业云的 ZK 存储一些状态数据和元数据,可以做到 RPO=0 或基本等于 0。

由于行业云的 IaaS 和 PaaS 产品均采用集群部署,这些产品均依赖 ZK 实现元数据存储以及集群仲裁。因此,ZK 集群的 RTO 决定了 IaaS 和 PaaS 产品集群对外服务的 RTO。行业云在双 AZ 部署时,对 ZK 实例的部署进行了精心的设计。在实践中,"3+2+1"部署是一种比较常见的方式,具体指的是,在 MAZ 部署 3 个 ZK 节点,在 SAZ 部署 2+1 个 ZK 节点,其中 2 个加入集群、1 个冷备。这样,如果 MAZ 发生故障,将 SAZ 的冷备 ZK 加入集群,就可以让 SAZ 发生内具备三个节点,RTO 为手工将冷备 ZK 加入集群所需要的时间,一般为分钟级别。而 SAZ 故障时,由于 MAZ 内部具备 3

个 ZK 实例，不受另一 AZ 故障影响，RTO≈0。与 ZK 类似，K8S SERVICE 容器平台的 Master/etcd 节点以及底座容器平台的 Master/etcd 节点也采用"3+2+1"方式部署。同样，在 MAZ 发生故障时，也需要通过手工拉起 Master/etcd 冷备节点加入 Master/etcd 集群的方式来恢复 SAZ 的业务。

在最坏的情况下，当单 AZ 出现故障，RTO 为分钟级别，而利用数据库存储的核心数据的 RPO=0。如果我们期望 RTO=0 或 RTO≈0，就需要对双 AZ 的部署做一定的改造。

6. 双 AZ+ 仲裁区部署时单 AZ 整体故障

当行业云上应用的可用性需要达到 99.99% 时，手工拉起 ZK 备节点实现故障倒换的方式无法满足可用性的要求。为提升故障倒换效率，缩短 RTO，我们采用双 AZ + 仲裁区的方式部署，如图 4-112 所示。如果仲裁区中运行的 ZK 实例和 Master/etcd 实例数量为 1，那么集群总规模为 3+3+1=7，如考虑冗余设计，在仲裁区中运行 2 个 ZK 实例和 2 个 Master/etcd 实例，那么集群总规模为 3+3+2=8。

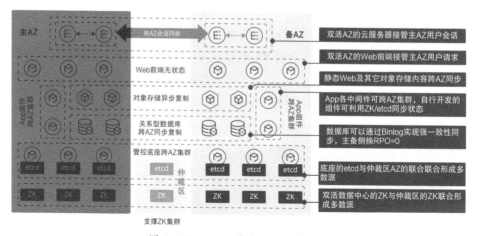

图 4-112 双 AZ+ 仲裁区的方式部署

在增加仲裁区后，单 AZ 故障触发业务切换的机制与流程，与传统双 AZ 部署大同小异。其区别主要在于当单 AZ 发生故障时，AZ 内的 3 个 ZK 实例和 3 个 Master/etcd 实例会退出集群，而 ZK 集群和 Master/etcd 集群内还有 4 个或 5 个实例在运行，无须手工拉起冷备节点，就实现了 ZK 集群和 Master/etcd 集群的 RTO≈0。

我们利用增加仲裁区的方法，实现 ZK 集群和 Master/etcd 集群的全自动化的高可用切换时，就可以实现行业云的全自动化高可用切换，进而做到行业云 Region 内的 RTO≈0。

第五节　互联网技术行业云的未来展望

一、高性能数据平面技术

随着越来越多的应用迁移到行业云上，特别是对互联网用户提供服务的敏态应用不断增加，应用对数据平面性能的要求也在不断提升，与公有云数据平面的性能需求日益接近。

公有云主流的数据平面技术近年来的演进见表 4-17。

表 4-17 公有云主流数据平面技术演进

年代	2016—2018 年	2018—2021 年	2021 年以后
整机 CPU 核数	32-40	40-64	64-128
节点网络速率	10Gbps	25Gbps	100Gbps
存储技术	SAS HDD+SSD	SATA SSD+NVMe SSD	NVMe SSD

随着 CPU 核数的增加，计算能力所配套的网络速率和存储 I/O 能力也在不断提升。以 NVMe SSD 为例，其单盘 I/O 能力可达 50 万，是传统 15 000 rpm SAS 机械硬盘的 2 000 倍，而同等容量下的价格相差无几。同样，在 2021 年，25GB 网卡的价格也追平了 10GB 网卡价格，而 100GB 网卡价格也不再高不可攀。因此，从性价比方面考虑，在大型公有云中采用 100GB 网卡、NVMe SSD 盘等高性能数据平面硬件是目前的主流，也是行业云未来必然的趋势。

随着服务器网络与存储硬件性能的快速攀升，用于处理网络与存储等数据平面 I/O 所消耗的 CPU 处理能力在激增。前文提到，在宿主机上，各个虚拟机之间的互通或虚拟机跨宿主机的互通都离不开宿主机上的 vSwitch。在宿主机服务器的网卡演进到双卡 100GB 以后，如果 vSwitch 的处理能力达不到 200Gbps，就会成为虚拟机对外收发数据的瓶颈。另外，由于虚拟机访问云上的 CBS 依赖于宿主机上的 virtio 或 iSCSI 模块，而宿主机上的 virtio 或 iSCSI 模块的处理能力会受到 Linux 中断的限制，一般难以突破每秒 50 万 I/O，因此，如果期望虚拟机访问块存储的性能达到 50 万 I/O 以上，就需要对云计算与虚拟化平台的存储子系统进行优化。

对于这种问题，一个出现较早的解决方案是引入 DPDK 和 SPDK（Storage Performance Development Kit，存储性能开发套件）。DPDK 的机制在前文中已经有简要的介绍，此处不再重复。而 SPDK 是 Intel 基于 DPDK 的再一次改进，在 DPDK 的基础上增加了对 NVMe SSD 硬盘的支持，使得 NVMe SSD 硬盘的 I/O 操作不需要每次都产生中断，也不需要进行内存复制，而是在专用的线程中采用内存零拷贝（Zero-Copy）技术。这二者的结合被称为纯软件高性能数据平面方案。

然而，纯软件高性能数据平面方案，无论是 DPDK，还是 SPDK，都存在着难以规避的缺陷。DPDK 和 SPDK 的基本原理是，在宿主机中，分配若干个 CPU 内核，专门处理网络与存储等数据平面的 I/O 操作，从而避免占用其他 CPU 内核的时间资源。显然，随着数据平面性能的提升，纯软件高性能数据平面方案所占用的 CPU 资源也会有所增加。实践中常见的 CPU 分配方案见表 4-18。

表 4-18 典型的 DPDK 和 SPDK CPU 核心分配方案

整机 CPU 核数	32	48	64
整机超线程数（vCPU）	64	96	128
节点网络速率（bps）	20G	50G	200G
存储性能	100K	200K	500K
SPDK+DPDK 占用 vCPU	8	16	32
可售卖 vCPU	60	80	96
数据平面开销	12.5%	16.6%	25%

由于存储与网络的性能增速高于 CPU 计算能力的增速，纯软件高性能数据平面方案需要占用的 CPU 核心比例（数据平面开销）也在不断增加。这部分开销也被称为"数据中心税"（Data Center Tax）。因此，从 2018 年起，软硬件融合的高性能数据平面技术进入了云计算探索者的视野。以 Marvell、Intel 和 Broadcom 为代表的网络适配器厂商，以 Xilinx 和 Altera 为代表的 FPGA 厂商，以及以 Tofino 和 Mellanox 等为代表的可编程专用芯片厂商，均提出了自身的软硬件融合高性能数据平面方案。业界对该类方案统一称为 Smart NIC（智能网卡）。

Smart NIC 这个名称看起来似乎与网络具有一定的关联性（NIC 指 Network Interface Adapter，网络适配器），但实际上是宿主机上处理数据平面一些重复性工作的协处理器。其主要功能有 SRIOV 与 vSwitch 卸载、VirtIO 与 SPDK 卸载、TCP 协议栈卸载、HTTPS 加解密加速、基于 RoCE v2 的 RDMA。可以看出，应用基于 Smart NIC 的软硬件融合高性能数据平面技术，能够把宿主机上 Hypervisor、DPDK 和 SPDK 占用的大部分 CPU 资源释放出来，卸载到 Smart NIC 上执行，从而大大降低了"数据中心税"。

目前，互联网公司经过几年的初步探索，已经具备成熟的基于 Smart NIC 的云计算产品，并广泛地实现了商业化应用。在不久的将来，行业云也能够通过引入源于公有云的软硬件融合高性能数据平面技术，在兼顾高性能网络与 I/O 的同时，不额外增加用于数据平面的 CPU 计算力开销，从而提升总体运营效益。

二、增强型非易失性存储

近年来，在互联网公司的大型公有云上出现了单实例 I/O 性能超过每秒 20 万次的超高 I/O 块存储产品。如某公有云的极速型 SSD 云硬盘，每实例的 I/O 性能可达每秒 1 000 000 次，也就是 1M IOPS，而时延最小可达 0.1ms。如果每个存储集群提供 500 个存储实例，考虑到存储每次 I/O 都将以三副本的方式，最终落盘三次，整集群的 I/O 性能需要达到 1 000 000 IOPS × 500 × 3 = 1 500 000 000 IOPS，也就是 15 亿 IOPS，才可以保证每个存储实例在任何时刻都可以达到 1M IOPS 的性能。

显然，如此之高的 I/O 性能，如果通过一个纯 NVMe SSD 构成的集群提供，以单盘性能 50 万 IOPS 计，整集群需要至少 3 000 块 NVMe SSD 硬盘，其成本是无法接受的，也难以解决存储的超低时延需求。而使用 RAM 作为 Cache，虽然能够降低存储读写时延，大大提升随机 I/O 性能，特别是写 I/O 性能，但无法解决在数据尚未存入 NVMe SSD 时单节点故障造成数据丢失的问题。在此种需求下，引入以持久化内存（Persistent Memory，PMEM）为代表的增强型非易失性存储技术，可以实现以较优的成本实现超高的 I/O 性能和超低的时延。

PMEM 是一种融合了 DRAM 和 Flash（NVMe SSD）二者优势的技术，它们之间的对比见表 4-19。

表 4-19 持久化内存技术与其他技术对比

对比项	DRAM	Flash（NVMe SSD）	PMEM
接口类型	DIMM（DDR）	NVMe（PCIe）	DIMM（DDR）
读写方式	字节级别随机	按块写入	字节级别随机
读写时延	30ns（缓存未命中）/ 1ns（缓存命中）	10us	500ns（缓存未命中）/ 1ns（缓存命中）
随机 IO	接近 10M+	50K	1M~10M
成本	最高	一般	较高

可见，PMEM 和 DRAM 的访问方式相似，成本低于 DRAM，性能比 DRAM 略逊一筹，但远高于性能最高的 Flash。其得天独厚的优势是，如其字面意义，PMEM

是持久化存储的,也就是说,即使在断电的情况下写入的数据可以保证不会丢失。这种性质被称为非易失性。这意味着,PMEM 能够让计算机高效率、低时延、透明地永久化保存数据。此外,由于 PMEM 的随机读及读写延迟性能远高于 Flash,利用 PMEM 作为缓存,在良好的缓存替换算法下,可以很轻松地实现 1M IOPS 的 CBS 实例。

除了在云存储领域外,数据库和中间件技术也可以充分利用持久化内存的这一特性提升性能。

一个典型的例子是,传统的分析型数据库如果期望既有较好的事务(OLTP)性能,又有较好的分析(OLAP)性能,就需要将数据保存两份——按行保存和按列保存。显然,这会导致磁盘空间和磁盘 I/O 性能的较大浪费。另一种方式是使用内存数据库,并利用多副本方式保证数据不丢失。这种情况下,数据库服务实例的总存储容量受制于内存容量,并且在单节点从故障中恢复时,需要比较久的时间才能够从硬盘中把数据读入内存,进入就绪状态。那么,如果通过在云数据库中引入 PMEM 技术,让服务器上执行 OLTP 的数据正常落盘,同时将需要开启分析的数据库实例的数据在 PMEM 中保存一份,可以在无须进行行列转换的情况下,在保证高性能的 OLTP 同时,还可以发挥 PMEM 的随机读性能优势,实现高性能 OLAP。

PMEM 的另一个加速云服务运行的例子是在 Kafka 中作为持久化存储。为保证堆积的消息不丢失,Kafka 接收到的数据在被消费之前,应当持久化到硬盘中保存。由于 NVMe SSD 盘的性能限制,即使采用了顺序落盘、异步刷盘及内存零拷贝技术,Kafka 的 3 节点单集群性能瓶颈一般在每秒数百万消息,吞吐量在 GB/s 级别。在应用了 PMEM 后,由于无须从硬盘中存取数据,数据保存到 PMEM 就意味着持久化保存,Kafka 的性能可以提高一个数量级。

随着 PMEM 成本的不断降低,行业云中应用 PMEM 来突破传统 NVMe SSD 的性能限制,将是非常值得期待的。

三、关键技术领域的国产化替代

长期以来,在服务器领域,无论是 Power、SPARC 或 Itanium 等非 x86 处理器,还是 Intel/AMD 推出的服务器级别 x86 处理器,其核心技术一直掌控在国外厂商手中;服务器上运行的 Unix、Windows 或 Linux 操作系统,其开发与发行商均为国外厂商;此外,Oracle、SQLServer 和 Weblogic 等核心中间件及数据库也均为国外厂商掌握。

针对这一现象,在"十四五"规划中,党中央和国务院明确提出了,信息基础设施的关键硬件部件、核心操作系统与核心数据库技术需要逐步使用国产化替代。国内大型公有云及基于互联网技术建设的行业云,将在这一趋势下,逐步适配合适的国产化硬件,并在操作系统、中间件与核心数据库领域进行自主研发的同时,广泛适配现有的国产化操作系统,从而进一步掌控核心技术。目前国产化替代主要涉及两个领域。

1.CPU 的国产化替代

CPU 是计算机基础硬件的核心，也是计算机硬件中技术含量最高、研发成本最高、仿制最难、用户黏性最强的部件。目前常见的国产化 CPU 有以下几种。

海光：中科海光研发制造的国产化 CPU，最新的产品为海光二代，与 x86 在指令集层面高度兼容，原有基于 Intel 的操作系统和应用程序，绝大部分可以在不做修改的前提下直接在海光平台上运行。

鲲鹏：华为海思研发制造的国产化 CPU，最新的鲲鹏 920 处理器采用 ARM Cortex A72 架构，开源操作系统、中间件、数据库、应用可以在开源社区 ARM 版本基础上，合入针对 Cortex A72 的 errata 后稳定执行。

飞腾：中国电子研发制造的国产化 CPU，采用的是非公版 ARM 设计，高度兼容 ARM ISA v8.2 指令集。

龙芯：中科龙芯研发制造的国产化 CPU，采用 LoongISA，高度兼容 MIPS64 指令集。

兆芯：上海兆芯研发制造的国产化 CPU，高度兼容 x86 指令集。

申威：中电科研发制造的国产化 CPU，依托 Alpha 指令集实现。

云平台适配国产化 CPU 的核心要素有以下三点。

一是支持硬件虚拟化，包括特权模式虚拟化、支持内存虚拟化和支持 I/O 虚拟化，避免软件模拟实现虚拟化造成的性能严重下降。

二是有较好的开源社区生态，特别是有基于 CentOS 的 KVM 实现。

三是作为计算 / 网络 / 管理 / 数据库节点，核数不应当小于 32 物理核或 16 物理核；对于 32 超线程，存储 / 中间件节点核数不应当小于 8 物理核。

因此，我们可以针对以上六种国产 CPU 进行评估，得出以下大致的结论。

海光、鲲鹏和飞腾这三种 CPU 可以较好地支持行业云的运行。这三种 CPU 都支持硬件虚拟化，并高度兼容 ARM 或 x86 指令集，具备良好的开源社区生态支持，具有较多的 CPU 内核数量（最高内核以及超线程数量分别为 48、64 和 64），能够作为行业云的计算、存储、网络、数据库、中间件和管控等节点使用。

对于龙芯、兆芯和申威三种 CPU 的支持，未来在硬件虚拟化、CentOS KVM 生态及处理器核数等核心要素进行改进后，基于这三种 CPU 的服务器也可以作为行业云运行的硬件支撑平台使用。

2. 操作系统的国产化替代

除了 CPU 的国产化以外，行业云还可以使用国产化的操作系统（如中标麒麟、统信 UOS 及腾讯 TencentOS 等 Linux 发行版本），以及接入国产化数据库产品（如达梦、人大金仓、腾讯 TDSQL for MySQL 和 TBASE 等），从而实现核心软硬件的全面国产化替代。

3. 国产化替代面临的问题

目前，信息技术关键领域国产化替代也存在一些困难和问题，主要如下。

一是性能问题。虽然从公开的 CPU Spec Benchmark 等测试数据看，海光、鲲鹏、飞腾等处理器与同等主频及核数的 Intel Xeon 处理器相差无几，但在实际业务测试中，往往会发现其性能与 Intel Xeon 有较大的差距。这一般是因为业界常见的系统软件和应用软件所基于的开源组件针对 Intel Xeon 硬件做的优化，与国产化处理器的硬件设计（特殊指令集、内置协处理器、缓存及 NUMA 组织方式等）匹配上的问题。相信随着国产化 CPU 相关的生态不断成熟，这个问题可以迎刃而解。

二是成本与供应问题。产业链各方面的原因叠加造成国产化硬件的成本相对于 Intel Xeon 等国外硬件而言有一定程度的增加。此外，对于某些国产化硬件，虽然设计环节在国内，并且国内掌握了关键技术和部分核心知识产权，但其生产环节依赖于境外合作伙伴，也面临着供应链安全方面的风险，相信可以在各方统一部署下通盘考虑解决。

三是知识产权问题。以 Intel、微软和 Oracle 为代表的国外硬件、系统软件和应用软件提供商，在长期的经营中，在知识产权领域形成了大量的积淀，甚至成为行业的事实标准和准入壁垒。在国产化替代进入深水区时，不可避免地会遇到这方面的问题，这就需要全行业群策群力解决。这一问题的逐步解决，也意味着信息技术关键领域的国产化替代真正成熟，具备了应对全球化市场竞争的能力。

安全与运维篇

第五章
云安全

导　　读

2016 年 4 月 19 日，习总书记在网络安全和信息化工作座谈会上发表讲话："安全是发展的前提，发展是安全的保障，安全和发展要同步推进。"安全要与技术需求匹配，企业须在可靠安全的基础上进行技术的创新，实现业务的发展。云计算市场规模不断增长，企业上云数量逐步提升，面对企业上云这一不可阻挡的趋势，如果安全问题不能及时有效解决，会极大制约云计算的发展。

云计算在提供快捷便利服务的同时将原来局限在私有网络的资源和数据聚集暴露在互联网上，成为黑客、网络不法组织攻击的"靶标"。一旦出现数据泄露、系统被入侵等问题，造成的不良影响难以估量，轻则会给企业带来声誉风险，重则导致企业破产。如 2018 年的一次大规模数据泄漏事件中，一家拥有 2 000 多万用户的照片共享社交媒体应用公司在 AWS 中存储了超过 1PB 的用户数据被泄漏。

云计算安全虽然不创造直接效益，但会带来很多附加价值，主要体现在以下两个方面。一、合规。云计算平台的建设要遵守法律法规、标准及相关合规要求，以保证风险可控，达到监管要求。如果企业想承担政务类业务，就必须满足政务云建设的安全要求。二、风险控制。安全是相对的，企业和用户需要根据自身可承受的风险能力及愿意投入的成本来制定相对应的策略，做到有备无患，针对风险可早发现、早预警、早行动，切实控制风险造成的影响和损失。

本章从云计算面临的安全问题着手，从技术和运营两个角度讲解如何进行云计算平台的安全体系建设，并以实际场景举例，最后针对一些云安全的问题提出思考。

本章主要回答以下问题：

（1）组织业务上云计算需要关注哪些安全问题？

（2）组织应该如何开展云安全建设？

（3）云平台安全防护技术包括哪些？

（4）云安全运营工作如何开展？

第一节　云安全概述

一、云计算带来的安全问题及挑战

云计算以互联网为中心，为用户提供计算、网络、存储等服务，相比于传统的本地计算或者机房托管模式，云计算具备虚拟化、资源共享、按需自助服务、数据集中存储等特点。在管理和运营上，存在资产所有权、管理权和使用权分离、云服务提供商和用户的安全责任共担等特点，这些特点也带来了新的安全问题，主要有以下几点。

1. 虚拟化等技术导致新型攻击形式涌现

随着云计算的发展，越来越多的新技术被广泛使用，如虚拟化、API 接口等。虚拟化作为云计算的核心技术之一，为云计算服务提供了基础架构的支撑，在便于资源池化和弹性扩展的同时也引发了新的安全风险，如虚拟机逃逸。攻击者可以利用虚拟机的漏洞来突破虚拟机管理器，从而获得宿主机的管理权限。API 接口从只用于内部服务调用到发展为更开放、广泛的云平台 API 接口，为开发者带来了标准、高效、易用等诸多好处，但是其自身的安全性也成为巨大的风险窗口，如凭据失陷、越权访问、跨站攻击、数据篡改等。另外，云平台作为被攻击者的同时，也被利用成为扩大网络攻击效果的工具，如以云平台为媒介发起的 DDoS 攻击，传统抗 DDoS 方式受限于资源性能，很难化解突发的大流量攻击。

2. 租户模式带来责任边界模糊、运营协作滞后的问题

云安全是一个复杂的体系，这个体系覆盖云计算基础设施、操作系统、应用和数据多个维度，而云安全责任共担这个模式在业界也已经达成了共识。中央网信办在出台的《关于加强党政部门云计算服务网络安全管理的意见》中明确提出，党政部门在采购使用云计算服务过程中应遵守 4 项大的原则规定：安全管理责任不变，数据归属关系不变，安全管理标准不变，敏感信息不出境。

以 IaaS 为例，在云安全责任共担模式之下，云服务提供商负责云计算平台层的安全运营，建立从信息资产安全管理、漏洞风险管理，到安全事件管理、安全应急响应的一整套安全运营体系，确保云平台基础设施层到虚拟化层的安全。用户负责虚拟网络、虚拟机到数据层的安全，以安全的方式配置和使用云产品和服务，保证数据和应用程序的安全。双方如果没有紧密合作，就可能产生一些安全问题，如租户侧安全运营团队建设相对滞后，无法结合业务更新及时调整自身编制和规模，从而在安全运营方面造成薄弱环节。

3. 云计算服务模式导致数据安全风险激增

除了原有的传统威胁外，数据安全问题还会随着资源集中、系统规模增大、多业务场景数据传输与互通而被进一步放大，并且云计算平台中存放着海量的用户数据，易成为攻击者的攻击对象。

与传统数据中心的数据安全问题不同，云环境下的数据集中化引入了新的安全问题，也是用户上云最担心的问题。数据安全覆盖数据采集、传输、存储、使用、删除及销毁的各个阶段，在传统数据中心的场景下，这些问题都是可以自行控制和管理的。但是在云计算环境下，除了创建之外，任何一个步骤都有云平台的深度参与，甚至在存储、归档、销毁等阶段，用户自己都不能通过技术手段保障云平台遵守服务协议，从而导致数据安全风险。

此外，云服务提供商提供的数据隔离手段失效、数据删除不完全、恶意人员操作等都有可能导致数据泄露。虽然数据泄露的风险并不是云计算所独有的，但它始终是用户需要首要考虑的因素。

4. 法律法规不完善引入的信息安全风险

在法律法规方面，国内外在云计算平台的监管、隐私保护等方面未达成统一标准，而云计算具有地域性弱、信息流动性大的特点。一方面，当用户使用云服务时，并不能确定自己的数据存储在哪里，即使用户选择的是本国的云服务提供商，但由于云服务提供商可能在世界的多个地方都建有云数据中心，用户的数据可能被跨境存储；另一方面，当云服务提供商要对数据进行备份或对服务器架构进行调整时，用户的数据可能需要转移，因而数据在传输过程中可能跨越多个国家，产生跨境传输问题，特别是在政府信息安全监管等方面存在法律差异与纠纷。

二、云安全发展历程

1. 国外云安全发展历程

云安全问题已成为云计算产业发展的痛点，云计算产业规模的扩大需要进一步解决和改善云安全问题。从国外视角看，云安全发展历程主要分为四个阶段，包括初始期、标准建立期、技术成长期和快速发展期，如图 5-1 所示。其主要里程碑事件如下。

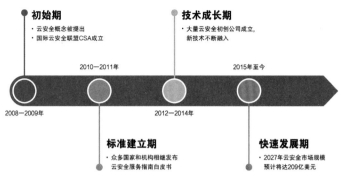

图 5-1 国外云安全发展历程

（1）初始期（2008—2009 年）

以趋势科技为代表的网络安全公司在国际范围内率先提出"云安全"概念，同时发布云安全技术架构，由此标志安全行业开启新时代。

2008 年，趋势科技在美国正式推出了"云安全"技术，率先提出"云安全"这一概念。在主题为"Web 安全云时代"的发布会上，展示了基于云安全技术架构构建的下一代内容安全防护解决方案。

2009 年，云安全联盟（Cloud Security Alliance，CSA）于 2009 年在美国信息安全大会上宣布成立，同时发布《云计算关键领域安全指南 V1.0》，阐述了架构、治理和运行 3 大部分、14 个关键领域的云计算安全问题。

（2）标准建立期（2010—2011 年）

以美国、欧盟为首的众多国家和地区相继发布云计算安全评估方法、安全指南和服务采购标准。

2010 年，美国国家标准与技术研究院、联邦总务署（General Services Administration，GSA）、美国 CIO 委员会以及 ISIMC（Information Security and Identity Management Committee）合作完成《美国政府云计算风险评估方法》，提出对云计算创建评估和授权框架的想法。

2011 年，NIST 发布《公有云中的安全和隐私指南》，讨论公有云环境的威胁、技术风险和保护措施，为制定合理的信息技术解决方案提供了一些见解。

2011 年，CSA 发布《云计算关键领域安全指南 V3.0》。

2012 年，为保证成员国政府云计算服务采购的安全，欧盟网络与信息安全局（European Union Network and Information Security Agency，ENISA）正式出台《云计算合同中的安全服务水平监测指南》，提供了一套持续监测云计算服务提供商服务级别协议运行情况的操作体系，将评估工作贯穿在全合同周期之中，以达到实时核查用户数据安全性的目的。

（3）技术成长期（2012— 2014 年）

传统安全向云安全大迁移，众多技术驱动的安全创业公司加入云安全领域，国外安全厂商大量新技术陆续融入云安全平台。

2012 年，迈克菲推出云安全平台（McAfee Cloud Security Platform），这一创新解决方案旨在帮助各类组织机构安全高效地尽享云计算资源，确保这些组织与云之间传输所有内容和数据流量的安全。

2013 年，趋势科技与 VMware 共同推进虚拟化安全解决方案，提供内含趋势科技业内领先的深度安全防护产品 Deep Security 的 VMware vShield Endpoint 软件包，采用 VMware 虚拟化数据库提供恶意软件防护。

2013 年，CrowdStrike 借助猎鹰（Falcon）平台，创建了多租客、云原生的智能安全解决方案，能够为运行在各种终端（例如笔记本、台式机、服务器、虚拟机、物联网设备）的、本地部署的、虚拟化的以及基于云的工作场景提供网络安全保护。

2014 年，派拓网络（Palo Alto Networks） 推出采用虚拟形式的防火墙设备，可用于 VMware, Inc. 和 Citrix Systems, Inc. 的虚拟化平台。

2014 年，Zscaler 致力于为客户提供云上的网络安全服务，在客户的应用迅速迁移到云上的情况下，通过零信任交换云安全平台（Zero Trust Exchange Cloud Security Platform）为用户提供云端的安全访问应用程序和数据的服务。

此外，还有大量云初创安全公司成立，如 CyberGRX、Awake、Aqua 等。

（4）快速发展期（2015 年至今）

根据 Million Insights 的报告，预计在 2027 年全球云安全市场规模将达 209 亿美元。

2022 年，融资并购持续升温，例如，谷歌收购威胁情报和网络安全服务公司 Mandiant，以构建更完善的云安全业务能力。网络安全解决方供应商 Cloudflare 收购反网络钓鱼公司 Area 1 Security，希望成为安全访问服务边缘（SASE）领域的顶级参与者。

2. 国内云安全发展历程

从国内视角看，云安全发展历程主要分为四个阶段，包括萌芽期、探索期、全面布局期和创新发展期，如图 5-2 所示。其主要里程碑事件如下。

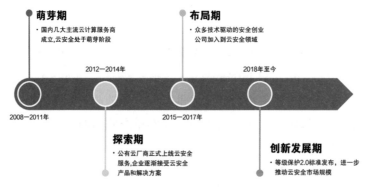

图 5-2 国内云安全发展历程

（1）萌芽期（2008—2011年）

以腾讯、阿里、华为、中国电信为代表的国内几大主流云服务提供商成立，云安全进入萌芽阶段。

2008年，阿里巴巴确定云计算和大数据战略，决定自主研发大规模分布式计算操作系统"飞天"。

2010年，腾讯开放平台接入首批应用，腾讯云正式对外提供云服务。

2011年，华为云成立，专注于云计算中公有云领域的技术研究与生态拓展，致力于为用户提供一站式的云计算基础设施服务，成为国内三大公有云服务与解决方案提供商之一。

2011年，中国电信正式对外发布天翼云计算战略、品牌及解决方案。

（2）探索期（2012—2014年）

以腾讯、阿里为代表的公有云厂商正式上线云安全服务，国内企业逐渐接受云安全产品和解决方案，在云网融合的安全建设过程中，安全资源池概念被首次提出。

2013年，腾讯云安全正式上线，标志国内云安全服务能力初步形成。

2013年，阿里云计算获得全球首张云安全国际认证金牌（CSA-STAR），这是英国标准协会（British Standards Institution，BSI）向全球云服务提供商颁发的首张金牌，标志着阿里云在云端安全管理和技术能力领域已获得国际权威认可，这也是中国企业在信息化、云计算领域安全合规方面第一次取得世界领先成绩。

2014年，国内通信技术厂商提出云安全资源池概念，认为在云网融合的安全建设过程中，要想满足租户的网络安全隔离且独立管理的需求，关键是需要建设高性能、高可靠、可扩展、虚拟化、统一管理的安全资源池。

（3）布局期（2015—2017年）

众多技术驱动的创业公司加入云安全领域，国内安全厂商陆续发布云安全综合解决方案。

2015年，奇安信、绿盟、深信服、天融信、安恒等国内主流安全厂商陆续发布以云安全资源池为核心的云安全综合解决方案。

2016年，云安全联盟大中华区（Cloud Security Alliance Greater China Region，CSA GCR）在香港注册成立，在中国的成员单位包括中国信通院、华为、中兴、腾讯、浪潮、OPPO、顺丰科技、深信服、360集团、奇安信、绿盟科技、启明星辰、安恒信息、天融信等160多家机构。

2017年，华为云基于用户诉求推出了用户可自行搭建的全栈云安全服务体系，构建针对网络、主机、应用、数据、安全管理5大领域的防护体系，全面保护用户数据安全。

2017年，云厂商与安全厂商竞合关系逐步形成，云安全开启自动化时代，把安全能力云化，变成服务或软件的形式。

（4）创新发展期（2018至今）

网络安全等级保护 2.0 标准发布，进一步推动云安全市场规模，以云原生为代表的新兴安全理念逐步兴起。

根据赛迪的统计，2018 年中国云安全服务市场规模达到 37.8 亿元，同比增长 44.8%，中国云安全服务市场处于爆发式增长阶段。

2019 年，全国信息技术标准化技术委员会发布网络安全等级保护 2.0 标准，针对云计算、物联网、移动互联网、工业控制、大数据等新技术提出了新的安全扩展要求，同年阿里云发布《阿里公共云用户等保 2.0 合规能力白皮书》，实现首个一体化云原生安全架构。

2020 年，腾讯安全联合中国信通院、天融信、绿盟科技、深信服等共同发布了国内首份《"云"原生安全白皮书》，系统性地剖析了云原生安全的发展趋势，通过阐释云原生安全内涵与边界，探究其在新基建落实部署及数字化赋能社会经济发展过程中的关键价值。

2021 年，云原生安全理念逐步兴起，在全球范围内被快速采纳。2022 年，60% 的中国 500 强企业投资于云原生应用和平台的自动化、编排和开发生命周期管理，推动安全与云的深度融合。

三、云安全现状

1. 国外云安全现状

整体来看，以美国为代表的海外云安全市场正处于快速发展阶段，技术创新活跃，兼并整合频繁。一方面，云安全技术创新活跃，并呈现融合发展趋势。例如，综合型安全公司 Palo Alto 的 Prisma 产品线将 CWPP、CSPM 和 CASB 三个云安全技术产品统一融合，提供综合解决方案及 SASE、容器安全、微隔离等一系列云上安全能力。另一方面，新兴的云安全企业快速发展，并获得资本市场的高度认可。同时，传统安全供应商也通过自研＋兼并的方式加强云安全布局。例如，Snyk 通过收购 Fugue 进入云安全市场，Palo Alto Networks 相继收购 Evident.io、RedLock、PureSec 和 Twistlock；Datto 收购 EDR 供应商 Infocyte。随着越来越多的企业，尤其是中小企业采用云安全产品，云安全市场，包括安全邮件 /Web 网关、身份和访问管理 IAM、远程漏洞评估、安全信息和事件管理，将迎来高速发展时期。

2. 国内云安全现状

目前中国云安全市场处于发展阶段，与海外云安全市场有一定的差异。从技术应用上来说，大多数中国的安全厂商聚焦云工作负载安全防护平台（CWPP），以保护用户安全。除了 CWPP 外，私有云厂商还提供了以云安全资源池为核心的云安全解决方案，提供 Web 应用防火墙、入侵检测、堡垒机、数据库审计等虚拟化安全能力。但随着国内公有市场的加速发展，云原生技术的应用越来越广泛，云原生安全逐步成为云基础设施安全重点，云访问安全代理（CASB）、云安全配置管理（CSPM）、安全访问服务边缘（SASE）等新兴技术在国内将具有良好的发展前景。

传统行业上云加速，金融、电子政务、制造、医疗等领域将成为云安全的重点行业，在云产品业务布局中注重考虑技术能力与业务场景结合，云安全产品的发展也将遵循产业互联网发展趋势，安全产品、安全理念与组织架构也需要随之更新，同时带动云安全咨询、云安全托管等衍生需求，云安全产品在能力上将走向专业化，内容上走向生态化。

中国云安全市场相对整体云市场体量较小，增长空间广阔。如图 5-3 所示，根据艾瑞咨询发布的《2021 年中国云安全行业研究报告》数据显示，预计在 2024 年中国云安全市场规模将达到 254 亿元，继续保持 40% 以上增速。

图 5-3　2015—2024 年中国云安全市场规模及增速

第二节　云安全体系

一、云安全目标

对于云计算的服务提供商和上云组织而言，如何达到理想的安全水平？除了传统信息安全的机密性、完整性、可用性 3 个特性外，云计算安全还应该注重自主可控与安全合规，基于云计算特点和安全风险，设计云安全框架。

自主可控是保障网络安全、信息安全的前提。自主可控技术就是依靠自身研发设计，全面掌握产品核心技术，实现信息系统从硬件到软件的研发、生产、升级、维护的全程自主可控，简单地说就是核心技术、关键零部件、各类软件全都国产化，自己开发、自己制造，不受制于人。习近平总书记曾多次强调"必须切实提高我国关键核心技术创新能力，把科技发展主动权牢牢掌握在自己手里"。

安全合规是云计算发展的基础。对于云服务提供商而言，每个用户都希望所使用的云平台、云服务有足够的安全性，保障自己云上的数据不被破坏或窃取，系统不被入侵。随着《中华人民共和国网络安全法》《中华人民共和国数据安全法》《中华人民共和国个人信息保护法》《关键基础设施安全保护条例》、网络安全等级保护 2.0 标准等法律法规的颁布，保障 IT 系统的安全合规性，已经成为企业的法律义务。

为了保证云计算的安全性，各国政府机构和标准组织在云计算安全标准的研制中投入了大量的精力，制定了很多云计算安全的标准和指南，提出了对应的框架模型。

1. GB/T 25070—2019《信息安全技术 网络安全等级保护安全设计要求》

《信息安全技术 网络安全等级保护安全设计技术要求》于 2019 年正式发布，取代网络安全等级保护 1.0 标准，进入网络安全等级保护 2.0 标准时代。该标准明确等级保护对象主要包括基础信息网络、云计算平台 / 系统、大数据应用 / 平台 / 资源、采用移动互联技术的系统等，并根据等级保护对象的重要程度、遭到破坏后的危害程度等确定安全保护等级和实现相应级别安全要求。

该标准结合云计算功能分层框架和云计算安全特点，提出"一个中心、三重防护"的防护理念，强化了建立纵深防御和精细防御体系的思想，云计算等级保护设计框架如图 5-4 所示。安全要求分为通用要求和扩展要求，其中安全通用要求中技术要求包括

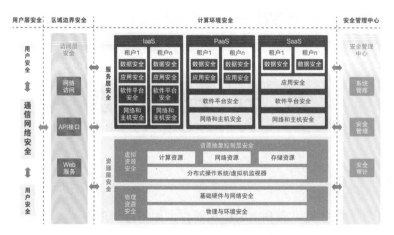

图 5-4 云计算等级保护安全技术设计框架

安全物理环境、安全通信网络、安全区域边界、安全计算环境和安全管理中心；管理要求包括安全管理制度、安全管理机构、安全管理人员、安全建设管理和安全运维管理。扩展要求中提出云计算平台在满足安全通用要求之外，还需要实现虚拟化安全保护、镜像和快照保护、云计算环境管理等要求。

2. NIST 云计算安全参考架构

NIST 云计算安全参考架构基于云计算的服务模式、部署模式和参与角色三个维度而提出，如图 5-5 所示。云计算的三种服务模式分为基础设施即服务（IaaS）、平台即服务（PaaS）、软件即服务（SaaS），四种部署模式分为公有、私有、混合、社区，五种角色分为云提供者、云消费者、云代理者、云承运者、云审计者。该架构中确定了必须包含的安全组件集，提出在不同层次的云服务类型中各种角色要承担不同的安全责任，部署对应的安全措施。

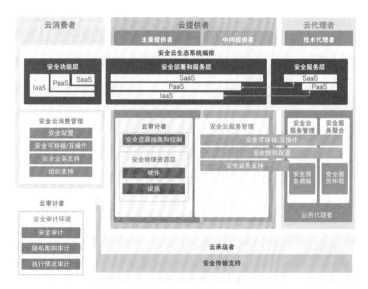

图 5-5 NIST 云计算安全参考架构

3.《CSA 云计算安全技术要求》

《CSA 云计算安全技术要求》于 2016 年 10 月发布，该标准根据云计算层次架构，结合安全业务特点，定义了云计算安全技术要求架构，如图 5-6 所示。该标准提出了云计算安全责任模型，指出云服务提供者和用户要在不同服务类型下承担各自控制范围内的安全责任，并详细描述了用户层、访问层、服务层、资源层中 IaaS、PaaS、SaaS 产品应该实现的基础要求和可以进行补充强化的增强要求。CSA 后续发布的《云计算关键领域安全指南》《云控制矩阵》等提供了对云计算进行系统性评估和实践的指导，读者也可以参考阅读。

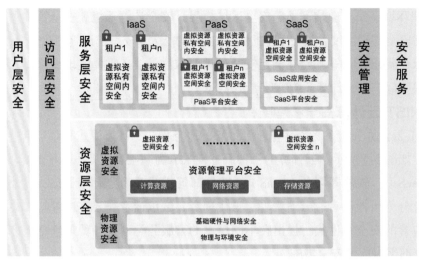

图 5-6　CSA 云计算安全技术要求架构

在云计算平台的规划建设或业务上云的过程中，除了安全模型架构设计外，我们还应考虑合规、法律要求等因素，相关的内容可参考《云启智策》中"云合规"章的内容。

三、云安全框架

云安全目标是确保组织安全决策落实、开展网络安全工作的基础。在云计算环境下，我们应该在确定目标的前提下，分析云平台面临的安全风险，遵照国家标准、法律法规和行业规范，借鉴业界安全建设经验，构建云计算安全整体框架，确保云计算环境安全、可靠、稳定的运行，如图 5-7 所示。

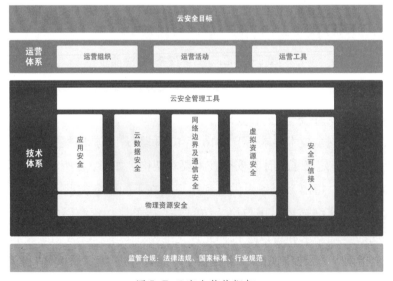

图 5-7 云安全整体框架

我们在设计云安全架构时需要综合考虑技术、运营、管理，三者缺一不可。俗话说"三分技术，七分管理"，技术提供底层的支撑，运营将人、流程、技术有机结合，持续输出安全价值，实现防护能力的闭环，再通过管理制度加以约束和指导，这样才能更好地保证云安全持续的运行。

安全管理制度主要是按照企业内部的安全战略规划以及监管机构的要求制定相应的制度，整个制度文档大致分为三级。第一级为策略层文件，主要是指引信息安全管理方向的总体方针策略，包括安全组织策略、安全开发策略、安全运维策略、应急管理策略等。第二级为要求层，是依据总体安全策略制定的制度文件，起到承上启下的作用。对上，它是策略层文件的展开和具体化，使得总体策略中原则性和纲领性的要求得到展开和落实；对下，它引出操作层文件，包括作业指导书、细则、流程和记录等。第三级为操作层，描述具体的工作岗位和工作现场如何完成某项工作任务的具体做法，同时应包括所有程序执行过程中或完成后的记录，是证明安全管理体系运行有效性和检查各阶段是否达到要求的证据。管理制度一般包含供应链安全管理、数据安全和信息生命周期管理、运维管理等，各组织根据自身情况制定，各有差异。

云安全技术体系由七个模块组成，包含物理资源安全、虚拟资源安全、网络边界及通信安全、云数据安全、应用安全、安全可信接入和云安全管理工具，这七个模块为上层的安全运营提供技术支持，以实现云安全体系化建设。云安全运营是在满足组织监管合规策略、总体业务需求和信息安全策略的基础上，结合组织架构、运营活动开展，通过组建架构规划、漏洞情报、监控应急、安全运营和平台支撑等技术团队，利用云安全技术，从规划、预测、发现、响应、优化五个维度开展云安全运营活动。

第三节 云安全技术

本节首先对云安全框架中的技术体系进行概述，借鉴前面章节描述的云安全参考模型，提出云安全技术框架，然后针对虚拟化安全、网络通信、应用安全、数据安全等方面的关键技术进行详细的描述。

一、概述

借鉴网络安全等级保护 2.0 标准、《CSA 云计算安全技术要求》等标准中的云安全设计架构，云安全技术框架包含物理资源安全、虚拟资源安全、网络边界及通信安全、云数据安全、应用安全、安全可信接入、云安全管理工具七个部分，如图 5-8 所示。

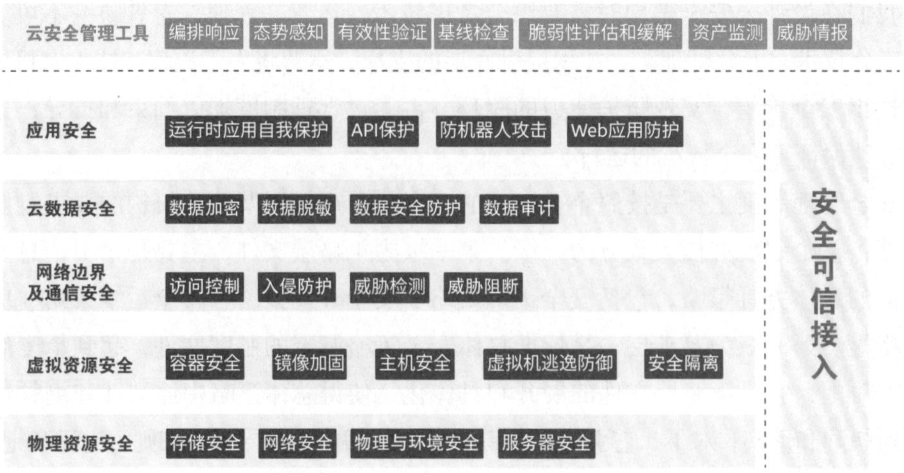

| 云安全管理工具 | 编排响应 | 态势感知 | 有效性验证 | 基线检查 | 脆弱性评估和缓解 | 资产监测 | 威胁情报 |

| 应用安全 | 运行时应用自我保护 | API保护 | 防机器人攻击 | Web应用防护 |

| 云数据安全 | 数据加密 | 数据脱敏 | 数据安全防护 | 数据审计 |

| 网络边界及通信安全 | 访问控制 | 入侵防护 | 威胁检测 | 威胁阻断 |

| 虚拟资源安全 | 容器安全 | 镜像加固 | 主机安全 | 虚拟机逃逸防御 | 安全隔离 |

| 物理资源安全 | 存储安全 | 网络安全 | 物理与环境安全 | 服务器安全 |

安全可信接入

图 5-8 云安全技术框架

物理资源安全：物理资源安全是保证网络安全的前提，它要求考虑保护各类机柜、设施和设备等免遭自然灾害和人为操作错误或失误造成的破坏。

虚拟资源安全：云计算在进行技术架构的跨时代变革的同时带来了前所未有的安全风险，如镜像漏洞、虚拟机逃逸、容器失陷，虚拟资源安全也是云安全最为重要的一环，做好安全防护措施势在必行。

网络边界及通信安全：旨在保证数据在网络传输过程中不被泄露与不被攻击，应具备访问控制、威胁检测防御等能力。在云环境下，数据包的封装导致难以从被攻击目标定位到云租户，对于安全产品的数据包获取解析能力也提出了更高的要求。云上的安全产品大都实现了虚拟化部署方式，可以让云租户更加灵活地搭建自身的安全体系。

云数据安全：数据安全作为安全体系中的重中之重，贯穿了整个安全架构，近几年屡见不鲜的数据泄露等安全事件更加说明了搭建数据安全体系的重要性，尤其是在云计算环境下，我们要从数据加密、数据脱敏、数据审计等方面加强数据保护。

应用安全：应用安全部分包括 Web 应用防火墙、防机器人攻击、API 安全及运行时应用自我保护等安全技术，相比于传统的应用安全防护来说，云上应用安全产品有新的部署形态，后面的章节将会进行详细的介绍。

安全可信接入：主要强调以零信任的观念实现对用户、设备和应用的全面、动态、智能访问控制。

云安全管理工具：描述了常见的运营工具，其中安全运营中心作为安全大脑对接所有安全产品的日志，集中分析处置，并与一系列如资产监测等之类的产品有效结合，为安全运营工作提供有效的技术支持。

除了以上七个部分，在设计云安全架构时，还须遵循一定的设计原则，如物理资源安全设计要求、虚拟资源安全设计要求、分区分域隔离设计理念等。

二、技术分类

1.虚拟资源安全

虚拟化通过组合或分区现有的计算、网络、存储资源，使得这些资源表现为一个或多个操作环境，从而提供优于原有资源配置的访问方式。虚拟化把物理资源转变为逻辑上可以管理的资源，以打破物理结构之间的壁垒，其中最重要的一点是实现虚拟资源的安全隔离，其实，计算、网络、存储产品本身就会实现虚拟化隔离，我们也可以利用安全隔离产品实现资源间的隔离。除了安全隔离外，虚拟化资源层还面临着很多问题，如存在漏洞的虚拟机镜像、虚拟机逃逸、容器逃逸等，虽然部分漏洞利用门槛较高，但是一旦被攻破，影响极大，所以我们仍需要格外注意，下面我们将讲解如何解决这些问题。

（1）镜像加固

虚拟化镜像安全是云平台安全一个重要的模块，云平台上所有虚拟机的基础安全与镜像安全紧密相关，虚拟化镜像的安全性和保密性都会影响整个云平台的安全稳定。每个租户创建虚拟机时大都是通过平台方提供的镜像进行快速创建的，如果镜像存在安全问题或者被恶意篡改，会大面积影响云租户虚拟机的安全，如图5-9所示。

镜像加固主要包含以下几个方面：虚拟机镜像和快照的完整性校验，防止虚拟机镜像被恶意篡改；采取加密等技术手段防止虚拟机镜像、快照中可能存在的敏感资源被非法访问；当发生故障时自动保护所有状态，保证系统能

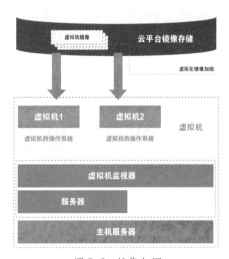

图5-9　镜像加固

够进行恢复；设定镜像基线，保证业务使用漏洞扫描和加固过的镜像，并对镜像进行持续性的漏洞检测和加固。

（2）虚拟机逃逸防御

虚拟化技术从开源 KVM 到 Docker、Kubernetes，不断推陈出新，而微服务和软件定义网络的理念模糊了开发和运维的界限，把更多的安全问题带入虚拟化技术。虚拟机逃逸是指在虚拟化主机里运行的程序利用虚拟机的漏洞突破虚拟机管理器，获得宿主机操作系统管理权限，并控制宿主机上运行的其他虚拟机的情况。如图5-10所示，通常情况下CPU的运行级别分为4级，即RING0—3,虚拟机操作系统运行在RING1上，

宿主机操作系统运行在最高级别 RING0，因为只有运行在 RING0 上的宿主机操作系统才能调动物理 CPU 和一些特权指令集，所以虚拟机只能靠宿主机来协调物理 CPU 虚拟化。虚拟机逃逸的攻击者打破了权限与数据隔离的边界，不但能掌控用户应用，还能控制宿主机上所有的虚拟机，

图 5-10　虚拟化逃逸提权模型

并以此为跳板，攻击其他宿主机上的虚拟机。因此，不得不说，虚拟机逃逸已成为云计算时代令人担忧的重大安全威胁。

　　虚拟机逃逸攻击的关键在于先提权、后渗透，提权完成系统级别的控制切换，渗透完成隔离机制的破坏，打破虚拟化体系的安全机制。攻击者利用虚拟机操作系统发起执行敏感指令的请求，该指令会交由内核态去处理，某些特权指令会交由虚拟机监视器处理，此时攻击者可利用虚拟机监视器的漏洞，使得虚拟机监视器执行完特权指令后不产生指令状态的返回，导致用户态停留在内核态，攻击者实现提权，随后攻击者可以渗透到宿主机和虚拟机的其他区域，破坏虚拟化的隔离机制，完成逃逸操作。常见的虚拟机逃逸漏洞表现为四种类型，分别为内存隔离失效、拒绝服务、权限提升和 QEMU 仿真错误，无论用什么方法逃逸，最终的目的都是提权，只有这样，才能造成宿主机的崩溃，并执行任意代码，从而控制更多虚拟机。

　　过去几年里，主流的虚拟化软件大都出现过虚拟机逃逸相关的漏洞，虚拟机逃逸成为一个必须解决的问题，组织应在业务的不同阶段采取措施，减少漏洞，从而减少逃逸事件的发生。

　　在业务开发阶段，我们可以采用缓解措施来阻挠攻击者利用漏洞进行程序控制，提升逃逸难度，具体包括地址空间布局随机化、非执行内存、数据执行保护等方法。其中地址空间布局随机化是一种针对缓冲区溢出的安全保护技术，通过对堆、栈以及共享库映射等线性区布局的随机化，增加攻击者预测目的地址的难度，防止攻击者直接定位攻击代码位置，达到阻止溢出攻击的目的，降低攻击者提升权限产生逃逸的风险。

　　在业务上线运营阶段，上云组织方应不断挖掘并监测业务中可能存在的漏洞，并及时更新漏洞补丁，减少已知漏洞带来的危害。同时，对于可能出现的未知攻击，应在虚拟机和宿主机中部署主机安全等产品，对虚拟机与宿主机之间的系统调用或通信等行为进行监测、分析，及时识别出一些未知的虚拟机逃逸行为，并加以拦截。

（3）主机安全

主机作为承载业务的底层资源，为用户提供各类服务，因其数据和服务价值容易成为黑客的攻击目标。随着云计算的发展和新技术的广泛应用，传统的安全边界逐渐消失，网络环境中的服务器资产盲点成倍增加，黑客入侵、数据泄露、恶意软件感染以及不合规的风险也在随之攀升。主机安全已然成为串行防护体系中最关键的防线。

主机安全产品一般采用 B/S-A（Browser/Server-Agent，控制台 / 后端服务—客户端）的部署架构，如图 5-11 所示，Agent 安装在需要被防护的主机上面，持续地进行信息采集等工作，还能通过接入模块与后端服务进行通信，执行其下发的任务。后端服务作为信息处理中枢，持续从 Agent 接收信息，处理后进行持久化存储。控制台以网页的形式与用户交互，提供告警展示及安全策略的配置管理功能。

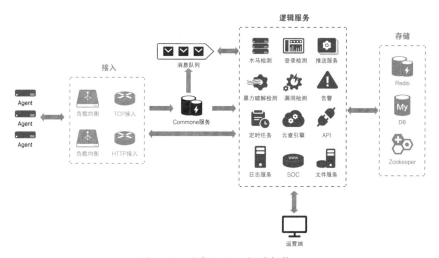

图 5-11　主机 B/S-A 部署架构

Agent 按照其能力及资源消耗分为轻量级 Agent 和重量级 Agent。轻量级 Agent 消耗主机资源较少，一般只进行数据的采集和上报，响应后端指令完成威胁的处置，由后端服务对于接收到的数据攻击进行分析、识别、处理。但是当后端服务出现故障时，防护能力失效。重量级的 Agent 则会进行攻击的识别和处理，后端服务只进行数据的格式化处理和存储。重量级 Agent 会较多地消耗主机资源，但是当后端服务出现故障时，其防护功能依旧有效。

Agent 按照其运行环境分为 Linux 版本和 Windows 版本。因为 Agent 需要运行在被防护的主机上，所以对 Agent 的性能、可靠性及兼容性提出了很高的要求。Linux 版本的 Agent 一般会采用多个控制组群（CGroup）、审计信息的内核模块（audit）、性能监控分析工具（perf）、文件事件监控（fanotify）等多个内核成熟的机制来进行数据采集、系统监控和资源限制。Linux 版本的 Agent 常采用的机制及功能见表 5-1。

表 5-1 Linux 版本的 Agent 常采用的功能及机制

相关机制	功能
CGroup	限制、记录、隔离进程组所使用的物理资源（如 CPU、memory、IO 等）
cpulimit	通过可执行文件名称或进程 ID（pid）限制应用程序的 CPU 使用率
perf	性能监控分析工具
inotify（2.6.13）和 fanotify（适用于 2.6.36 以后版本）	文件系统变化的通知机制，可以监听指定目录下的所有文件变化，阻断对于文件的操作
cnproc	内核通信监控
audit	系统安全事件审计

Windows 版本的 Agent 一般采用事件跟踪（ETW）、WinEventAPI 等成熟的 API 接口实现进程监控、恶意请求、木马查杀等功能。但是 Windows 自身没有内核的限制机制，只能定时检测资源的消耗情况，若超过阈值就自杀或者降级处置。

主机安全产品主要提供木马检测、反弹 shell 检测、资产采集、漏洞检测及本地提权检测等功能，下面将对主要的检测逻辑进行讲解。

木马检测的逻辑如图 5-12 所示，主机安全 Agent 实时监控文件变动事件，定时向后端服务上报文件信息。后端服务先通过海量的木马样本库匹配文件的 md5 值，如果

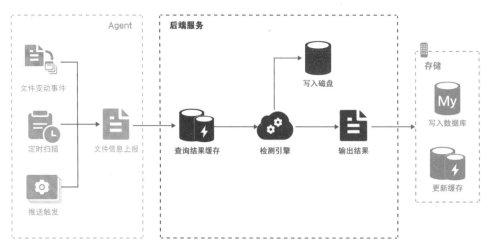

图 5-12 木马检测逻辑图

未命中，再通过基于机器学习的多模匹配算法、语义分析算法、规则库等检测引擎对文件内容进行检测，同时提供一键隔离等功能，保护主机的安全。

资产采集及漏洞、基线检测的逻辑如图 5-13 所示，主机安全 Agent 从后端服务获取采集及检查的脚本，在主机上运行获取进程依赖的组件版本或指定路径的组件版本、配置、账号、jar 包、计划任务等信息，上报到后端服务，后端服务基于组件识别技术，可以快速掌握服务器中软件、进程、端口的分布情况，采用比对组件版本号的方式来判断是否存在漏洞，并提出预警和修复方案。同时主机安全产品基于国际云安全标准及网络安全等级保护 2.0 标准等安全要求，可以进行系统配置的检测，以确定是否存在安全基线问题。

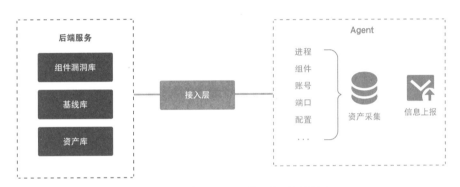

图 5-13 资产采集及漏洞、基线检测逻辑图

异地登录和暴力破解检测逻辑如图 5-14 所示，主机安全 Agent 对网络数据包进行解码分析或监控登录日志文件（如 /var/log/wtmp、/var/log/secure），上报变动信息，后端服务通过用户自定义规则和机器学习模型等判定是否存在异常登录和暴力破解的行为。

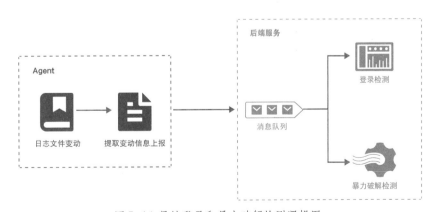

图 5-14 异地登录和暴力破解检测逻辑图

若出现以低权限进入系统，并通过某些手段提升权限，获取高权限的事件，很有可能为黑客的攻击行为，该行为会危害云服务器的安全。主机安全的本地提权功能可以通过检查 suid 程序执行等手段实时监控服务器上的提权事件，并能对提权事件详情进行查看和处理，同时也应支持白名单功能，用于设置被允许的提权行为。

随着多云、云原生等新型架构技术的出现，攻击手段不断进化，衍生出更多的安全需求，主机安全产品早已从基础的被动防御开始向主动防护方向进化，防护范围也从普通的服务器到覆盖容器。作为串联防护的最后一道防线，主机安全产品一般是要求全面部署的。但由于在云服务器上部署主机安全 Agent，与各类系统的适配、防护策略配置等仍需要在实践中逐步优化，按照笔者的经验，主机安全产品并不适用于业务较重的主机、数据库服务器，也请读者在使用时注意。

（4）容器安全

容器是一种轻量化的操作系统级别虚拟化技术，使用 Linux 内核的 Namespace 和 CGroup 特性为应用提供共享操作系统内核的轻量化资源和运行环境。相比传统的 Hypervisor 虚拟化技术来说，容器的运行环境更加轻量，开发和部署更加快速，扩缩容弹性更好。

近些年来，容器技术迅速席卷全球，颠覆了应用的开发、交付和运行模式，在云计算、互联网等领域得到了广泛应用。截至 2020 年，Docker Hub 中的镜像累计下载了 1 300 亿次，用户创建了约 600 万个容器镜像库。从这些数据可以看到，用户正在以惊人的速度从传统模式切换到基于容器的应用发布和运维模式。

随着容器的广泛使用，其安全问题越来越突出，Proevasio 曾对 Docker Hub 中 400 万个容器镜像扫描，发现有 51% 的镜像都存在高危漏洞，并且有 6 432 个镜像包含病毒或恶意程序。容器的生命周期大概分为三个阶段，分别是构建、部署、运行，如图 5-15 所示下面我们将从容器的全生命周期考虑如何保证容器安全。

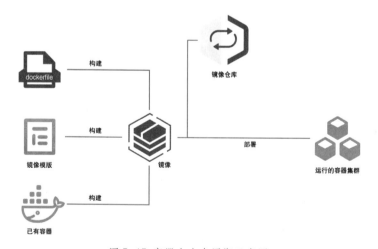

图 5-15 容器全生命周期示意图

dockerfile：用于创建镜像的模板文件。

镜像：镜像文件，相当于服务器端可执行的软件包。

容器：运行起来的镜像文件，真正对外提供服务。

构建阶段生成的镜像文件被存储在镜像仓库中，开发者从镜像仓库拉取镜像，从而使之成为运行的容器，对外提供服务。从容器的全生命周期来看，容器安全的目标就是要保证在构建、部署和运行各个阶段的安全。

如果镜像本身就存在应用组件、语言包漏洞，甚至恶意上传的后门等，在开发者拉取时就会引入安全风险。在构建阶段，我们可以通过已有容器打包、dockerfile 两种方式创建镜像。假如我们不是基于 dockerfile 创建，那构建出的镜像将继承已有容器的问题和漏洞，所以一般采用 dockerfile 方式创建镜像，再逐层添加。dockerfile 是由一组指令组成的文件，文件格式如下。

```
# This dockerfile uses the ubuntu image
# VERSION 2 - EDITION 1
# Author: docker_user
# Command format: Instruction [arguments / command] ..
#1、第一行必须指定 基础镜像信息
FROM ubuntu
#2、维护者信息
MAINTAINER docker_user docker_user@email.com
#3、镜像操作指令
RUN echo "deb http://archive.ubuntu.com/ubuntu/ raring main universe" >> /etc/apt/
sources.list
RUN apt-get update && apt-get install -y nginx
RUN echo "\ndaemon off;" >> /etc/nginx/nginx.conf
#4、容器启动执行指令
CMD /usr/sbin/nginx
```

文件中的每条指令对应 Linux 中的一条命令，在执行构建容器镜像时将根据 dockerfile 中的指令生成镜像。dockerfile 的常见指令名称及含义见表 5-2。

表 5-2 dockerfile 的常见指令及含义

指令	含义
FROM 镜像	指定基础镜像
LABEL	指定镜像元数据
MAINTAINER 名字	说明新镜像的维护人信息

续表

指令	含义
RUN 命令	在基础镜像上执行命令，提交到新的镜像中
CMD["要运行的程序"，"参数1"，"参数2"]	启动容器时运行的命令或脚本，只能有一条CMD命令；如有多条，则最后一条执行
EXPOSE 端口号	开启的端口号
ENV 环境变量 变量值	设置环境变量的值
ADD 源文件/目录 目标文件/目录	将源文件复制到目标文件，源文件可与dockerfile位于相同目录或是一个URL
COPY 源文件/目录 目标文件/目录	将本地主机文件/路径复制到目标地点，源文件/目录要与dockerfile在相同的目录中
VOLUME["目录"]	挂载点
USER 用户名/UID	运行容器时的用户，默认为root
WORKDIR 路径	为dockerfile中的任何RUN、CMD、ENTRYPOINT、COPY和ADD指令设置工作目录
OBUILD 命令	指定所生成的镜像作为一个基础镜像所要运行的命令
HEALTHCHECK	健康检查

在部署阶段，我们需要从仓库中取出镜像进行部署运行，此过程中攻击者可以通过一些手段劫持、替换恶意的镜像，甚至直接攻击镜像仓库，因此仓库本身的安全性和镜像拉取传输过程中的安全性成为部署阶段主要考虑的问题。在运行阶段，配置不当则会带来风险隐患。如果采用特权模式运行容器，导致从容器直接访问宿主机上的资源，就容易被黑客利用，实现容器逃逸和入侵。因此，为确保容器安全，一般要采用针对性的检测与防范措施，见表5-3。

表5-3 各阶段检测内容及防范措施

阶段名称	检测内容及防范措施
构建阶段	持续对镜像进行漏洞扫描； 了解生产镜像存在的已知漏洞及其严重性； 对安全漏洞持续监控和修复； 开展代码审计

续表

阶段名称	检测内容及防范措施
部署阶段	使用可信镜像，控制好镜像的来源； 我们可以定义镜像的信任基线，根据业务场景规定镜像下载的来源（如规定只能从某个私有仓库下载）、镜像是否签名、镜像的 base 是否为公司推荐的黄金镜像、镜像是否经过安全扫描且无严重漏洞等，也可以在镜像拉取时进行检查，拦截不满足基线的镜像； 我们可以使用 Cosign 等工具对镜像进行签名，当镜像部署到节点或者 K8S 集群时，再通过 Shell Operator 工具实现签名验证； K8S 集群访问权限控制； 集群配置安全和合规检查
运行阶段	了解容器环境运行的资产信息，做好资产清点； 规定并控制特权容器的使用场景，避免滥用特权容器； 规定和控制将应用服务暴露在集群之外的容器； 实时监控容器内进程启动、文件修改、网络外联行为，检测容器内是否有恶意程序运行、高危命令执行，是否有木马落盘等，阻断对容器进行的恶意攻击； 定期对容器进行合规性基线检查，可参考 CIS Benchmark 的要求，建立容器的基线规则，并借助开源工具 docker-bench2 / kube-bench 等进行检查

　　基于容器的全生命周期防护的种种需求，容器安全产品一般提供资产清点、镜像扫描、合规基线、入侵行为检测等能力，实时、准确地感知入侵事件，发现失陷容器，并提供针对性的响应处置手段。

　　容器安全产品部署架构同主机安全类产品，采用 B/S-A 的部署架构，如图 5-16 所示。Agent 部署在运行容器的宿主机上，负责对所属主机上的镜像及容器进行安全巡检以及实时的入侵监控，在发现容器异常时，采用访问控制机制限制容器进一步的行为和通信。

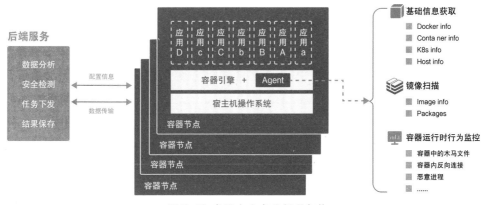

图 5-16 容器安全产品部署架构

后端服务负责对搜集来的数据进行统一的挖掘、分析，处理后进行持久化存储。控制台以网页的形式与用户交互，具有告警展示及安全策略的配置管理功能。

在容器安全产品的实现中，一般将 Agent 部分与主机安全产品集成在一起，避免出现在一个主机上安装各类 Agent 造成冲突的情况。容器安全产品的功能大都相同，关键是如何结合实际的情况将产品用好，如针对所有的容器镜像设置自定义的检测规则，对未达到安全基线的镜像不允许拉取运行等。

（5）安全隔离

当前主流的云虚拟网络安全隔离防护技术按防护粒度由粗到细依次为 VPC 间防火墙、ACL 子网、安全组、微隔离，应用在不同的场景中。VPC 间防火墙用于 VPC 之间的东西向流量隔离，进入 VPC 后，采用 ACL 子网实现 VPC 内子网间的隔离。进入子网后，运用安全组技术，使用安全组配置虚拟机上的访问控制策略。最后是微隔离技术，微隔离技术可以在虚拟机与虚拟机或容器之间实现更精细化的隔离策略。以上四种安全隔离技术搭配使用，可以更好地阻止风险的蔓延。

① VPC 间防火墙

VPC 是公有云上自定义的一块逻辑隔离网络空间，我们可以在 VPC 中管理自己的子网结构，定义 IP 地址范围和配置路由策略等。VPC 间默认不能通信，但可以通过对等连接的方式实现 VPC 间的网络互联。传统的防火墙部署在网络边界，主要对南北向的流量进行检测及阻断。而 VPC 间防火墙主要针对 VPC 之间的流量进行检测和阻断，如图 5-17 所示。

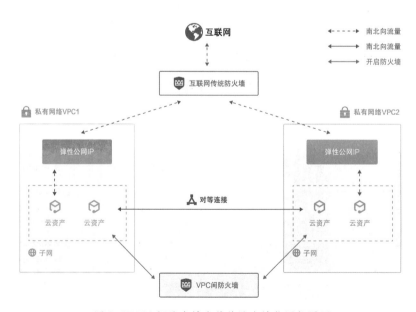

图 5-17 VPC 间防火墙和传统防火墙位置部署图

　　VPC 间防火墙为一种分布式的防火墙，生效于两个 VPC 之间，通过引流的方式将流量牵引到防火墙侧进行安全检测及阻断，底层包过滤检测原理与传统防火墙完全一致，只是部署逻辑不同。VPC 间防火墙具备访问控制、入侵检测、虚拟补丁等核心安全能力，下面介绍 VPC 间防火墙如何进行流量牵引及具备的核心安全能力。

　　A. 流量牵引原理。

　　如图 5-18 所示，租户的 VPC1、VPC2 接入 VPC 间防火墙，首先要实现流量牵引，这里采用了跨租户的弹性网卡来实现引流，主要实现步骤：为每个接入 VPC 间防火墙的 VPC 分配一个防火墙子网，并创建一个跨租户的弹性网卡作为该 VPC 的引流网卡；接下来，切换下一跳路由为防火墙引流网卡的高可用虚拟 IP，将流量牵引到防火墙。

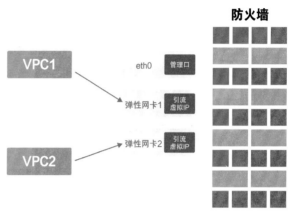

图 5-18　流量牵引实现图

　　B. 核心安全能力。

　　a. 访问控制。访问控制列表（Access Control List，ACL）是一种基于包过滤的访问控制技术，它可以根据设定的规则对数据包进行过滤，允许其通过或丢弃，实现对网络访问的控制。ACL 由一系列规则组成，如数据的源地址、目的地址和端口号等。如图 5-19 所示，当数据包到达时，会根据设定的规则进行匹配，若第一条匹配规则失败，就继续向下匹配，直到匹配到符合要求的规则后，才会允许数据包通过。若全部规则都无法匹配数据包，则默认丢弃数据包。

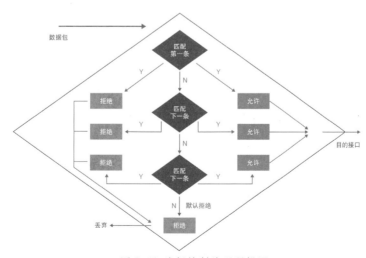

图 5-19 访问控制处理逻辑图

b. 入侵检测。VPC 间防火墙的核心安全能力在检测引擎上，与威胁检测类产品的原理一致。如图 5-20 所示，为了节省性能消耗，我们通常采用单次解析架构，报文经过一次拆包后，在所有引擎模块中进行检测，而不是在通过每个检测模块的时候都重复进行拆包和重组。

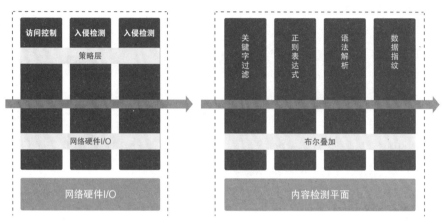

图 5-20 单次解析架构匹配机制示意图

c. 虚拟补丁。VPC 间防火墙中可集成虚拟补丁能力，虚拟补丁是指在不修改应用程序源代码、修改二进制代码或重新启动应用程序的情况下，能够即时建立的一个安全策略实施层，用来防止对已知漏洞的攻击。虚拟补丁基于对网络流量的分析，通过签名、正则表达式和模式匹配等方式识别恶意请求并进行拦截。VPC 间防火墙可以精细化控制 VPC 之间的访问流量，当遭遇恶意攻击时，还可以有效缩小威胁横向扩散范围。

② ACL 子网。

ACL 子网就是利用访问控制策略来控制子网间的访问关系，将 ACL 规则绑定在子网接口上。在同一个 VPC 中，可以对租户的网络进行子网划分，划分到同一子网下的虚拟机或者业务系统可以相互通信。反之，如果不在统一子网下，默认是无法通信的。访问控制策略原理与 VPC 间防火墙中的一致。ACL 子网是一种安全隔离技术，被广泛应用。

③安全组。

安全组实际上属于一种虚拟化防火墙策略，部署在每台虚拟机上。如果虚拟机宕机重启或发送漂移，安全组策略都会跟着虚拟机移动，保证策略的有效性。这种安全策略具备状态检测、包过滤功能。安全组默认拒绝所有入方向的访问流量，如果想要访问业务系统，需要配置安全组规则，其示例见表 5-4。

表 5-4 安全组规则示例表

规则方向	授权策略	优先级	协议类型	端口范围	授权对象
入方向	允许	1	TCP	80	ALL
出方向	允许	1	TCP	8080	1.1.1.1

④微隔离。

微隔离与 VPC 间防火墙一样是为了解决东西向流量的安全问题，但是跟 VPC 间防火墙的技术也有明显区别，VPC 防火墙主要应用在云上跨 VPC 的东西向流量访问控制及安全检测，对于 VPC 内的东西向流量束手无策，在这种情况下微隔离技术应运而生。如图 5-21 所示，红色部分一般由传统防火墙覆盖，绿色部分则属于微隔离的范畴。

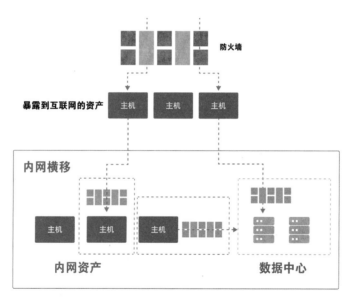

图 5-21 流量防护区分示意图

微隔离技术在 2015 年由 Gartner 正式提出，当时叫作"软件定义的隔离"（软件定义的分段，Software-Defined Segmentation），主要指将隔离和策略控制分离，以适应更加复杂多变的虚拟网络隔离管理；后来改为"微隔离"（Microsegmentation），其能力定义转变为工作负载级别的隔离管理控制；到 2020 年，又更名为"基于身份的隔离"（基于身份的分段，Identity-Based Segmentation），开始主张所有资产、行为都必须经过身份验证和授权，才能与之通信或操作。

NIST 在零信任架构中给出了微隔离技术架构图，如图 5-22 所示，当一个服务器访问另一个服务器资源的时候，需要先通过企业系统上的 Agent 进行身份验证，Agent 会

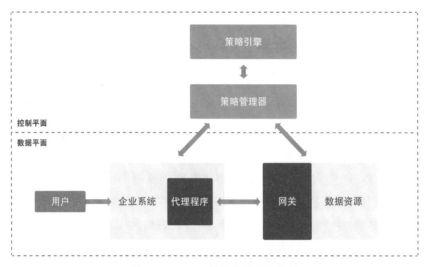

图 5-22 NIST 微隔离技术架构图

与控制层面的策略管理器（Policy Administrator）验证访问者的身份是否合法，经过策略引擎（Policy Engine）进行访问资源的判断，将结果返回给数据层面，最终通过网关执行相应的动作。

策略管理器和策略引擎结合为策略控制中心，客户端和网关结合为策略执行单元。其中策略控制中心能够可视化展现内部系统之间和业务应用之间的访问关系，让用户能快速理清内部访问关系；能按角色、业务功能等多维度标签对需要隔离的工作负载进行快速分组；能够灵活配置工作负载、业务应用之间的隔离策略。策略执行单元执行流量数据的监测和隔离策略，一般为主机上的 Agent。

基于身份 ID 的微隔离实现主要业务逻辑如图 5-23 所示，主要包含以下 3 个部分。

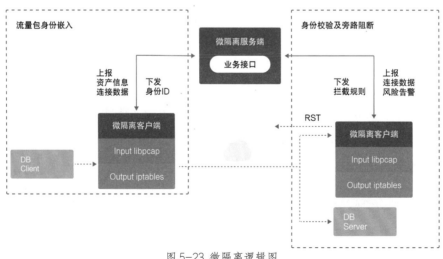

图 5-23 微隔离逻辑图

下发身份 ID：微隔离服务端根据端口、服务名、镜像、标签等为同一业务分配统一身份 ID，并将身份 ID 下发至微隔离客户端。

流量包嵌入：微隔离客户端在发送端与接收端进行三次握手时，使用数据包修改技术将身份 ID 嵌入到数据包中，然后发给数据接收端。

身份校验及阻断：数据接收端的微隔离 Agent 抓取到数据包后，对其中和策略相关的信息进行抓取过滤，检查发送方的身份 ID，然后根据相应的策略执行阻断或放行。

A. 微隔离实现的主要技术

微隔离产品在实现时的主要技术包含身份嵌入和阻断。其中阻断可通过防火墙 iptables 实现，也可以结合旁路抓包和旁路阻断技术实现。下面就这几个关键技术进行简单的说明。

a. 身份嵌入。微隔离产品需要使用数据包修改技术将身份信息嵌入数据包中，常用的如 nfqueue。nfqueue 是 iptables 的一种数据包控制能力，它用于将网络数据包从内核传给用户态进程，由用户态进程根据具体业务逻辑修改或裁决数据包，并将结果返回内核。身份嵌入实现可以利用 nfqueue 技术将创建连接时发送的 syn 包中嵌入身份 ID，嵌入地点可以是 TCP header 中的 option 字段。

b.iptables。iptables 是 Linux 系统下常用的防火墙软件，可以实现对网络访问的精细控制，例如丢掉特定来源地址的数据包。iptables 通常是按照规则来处理数据包的，规则存储在内核空间的信息包过滤表中，指定了源地址、目的地址、传输协议（如 TCP、UDP、ICMP）和服务类型（如 HTTP、FTP 和 SMTP）等。当数据包与规则匹配时，iptables 就根据规则来处理数据包，如放行（accept）、拒绝（reject）和丢弃（drop）等。

c. 旁路抓包。微隔离旁路抓包技术的工作机制是在数据链路层增加一个旁路处理，当网络数据包到达时，网卡分接口会将数据包分为两个层面的数据，如图 5-24 所示。

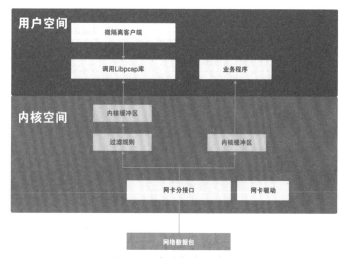

图 5-24 旁路抓包示意图

一方面是业务程序需要的数据，这部分数据不需要进行规则过滤，会直接进入内核缓冲区，然后提供给用户空间的业务程序进行使用。另一方面是与微隔离相关的数据，通过对数据的过滤和缓冲处理，最后传递给微隔离客户端。一般采用数据包过滤器进行数据过滤，在 Libpcap 中可以采用伯克利封包过滤器（Berkeley Packet Filter，BPF）对数据包进行过滤，但是这种方法相对来说功能比较单一，只能支持网络层数据包的过滤，目前用得较多的是扩展的 BPF（extend BPF，eBPF），较传统的 BPF 而言，eBPF 可以在 Linux 各个子系统中使用，而且 eBPF 技术不仅支持网络数据包过滤，还支持其他事件类型，比如 Pref Event、XDF、kprobe 等。

B. 旁路阻断技术。

iptables 以串联模式工作，当功能发生故障的时候会影响业务系统的正常运行，这时旁路阻断技术应运而生。旁路阻断技术的底层就是通过发 TCP Reset 包的形式进行双向阻断，如图 5-25 所示，在微隔离场景中 TCP Reset 能力集成在微隔离客户端 Agent 上，一旦发现攻击，客户端会向通信的两端各发送一个 TCP Reset 包，从而实现主动切断连接的目的，此时通信双方会把这个 Reset 包解释为另一端的回应，然后停止通信过程，释放缓冲区并撤销所有 TCP 状态信息。这个时候，攻击数据包可能还在目标主机操作系统 TCP/IP 堆栈缓冲区中，没有被提交给应用程序，由于缓冲区被清空了，所以攻击不会发生。

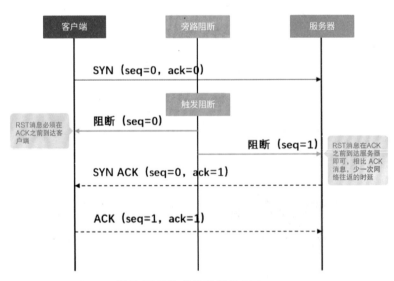

图 5-25 TCP 旁路阻断示意图

微隔离产品部署架构同主机安全类产品，采用 B/S-A 的部署架构。客户端部署在主机上，按照策略进行流量监测和隔离。后端服务负责对数据进行统一的挖掘、分析、处理后，进行持久化存储。控制台以网页的形式与用户交互，提供告警展示及策略的配置管理功能。微隔离客户端的主要实现方式为代理模式和虚拟机模式，大致分为三大类，即 Native 模式、Third-Party 模式、Overlay 模式。每种模式实现的逻辑略有不同。

如图 5-26 所示，Native 模式是将微隔离的能力集成在虚拟机监视器 Hypervisor 上，此部署模式类似于无代理模式，当两个虚拟机上的业务需要交互时，流量会通过虚拟机 1 穿过 Hypervisor 层到虚拟机 2，所有的安全检测和隔离能力都在 Hypervisor 层

图 5-26 Native 模式部署示意图

中的微隔离 Agent 实现。在这种情况下，虚拟机上的资源得以释放，无安全组件，不会影响任何业务连续性。当虚拟机数量较少的时候，性能可以满足业务需求，但是，一旦虚拟机数量激增，尤其在对实时报文进行网络协议分析的情况下，便很难保证性能和检出率。

如图 5-27 所示，Third-Party 模式是利用额外的虚拟机实现虚拟机之间的安全检测和隔离，通过引流技术将流量牵引至微隔离虚拟机。但这种情况下微隔离虚拟机可能成为瓶颈，所以微隔离虚拟机自身需要实现平滑扩容以及高可用，避免因单点故障导致的业务中断。

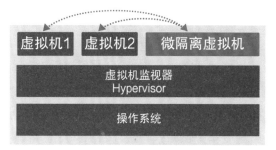

图 5-27 Third-Party 模式部署示意图

如图 5-28 所示，Overlay 模式是目前相对比较成熟的部署模式，也是业界比较主流的方案，以分布式的形式将微隔离 Agent 部署在每个虚拟机上，解决了前两种模式中的性能问题。三种部署模式的优劣势对比见表 5-5。

图 5-28 Overlay 模式部署示意图

表 5-5 客户端部署模式对比

功能 / 产品	Native 模式	Third-Party 模式	Overlay 模式
部署模型	私有云	公有云、私有云	私有云
部署模式	Hypervisor 层部署 Agent	虚拟机部署	虚拟机上部署 Agent

续表

功能 / 产品	Native 模式	Third-Party 模式	Overlay 模式
主要优势	虚拟机无代理，可以解放虚拟机的压力，方便管理	客户端与 Hypervisor 层无代理，可以实现 4—7 层的安全检测	将压力分担给所有虚拟机，可以实现 4—7 层的安全检测
主要劣势	压力集中在 Hypervisor 层，无法进行 7 层安全检测，性能消耗较大	单独的安全虚拟机部署，压力集中，网络访问关系较为复杂	虚拟机部署 Agent，一旦出现故障，容易影响业务系统

以上三种模式中，最成熟的就是 Overlay 模式，不论是在云原生的架构下还是纯虚拟化和容器环境中，它都可以将客户端 Agent 部署在虚拟机和容器节点上。

微隔离作为阻止攻击者进入网络内部后的横向平移的主要技术手段，在云上有着较为广泛的应用。但如何正确有效地识别出业务身份是一个关键的问题，所以通常微隔离产品都有流量可视化的功能，从而让安全运营人员更好地了解内部网络信息流量情况，更好地设置访问控制策略。但现在微隔离中的访问控制策略、业务分组需要依靠人工确认，如何让微隔离策略动态适应业务变化仍然是一个任重道远的课题。

2. 网络边界及通信安全

网络边界及通信安全涵盖的范围很广，涉及的风险也比较复杂。常见的攻击手段就是拒绝服务攻击，这种攻击会造成服务中断、响应超时。除此之外，还有各类入侵攻击。攻击者的攻击模式主要分为两种：一种是硬闯式攻击，入侵攻击模式直截了当，大部分安全产品对这类攻击都有感知，可以进行防御；另一种就是潜伏式攻击，这种入侵攻击不会明目张胆，攻击者会在很长的一段时间内进行自我隐藏，慢慢寻找机会。那么针对上述风险，我们通过 VPN、边界防火墙、抗拒绝服务攻击防护、威胁检测及与阻断等产品进行防御，下面我们进行重点说明。

（1）VPN

随着互联网和云计算的发展，越来越多的数据需要跨地区、跨场景传输，而商业数据和用户数据一旦泄露，就会带来难以估算的损失，而且一旦通信过程中的数据被篡改，就会带来更坏的后果。因此，为了解决通信网络的安全问题，VPN 产品应运而生。

VPN 利用认证、加密、权限分配、安全检测、访问记录等手段来构建安全的通信网络传输，它是依靠因特网服务提供商（Internet Service Provider，ISP）和其他网络提供商（Network Service Provider，NSP）在公用网络中建立专用的数据通信网络的技术。在 VPN 中，任意两个节点之间并没有传统网络所需的端到端的物理链路，而是利用公众网的物理链路资源动态组成。

VPN 发展初期，使用 IPSec VPN 来解决远程接入问题。但 IPSec 是为了解决网对网（Lan To Lan）的安全问题而制定的协议，不能较好地适用于越来越多的点对网（End

To Lan）场景，所以又出现了 SSL VPN 技术。

IPSec 是"IP Security"（IP 安全）的简称，不是一个单独的协议，而是一个框架性架构，是一系列为 IP 网络提供安全性的协议和服务的集合，如认证头（Authentication Header，AH）、封装安全载荷（Encapsulating Security Payload，ESP）安全协议、因特网密钥交换（Internet Key Exchange，IKE）协议、因特网安全与密钥管理协议（Internet Security Association and Key Management Protocol，ISAKMP），以及各种认证、加密算法等。

IPSec 有"隧道"和"传输"两种封装模式。数据封装是指将 AH 或 ESP 协议相关的字段插入原始 IP 数据包，以实现对报文身份的认证和加密。IPSec VPN 主要也是利用互联网构建 VPN 的，用户能够以任意方式（如专线接入方式、PPPoE 拨号接入方式，甚至传统的 Modem、ISDN 拨号方式）接入互联网，且不受地理因素的限制。所以，IPSec VPN 不仅适用于移动办公员工、商业伙伴接入，也适用于企业分支机构之间站点到站点（Site-to-Site）的互连互通。

SSL VPN 一般支持多种认证方式。例如支持 LocalDB、LDAP/AD 域、Radius、第三方 CA、短信认证、动态令牌等，最大限度地保证用户的接入安全。除了单一认证，安全厂商还提供混合认证方式，即将多种认证方式同时捆绑，绑定的方式必须同时满足才能够接入 SSL VPN 系统。以上是基于口令的认证方式，当间谍软件、木马安全日益凸显时，安全厂商还有动态身份认证系统来进行加强认证，保证了用户通过 VPN 设备访问 IT 资源的安全性。

SSL VPN 中包含几个关键技术，如代理、应用转换和端口转发。对于 Web 请求，需要实现代理 Web 页面，它将远端浏览器的页面请求转发给 Web 服务器，然后将 Web 服务器的响应返回给浏览器。对于非 Web 页面的文件访问，需要借助于应用转换，即 SSL VPN 网关与企业内部的微软 CIFS 或 FTP 服务器通信，将这些服务器对客户端的响应转化为 HTTPS 协议和 HTML 格式发往客户端，客户端能直观感受到这些服务器已变成基于 Web 的应用。而有些应用例如 Outlook，其外观在转化为 Web 页面的过程中丢失，此时需要端口转发来解决此问题。端口转发需要在终端上运行一个小的 Java 或 ActiveX 程序作为端口转发器，监听某个端口上的连接。当数据包进入这个端口时，它们通过 SSL 连接中的隧道被传送到 SSL VPN 网关，SSL VPN 网关打开封装，将数据包发送给目的地址。

在目前的云环境下，VPN 技术适用于云下点与点安全互联、云下子网与子网之间安全互联、云下点与云上点安全互联和云下子网与云上子网安全互联等场景。

（2）边界防火墙

边界防火墙指的是部署在云环境的网络边界进行南北流量防护的防火墙，是网络安全的第一道防线，通过实施统一的安全策略，对云平台出入的通信进行访问控制。传统防火墙总体可以分为包过滤防火墙、应用网关防火墙、状态检测防火墙三类。

包过滤防火墙是根据事先设置的安全策略，检查数据包的源地址、目的地址、所封装的协议（TCP、UDP 等）、端口、ICMP 包的类型、输入 / 输出接口等信息，判断是否允许该数据包通过，如图 5-29 所示。包过滤防火墙有静态包过滤和动态包过滤两种方式，静态包过滤只根据既定的安全策略进行检查，动态包过滤在规则表的基础上添加了连接状态表，针对一系列的数据包。当第一个数据包允许通过时，连接状态表会记录相关信息，后续的数据会直接通过，不再走访问安全策略表。这种防火墙位于网络层和传输层，所以处理包的速度较快。但是它的检测能力有限，对网络更高协议的信息无法理解和处理。

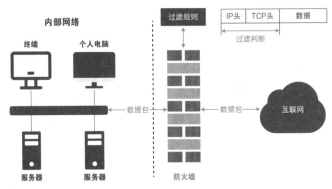

图 5-29 包过滤防火墙

应用网关防火墙会对访问的用户身份进行验证，如合法，则允许请求通过，同时监控用户的操作，拒绝不合法的行为。如图 5-30 所示，应用层网关防火墙只能过滤特

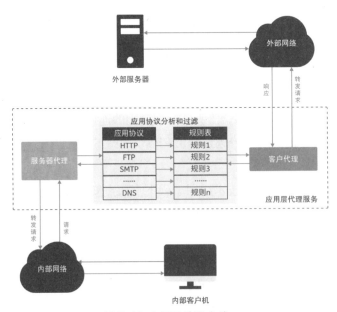

图 5-30 应用网关防火墙

定服务的数据流,为特定的应用服务编写特定的代理程序,一般有客户代理和服务器代理。这种防火墙由于需要对数据包进行拆分和处理,所以处理速度相对于包过滤防火墙来讲较慢,如果使用环境对内外网络网关的吞吐量要求较高时,应用层网关防火墙会成为数据流流动的瓶颈。并且这种模式对用户不透明,灵活性不够。

状态检测防火墙是在动态包过滤防火墙的基础上增加了状态检测机制而形成的。状态检测防火墙在处理一系列的数据包时,会首先查看该数据包是否为第一个包,如果是并且安全策略允许的话,就会建立一个会话表,则其他的数据包就可以根据会话表而不是安全策略转发了,如图5-31所示。相比于应用网关防火墙,状态检测防火墙不需要为每个应用设置一个服务程序,扩展性较好。相比于包过滤防火墙,状态监测防火墙会动态开关端口,避免静态开放所有端口的风险。状态检测防火墙虽然继承了包过滤防火墙和应用网关防火墙的优点,克服了它们的缺点,但它仍无法彻底识别数据包中的木马文件等恶意行为。在使用时,常用于全局封禁高危服务的端口、封禁攻击IP地址等。

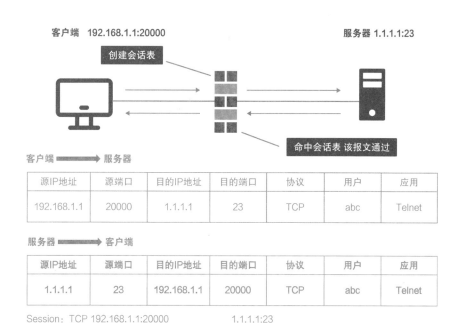

源IP地址	源端口	目的IP地址	目的端口	协议	用户	应用
192.168.1.1	20000	1.1.1.1	23	TCP	abc	Telnet

源IP地址	源端口	目的IP地址	目的端口	协议	用户	应用
1.1.1.1	23	192.168.1.1	20000	TCP	abc	Telnet

图5-31 状态检测防火墙

(3)抗拒绝服务攻击防护

分布式拒绝服务(Distributed Denial of Service,DDoS)是最常见的网络攻击之一。不法分子通过控制大量主机对互联网上的目标进行攻击,致使业务中断,造成用户的

直接经济损失。由于 DDoS 攻击工具的易得性和易用性增强，越来越多的人可以轻松操纵攻击工具对网络造成威胁和侵害，低成本攻击带来的高收益回报催生了黑产，形成恶性循环。

DDoS 攻击类型主要有三类，分别是带宽消耗型、资源消耗型、应用利用型。带宽消耗型是攻击者利用发包机或攻击工具等手段构造大流量攻击，通过消耗带宽资源和路由过载影响网络连接。常见攻击类型有 SYN flood、UDP flood 和 ACK flood。资源消耗型是通过控制僵尸主机对目标业务和应用发起请求，模拟正常客户端行为，消耗主机资源，使服务器运行缓慢或过载。常见攻击类型有 HTTP GET Flood 和 DNS Flood。应用利用型是结合目标业务的特征发起大量请求，利用受害主机的业务逻辑缺陷造成服务器性能骤降，无法响应所有访问请求。典型的如国内流行的传奇假人攻击，利用傀儡机，模拟完成注册、登录等功能，使得服务器内出现大量的假人，影响正常玩家的登录和游戏。

近年来，DDoS 攻击呈现出峰值流量大、发生频率高、攻击复杂等特点。混合攻击是当前 DDoS 的主流，单次攻击事件包含大容量泛洪、应用层攻击、连接耗尽等多种攻击类型。早期的 DDoS 防御是通过防火墙和路由器来检测和实现的，但是随着新型攻击形式的不断涌现，已无法满足防护的要求。具体表现在以下几个方面：防火墙和路由器都是基于协议进行的检测，如果攻击采用的是如 HTTP 这类合法协议，就无法有效过滤攻击；防火墙计算能力有限，防火墙通常采用逐包检查的方式，检查强度高，性能消耗大，DDoS 攻击的海量数据会引起防火墙性能急剧下降，甚至设备瘫痪，无法完成正常流量的转发任务。

为有效防御拒绝服务攻击，我们现阶段主要采用部署专业的抗 DDoS 设备进行攻击流量的清洗、使用 CDN 服务对攻击流量进行稀释、购买高防 IP 进行云端流量清洗的方式。

①专业的抗 DDoS 设备。

由于网络环境、规模、应用场景的不同，在部署抗 DDoS 设备时，可以串接部署或旁挂部署的方式。串接部署的组网比较简单，不需要额外增加接口，所有流量都将经过抗 DDoS 设备，设备清洗后将正常的流量转发给出口或出口的下行设备。由于所有的流量都经过抗 DDoS 设备，对抗 DDoS 的设备的可靠性要求较高，在个别攻击防护上要优于旁挂部署，但这也是对 DDoS 防护设备可靠性的考验。因此，可采用故障旁路或双机部署方式，保证清洗设备故障时业务流量能够正常通过，增强链路可靠性。

旁挂部署的模式是将去往防护对象的流量先复制一份到检测设备进行检测，如果发现存在异常才会被引流到清洗设备进行清洗。旁挂部署模型也是现在业界较为推崇的一种模式。旁挂部署的抗 DDoS 设备主要包含流量检测设备、流量清洗设备、集中管理平台 3 个部分，如图 5-32 所示。在整个防护过程中主要有流量检测、流量牵引、流量清洗、流量回注 4 个阶段。

网络部署中，如果检测设备独立旁路部署，也需要将网络中的流量引导到检测设备上来，不过我们引入的不是真实的流量，而是复制后的流量。这是因为检测设备只需要检测出流量中是否有威胁即可，至于流量是真实的还是复制的，是无所谓的，而且使用复制的流量不会影响正常业务的转发。目前流量检测主要有两种技术，深度包检测（Deep Packet Inspection，DPI）和深度/动态流检测（Deep/Dynamic

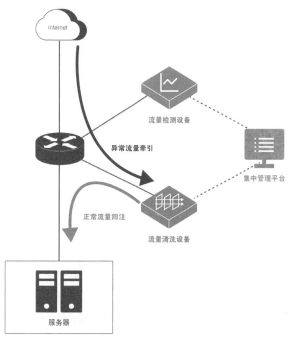

图 5-32 抗 D 设备内部逻辑图

Flow Inspection，DFI）。DPI 采用逐包解析技术，对流量进行拆包，分析包头和应用层的内容，识别流量中具体应用类型、协议等精细化字段；DFI 是基于流量行为的应用识别技术，识别不同应用的会话连接行为，可以识别一次会话的包数、流量字节大小、连接速率、持续时间等流量特征数据，处理速度相对较快。

如果检测设备检测到有异常、有威胁的流量，会通过集中管理平台通知清洗设备对这些流量进行清洗，这就要求原有的流量要改变当前的路径，进入旁挂的清洗设备，这个过程就是流量牵引。流量牵引按照其触发模式可分为静态引流和动态引流两种方式。静态引流指的是手动创建并下发引流策略到清洗设备引发引流，业务流量无论是否发生异常，都将改变原有流量的路径，将流量引流到清洗设备。动态引流指的是检测设备发现异常并通告集中管理中心，集中管理中心自动生成引流策略，并下发到清洗设备；攻击结束，集中管理中心下发取消引流策略到清洗设备。

如果按照具体的配置方法来划分，流量牵引可分为策略路由引流和 BGP 引流两种方式。策略路由引流常用于静态引流的场景，在引流的网络设备上配置策略路由，将目的地址为防护对象的流量发送到清洗设备，常用于静态引流。BGP 引流是通过在引流的网络设备和清洗设备上配置 BGP 实现引流。根据配置的不同，可以是静态引流方式，也可以是动态引流方式。大多数抗 DDoS 解决方案使用的引流方式为 BGP 牵引，与核心路由器建立 BGP 邻接关系。

引流完成后，清洗设备会对引进来的流量进行清洗，即把异常、有威胁的流量剔除，

留下正常的业务流量。清洗完成后，需要再把流量返回到原有的路径上，最终发送到目的地，这个返回流量到原路径的过程就是流量回注。

清洗设备可以通过动态或者手动写静态路由的方式将流量回注到下游服务器上。为了防止回注流量回到核心路由器再次查路由表转发，针对不同网络场景，流量清洗解决方案提供了几种回注方式。例如：二层回注——清洗设备通过二层方式将流量回注到防护对象，而不通过路由转发；静态路由回注——通过在清洗设备上配置静态路由，将清洗后的流量回注到路由器上，最后送到防护对象；策略路由回注——通过在路由器上配置策略路由，将清洗后的流量回注到不同的路径，最后送到防护对象；GRE 回注——通过在清洗设备和回注路由器之间建立 GRE 隧道，将流量直接送到回注路由器上，最后送到防护对象；MPLS LSP 回注——清洗设备和回注路由器之间建立标签交换路径（Label Switched Path，LSP），清洗后的流量在清洗设备上被打上单层标签，按预先建立好的 LSP 回注到原链路，最后送到防护对象；MPLS VPN 回注——清洗设备和回注路由器之间建立网络三层虚拟专用网（Layer 3 Virtual Private Network，L3VPN），将清洗后的流量通过 MPLS L3VPN 回注到原链路，最后送到防护对象。在选择回注策略时，我们需要考虑网络部署的实际情况，并结合引流策略来选择匹配的回注方式。

②运营商清洗服务。

本地的抗 DDoS 防护设备只能防御一定规模的流量攻击，一旦攻击流量超出本地抗 DDoS 防护设备性能，就可以通过运营商清洗服务或借助运营商临时增加带宽来完成攻击流量的清洗，运营商通过各级抗 DDoS 防护设备以清洗服务的方式帮助用户解决带宽消耗型的 DDoS 攻击行为。如果流量比较大，也会出现带宽的问题。

③云清洗服务。

云清洗防护的基本原理是替身防护，通过 A 记录、CNAME 记录或者 NS 记录的方式将被攻击的业务指向云端，利用囤积的带宽等资源进行流量清洗，把清洗后的正常业务访问转发给真正的业务，过滤掉攻击流量，如高防 CDN、高防 IP 等。

结合表 5-6 中不同抗 DDoS 方案的优劣势，我们可以看出每种方案都存在一些缺陷，所以为了保证最好的防护效果，一般采用购买运营商清洗服务或云清洗服务与本地部署抗 DDoS 设备相结合的防护方案。在使用抗 DDoS 设备或清洗服务时，确定清洗阈值是比较重要的，清洗阈值要略高于实际访问值。阈值设置过高，起不到防御效果；而设置过低，攻击防护触发流量清洗可能会影响正常的业务访问。我们可以结合现网流量，进行一周、三周、一月等时间的观察和告警趋势图分析，合理设置告警阈值，并持续维护和调整。

表 5-6 抗 DDoS 方案优劣势比较

防护方案	定位	优势	劣势
硬件抗 DDoS 设备	彻底清洗到达本地的攻击流量	防护全面，可自定义清洗算法和防御策略；面对与业务关联性及防护难度相对较高的应用层攻击，防护能力出色	运维复杂；受限于企业带宽，难以抵御超过带宽的攻击
运营商清洗服务	清洗运营商线路上的攻击流量	超大带宽防护；清洗较快	不能很好地支撑业务特性的特殊防护策略；不保证 100% 的攻击流量清洗；需要采购不同运营商的清洗服务，成本高
云清洗服务	清洗超过本地带宽的攻击流量	运维简单；隐藏源 IP；超大带宽防护；按需收费、弹性防护	不能很好地支撑业务特性的特殊防护策略；不保证 100% 的攻击流量清洗

（4）威胁检测与阻断

为了保障云平台、云上承载的各种业务的安全，我们可以选择在网络区域边界处部署威胁检测阻断类产品，如硬件防火墙、抗拒绝服务攻击等设备，或者通过 ACL 等策略实现阻断效果。但是，串行部署产品或技术在部署的灵活性、防护量级、策略生效周期以及功能可扩展性等方面存在较大挑战。旁路检测阻断类产品作为串行防护类产品的能力补充，具备更高的扩展性，通过无侵入的模式介入威胁检测响应体系，逐步成为安全防护体系中重要的一部分。旁路阻断技术从流程上需要经历数据包获取及识别—威胁检测—阻断生效等阶段，下文将对各阶段以及各阶段所使用的技术进行介绍。

①数据包获取及识别。

数据包获取技术作为流量威胁检测阻断类产品的前提，决定了阻断能力及效率。如何在最短时间内成功地收集并处理大量数据，高效、完整、快速捕获数据包显得日益重要。云环境下，如何解析封装流量以准确定位资产信息，也是需要我们关注的。

A. 常见的数据包获取技术。

传统的数据包获取技术有很多，如 BPF、Llbpcap、PR_RING、DPDK 等，下文将对这几个技术进行简单介绍。

a.BPF。伯克利封包过滤器（Berkeley Packet Filter，BPF）是在 Linux/Unix 系统上数据链路层的一种原始接口，提供原始链路层封包的过滤和收发。目前 BPF 整体实现机制主要由两部分组成：一是网络数据包转发部分，二是网络数据包过滤部分。数据包转发部分的主要功能是在 OSI 模型数据链路层捕获数据包，然后把捕获的数据包转发给数据包过滤部分，数据包过滤部分的主要功能是根据过滤规则来决定数据包的接收和丢弃。BPF 将过滤后的数据包提供给应用层，这样在一定程度上降低了系统的开销，从而提高了效率。但是，由于 BPF 所有动作都在内核中完成，后续须跟随内核版本升级而改变，可移植性较差，维护成本也相对较高。

b.Libpcap。数据包捕获函数库（Packet Capture library，Libpcap）是 Linux/Unix 系统下的网络数据包捕获函数包。Libpcap 主要由网络分接口（Network Tap）和数据过滤器（Packet Filter）两部分组成。网络分接口从网络设备驱动程序中旁路拷贝流经的数据，再使用 BPF 过滤决定是否接收该数据包，最后将过滤后的数据包交给内核缓冲区，用户层应用程序通过系统调用将数据包从内核缓冲区取出并放入用户空间，随后进行相应处理。Libpcap 的优势十分明显，由于可以在绝大部分 Linux/Unix 系统中工作，应用十分广泛，函数接口也十分丰富。然而由于包处理过程经过系统内核层网络协议栈，数据包在从网卡到用户空间的传递过程中存在多次拷贝操作及中断响应的情况，耗费了大量的 CPU 时间片，所以在对实效要求较高的阻断场景中不具备大范围的应用条件。

c.PF_RING。PF_RING 是一种性能高于 Libpcap 且兼顾应用程序的 API 函数库。它的基本原理是在系统内核层添加一种新的带缓存的协议簇，并结合网卡的内存访问模式及中断模式，减少 CPU 中断次数，以提高数据捕捉效率。位于用户层的应用程序直接访问内核层的网络数据包，通过减少数据拷贝次数，提高数据包处理能力。PF_RING 在 Linux 内核层是以一种独立模块的形式实现的，能够进行模块加载和卸载的动态操作，这也提高了它的可移植性。但是，PF_RING 也有弱点，数据从网卡内存缓存区到内核数据存储，在传输过程中存在拷贝动作，在与用户层进行数据传递的过程中增加了反复调度的性能消耗，对小报文的性能消耗尤其明显。

d.DPDK。数据平面开发工具包（Data Plane Development Kit，DPDK）的出现很好地解决了以上几个技术的短板。DPDK 使用了轮询而不是中断来处理数据包，在收到数据包时，经 DPDK 重载的网卡驱动不会通过中断通知 CPU，而是直接将数据包存入内存，交付应用层软件通过 DPDK 提供的接口来直接处理，这样节省了大量的 CPU 中断时间和内存拷贝时间。当然，DPDK 也有弱点，它对设备网卡有较明确要求，即必须使用支持 DPDK 的网卡才能够体现它的优势。

以上 4 种技术各有优势及不足，结合业界内旁路检测和阻断实践，我们往往更需要关注协议栈处理方式、内存访问、系统开销和延迟等方面。

B. 云环境中 GRE 封装流量。

云计算有新的难题，比如云内流量的加密传输使得很多检测技术失效，另外，多租户的部署模式使得数据包进行了封装，根据数据包中的 IP 不易明确定位租户身份。

下面将对云环境下的封装流量进行简单介绍。

通用路由封装协议（Generic Routing Encapsulation，GRE）是对某些网络层协议（如 IP 和 IPX）的数据报进行封装，使这些被封装的数据报能够在另一个网络层协议（如 IP）中传输。GRE 规范中没有明确承载协议和 GRE 格式特定的用途，在不同的技术实现中各有不同，GRE 的报文结构见表 5-7。

表 5-7 GRE 的报文结构

传递协议	封装协议	乘客协议
Delivery Header	GRE Header	Payload Packet

路由器接收到一个需要封装和路由的原始数据报文，这个报文先被 GRE 封装成 GRE 报文，接着被封装在 IP 协议中，然后由 IP 层负责此报文的转发。原始报文的协议被称为乘客协议，GRE 被称为封装协议，而负责转发的 IP 协议被称为传递协议。

GRE 协议规范如图 5-33 所示，在不同的场景，其具体使用会有所区别，如某些公有云场景主要使用 K、S 等标志位。Key 原本表示隧道接收端用于对收到的报文进行验证，公有云则表示为 VPC ID，即 VPC 隧道标识，序列号原本表示 GRE 数据包发送的序列号，公有云则表示为 IP。

图 5-33 GRE 协议规范

下面以互联网通过公网负载均衡访问到租户内一台虚机的场景为例，讲解 GRE 封装和解封装的过程。请求阶段如图 5-34 所示，用户访问公网负载均衡地址的 VIP 时，流量会先进入负载均衡网关 TGW，TGW 根据 VIP 信息，获取后端虚机 vmip、虚机所在 VPC 信息 VPC ID 和虚机所在的宿主机 hostip，作为隧道的起点开始进行 GRE 封装。在原始报文的基础上封装 GRE 头，写入 VPC ID 和 vmip，再封装一层 IP 头，写入自身的 tsvip 和虚机所在的宿主机的 hostip，用于路由转发。数据包到达宿主机时，宿主

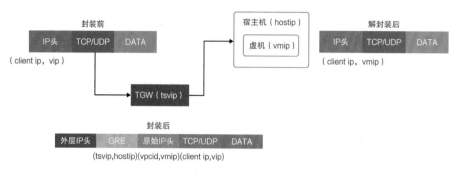

图 5-34 请求阶段地址转换示意图

机看到目的 IP 为自身的地址，则作为隧道的终点开始进行解封装，剥离外层 IP 头和 GRE 头，根据 VPC ID 和 vmip 发送给最终的虚机，同时将 IP 头中的 VIP 改为 vmip。

响应阶段如图 5-35 所示，虚机对请求进行响应，将自身的 vmip 和 client ip 写入 IP 头，发给宿主机。宿主机收到虚机的响应报文后，将原始头中的 vmip 转为 vip。此时宿主机作为隧道的起点开始进行 GRE 封装，写入 vmip 和 vpcip，再根据 vpc 网络路由表再封装一层 IP 头，写入宿主机 hostip 和 TGW 的 tsvip。经过层层路由转发到 TGW 时，TGW 作为隧道的终点开始进行解封装，剥离外层的 IP 和 GRE 头，最终通过互联网发给访问的用户。

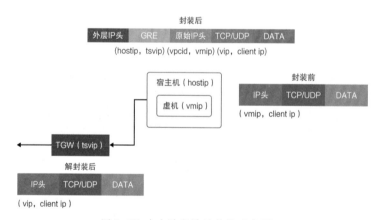

图 5-35 响应阶段地址转换示意图

在云环境下，GRE 封装的使用会使得流量包中的地址不断变换，安全产品也需要适应流量封装的变换，以获得真正的资产信息。

②威胁检测技术。

提到威胁检测技术或产品，我们首先应了解入侵检测系统（Intrusion Detection System，IDS），入侵检测产品是对网络流量进行实时监控，在发现可疑攻击行为时产生告警的设备。早期的 IDS 通过内置大量的威胁检测规则的规则引擎来识别曾经出现过的各种攻击手段，即 NDAY 漏洞攻击。不同安全厂商的检测规则不尽相同，主要依托于技术团队的能力积累来达到更高的攻击识别率。然而，由于规则的生效总是依赖于漏洞的早期发现，所以检测能力的覆盖偏重于事后。另外，IDS 还存在着一些其他的问题，如规则过于庞大和复杂而影响检测效率，规则不严谨造成告警噪声增大或者被绕过，针对 0day 攻击检测效果较差等。

随着漏洞挖掘技术的日益成熟以及各种漏洞 POC 的公开，漏洞的利用变得更加简单。大量的高级持续性威胁（Advanced Persistent Threat，APT）攻击武器库的泄露，导致了 APT 武器的民用化，使得网络安全形势更加严峻。随着 APT 攻击的日益频繁，在 IDS 无法完成有效检测的情况下，网络流量分析技术（Network Traffic Analysis，NTA）被广泛研究和应用。NTA 通过在网络边界处镜像流量和旁路检测的方式，对流量进行协议解析、文件还原和全量信息存储。NTA 技术包含传统 IDS 中的规则引擎模块，但是在此基础之上对规则引擎做了一定的升级，比如新增了正常流量的异常行为特征检测。除此之外，NTA 技术还增加了更多能力，如动态沙箱、威胁情报以及机器学习算法等技术，帮助发现恶意攻击和潜在威胁，并可以协助对攻击事件进行分析和溯源。常见的 NTA 框架如图 5-36 所示。

图 5-36 NTA 框架

A. 入侵检测框架。

入侵检测的底层框架影响着整体平台对于检测技术的拓展性、兼容性、成熟度等因素。如果把检测能力比作为企业的安全体系修筑了多层次、多角度、全天候的"岗哨"，那么检测框架就是这些岗哨的"地基"。如果希望更早发现入侵者，就需要把岗哨建得更高；如果希望更准确地识别入侵者，这些岗哨就应该建立更多级别。当然，现在越来越多的攻击事件中，入侵者是从内部发起的，所以岗哨的观察范围不应该是单向朝外的，还应该在内部的关键路径上设卡设防。要打好这个"地基"，为上层的检测技术提供更稳定和灵活的支撑，变得十分重要。常见的三种检测框架对比见表 5-8 所示。

表 5-8 检测框架对比

检测框架	Snort	Suricata	Zeek
开发语言	C++	C	C++
检测模式	基于规则	基于规则	基于异常
性能水平	多线程	多线程	单线程
优势特点	时间最长，模块化设计	跨平台支持好，可扩展代码库	实时以及离线分析，非规则检测

此外，还有很多也不错的选择，如 OSSEC、Samhain Labs 等。然而，结合行业实践的经验来看，Suricata 和 Snort 仍然是目前最主流的框架。从实际使用场景来看，Suricata 和 Snort 也并不是独立的，很多机构还会将两者的能力进行融合，比如比较常见的解决方案是依托于 Suricata 的高性能、可拓展的代码库来作为底层架构，同时结合 Snort 规则模块的可编辑性、模块化设计能力来发挥更大的价值。

B. 检测技术。

如图 5-37 所示，在底层检测框架基础上获取相应数据后，NTA 从技术层面重点关注规则引擎、动态沙箱、威胁情报以及机器学习算法引擎几种威胁鉴定方法。网络流量通过数据包获取与识别技术，将收集到的数据分发到不同的威胁检测引擎中进行威胁鉴定，比如，解析的协议日志会发送到规则引擎进行判定，而还原的文件会发送到沙箱进行分析判定。检测技术逻辑如图 5-37 所示。

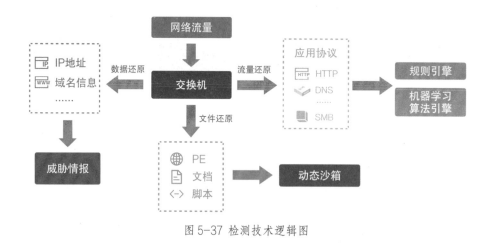

图 5-37 检测技术逻辑图

a. 特征引擎。特征引擎通过提取已知威胁的指纹作为特征，并实现了一套高效匹配机制，可对已知的威胁进行鉴定。特征引擎对 2—7 层网络协议都会进行安全检测，不管攻击过程使用哪一层的协议进行通信、传播或渗透，都会被特征引擎检测到，实现对全协议覆盖的安全检测。从威胁类型上划分，特征引擎应该对常见的 Web 攻击、漏洞攻击、僵木蠕毒、数据泄密等常见威胁具备较有针对性的检测效果。

b. 沙箱分析。传统的沙箱分析在应用不同代码相互融合场景的检测难度非常巨大，尤其新型的病毒为躲避杀毒系统和沙箱分析工具，还会采用多种对抗技术，比如常见的多态变型、加壳、代码混淆、反向沙箱检测、体积膨胀等。如何针对样本进行动态分析、静态分析以及行为鉴定，是目前沙箱检测的主要难点以及技术发展方向，这也推动了沙箱技术对于恶意文件、已知漏洞攻击以及未知 0day 漏洞攻击的鉴别能力要求。沙箱分析、判定流程如图 5-38 所示，从流量源还原获得文件样本后，首先经过深度沙箱进行环境防御分析以及行为监控分析。其中，行为监控从驱动、服务进程、监控进程等多个层面查看在虚拟机中运行后的动态行为，包括注册表行为、文件行为、网络行为等。这一环节过后会产生动静态的分析日志及网络行为。随后根据不同的检测模型对动静态日志及网络行为进行处理，将提取出来的特征交给联合判定模块鉴定，联合判定模块通过传统的规则匹配以及样本家族聚类分析和机器学习算法联合研判，产生判定结果。

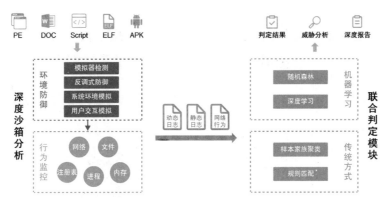

图 5-38 沙箱分析、判定流程

c. 威胁情报。通过威胁情报能力的引入，可以进一步加强对威胁类型的覆盖程度，同时将安全检测能力实现能力左移，起到事前检测的效果。检测引擎结合情报关联可以将细粒度划分为扫描器、矿池、僵尸网络、蠕虫、APT、钓鱼、勒索软件、失陷主机、暗网主机等多种类型，并且通过威胁事件详情的查询，包括告警来源、威胁类型、威胁名称、威胁情报 IOC、相关的会话记录等，从而使威胁情报告警有据可依。值得注意的是威胁情报的获取并不复杂，但是如何保证情报的高质量和快速获取十分重要。

d. 机器学习。机器学习引擎对不同安全场景可以选择不同的机器学习算法进行学习和判定，从而充分发挥机器学习在流量安全中的独特优势，补充 NTA 的整体安全检测能力。比如，在木马检测方面，NTA 可使用监督算法（如随机森林模型以及无监督算法）对已知恶意木马进行学习，并对未知文件进行安全鉴定。以随机森林模型举例，监督算法在威胁检测方面，具备使用广泛、高度准确、提升训练速度等特点。而随着样本数量的增大，这类算法也面临着训练效率的瓶颈。因此在此基础上，多种模型的混合应用更加被提倡。

③阻断防护技术。

为了保证业务系统的安全，拦截南北向攻击流量，我们有很多选择，比如，我们可以使用传统的防火墙或者路由进行访问控制，通过交换机设置路由黑洞，通过 Web 应用防火墙等产品来拦截针对 Web 层攻击。但是，针对越发严峻、灵活的攻击，如何快速响应、全面控制、迅速生效成为更加受关注的问题。这时候我们就需要具备一套具有统一防护视角并能够适应灵活的云环境场景的安全防护手段，旁路阻断类产品应运而生。

旁路阻断技术基于 TCP Reset 实现，阻断流程如图 5-39 所示，消息①从客户端发送到交换机，交换机将流量复制给阻断系统，阻断系统需要阻断时，通过向客户端和服务端发送消息②和消息③的 RST 包阻断客户端和服务端的通信。双向发送 RST 包的优势是双方只要有一方收到 RST 包，这个通信过程就会被中止。有些产品通过单向发送 RST 包也能起到类似的阻断

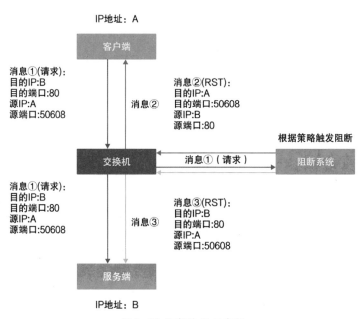

图 5-39 阻断流程示意图

效果，然而在一些网络架构中，网络路径上的某些设备、机制或者延迟可能会存在丢包的情况，大大降低阻断率。

阻断的产品进行数据包解析的流程如图 5-40 所示，当解析到 TCP 层可进行 TCP 层的阻断，可以基于源 IP、目的 IP、源端口、目的端口，当解析到应用层可实现 HTTP 的阻断，可基于域名进行阻断。但由于解析 HTTP 报文比 TCP 报文增加了一个

解应用层协议的步骤，解析耗时更长，所以阻断产品考虑性能问题，在使用时一般只采用 TCP 阻断的方式。

A.TCP 阻断

TCP 阻断是指在 TCP 三次握手连接建立过程中触发阻断，阻断包的介入时机显得十分重要，因此我们要特别注意产品的部署位置。从攻击拦截的原则来看，近源（攻击源）的部署位置对于阻断效果的影响更加明显。阻断过程如图 5-41 所示，从图中可以看出由于阻断系统发送到服务端的 RST 包比客户端发给服务端的 ACK 包少了一次网络往返的时延，阻断成功率较高。

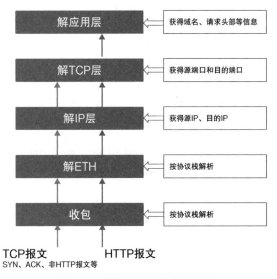

图 5-40 数据包解流程析示意图

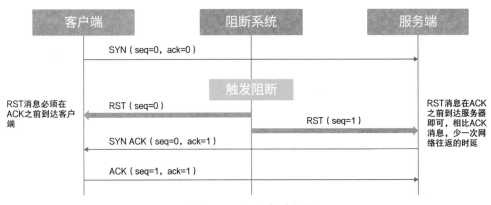

图 5-41 TCP 阻断过程图

B. HTTP 阻断

HTTP 阻断区别于 TCP 在连接建立过程中触发阻断，它是在解析 HTTP 消息时触发阻断。这时 TCP 握手已经建立，理论上通信双方已经可以正常传输数据包。阻断过程如图 5-42 所示，从图中我们可以看到，在 HTTP 会话中，随着第二个 ACK 的发送，双方三次握手已经建立。此时攻击者已经开始发送第一个攻击数据包请求，这时 RST 包介入，进行双向阻断。由于 RST 包的原理机制，此时攻击双方在收到 RST

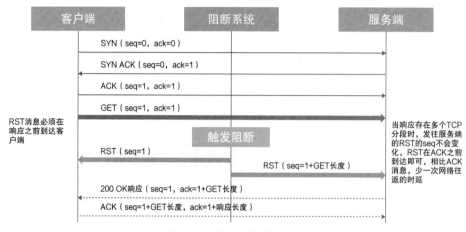

图 5-42 HTTP 阻断过程图

包后仍然会断开连接。

按照工作模式，阻断类产品通常为旁路部署模式，这样不用随着网络架构变化进行调整，出现故障时也可以直接关闭服务，以避免对业务造成影响。旁路阻断产品包含探针模块和管理模块，如图 5-43 所示。探针模块负责流量的获取和攻击阻断，管理模块负责配置阻断策略及告警的存储展示。

在旁路阻断产品的应用中，还需要关注以下三个问题。其一，部署模式。一般采用 N+1 的部署方式，N 为其他的安全产品，1 为阻断类产品。阻断类产品尽可能功能简单，只进行攻击的阻断，由其他的安全产品进行攻击

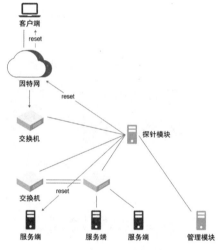

图 5-43 旁路部署模式架构图

的检测。在选择安全产品时应注意旁路和串行组合，避免第一次攻击会到达真正的业务服务器。其二，阻断率。这个问题跟产品性能、部署位置等有强的关联性，需要经过不断地模拟攻击测试，以发现最佳的部署位置，不断提升阻断效率。其三，阻断面。阻断范围尽可能全面，除了云内，还需要考虑到从 CDN 侧发起的攻击等。

3. 云数据安全技术

数据支撑业务，是实现万物互联的基础，数据安全也是安全防护中的重中之重。近年来，数据安全问题层出不穷，针对数据安全问题，国家出台了《中华人民共和国数据安全法》等一系列法规保障数据安全性。数据安全防护一般要结合数据的传输以及人员防范（包括外部和内部）来保障数据的机密性、完整性和可用性。数据安全防

护技术体系中，从内外部防护技术来讲，可以概括为数据加密、访问控制以及行为审计，其中，外部防护技术手段主要是数据文件加密、数据脱敏、访问控制以及泄露防护。下面将进行详细的描述。

（1）云数据安全加密

按照数据类型划分，数据可分为非结构化数据和结构化数据两大类。非结构化数据指结构化数据之外的数据类型，它可能是文本的或非文本的，也可能是人为的或机器生成的，如文本文件、电子邮件等文档类文件会存储为非结构化数据。结构化数据指能够用数据或统一的结构加以表示的信息，如数字和符号等，多见于关系型数据库中。

数据加密是密码学中的概念，指利用密码技术将信息转化成密文形式，实现信息遮蔽的效果，从而保护数据安全。按照数据类型来分是，有非结构化数据加密和结构化数据加密两类。

①非结构化数据加密

对于数据的保护，不仅需要控制数据的访问权限，还需要保护存储数据的文件。除了在操作系统层面对文件进行访问控制之外，还要确保文件即使被窃取后依然可以保护数据，这就需要对文件进行加密。即使系统被入侵，导致敏感文件被窃取，若文件做好加密措施且无法破解，则文件里的数据也是不会泄露的，可以说加密是数据安全的最后一道防线。近年来，中国对数据安全的重视程度不断加强。随着《中华人民共和国密码法》等相关法规的落实，各行业对数据安全及相关的产品和服务的需求不断提升，作为保证数据安全的重要环节，加密技术的市场需求度和热度也逐年上涨。

非结构化数据加密，顾名思义是对非结构化数据进行加密，保护其只能被白名单或拥有密钥权限的用户访问及操作，防止敏感数据泄露给攻击者。除了对数据文件直接加密这一途径之外，文件加密技术还有许多应用场景，如将其用于安全的文件共享或加密包含关键敏感信息的 USB 驱动器。常见的非结构化数据加密技术包含透明文件加密和全磁盘加密两种。

A. 透明文件加密。

透明文件加密（Transparent File Encryption，TFE），是在操作系统的文件管理子系统上部署加密插件来实现数据加密。"透明"是指从用户视角来看，加 / 解密过程是无感的。在传统的文件加密中，用户打开或编辑文件之前须先输入密码，而应用透明文件加密技术，当用户打开或对指定文件进行编辑等操作时，透明文件加 / 解密系统将自动对已加密的文件进行解密，对未加密的文件进行加密。使用透明文件加密系统的用户在规定环境（如公司办公系统）内对文件进行编辑等是不需要任何额外操作的，一旦离开规定环境，用户对加密文件进行操作会要求文件处于已解密状态，解密方式包括管理员审批等。使用这种加密方式，既能保障用户对文件的操作便捷性，又能保证文件系统数据的安全性。其应用效果如图 5-44 所示。

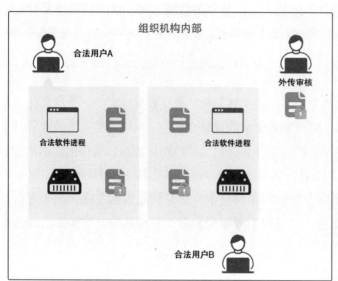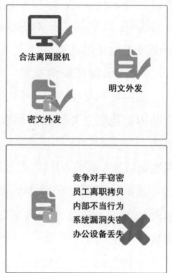

图 5-44 透明文件加密系统应用效果

TFE 基于内核态与用户态交付，可实现"逐文件逐密钥"加密。在正常使用时，文件在内存中是明文，在硬盘上是密文，若没有经过授权或非法用户访问文件，加密文件都将以密文状态被保护。透明文件加密技术因其加密过程对用户透明无感、使用便捷，保持了用户原有的使用习惯，加密效果可靠，降低了文件因外带等造成的信息泄露风险，被广泛应用于企业内部文件加密。但透明文件加密也有一定的不足，首先，为了保证合规应用程序成功接收到明文文件内容，同时也要确保明文内容不泄露，需要对明文内容的输出点做封堵、限制，有可能引起系统效率降低；其次，与传统加密工具相比，透明文件加密系统往往是对规定的特定类型文件进行透明加/解密，而不是根据文件密级，这导致被加密的文件往往是非涉密文件，浪费加密资源，影响用户正常使用；最后，透明文件加密系统通常依赖于企业操作系统的身份鉴别机制，而没有二次身份鉴别过程，一旦出现操作系统身份鉴别相关问题，透明文件加密系统就容易遭受入侵。

作为透明文件加密技术的典型应用，市面上有很多透明文档加密系统产品，大多被应用于企业的文档加密管理。当用户编辑保存文件时，加密系统将自动对该文件进行加密。该加密文件在授信网络环境下正常使用。一旦脱离授信网络环境，加密文件将无法打开，显示为乱码，从而从源头保护文件内容。

常见的透明文件加密产品包含以下几个功能：第一，加密文件，自动加密电子文档，防止作者和使用者泄密；第二，设置文档阅读权限，防止越权读取；第三，需要对外发送文件时，员工可以提交申请解密，经过管理人员审批后方可解密外发；

第四，自动备份加密文档，防止恶意删除，并记录对文件的操作行为；第五，控制传输途径，如设备限制（USB 存储设备、光驱 / 软件只读或禁用，打印机禁用）、禁止内容复制。

B. 全磁盘加密。

全磁盘加密（Full Disk Encryption，FDE），是指通过动态加解密技术，针对硬盘中的全部或部分数据进行动态加 / 解密的技术。用户在启动设备或访问数据时须获取文件密钥，密钥通过规定的认证机制（如使用 PIN 码、人脸识别等方式）释放出来，而后对操作系统磁盘上的文件自动执行透明的加解密操作。所谓"全磁盘"，是指可对整个磁盘上的数据进行加 / 解密来保护磁盘数据的安全性。FDE 的动态加 / 解密算法位于操作系统底层，磁盘上的所有文件相关操作均通过动态加 / 解密算法处理。以写入和读取为例，系统向磁盘写入数据时，数据写入磁盘前会被预先加密，而当系统读取磁盘数据时，FDE 会在将数据提交给操作系统前，自动将其解密。总而言之，FDE 会在用户操作前对磁盘上的数据流做加 / 解密处理。

FDE 的主要优点是加密强度高、安全性高。它简单粗暴地对磁盘的物理扇区进行加密操作，而不考虑磁盘上的文件等存储数据的逻辑概念。换句话说，经过 FDE 全磁盘加密，任何存储在磁盘上的数据均以密文形式存在。其对系统性能的影响仅与采用的加 / 解密算法有关，故 FDE 对系统性能的影响有限，一般资源占用不会超过 10%。但 FDE 全磁盘加密技术也存在着一些挑战，因为它对全部磁盘文件进行加密，防护粒度粗，一旦磁盘加密系统口令泄露，整个磁盘的文件将遭受泄露威胁。

FDE 在市场上的应用较早，如早在 10 年前，Windows Vista 系统就自带 BitLocker 加密程序，并沿用至今。使用 BitLocker 程序加密后，系统用户需要先输入 BitLocker 口令，进入操作系统登录界面，再经过操作系统的身份验证才能正常使用系统。

②结构化数据加密

作为信息系统的核心属性，数据通常以结构化的形式存储在数据库中。数据库作为数据的载体，一旦出现安全问题，如数据泄漏、数据伪造等，将造成无法估量的损失。即使数据库外围的安全措施可以阻止对数据库系统的大多数攻击，数据库本身的安全性也不容忽视。

数据库加密技术提供的能力独立于数据库系统自身权限控制体系，数据库中的敏感核心数据由专有的加密系统设定访问权限，以此管控高权用户，如只允许超级管理员对敏感数据的访问行为。

但值得考虑的一点是，数据库加密并不能代替访问控制，两种方式需要共同作用，保护数据库安全。访问控制可以实现对数据库各个层次的对象，如表、记录等，进行访问授权，限制资源和用户可访问的对象。但加密技术不能提供如此灵活的安全控制策略，往往只是对数据库进行粗粒度的加密，不能满足细化的访问控制安全需求。随着数据库加密技术的不断发展，现在产生了很多的数据库加密技术，如秘密同态加密、子密钥加密、密文索引技术等。

此外，按照加密对象来分，基于数据库系统层级，从底层到高层，如图 5-45 所示，目前主流数据库加密技术主要有基于文件级加密技术、基于视图和触发器的后置代理加密技术、前置代理及加密网关技术和应用层改造加密技术。

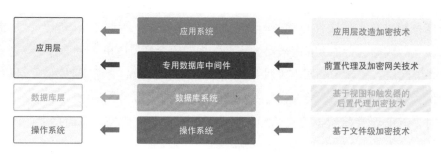

图 5-45 数据库加密技术层次

A. 基于文件的数据库加密技术。这种技术旨在把数据库文件作为整体，用加密算法进行加密，保证数据的真实和完整，在进行数据共享时需要通过解密密钥对数据库文件进行解密。这种方式存在很多缺点，如数据修改时需要解密、修改、复制和加密的操作，即使看一条数据，也需要对整个数据库文件进行解密。

B. 基于记录的数据库加密技术。这种技术使用密钥将数据库的每一条记录加密成密文存储在数据库中，在进行数据查询时需要将查询的内容先加密再进行查询。这种方式存在一个问题，即数据是以记录为单位进行加密的，在查询时，需要先对整个字段进行解密（或对需查询的明文进行加密）再进行查询，显然这会增加查询的资源开销，影响查询效率。

C. 子密钥加密技术。为了解决基于记录的数据库加密技术存在的问题，G.I. 大卫等人提出了子密钥数据库加密技术。关系型数据库在加密时以记录为单位进行加密操作，而在解密时以字段为单位进行解密操作，这样系统中会存在两种密钥：一种是对记录加密的加密密钥，另一种是对字段解密的解密密钥。这种方法从一定程度上解决了基于记录的加密方法效率低的缺陷。但由于系统要保存以上两种密钥，密钥的管理变得复杂，这一点是应用子密钥加密技术需要解决的问题。

D. 基于字段的数据库加密技术。基于字段的数据库加密是以不同记录的不同字段作为基本的加密单元，加密粒度较细，具有很好的灵活性和适应性。但是这种方式加 / 解密效率低，如果采用不同的密钥进行不同字段的加密，密钥数量非常庞大，无法管理。

E. 秘密同态技术。秘密同态技术最早的概念由里维斯特等人于 1978 年提出，它允许用户无须将密文解密成明文再对其进行操作，能实现对密文数据库的数学运算和常规的数据库操作，有效提高对密文数据库的处理速度。然而，该方法对加密算法提出了较为苛刻的约束条件，使得普遍的加密算法不能满足秘密同态的要求，并没有被大规模应用。

F. 基于文件级加密技术。在数据库加密技术中，除了从前端应用及数据库自身角度实现数据库加密外，基于数据库底层依赖的文件系统或存储硬件，也可以实现数据库加密。如前文"非结构化数据加密"所描述，基于文件级加密技术严格意义上并不属于数据库加密技术，但可以用于对数据库的数据文件进行存储层面的加密，即将存储数据库数据的文件看作一个文件对象，对其进行文件本身的加密。该技术不与数据库集成，只是从操作系统或文件系统级别对数据存储载体进行加密和解密。该技术利用一定的侵入性"钩子"进程植入操作系统，在数据存储文件打开时进行解密，在数据落地时进行加密。它具有基本的加密和解密功能，同时能够基于访问文件的操作系统用户或进程 ID 进行基本的访问控制，如图 5-46 所示。以 PostgreSQL 为例，按照 PostgreSQL 数据库的结构层次，数据库的加密粒度可以分为数据库级、表级、记录级、字段级和数据项级。基于文件级加密的一个典型做法是对整个数据库做加密，就是对数据库中所有的系统表、数据表、索引、视图和存储过程等进行加密处理。这种加密方法简单快捷，只需对相应数据库文件进行加密，但不适用于在使用中的数据库，因为数据库中的数据共享性高，会同时被多个用户和应用访问和使用，即使只需要查询一条记录，也需要对整个数据库进行解密，会对系统性能产生极大的影响。

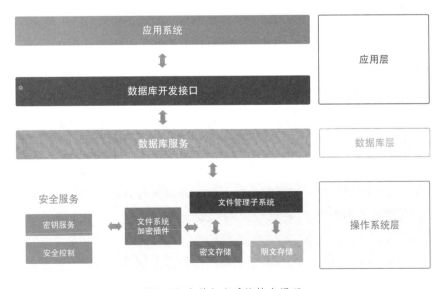

图 5-46 文件加密系统技术原理

G. 基于视图和触发器的后置代理加密技术。为了避免数据加密对数据访问和处理造成的性能损失，一些数据库厂商在数据库引擎层提供了一些扩展接口和扩展机制。通过这些扩展的接口和机制，数据库系统用户可以通过外部接口调用来实现数据的加/解密处理，同时可以在一定程度上降低对数据库性能的影响。该方式使用数据库自身提供

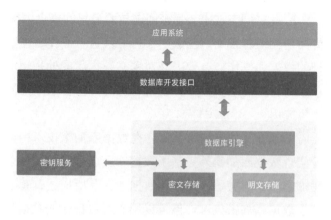

图 5-47 基于视图和触发器的后置代理加密技术原理

的应用自定义扩展能力，利用其触发器的扩展能力、索引扩展能力、自定义功能扩展能力、视图满足数据存储加密需求，同时满足加密后的数据检索及与应用无缝对接等需求，如图 5-47 所示。

H. 前置代理及加密网关技术。前置代理及加密网关技术指的是在数据库之前添加一个安全代理服务，负责完成数据的加密和解密，加密后的数据存储在安全代理服务中，如图 5-48 所示。该服务实现了数据加解密、访问控制等安全策略。但在这种方式下，数据库的优化处理、事务处理、并发处理等特性都无法使用，并且在安

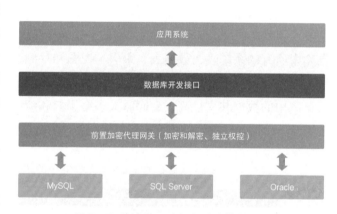

图 5-48 前置代理及加密网关技术原理

全代理中需要存储加密数据，因此要解决与数据库存储数据的一致性问题。

I. 应用层改造加密技术。应用层改造加密技术，即应用系统通过加密 API 对敏感数据进行加密，并将加密后的数据存储在数据库底层文件中。在数据检索过程中，加密系统将密文数据检索回客户端，然后由应用系统自行管理密钥系统进行解密。应用系统加密方式可以控制用户对数据的访问权限，并且所有数据库用户（包括超级管理员）都无法看到真实的数据，在安全级别上是最高的。这种技术主要的瓶颈在于应用程序必须对数据进行加解密，增加编程复杂度，而且无法对现有系统做到透明，应用程序必须进行大规模改造。这种技术无法利用数据库的索引机制，加密后数据的检索性能大幅下降。而且事实上，这种加密方式与具体数据库类型无关，只是将数据库

看作一个应用，应用系统的复杂性导致加密较难实现，如图5-49所示。

J.密钥管理系统。加密密钥是任何安全系统的重要组成部分，需要进行加密处理的数据库也不例外，它们完成从数据加/解密到用户身份验证的所有工作。为实现对密钥的统

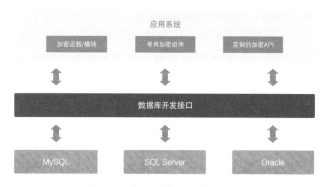

图 5-49 应用系统加密技术原理

一管控，密钥管理系统（Key Management System，KMS）应运而生，如图 5-50 所示。

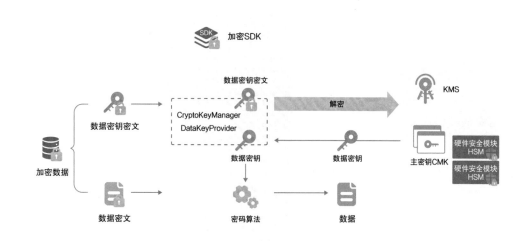

图 5-50 数据加密过程中密钥及 KMS 的应用

密钥管理是制定某些标准以确保组织中加密密钥安全的过程，主要包括两个方面：一是管理密钥从产生到销毁的过程，包括密钥的产生、存储、分配、保护、更新、吊销和销毁等；二是控制成员对密钥的访问权限。借助 KMS，用户无须花费大量成本来保护密钥的保密性、完整性和可用性，可以安全、便捷地使用密钥，专注于开发加解密功能场景。

（2）云数据安全脱敏

介绍脱敏技术之前，让我们先了解什么是敏感数据，敏感数据是指泄露后可能会给社会或个人带来严重危害的数据。对个人来讲，敏感数据包括姓名、身份证号码、住址、电话等信息；对企业或机构来讲，敏感数据包括企业的财务报表、员工工资明细、网络结构等不适合对外公开的数据。目前可以通过两种途径识别敏感数据：一是人工识

别，通过人工规定敏感信息范围，设定正则表达式来筛选匹配敏感信息；二是自动识别，基于近几年流行的技术，如自然语言处理等进行敏感数据识别。

数据脱敏是指更改数据存储中某些数据元素的过程，通过脱敏规则进行数据的变形，在更改信息本身的同时保持数据结构不变，做到保护敏感信息的同时确保信息可用性。一般来说，想要最大限度地实现数据脱敏，要依据两点：一是在数据脱敏前尽可能保留有用信息，以便脱敏后使用；二是最大限度地保证数据的安全性。

各类厂商提供的云数据安全脱敏产品，主要提供哈希、加密、遮盖、替换、洗牌、变换等脱敏手段，并且内置脱敏算法。为了满足用户的特定需求，脱敏算法和参数都支持自定义模式。云数据安全脱敏产品都会尽最大可能不改变系统业务逻辑，保留系统业务的原始数据特征和数据分布，确保数据的有效性和可用性。用户可以低成本、高效且安全地使用脱敏数据完成业务。

数据脱敏根据数据的使用场景可分为动态数据脱敏（DDM）和静态数据脱敏（SDM）。

①动态数据脱敏。

动态数据脱敏常用于生产环境，是指敏感数据被用户访问的时候，会实时筛选用户的请求语句，针对角色、权限以及数据类型，从而执行不同的脱敏规则，保证返回的数据安全可用，其流程逻辑如图 5-51 所示。

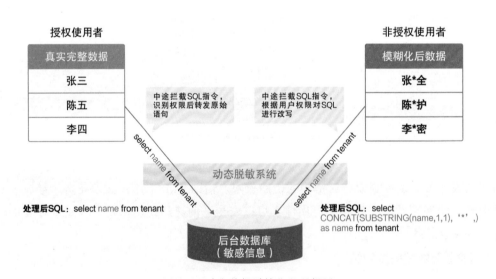

图 5-51 动态数据脱敏流程逻辑图

动态数据脱敏的实现方式可以理解为 SQL 语句的精准解析与匹配，匹配脱敏条件成功后，通过拦截返回脱敏后的数据到应用端或改写查询 SQL，从而实现云敏感数据的脱敏。脱敏条件可以是数据库用户、IP 地址、时间等。与静态数据脱敏不同，动态数据脱敏未对源数据的内容做任何改变。

业界主要流行两种脱敏方式，一是语句改写，二是结果集解析。语句改写顾名思义就是基于语句改写脱敏。具体实现就是将包含敏感字段查询的语句，通过对敏感字段采用函数运算的方式，让数据库自行返回改写后不包含敏感数据的结果。基于结果集脱敏的实现较为复杂，该种方式需要提前获取并保存表结构，同时还要注意不要改写发给数据库的语句，要等数据库返回结果后，再判断其中哪些需要脱敏，并逐条修改。

从实现原理可知，云数据脱敏的实现需要应用或者运维人员对数据库的访问路径或流量经过脱敏设备，这样才能执行脱敏规则。实现动态脱敏主要有以下三种方式。

第一，代理网关式。将连接数据库的调用地址改为数据库脱敏系统的地址，实现对数据库请求的脱敏处理。但是数据库地址仍可直接访问，导致被绕过的风险极大其系统部署方式如图 5-52 所示。第二，透明网关式。此部署模式是将脱敏系统串接在应用服务器和数据库之间，由于动态脱敏系统能工作在 OSI 二层上，不需要 IP 地址，对应用系统和数据库服务器而言，都是跟之前一样访问真实的 IP 地址，通过协议解析分析出流量中的 SQL 语句来实现脱敏。第三，代理式。在数据库服务器上安装 Agent，监控对数据的请求访问，当检测到访问敏感数据时，Agent 进行脱敏处理。三种部署模式对比见表 5-9。

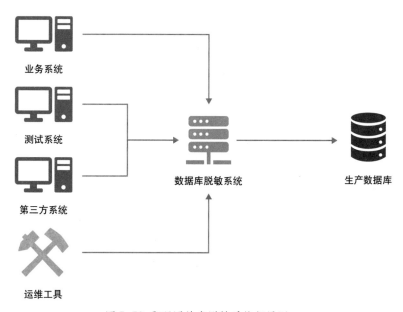

图 5-52 代理网关式脱敏系统部署图

表 5-9 脱敏设备部署模式对比

部署模式	部署位置	优势	劣势
代理网关式	物理旁路，逻辑串行	无须在应用服务器或数据库服务器安装软件	需要修改数据库连接配置，可能会被绕过
透明网关式	应用服务器或数据库服务器	无须修改数据库连接配置	脱敏系统可能会存在单点和性能瓶颈
代理式	数据库服务器	无法绕过	需要在数据库服务器部署 Agent，存在资源消耗

动态数据脱敏技术，适用于不同的应用场景，以实现不同的数据脱敏需求。

其一，业务脱敏。业务系统的不同用户对应用系统访问的数据权限控制是动态脱敏技术的首要目标，一般是在系统层面实现敏感数据的去标识化，这样就需要对系统进行代码改造。但是系统来源复杂，改造成本和难度极大。现在的脱敏技术可以通过修改数据库驱动，并关联业务系统的用户权限管理功能，在不改造业务系统的前提下完成数据脱敏，达到安全合规的要求，如图 5-53 所示。其二，运维脱敏。数据在数据的生命周期的存储、处理、交换等环节不可避免地会有一些运维人员接触到敏感数据。运维脱敏就是根据不同运维人员权限来限制不同数据的访问范围，对无权限的数据进行脱敏处理，如图 5-54 所示。其三，数据交换脱敏。数据交换脱敏，顾名思义是指对发生在业务系统之间的交换数据，在满足隐私合规要求下，通过业务系统之间的接口调用，实现对交换数据的脱敏处理。

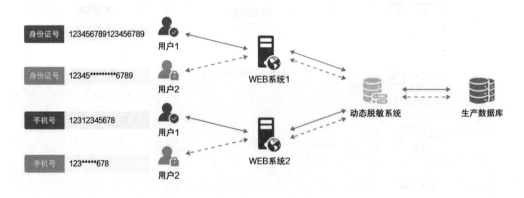

图 5-53 业务脱敏示意图

图 5-54 运维脱敏示意图

②静态数据脱敏。

静态数据脱敏常用于非生产环境，一般是通过一系列加密算法，将数据替换、屏蔽、变形或者保留格式，从而将生产数据导出至目标存储介质。经过静态数据脱敏导出后的脱敏数据，实际已经改变了源数据的内容。

从本质上来讲，静态数据脱敏就是数据的"移动和替换"。敏感数据被提取后进行脱敏，然后被发送到下游链路，进行自由的访问和读写。由于静态数据脱敏后的数据特性，脱敏后的数据与生产环境隔离，因此保证了生产数据库的安全性，满足了业务需求。

生产环境与测试、开发、共享环境之间都可以部署静态数据脱敏的脱敏设备，实现静态数据的抽取、脱敏及装载。一般在对敏感数据要求更高的业务生产环境中，会同时在数据的出口和入口分别部署脱敏设备，脱敏设备通过离线的加密文件传输方式，将敏感数据从生产环境中静态脱敏，然后传输到非生产环境中。根据脱敏设备的数量，可以将静态脱敏系统部署架构概括为单机部署架构和集群部署架构。集群部署架构可以减轻单台脱敏设备的运行压力，并行运行多任务，提高静态脱敏效率，如图 5-55 所示。

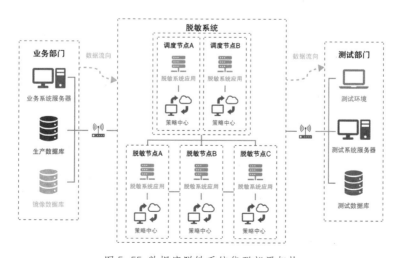

图 5-55 数据库脱敏系统集群部署架构

静态脱敏系统一般有两种应用场景，即工具化应用场景和平台化应用场景。

A. 工具化应用场景。静态数据脱敏的数据处理思路来源于数据集成工具，因此在云虚拟环境下静态数据脱敏中作为工具使用。简单来说就是操作人员选择生产数据库，然后对数据库脱敏，再选择测试数据库，输入脱敏完成后的数据，如图 5-56 所示。一个任务执行结束后，系统会一直处于待机状态，直到下一个任务创建和运行。

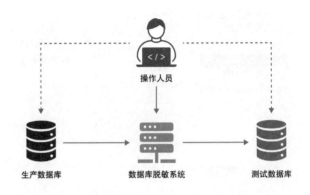

图 5-56 数据库脱敏系统工具化应用场景

B. 平台化应用场景。在云环境中，将业务系统进行数据脱敏已经是云安全建设方案中重要的设计环节，脱敏系统的设计与使用可以解决数据处理（数据梳理、数据脱敏）过程中的数据安全问题。系统流程对接是平台化应用场景的一个普遍流程，需要操作人员通过业务系统发起数据脱敏请求的工单，然后通过相关数据归属等部门的审批，之后会将相关脱敏请求发送到脱敏设备中执行，执行操作包括敏感数据的发现、梳理，按照需求进行数据脱敏、数据输出，根据用户需求进行消息推送、输出报告等，如图 5-57 所示。数据脱敏任务在进行的同时，脱敏设备平台也会将脱敏任务的执行状态与结果，甚至异常告警都通过系统消息等方式发送给相关人员，便于其掌握脱敏任务的运行状态。

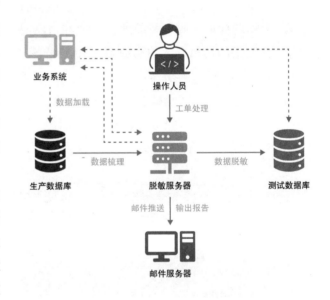

图 5-57 数据库脱敏系统平台化应用场景

（3）云数据安全防护

云数据的安全防护主要有三个方面，即数据的访问控制、泄露防护以及隐私计算。其中隐私计算是近年来为解决数据共享和隐私保护冲突问题的新兴技术，主要有联邦学习和安全多方计算两种，但目前这两种技术都处于发展初期阶段，成熟度较低，这里做简单介绍。

联邦学习是一种基于现代密码的数据隐私增强型计算服务，可以理解为一种分布式的机器学习，能在不共享原始数据的情况下，仅通过数据应用逻辑层面的授权，满足场景化的数据融通安全需要，从技术上打破数据孤岛。联邦学习通过多种安全技术（TEE、MPC、FL）以及公私钥体系，满足多种复杂场景的需要，可以实现自主可控的安全设置，为用户提供透明可控的安全流通环境。

安全多方计算和联邦学习有所不同，它是一种基于协议的数据隐私增强型计算服务。在一个分布式网络中，安全多方计算主要是解决一组互不信任的参与方之间保护隐私的协同计算问题。当这些参与方希望共同完成某函数的计算，安全多方计算要在保留数据输入的独立性、计算的正确性以及去中心化等特征的前提下，不将各输入值泄露给参与计算的其他成员。

①数据访问控制。

数据访问控制是云数据安全的一个基本组成部分，它决定了谁可以访问和使用公司信息和资源。通过身份验证和授权，访问控制策略确保用户是他们所说的人，并且他们可以适当地访问公司数据。

访问控制的三个要素分别是主体、客体以及控制策略。主体 S（Subject）就是指发起访问资源的具体请求。主体只是某一操作动作的发起者，但不一定是动作的执行者。主体可以是某一用户，也可以是用户启动的进程、服务和设备等。客体 O（Object）就是指被访问资源的实体。客体可以是被操作的信息、资源或者对象。因此信息、文件、记录等集合体就是客体，网络中硬件设施、通信环境下的各种终端也可以是客体，客体可以包含另外一个客体。控制策略 A（Attribution）就是一个集合，集合中是主体对客体的访问规则，也可以认为是一个属性集合。访问规则表现了它是一种授权行为，默认了客体对主体的某些操作行为。如图 5-58 所示。

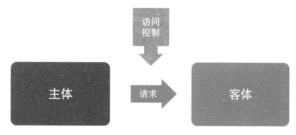

图 5-58 数据访问控制

访问控制通过验证各种登录凭据来识别用户，这些凭据可以包括用户名和密码、PIN、生物识别扫描和安全令牌。许多访问控制系统还包括多因素身份验证，这种方法需要多种身份验证方法来验证用户身份。如果用户通过身份验证，访问控制就会授权当前用户适当级别的访问权限，允许与该用户的凭据和 IP 地址相关联的操作。

目前主要有四种类型的访问控制。组织通常会根据其独特的安全性和合规性要求选择最有意义的方法。四种访问控制模型分别如下。第一种，自主访问控制（Discretionary Access Control，DAC）。在此方法中，受保护系统、数据或资源的所有者或管理员设置允许访问的策略。例如有文件 A 访问权限的 B 用户可以授权没有该文件访问权限的 C 访问权限，一般适用于文件系统文件权限授权。第二种，强制访问控制（Mandatory Access Control，MAC）在这种非自由裁量模型中，人们根据信息许可获得访问权限。中央机构根据不同的安全级别来管理访问权限。这在政府和军事环境中，例如保密系统或者机密档案很常用。第三种，基于角色的访问控制（Role-Based Access Control，RBAC）。RBAC 根据定义的业务功能而不是个人用户的身份授予访问权限，目标是让用户只能访问他们在组织中的角色所必需的数据。这种广泛使用的方法基于角色分配、授权和权限的复杂组合，例如企业数据中销售的客户信息等。第四种，基于属性的访问控制（Attribute-Based Access Control，ABAC）在这种动态方法中，访问基于分配给用户和资源的一组属性和环境条件，例如一天中的时间和位置，常用于网络设备中的访问控制，比如说防火墙的端口访问限制。

数据访问控制在实现时有多种方式，如数据库防火墙、云访问安全代理等。数据库防火墙和常见的基于 IP、MAC、端口等 TCP/IP 协议进行防护的网络防火墙和基于 HTTP 协议中的内容进行防护 Web 应用防火墙不同，它是基于数据库中的 SQL 语句与语法特征进行防护的。它内置的丰富的 SQL 注入及数据库漏洞特征库可以对 SQL 语句进行多维度检测，并对危险语句进行阻断，实时监控数据库，防止黑客攻击和来自内部人员的威胁。数据库防火墙一般采取串接模式接入应用服务器和数据库，处于非串接模式下也会采用反向代理的模式，保证应用服务器对数据库所有的操作如查询、插入等都通过数据库防火墙，通过策略规则实现数据访问控制，保证数据安全，如图 5-59 所示。

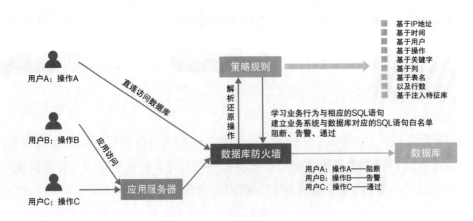

图 5-59 数据库防火墙

云访问安全代理（Cloud Access Security broker，CASB）是在云服务的消费者和服务商之间的一种监视云相关活动的规则。不同于云防火墙，CASB 规则基于云资源的使用，通过加密、令牌化、活动监视或其他方式保护和监控数据，达到保证数据安全性、合规性和治理的目的。CASB 作为一个安全节点，其规则可以被应用到与本地基础设施相同的其他云环境中，可以组合不同类型的策略进行实施，访问控制粒度为端口级，如图 5-60 所示。因为 CASB 的功能特性，所以 CASB 是访问基于云的资源实施的安全策略。

图 5-60 云访问安全代理（CASB）

访问控制可防止机密信息（包括客户数据、个人身份信息和知识产权）落入坏人之手。如果没有强大的访问控制策略，组织就会面临来自内部和外部的数据泄露的风险。数据访问控制产品一般用于以下两种场景。

一是管控拥有数据库直接访问权限人员。数据库管理员、测试人员、开发人员一般都拥有数据库的直接访问权限，而且经常会有多人共用一个账号、账号权限为超级管理员的情况。一旦这些人员误操作或者心怀恶意，可能就会引起极大的风险，而且当问题发生时，很难进行追责。数据访问控制产品对用户等细粒度的控制，可以很好地限制对数据库的高危操作，避免大规模的数据损失。二是阻断非应用系统授权人员访问数据库。应用系统维护人员或业务系统的普通用户等对数据库无直接操作权限的用户，尝试或非法登录数据库的时候，数据访问控制产品通过精细化、细粒度的检测规则，可以及时发现风险行为并进行阻断，防止他们盗取或篡改敏感数据，保证应用访问合规。

②数据泄露防护。

数据泄露有三个内部威胁。其一，恶意内部人员或攻击者破坏了特权用户账户，滥用其权限并试图将数据移至组织外部。其二，攻击者通过网络钓鱼、恶意软件或代码注入等技术手段攻击用户网络安全边界。其三，无意或疏忽的数据泄露。数据泄露还可能是因为在公共场所中员工丢失了敏感数据造成的，也有的是数据开放了互联网访问权限造成的，还有的是管理员未能按照组织策略限制访问而造成的。

随着云上业务的增多，数据泄露防护变成一项云建设中必要的工作，数据泄露防

护（Data leakage prevention，DLP）应运而生，用于检测和防止敏感数据泄露或意外破坏，保护组织免受数据丢失和数据泄漏的影响。我们可以通过 DLP 产品或数字水印产品防止数据泄露。

A. DLP。DLP 系列产品一般包括终端 DLP、网络 DLP、邮件 DLP、存储 DLP 以及 DLP 管理平台。终端 DLP 通过扫描采集电脑上的敏感信息分布和不当存储，实时监控并保护敏感信息。网络 DLP 通过网络采集数据，监控所有的 TCP/UDP 网络链接、HTTP/HTTPS 协议网络数据流，分析应用协议内容，审计、发现、记录、阻断可能违反数据安全策略的数据通信。邮件 DLP 通过监控和分析所有外发的电子邮件，从而阻止违反数据安全策略的邮件外发。存储 DLP 通过对数据库服务器、文件服务器等结构化和非结构化的数据进行扫描，根据扫描结果，生产敏感信息分布图，限制敏感文件使用范围，从而降低信息外泄风险。DLP 管理平台则是一个统一的一体化平台，对收集到的敏感数据的感知库进行统一管理，还可以对敏感级别进行统一的定级，如图 5-61 所示。DLP 管理平台可以从终端、邮件等多维度查看事件信息，对事件全面审计，掌握数据泄露动态。网络 DLP 通过串接或者旁路的镜像两种方式接入网络中，对流量和协议进行解析，阻断违规数据通信。而邮件 DLP 一般采取反向代理模式，使所有的邮件发现都经过邮件 DLP，从而实现审计。另外终端 DLP 一般会在用户域的客户端安装 Agent，达到监控扫描效果。至于存储 DLP，它是通过发现、添加目标，从而发起扫描的。DLP 管理平台和其他 DLP 系列产品进行数据联动，从而获得敏感事件。

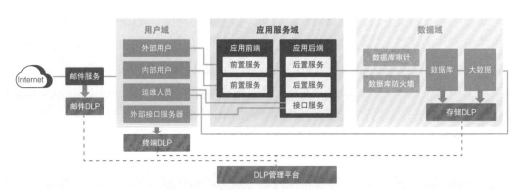

图 5-61 DLP 管理平台

B. 数据水印。数据水印是指将特定的信息嵌入数据载体（数据库、图片、文档等）中，在数据的使用过程中，嵌入的信息会随着数据一并被拷贝，但不影响数据的正常使用，并且水印内容不容易被修改。数据水印的实现一般是水印信息隐藏在数据库表中，有水印嵌入算法和水印提取算法，如图 5-62 所示一般适用于数据版权保护和数据使用过程中溯源，降低数据共享风险。

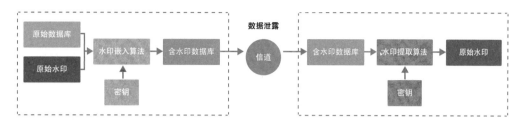

图 5-62　数据水印

数据泄露防护使用场景多种多样，有重要或敏感数据的地方都可以使用数据泄露防护技术。

（4）云数据安全审计

云数据安全审计可使用数据库审计、DLP 等产品实现。数据库审计产品实现数据库访问的全面精准的审计，支持实时监控和告警。数据库审计可以对云上数据库访问行为进行监控，记录访问行为，分析危险操作和可疑行为并告警，为事后溯源提供支撑。全面的审计管理可以防止内外部人员的恶意攻击，例如 SQL 注入、权限提升等数据库攻击。数据库审计逻辑如图 5-63 所示。DLP 系列产品也具有强大的安全审计功能。网络 DLP 可以对敏感数据通信行为进行审计和阻断，存储 DLP 可以限制敏感的结构化数据和非结构化数据的使用范围。

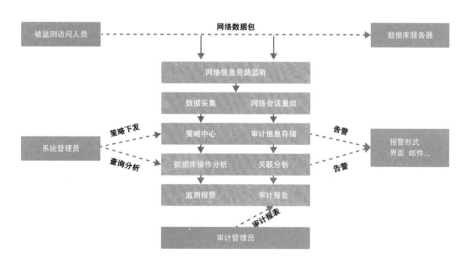

图 5-63　数据库审计逻辑图

随着云网络的飞速发展，我们面对各种威胁防护通常采用的是漏洞扫描、安全防护设备等加强外界网络数据的检查，却忽略了来自内部的威胁，数据保护机制相对来说还处于被动，因此我们要采用主动的内部行为审计手段防护数据泄露，如针对数据

库操作进行审计，防御各种数据库攻击和人员操作威胁。

4. 应用安全技术

为了保证网站系统的安全，我们有很多选择，比如，可以使用稳定的开发技术框架，开发安全的网站系统，也可以打补丁，确保系统没有漏洞。但是很难保证应用系统没有任何缺陷或在第一时间完成漏洞的修复，这时候我们就可以借助一些安全产品，对网站进行防护，例如 Web 应用防火墙。越来越多的用户对于 Web 应用的防护需求也推动了应用安全技术的发展，Web 应用程序和 API 防护（Web Application Firewall and API Protection，简称 WAPP）已逐渐成为现有应用安全防护产品的发展趋势，爬虫管理和 API 保护也逐渐成为必备的能力。除了被动式的应用保护方案外，运行时应用自我保护方案也开始出现，下面将进行详细的介绍。

（1）Web 应用防火墙

Web 应用防火墙（Web Application Firewall，WAF）作为串行安全防护的第一道防线，是一种用于 HTTP 应用的应用防火墙，通过内置的策略规则等有效识别网站流量的恶意特征，阻止恶意流量到达后端的 Web 服务器，从而保障网站的业务安全和数据安全。Web 应用防火墙区别于传统防火墙的是，除了拦截具体的 IP 或端口外，主要对网站的业务流量进行检测，与业务有更强的关联性。其主要功能包含 Web 攻击防护、CC 攻击防护、自定义策略防护，有的 WAF 还具有网页防篡改、信息防泄露等功能。

WAF 的技术实现也随着云计算和大流量的发展而变化，一开始的 WAF 作为传统防火墙的升级版，主要原理也是利用网卡收包后，在协议栈对数据流做应用层检测和防御。常见的技术基于 Linux 内核协议栈或者 NetFilter、VPP 框架来实现。

随着云时代的到来和容器化的发展，WAF 厂商开始基于 nginx 和 Kubernertes 来创建 WAF，以摆脱内核处理的复杂性。基于 nginx 的 WAF 一般适用于反向代理的方式部署，不适用于透明部署。基于 nginx 等实现的 WAF 又称为云 WAF，实现模式如图 5-64

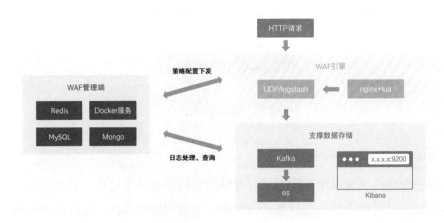

图 5-64 基于 nginx+lua 的 WAF 实现

所示。云 WAF 不再强调单机 WAF 的性能，但是要求以能够实现 WAF 集群的方式来提高 WAF 整体的吞吐和性能，实现弹性扩展。

现在 WAF 创新性地提出以"智能语义分析"解决 Web 攻击识别问题，WAF 内置"智能大脑"，具备自主识别攻击行为的能力，同时结合机器学习模型，不断增强和完善分析能力，不依赖传统的规则库即可满足用户的日常安全防护需求。下面将对 WAF 的三种检测引擎及其工作和部署模式进行介绍。

①规则引擎。

规则引擎基于正则表达式进行攻击内容的匹配。正则表达式是使用单个字符串匹配一系列符合某种语法规则的字符串。但是正则表达式有一定的局限性，且容易产生误报。如为了防御常见的 SQL 攻击"union select admin from users"，正则表达式可以写成"^[A-Za-z\s]+select[A-Za-z\s]+from[A-Za-z\s]+"，但是当报文"we should select the best students from this class"出现时，就会导致误报影响正常业务。同时攻击者可以通过关键词替换、注释、参数污染等方式轻易地绕过这个防护规则。而且一旦正则表达式写得不完善，在某种场景下还容易导致检测时间过长，影响业务的响应时间。正则表达式规则示例如下。

```
    {
"id":21000020, "version":3.02,"detect_type":"SQLI","action":["deny"],"rpc_check":"true",
"transform":["none","urlDecode"],"priority":80,"cmp_pattern":"\\b（Select|Delete）\\b
（.|\\n）+?（\\.|\\d|N）+（into（[\\s'\""]|（--）|\\+|（\\r）?\\n|\\（|\\）|（\\/\\*（.|\\n）
*?\\*\\/）|（（#|--\\s）.*?（\\r?\\n））））（\\@.*|outfile|dumpfile））\\b","case_
insensitive":"true","cmp_function":"rx","description":"SQL_Injecting_19","phrase":"ac
cess","Severity":"high","args":["REQUEST_URI_RAW","ARGS_POST","REQUEST_
HEADERS"]
    }
```

②语义分析引擎。

语义分析引擎作为新兴的应用攻击检测技术，主要通过词法分析和语法分析的方法对用户请求进行更为精细的检测，根据请求的访问意图判定是否为攻击。该技术的初衷是弥补规则引擎面对上下无关特征描述较弱的问题，在满足高准确率、低误报率的基础上，具有一定的未知威胁检测能力。语义分析引擎处理流程如图 5-65 所示，对目标字符串按照攻击类型模型依次进行词法分析、语法分析、语义分析，结合威胁模型打分，理解请求内容的真正含义并输出打分结果，摆脱了传统规则型检测方法，必须已知攻击和漏洞利用方式才能防御的短板，具备了0day漏洞威胁识别能力。

A. 词法分析阶段。输入识别解码后内容，识别出字符，并用记号token方式表示识别出的词法属性。举一个具体的例子来说明词法分析的结果。SQL注入语句"××" or "1"="1"，对它进行切词、识别词法属性，并将信息传递给语法分析模块进一步分析，结果见表5-10。

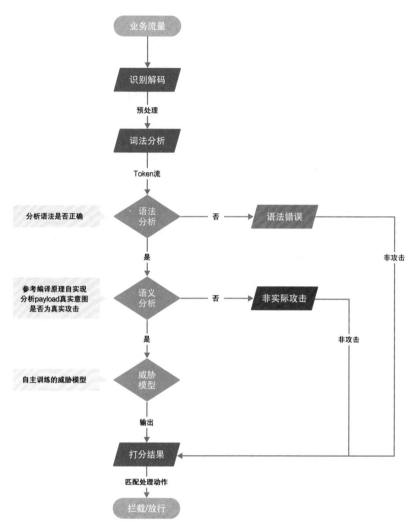

图 5-65 语义分析流程图

表 5-10 语义分析流程图

"××"	or	"1"	=	"1"
token:\<type string>	token:\<keyword or>	token:\<type string>	token:\<operator =>	token:\<type string>

B. 语法分析阶段。在词法分析的基础上，根据词法分析切词后语言的语法规则，把单词符号串组成各类语法单位，建立语法树，最终判定语句是否为合法语句。合法语句如"selct × from schema"，关键词+裸词+关键词+裸词，进一步做语义分析是否具有攻击意图。不合法语句如"select from schema"，为关键词+关键词+裸词，语法错误，非攻击。

C. 语义分析阶段。在语法分析的基础上，通过检查语法树相关性的方式结合虚拟执行等来识别攻击是否有效，最后输出其威胁分值。

D. 威胁模型阶段。采用自主训练的算法对 payload 进行打分，计算 payload 内攻击特征出现的概率来对其恶意程度进行打分，并最终输出威胁分值。例如 SQL 注入可以采用包含但不限于表 5-11 中的多个维度来判断攻击的危险级别。

表 5-11 威胁判断维度表

维度	符号
高危关键词	union select、wait for、limit、order by 等
高危函数调用	substr、ascii、concat、sleep、group_concat 等
特殊字符	*! *\ \$ || 等

③机器学习引擎。

机器学习主要通过有监督或无监督的学习方式，借助神经网络系统技术，通过海量样本数据训练检测模型并基于现网流量进行持续性优化模型，可以更加有效地检测变种攻击，弥补其他引擎对于 0day 漏洞风险检测不足的缺陷。应用于机器学习引擎的算法大都以监督学习为主，通过标注正负样本数据，构建针对特定攻击类型的分类模型。机器学习模块可包含以下步骤：获取来自各大情报、SQLMAP 等工具生成和积累训练数据，包括标注后的 Web 攻击数据集，即 SQL 注入、XSS、Webshell 使用的 URL、POST 数据、Cookies 及合法数据集；对获取的数据进行预处理（包括解码、范化、分词等），利用预训练语言模型或词袋模型等方法对文本进行特征编码，以提取特征向量；训练机器学习模型，使用模型检测 Web 攻击。

现在的 WAF 产品一般采用规则引擎应对强攻击特征的场景，借助语义分析 + 机器学习面对未知威胁的攻击场景。三种检测引擎的适用场景、优劣势对比见表 5-12。

表 5-12 三种检测引擎对比

WAF 的监测引擎	适用场景	优势	劣势
规则引擎	特征明显的攻击	1. 能够快速跟踪漏洞，进行应急响应； 2. 对于无法理解的语法能够进行弥补； 3. 正则规则库知识积累丰富； 4. 对于新型攻击可以自定义检测规则	1. 规则维护麻烦，且容易出错； 2. 规则越多导致检测速度变慢； 3. 难以同时达到低误报和低漏报； 4. 难以应对复杂变形的攻击，容易被绕过； 5. 面对各种攻击的绕过方式，很难面面俱到； 6. 不支持对括号等特殊字符进行匹配识别； 7. 规则依赖解码能力，如果解码有误，就会造成匹配错误

WAF 的监测引擎	适用场景	优势	劣势
语义分析引擎	SQL 注入、XSS 攻击、命令行注入等有特定语法规范的攻击	1. 能实现强大的检出率和较少的召回率； 2. 具备一定的未知威胁检测能力； 3. 最大限度地减少规则使用，降低出错风险； 4. 速度快，避免规则叠加越多速度越慢的问题； 5. 摆脱庞大正则库，大大减轻运维操作压力； 6. 不必频繁变更升级检测版本	1. 针对某些特定攻击时需要一定的更新时间，某些应急场景下需要配合自定义规则使用； 2. 语义分析的算法优化难度极高，难以优化检测时延； 3. 如果遇到不能防护的未知威胁，需要使用自定义策略弥补
机器学习引擎	0day 漏洞攻击	1. 对未知威胁进行检测； 2. 可基于现网流量数据进行模型优化； 3. 检测模型可达到站点级别，与业务适配度更高； 4. 减轻运维压力，不需要各种规则库	1. 误报时难以确定原因； 2. 应用变更时需要重新训练； 3. 学习模型需要大量正反典型数据实例； 4. 学习收敛速度慢，业务模式变更，会导致反复学习，浪费大量资源和时间

④工作及部署模式。

WAF 按照工作模式，分为旁路和串行。旁路模式下，请求会复制给 WAF 一份，但是 WAF 只对请求进行检测和告警，不进行攻击的阻断，一般不建议如此部署。串行模式下，WAF 会在告警的同时进行攻击的阻断。

WAF 可以以硬件的形式部署在网络边界，也可以以虚拟机或容器的形式部署在旁挂资源池里或者在云内 VPC 里。由于单节点 WAF 可防护的容量有限，所以在部署时需要注重 WAF 节点的弹性扩容能力。按照部署方式，WAF 可分为三种模式，分别是传统应用防火墙、负载均衡型应用防火墙、私有应用防火墙，如图 5-66 所示。

传统应用防火墙，一般部署在平台资源中，共享使用。通过修改 DNS 记录，使得域名解析到用于给 WAF 集群引流的 4 层公网负载均衡，WAF 集群检测后，将正常的业务请求通过公网 NAT 网关转发至用户源站的公网负载均衡，最终到用户 VPC 内的云服务器。

负载均衡型应用防火墙，作为负载均衡的旁挂产品，只进行攻击的检测，由负载均衡进行请求的阻断或放行。一般通过 7 层公网负载均衡将流量复制一份给 WAF 集群，WAF 集群经过检测后，将检测结果发送给负载均衡，负载均衡根据检查结果，判断是

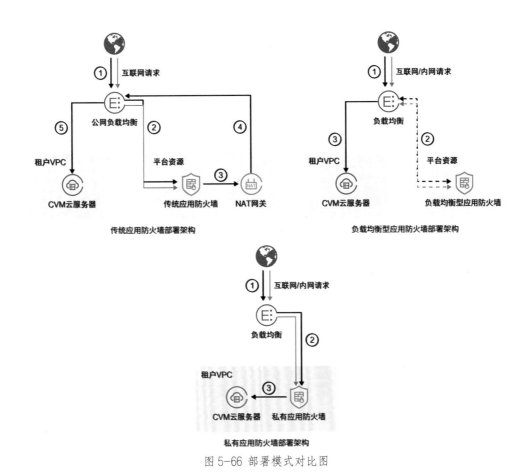

图 5-66 部署模式对比图

转发给用户 VPC 内的云服务器还是阻断此次请求。从安全防护和运维的角度出发，此模式的 WAF 效果最佳。

私有应用防火墙，部署在租户的 VPC 内。一般通过 7 层公网负载均衡将流量引至 WAF 集群，WAF 集群经过检测后，将正常的业务请求转发至用户 VPC 内的云服务器。

三种类型的部署模式优劣势对比如表 5-13 所示。

表 5-13 部署模式对比

类型	优势	劣势
传统应用防火墙	1. 可防护没有部署在云内的业务系统； 2. 请求处理中间环节较多，耗时较大； 3. 业务系统共享 WAF 集群，服务器资源使用率高	1. WAF 故障会影响租户业务系统； 2. 额外占用公网 IP； 3. HTTPS 业务需要进行证书的加解密； 4. 请求处理中间环节较多，耗时较长； 5. 回源时依赖 NAT 产品，导致用户云服务器无法获取真正的客户端 IP

类型	优势	劣势
负载均衡型应用防火墙	1.业务系统共享 WAF 集群，服务器资源使用率高； 2.WAF 作为 CLB 产品的旁挂安全检测模块，不真正处理业务请求，故障发生时不影响业务； 3.不额外占用 IP 地址	1.绕过 WAF 的可能性较大； 2.只能防护部署在云内的业务系统
私有应用防火墙	1.WAF 服务器资源独享； 2.不额外占用业务 IP 地址	1.资源不共享，导致占用云服务器资源； 2.用户须自行运维 WAF 服务器，对于运维要求较高； 3.WAF 发生故障时会影响租户业务系统

在 WAF 的使用中，最关注的还是如何兼顾安全和业务连续，在运维和运营中需要注意以下几个方面：第一，WAF 故障场景的逃生机制，以保证业务连续；第二，WAF 规则的全面性和实时性，须持续地优化，适配业务场景，提升准确率降低误报率；第三，WAF 的全面覆盖部署，流程上保证 WAF 为所有业务提供防护；第四，WAF 产品的机制分析，降低攻击被绕过的可能性。

（2）Bots 管理

Bots 被称为网络机器人，它按照一定的规则，自动地抓取网页的程序或者脚本。传统 Bots 从一个或若干初始网页的 URL 开始，获得初始网页上的 URL，在抓取网页的过程中，不断从当前页面上抽取新的 URL 放入队列，直到满足系统的停止条件。目前 Bots 机器人攻击逐年增加，在全球网络流中正常用户发起的请求已经不到一半。国内的 Bots 攻击形势更为严峻，尤其在一些资源抢占类和信息公示类系统中，Bots 发起的请求占比有 80%。同时相对于传统的安全攻防，企业普遍缺乏对 Bots 攻击的认知和防护，进一步加剧了 Bots 攻击带来的危害。

Bots 按照意图可分为善意 Bots 和恶意 Bots 两类。善意 Bots 是指在受控的环境内使用，以提升工作效率、用户体验为目的的自动化工具，包括搜索引擎、运维监控、RPA 等，在运行过程中严格遵守协议，不进行越权、非法等类型的访问，不给目标带来压力。恶意 Bots 是指存在恶意行为的 Bots，恶意行为包括漏洞扫描、撞库、恶意信息爬取、薅羊毛、DDoS 攻击等。恶意机器人在运行期间，会给目标系统带来较大的压力，影响系统的安全性和可用性。

Bots 按照拟人化的程度可分为初级 Bots、中级 Bots 和高级 Bots 三类。初级 Bots，以脚本类程序为主，不具备页面渲染、JS 执行等能力，仅可根据事先设定的参数进行模拟访问。中级 Bots，具备页面渲染、JS 执行能力，可对动态生成的信息进行获取，但不具备交互能力。高级 Bots，全称高级持续性机器人（Advanced Persistent Bots, APBS）， 具备完整的浏览器功能，可模拟鼠标、键盘等操作与目标系统进行拟人化交互。

Bots 攻击与传统的安全防护设备不同的是，Bots 攻击是利用脚本或程序来模拟人工访问行为，传统的安全防护设备，如 WAF，主要是对安全攻击进行针对性的防护，而 Bots 的攻击流量中并不携带任何已知威胁特征，因此传统的安全防护设备无法对 Bots 进行有效防护。

目前业界针对 Bots 的问题的主要解决方案有 IP 黑名单、UA 检测、速率控制、静态令牌、动态技术，见表 5-14。下面将针对每种技术的实现原理进行剖析。

表 5-14 Bots 问题解决方案对比

解决方案	方案描述	缺陷	效果
IP 黑名单	利用访问控制策略，针对请求量异常的 IP 地址进行封堵，一旦发现这种类型的 IP 地址存在，则立即在网络设备上将之加入黑名单，防止该 IP 的访问	攻击者往往掌握了大量的 IP 地址，发现一个 IP 地址无法访问后，会立即更换一个新的 IP，更换的过程甚至不需要人工干预。对于防护人员而言，维护 IP 黑名单的工作量较大	弱
UA 检测	防护系统端对访问源端发送过来的数据包头信息进行检测，可以根据 HTTP 请求头中的 User-Agent 来检查客户端是不是一个合法的浏览器程序，抑或是一个脚本编写的自动化程序。一旦发现访问者使用的 UA 信息明显是一个非法工具，如 Python 等，则防护系统对访问请求进行拦截	攻击者可以伪造 UA 来欺骗防护系统，同时如果攻击者采用浏览器自动化攻击的方式，该方案也不会有什么防护效果	弱
速率控制	在网络层面或应用系统针对单个 IP 访问的频率进行控制，如果发现一个 IP 访问的频率显示异常，则限制此 IP 的后续访问	攻击者可以利用多源低频的攻击手段来绕过速率控制，Bots 使用多个 IP，每个 IP 访问量不高	弱
静态令牌	防护系统利用 JS 脚本生产一个固定不变的字符串或者令牌，防护系统会验证每个访问请求中是否携带了这个字符串或令牌，没有携带认证体的请求将直接被防护系统进行请求拦截，防护系统通过这种方式来判断客户端是不是一个自动化程序	静态令牌是一种固定不变的机制，攻击者一旦获得 JS 代码，生成令牌或 Cookie，则后期访问请求便可以携带这个令牌或 Cookie。另外，一旦 Bots 具有 JS 执行能力或者浏览器自动化的方式，则会自己生成令牌或 Cookie，访问的时候也会携带	弱

续表

解决方案	方案描述	缺陷	效果
动态技术	动态技术其实是一种层次化的防护解决方案，针对 IP 本身就有问题的 Bots 直接通过内置的黑名单库进行判断。动态技术也使用令牌技术来验证自动化工具，但是与传统技术不同的是动态技术采用的是动态令牌，每一次的令牌均不相同，重复使用是无效的。同时利用动态验证技术从多个维度验证客户端的真实性，比如 UA、浏览器指纹、浏览器插件、用户操作等，且每次验证内容均不相同，防止攻击者造假欺骗防护系统。另外，可以针对应用系统底层代码的关键元素进行防护，利用动态防护系统可以将应用系统的 URL 地址、JS 代码或文件进行混淆处理，对应用系统的业务处理逻辑并进行保护，防止攻击者分析业务逻辑并编写 Bots 工具，使工具无法正常运行	暂无	强

针对 Bots 的防护，我们可以采用 IP 黑名单、速率控制和动态技术相互结合的方案对 Bots 进行安全管控。IP 黑名单和速率控制可以在网络层直接通过预先设定的规则将具有明显 Bots 特征的访问行为进行有效拦截，不需要到应用层进行处理，响应的速度更快；经过 IP 黑名单和速率控制过滤后的流量会发送给动态技术，动态技术再从应用层做精确的检测和验证，进一步发现剩余的 Bots 访问流量。

①动态技术。

动态技术主要是通过向客户端下发一个 JS 探针代码，对客户端的信息进行动态验证，再对安全客户端发来的请求进行动态令牌验证，防御 Bots 攻击。动态验证和动态令牌主要原理如下。

A. 动态验证。动态技术会自动将一段 JS 探针代码插入源代码，通过对客户端当前 JS 的运行环境、浏览器信息、用户行为等方面进行验证，对自动化工具进行识别，防止恶意 Bots 的访问，并且对验证时提取的检测项进行随机化处理，增加检测内容的不可预测性，提高攻击者的攻击成本。

a. 环境信息采集。对客户端浏览器的语言、插件、时区、分辨率等信息进行采集，并结合浏览器指纹技术，生成浏览器指纹，当成用户的唯一标识，采集的部分信息见表 5-15。

表 5-15 环境信息采集项

英文名称	类型	中文名称	示例
fingerprint_font	string	字体指纹	W00VZxD28fJbT.QZ2umLHsJd1Tg
fingerprint_webgl	string	通过 WebGL 采集的指纹	uwT8cdIIeueEulkS.YeoPsCDy.0
fingerprint_canvas	string	浏览器 canvas 指纹	4I3jcPmOaVhHzGmrZe66UTjMgV
fingerprint_browser	string	浏览器指纹	Bkm7Tw5CvWh4goIVNLSNsitkksda

b. 浏览器验证。一般情况下对浏览器的识别依赖于 HTTP 请求头中的 User-Agent 字段，但是这个字段可以被轻易伪造。动态技术的浏览器验证功能可以不依赖于 User-Agent 字段，而通过提取浏览器的固有属性来判断当前浏览器的真实类型和版本。同时为了提高黑客伪造浏览器的难度，动态技术每次选定的浏览器验证项和数量都不相同，实现浏览器动态验证，部分检测项见表 5-16。

表 5-16 浏览器检测项

检测项	IE8	IE9	IE10	IE11	Chrome	Firefox	Safari
Require.cache							
New Error0.number !==undefined || New Error0.stack	Y	Y	Y	Y	Y	Y	Y
Audio		Y	Y	Y	Y	Y	Y
History.pushState		?	?	?	Y	Y	Y
Navigator.webkitPersistentStorage					Y		
AudioBuffer			?	?	Y	Y	Y
ActiveXObject.Apply	Y	Y	Y	Y			

c. 用户行为检测。括检测鼠标的点击、鼠标的移动、触摸屏点击、按键行为等特征，从而更有效地防止 Bots 访问。部分检测项见表 5-17.

表 5-17 用户行为检测项

英文名称	类型	中文名称	示例
input_all_count	数字	所有输入事件计数	0
input_key_count	数字	键盘事件计数	0

续表

英文名称	类型	中文名称	示例
input_mouse_click_count	数字	鼠标点击事件计数	0
input_touch_move_count	数字	触摸移动事件计数	0
input_touch_start_count	数字	触摸开始事件计数	0
invalid_request_action	字符串	无效请求动作	拒绝
input_mouse_move_count	数字	事件计数	0

d. 自动化工具验证。对于当前 JavaScript 的运行环境进行识别，判断当前环境下是否允许 JS 执行，某些 JS 的事件、函数是否存在。同时检测当前的运行环境是不是已知的自动化工具，例如 Appscan、Webinspect、PhantomJS、Web Driver 等漏洞扫描器和自动化工具，从而有针对性地阻止 Bots 的攻击行为。

B. 动态令牌。动态令牌是动态技术为客户端可以合法访问分配的一次性钥匙。客户端的每个请求需要带上一个令牌，动态技术会在请求到达应用服务器前先校验令牌，一旦发现请求不携带令牌或者携带的令牌无效，动态技术就会直接拦截客户端的访问请求，如图 5-67 所示。

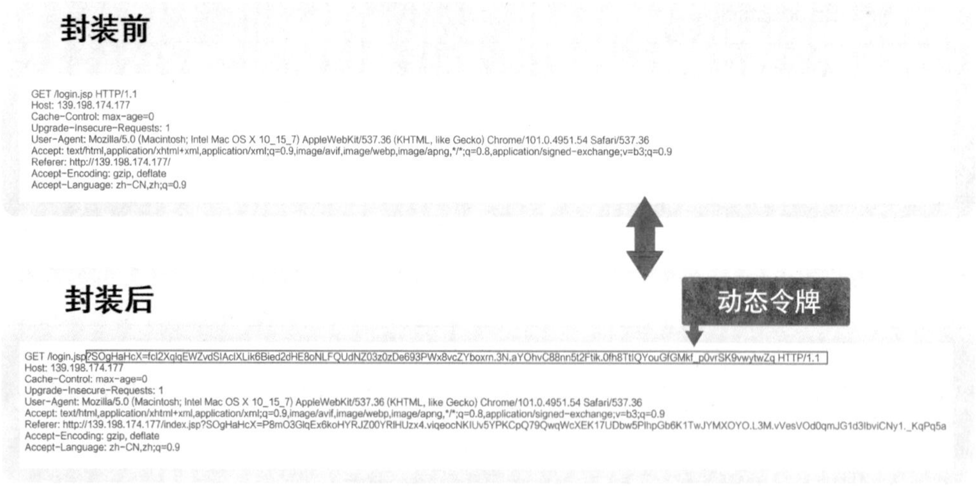

封装前

GET /login.jsp HTTP/1.1
Host: 139.198.174.177
Cache-Control: max-age=0
Upgrade-Insecure-Requests: 1
User-Agent: Mozilla/5.0 (Macintosh; Intel Mac OS X 10_15_7) AppleWebKit/537.36 (KHTML, like Gecko) Chrome/101.0.4951.54 Safari/537.36
Accept: text/html,application/xhtml+xml,application/xml;q=0.9,image/avif,image/webp,image/apng,*/*;q=0.8,application/signed-exchange;v=b3;q=0.9
Referer: http://139.198.174.177/
Accept-Encoding: gzip, deflate
Accept-Language: zh-CN,zh;q=0.9

动态令牌

封装后

GET /login.jsp?SOgHaHcX=fcl2XqlgEWZvdSlAclXLik6Bied2dHE8oNLFQUdNZ03z0zDe693PWx8vcZYboxrn.3N.aYOhvC88nn5t2Ftlk.0fh8TtlQYouGfGMkf_p0vrSK9vwytwZq HTTP/1.1
Host: 139.198.174.177
Cache-Control: max-age=0
Upgrade-Insecure-Requests: 1
User-Agent: Mozilla/5.0 (Macintosh; Intel Mac OS X 10_15_7) AppleWebKit/537.36 (KHTML, like Gecko) Chrome/101.0.4951.54 Safari/537.36
Accept: text/html,application/xhtml+xml,application/xml;q=0.9,image/avif,image/webp,image/apng,*/*;q=0.8,application/signed-exchange;v=b3;q=0.9
Referer: http://139.198.174.177/index.jsp?SOgHaHcX=P8mO3GlqEx6koHYRJZ00YRtHUzx4.viqeocNKIUv5YPKCpQ79QwqWcXEK17UDbw5PlhpGb6K1TwJYMXOYO.L3M.vVesVOd0qmJG1d3lbviCNy1._KqPq5a
Accept-Encoding: gzip, deflate
Accept-Language: zh-CN,zh;q=0.9

图 5-67 动态令牌示意图

a. 动态随机令牌。动态生成当前请求所需要的令牌，保证同一页面两次不同请求的令牌均不相同。动态生成令牌中的 Cookie 部分，并放置在用户的 Cookie 中。

b. 令牌验证。动态技术对令牌进行校验，校验内容包括是否存在令牌、令牌是否合法，以及令牌是否由动态技术对当前请求进行签发。通过对合法请求授予一次性令牌，保障业务逻辑的正确执行，并且能有效防御网页内容搜刮、应用请求重复提交等攻击行为。

c. 动态封装。随着访问终端性能的提升，越来越多的应用系统在架构设计时会将一部分业务逻辑处理的代码迁移到客户端上运行。攻击者可以很容易针对这部分代码进行调试，发现业务处理逻辑。同时，攻击者可以基于业务访问地址来编写他们需要实现非法操作的 Bots 工具。从防护角度出发，我们可以对应用系统代码中的关键元素进行安全防护，防止攻击者通过代码调试的攻击手段发现业务处理的逻辑，同时也令攻击者无法直接了解应用系统访问的具体路径。路径一旦被隐藏了，那么针对事先开发完毕的 Bots 工具也是会有防护效果的，这些 Bots 工具在运行的时候会产生无法寻址的错误。其一，针对 URL 地址防护。在防护前，攻击者可以直接了解到代码中存在的所有链接，让 Bots 工具递归访问这些链接，如网页的源码文件中存在以下 URL 路径：<li><a id="MenuHyperLink3"href="index.jsp?content=personal_loans.htm">Products</a></li>。防护后，应用代码中的链接被动态防护技术隐藏，关键在于隐藏后的地址是不固定的，每次都在变化，这样攻击者就很难将操作自动化，隐藏后的 URL 路径为 <li><a id="MenuHyperLink3" href="javascript: void（0）;" datas-ts="qlaQ">Products</a></li>。其二，针对 JS 防护。防护前，攻击者可以直接阅读 JS 代码，了解业务处理的相关逻辑。防护后，JS 代码被封装，而且每次访问得到的封装结果均不相同，使攻击者无法了解JS 中实现的业务逻辑到底是什么，如图 5-68 所示。

图 5-68 JS 代码封装前后示意图

应用了 Bots 防护技术，在客户端首次访问应用系统时，会利用动态技术先将 JS 探针代码推送到客户端，在客户端侧进行动态验证，并生成动态令牌。如果是正常请求，则会再次发起请求将验证结果和动态令牌发给后端的动态技术进行校验，如果正确则会将请求转发给应用系统，客户端根据封装后的代码进行展示，如图 5-69 所示，此过程对用户无感知。在这个过程中如果存在任何阶段的验证失败，则请求会被识别为攻击，Bots 防护技术进行拦截。

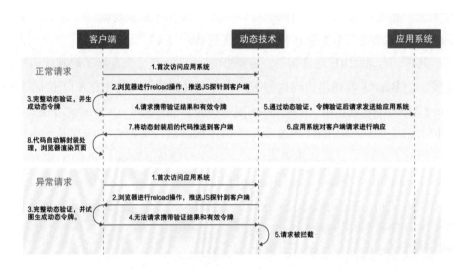

图 5-69 Bot 防护示意图

②部署模式。

Bots 防护系统在部署时主要有透明模式和反向代理模式两种模式。

A. 透明模式。透明模式部署的情况下，动态防护系统采用物理串接的方式部署在需要防护的应用系统前端，如图 5-70 所示。透明模式部署的情况下，动态防护系统不需要配置业务 IP，只需要配置管理 IP 即可，同时不需要更改现有的网络架构，

图 5-70 透明模式部署图

现有的任何设备配置也无须更改。透明模式部署可以采用双机主备方案实现系统的高可用性。

B. 反向代理模式。反向代理部署的情况下，动态防护系统采用物理平行连接、逻辑串接的方式部署在需要防护的应用系统前端，如图 5-71 所示。反向代理模式部署的情况下，客户端访问请求需要经过动态防护系统，而动态防护系统采用的是物理平行连接的方式，需要由一个设备将客户端的请求牵引到动态防护系统，现网中一般情况下这个任务由负载均衡完成。负载均衡设备将流量牵引到动态防护系统，动态防护系统将恶意流量进行拦截，并将正常流量转发给应用系统。在反向代理的模式下，动态防护系统可以利用负载均衡设备构建集群，在集群中的所有节点均为工作状态，在满足高可用性需求的同时，还可以满足大流量请求响应的性能需求。

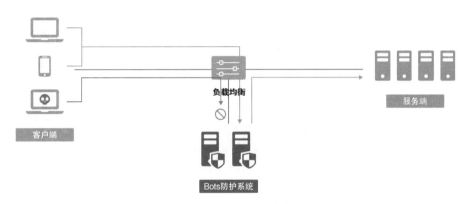

图 5-71 反向代理模式部署图

在使用 Bots 防护技术进行防护时需要注意以下几个问题。其一，针对不同应用系统的防护等级开启不同的防护技术，如针对信息发布类应用系统主要有漏洞探测防护、应用层未知漏洞攻击防护、WebShell 攻击、跨站攻击等攻击模式，它们主要采用工具来发起攻击行为，因此只需要利用动态防护系统的动态验证和动态令牌进行防护。针对交易类应用系统，还需额外关注篡改以及越权访问的风险，除了需要开启动态验证和动态令牌功能，还需要开启动态封装功能防止中间人攻击。其二，为保证安全的情况下业务影响最小，建议只针对源代码中重点对象（比如 JS 代码等）和应用系统路径开启动态封装和动态混淆功能。其三，在准生产环境中部署动态防护系统，实现与生产环境的 1:1 仿真，应用系统新版本上线前在准生产环境下进行充分测试，避免出现故障。其四，在生产环境上线时，先采用监控模式运行 2 周到 1 个月的时间，通过对监控期间运行的日志分析发现存在的合法 Bots 工具，如应用系统安全评估工具等，另外还存在对外提供服务的 API，因此在动态防护系统上需要针对以上两种情

况进行特殊处理，否则将影响应用的正常使用。具体做法是可以将合法 Bots 工具的来源 IP 或工具数据包中的特征加入白名单中，这样合法 Bots 工具可以正常运行；可以将 API 地址加入请求路径白名单，这样 API 地址不会被动态防护，API 使用者才可以正常调用 API。

（2）API 保护

伴随着云计算、移动互联网、物联网的蓬勃发展，越来越多的开发平台和第三方服务快速涌现，应用系统与功能模块的复杂性不断提升，应用开发深度依赖于 API 之间的相互调用。近年来移动应用深入普及，促使社会生产、生活活动从线下转移到了线上，在协同办公、在线教育、便民服务等领域积极助力，API 起到了紧密连接各个元素的作用。为满足各领域移动应用业务需要，API 的绝对数量持续增长，通过 API 传递的数据量也飞速增长。API 技术借助移动应用蓬勃发展的势头融入社会经济的方方面面，不仅为数据交互提供了便利，并且推动了企业、组织机构间的沟通和对话，甚至创造了新的经济模式——API 经济。

API 是预先定义的函数，为程序之间数据交互和功能触发提供服务。调用者只需调用 API，并输入预先约定的参数，即可实现开发者封装好的各种功能，无须访问功能源码或理解功能的具体实现机制。从功能角度来看，API 是前端调用后端数据的通道；从业务角度来看，API 是将封装后的应用对外开放的访问接口。在信息系统内部，随着业务功能的逐渐细化，各个功能模块之间需要利用 API 技术来进行协调；在信息系统外部，API 承担着与其他应用程序进行交互的重要任务。

API 技术应用广泛，可满足不同领域、不同业务的数据传输和操作需求，在软件开发工具包（Software Development Kit，SDK）、Web 应用、网关等诸多领域均可发现 API 的身影。

API 按照开放程度，可以分为开放 API、面向合作方 API 和内部 API。开放 API 指面向公网开放的接口，此类 API 允许公众调用。调用者可以是任何人或者机构，不需要和 API 提供者建立合作关系，例如公司门户网站等。面向合作方 API 指的是企业或组织用来与外部合作伙伴进行沟通、交流和系统集成的 API，例如面向外包机构、设备供应商等。内部 API 仅在企业或组织内部使用，用来协调内部不同系统、不同应用之间的调用关系，例如 CRM 系统 API、薪资系统 API 等。

API 按照核心技术，可分为简单对象访问协议（Simple Object Access Protocol，SOAP）API、RESTful（Representational State Transfer，REST）API 及远程过程调录（Remote Procedure Call，RPC）API。SOAP API 是指使用 Web 服务安全性内置协议的 API。基于 XML 协议，此类 API 技术可与多种互联网协议和格式结合使用，包括超文本传输协议（HTTP）、简单邮件传输协议（SMTP）、多用途网际邮件扩充协议（MIME）等。RPC API 指使用远程过程调录协议进行编程的 API，RPC 技术允许计算机调用其他计算机的子系统，并定义了结构化的请求方式。不同于上述两类依托于协议的 API 技术，RESTful API 是一种架构，其通过 HTTP 和 JSON 进行传输，不需要存储或重新打包数据，同时支持 TLS 加密，目前行业中使用 RESTful API 架构较多。

API 在互联网时代向大数据时代快速过渡的浪潮中承担着连接服务和传输数据的重任，在通信、金融、交通等诸多领域得到广泛应用。API 技术已经渗透到了各个行业，涉及包含敏感信息、重要数据在内的数据传输、操作，乃至各种业务策略的制定环节。伴随着 API 的广泛应用，传输交互数据量飞速增长，数据敏感程度不一，API 安全管理面临巨大压力。近年来，国内外已发生多起由于 API 漏洞被恶意攻击或安全管理疏漏导致的数据安全事件，对相关企业和用户权益造成严重损害，逐渐引起各方关注，如 2021 年 4 月 Facebook 公司 5 亿用户数据泄漏，数据涉及用户的昵称、邮箱、电话、家庭住址的信息，被判断为业务接口泄漏。为此，部分企业已经积极采取改进 API 安全策略、出台替代方案等防护措施，应对日益严峻的安全形势。

目前针对 API 的安全治理主要从以下几个方面进行。

第一，授权和认证。API 的调用者访问 API 服务的时候需要 API 服务对 API 调用者能够使用 API 服务的范围进行授权和认证，开启 API 授权和认证并配置授权规则，定义授权方接口，将授权规则应用到 API，为不同用户、角色对不同模块和操作数据（增加数据、修改数据、删除数据等操作）分配不同的权限，为每个不同的 API 调用者分配不同的 API Key。API Key 最好采用加密的方式进行传递，同时每 1~3 个月需要更换一次 API Key。针对没有 API Key 或者 API Key 使用弱口令进行 API 调用的请求，应及时进行拦截，并要求 API 调用者进行 API Key 的更新。

第二，访问控制。在授权正确的前提下，对 API 接口调用进行验证，依据授权权限进行访问控制，仅响应和返回权限范围内的接口和数据内容，防止对未授权资源的任意访问，且对每个用户在单位时间内的访问次数和访问频率设置阈值，保障资源合理使用。

第三，资产管理。通过对访问流量内容进行分析，包括请求资源类型、回传报文内容格式等，自动发现流量中的 API 接口，实现 API 接口自动识别、梳理和分组。通过 API 发现功能，自动发现所有的 API，并对 API 的可信度进行打分，将发现的 API 自动加载到 API 列表，基于关键字快速分组，分组后指定责任人，实现资产管理闭环。API 配置列表见表 5-18。

表 5-18 API 配置列表

路径	域名	方法	名称	分组
/form/add	www.a.com	POST	添加路径 1	资产 1
/url/url	www.test.com	GET	获取路径 1	资产 2

第四，攻击防护。综合利用智能规则匹配及行为分析的智能威胁检测引擎，持续监控并分析流量行为，有效检测威胁攻击。智能威胁检测引擎在用户与应用程序交互的过程中收集数据，并利用统计模型来确定 HTTP 请求的异常。一旦确定异常情况，智能引擎就会使用机器学习获得的多种威胁模型来确定异常攻击。覆盖 OWASP Top10 的攻击防御包括 SQL 或远程命令注入、跨站脚本、XML 外部实体、不安全的反序列化、使用含有漏洞的组件、Webshell 木马上传等。

第五，敏感数据管控。具体做法是对 API 传输中的敏感数据进行识别，针对敏感数据可以进行模糊化或者实时拦截，防止敏感数据泄露；对 API 接口的回传报文进行识别，识别手机号、银行卡、身份证号等敏感信息；对 API 接口回传报文中的敏感信息进行过滤，对敏感信息进行打码，规避安全风险；对 API 接口暴露的敏感信息进行拦截，使用多种拦截动作，如阻断、退回特定页面等。敏感数据配置见表 5-19。

表 5-19 敏感数据配置

启用	类型	敏感级别	备注	是否脱敏
是	第一代身份证	高		否
是	第二代身份证	高		是
是	中国银联卡	高		是
是	国际信用卡	高		是
是	统一社会信用代码	高		是
否	姓名	高		否
是	地址	高		是
是	手机号	中		否
是	电子邮箱	中		否
是	IPV4	低		否
否	IPV6	低		否
否	URL 链接	低		否

第六，访问行为管控。对 API 接口的访问行为进行建模分析，根据每个 API 调用者访问 API 服务的情况，比如每天的访问量等，通过多维度建立 API 基线，进行 API 威胁建模，构建 API 访问画像。通过 API 访问当前数据与基线的对比，发现恶意访问行为，避免恶意访问造成的业务损失。对 API 接口进行威胁打分，发现 API 异常，实时管控。

API 包含产品一般采用反向代理的方式部署在负载均衡设备后端，系统由多个服务节点构成，多个节点利用负载均衡设备实现集群能力，集群中的所有节点可以同时进行业务请求的处理。这样一方面可以实现 API 安全治理能力的高可用性，另一方面可以满足 API 调用请求量比较大的业务需求。API 防护系统部署方式如图 5-72 所示。

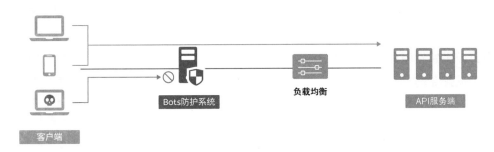

图 5-72 API 防护系统部署方式

　　API 防护系统与传统的安全管控系统不同，传统的安全管控系统的使用者主要为安全人员，但 API 防护系统除了有传统的安全人员作为使用者外，还需要将 API 开发人员或运维人员纳入系统的使用范围。API 开发人员或运维人员比安全人员更清楚 API 防护系统自动梳理的路径是否为 API，同时 API 资产管理的划分也应由 API 运维人员来进行统一规划。而安全人员利用 API 防护系统可以对 API 管理的合规性进行审计，如 API 调用是否具有鉴权机制，调用 API 时调用方是否使用强认证机制，是否有敏感数据采用明文的方式在 API 接口进行传输；同时可以针对 API 接口面临的安全攻击威胁和异常 API 调用进行实时检测，针对非法、不安全的调用行为，及时防护。

　　（3）运行时应用自我保护

　　以往的各种应用的安全都依赖于部署在网络边界或特定位置的安全产品，以及外部组件，是一种被动式的安全防护。随着业务的需要，应用主动保护的解决方案开始出现，即运行时应用自我保护（Runtime Application Self-Protection，RASP）。根据 Gartner 的定义，RASP 是"一种建立在应用中，或者连接在应用环境中的安全技术；该技术可以控制应用执行情况，并且检测和阻止实时的攻击"。RASP 将自身注入应用程序，与应用程序融为一体，实时监测、阻断攻击，使程序拥有自我保护能力。此外，应用程序无须在编码时进行任何修改，只需要进行简单的配置。当遭受到攻击时，例如应用遭受 log4j2 的攻击时，Web 应用防火墙等防护设备基于请求中包含的攻击特征进行检测拦截，而应用程序知道自己运行了哪一段代码而莫名其妙地运行了系统命令。如果是新的漏洞，外部防护设备需要及时增添规则，才能够进行防护。而应用程序可以根据自身的行为进行保护，通常不依赖于规则。

RASP 具有以下特点。其一，误报较少。安全产品多基于特征检测攻击，通常无法得知攻击是否成功，对于扫描器的踩点行为、nday 扫描，一般会产生大量报警。基于特征检测产品存在局限性，容易产生大量无效报警或因担心误报规则不敢太严格，这会给安全运营带来一些负担，相比之下，RASP 只上报能利用成功的有效攻击，可以发现更多攻击，以 SQL 注入为例，边界设备只能看到请求信息，RASP 不但能看到请求信息，还能将看到的完整 SQL 语句进行关联。如果 SQL 注入在服务器上产生了语法错误或者其他异常，RASP 产品也能识别和处理。 其二，RASP 技术可以识别出异常的程序逻辑，比如反序列化漏洞导致的命令执行，因此可以对抗未知漏洞。再如内存马攻击防护运行在内存中，不落盘，导致主机安全类产品无法有效防护，并且流量加密，访问路径随机，导致 Web 应用防火墙无法识别。内存马因为难检测、难防御的特性，近些年随着大型攻防演练的常态化变得非常火热，往往是最终突破防御的一步"奇兵"，而 RASP 天然防御内存马。

以开源产品 OpenRASP 为例，挂钩了 SQL 查询、文件读写、反序列化对象、命令执行等关键操作，图 5-73 为 RASP 技术示意图。RASP 需要将插件部署在 Tomcat/nodejs/python/php 等应用服务器上，应用在启动时进行关联，如加入 –javaagent:rasp.jar 参数，借助 JVM 自身提供的 instrumentation 技术，通过替换字节码的方式对关键类方法进行挂钩。结合语义分析、基线等手段，判断当前的应用行为是否存在风险。如果有风险就会按照预制策略选择拦截或者告警。

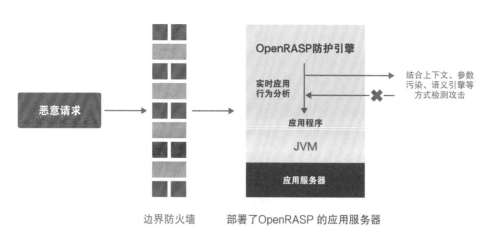

图 5-73　RASP 技术示意图

RASP 可覆盖数据库的 SQL 注入、任意文件上传、反序列化漏洞、远程命令执行、命令注入内存马攻击等多种攻击类型。但是由于 RASP 需要在服务器上部署代理，在使用的时候也可能产生一些问题，如资源消耗过大，影响应用的运行速度，所以在使用前还是应该结合业务进行详尽的测试,尽可能降低对业务的影响。

5. 安全可信接入

在传统安全理念中,边界安全一直都是重中之重,我们把更多的精力放在如何去抵御外部的攻击者上,而渐渐忽略了内部人员,其根本原因就是我们从本质上认为内部人员是可信的,直到零信任概念的出现,彻底打破了僵局。

零信任的概念自 2010 年被当时的行业研究机构 Forrester 的首席分析师约翰·金德维格(John Kindervag)提出,便一直是饱受争议的热点话题。零信任是一种全新的安全理念,它打破了网络边界的概念,引导网络安全体系架构从网络中心化向身份中心化转变,实现对用户、设备和应用的全面、动态、智能访问控制。Gartner 与奇安信对外发布《零信任架构及解决方案》中定义的零信任架构的关键能力模型如图 5-74 所示,其中以身份为基石是说需要为网络中的用户和设备赋予数字身份,将身份化的用户和设备视为访问主体,并为访问主体设定所需的最小权限。业务安全访问是零信任架构关注业务保护面的关键,指所有业务系统都隐藏在零信任架构组件之后,默认情况是对访问主体不可见,只有经过认证且具有权限、信任等级符合安全策略要求的访问请求才予以放行。持续信任评估是零信任架构从零开始构建信任的关键手段,通过信任评估模型和算法,实现基于身份的信任评估能力,同时需要对访问的上下文环境进行风险判定,对访问请求进行异常行为识别,并对信任评估结果进行调整。动态访问控制是零信任架构的安全闭环能力的重要体现,基于信任等级实现分级的业务访问,当访问上下文和环境存在风险时,对访问权限进行实时干预并评估是否对访问主体的信任进行降级。

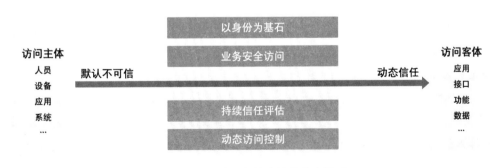

图 5-74 零信任架构的关键能力模型

零信任安全的关键能力可以概括为以身份为基石、业务安全访问、持续信任评估和动态访问控制,这些关键能力映射到一组相互交互的核心架构组件,对各业务场景具备较高的适应性。现在越来越多的产品也融入零信任的概念,让零信任逐步成为现实。下面将介绍一个基于零信任体系实现的远程移动办公的场景，整体架构如图 5-75 所示。

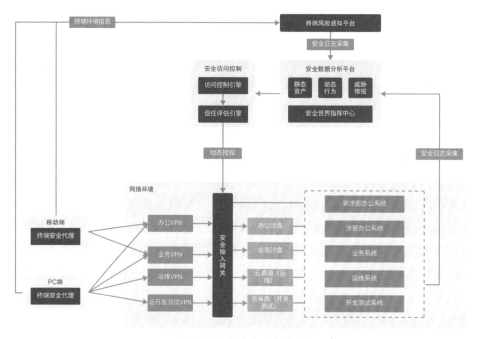

图 5-75 移动办公架构图

这个架构对于远程接入的所有用户和终端都要进行信任评估，只有满足信任等级才能访问相应的业务系统，并且后续持续性地进行评估，一旦发现异常，会中断用户访问，以达到持续性的准入控制。整体架构由终端安全代理、安全接入网关、安全访问控制、安全数据分析平台、终端风险感知平台五个部分构成。其中，终端安全代理用来采集终端的环境信息，包含是否安装必备的安全组件、防病毒库是否为最新版本、设备是否为准入设备、设备的操作系统等。终端风险感知平台通过终端上传的数据进行分析、风险评估。安全数据分析平台采集终端风险感知平台和业务系统的安全日志，进行综合分析，最终给出信任等级。安全访问控制根据安全数据分析平台分析的结果，结合配置的策略判断是否允许此次接入。策略中不仅包含访问各类业务系统需要达到的信任等级，还包含不同用户能访问到的不同业务系统。安全接入代理作为一个网关，根据安全访问控制台的结果来控制允许或拒绝这次请求。

在实际运用中，零信任还处于实验阶段，只按照固定的权限策略进行访问的准入，动态的持续评估只是用于监测告警，协助发现异常行为。

6. 云安全管理工具

随着各组织的云业务系统日益复杂且功能越来越强大，面向云业务和云租户数据的攻击行为也在迅猛增加，并且向着技术更专业、有组织、隐藏度高、分散分步实施等特点发展，一方面攻击面可能会更广，黑客可能会从一个云业务系统的各个组件维度进行扫描，利用弱点实施攻击，另一方面攻击的步骤可能会非常复杂，黑客会非常有耐心地进行持续的渗透工作，而最终攻克核心业务系统或窃取核心数据。

在这个背景下，云安全管理工具应运而生，涵盖安全运营的全生命周期，涉及风险预测、威胁发现、事件响应、持续优化等阶段，以安全运营中心（Security Operation Center，SOC）为核心，结合基线检查、脆弱性扫描、有效性验证、资产监测、威胁情报、威胁诱捕等一系列辅助工具，形成全网统一监测、集中分析、集中呈现的态势感知机制，动态性地进行风险评估，并完成事件的追踪、定位和处置。云安全管理工具先后经历了三个阶段。

阶段一：打破数据孤岛，将各类安全产品的日志采集到统一的日志存储平台，进行统一的格式化处理和集中存储，并进行展示，用于定位于事件分析、风险可视、告警管理等日常安全管理工作，同时配合基线检查和脆弱性扫描等工具，满足内控、审计方面的要求。

阶段二：从合规向实战攻防转变，以资产为核心，结合威胁情报中的漏信息、恶意域名、代理攻击 IP 等信息进行匹配，呈现组织的安全风险状况；扩展大数据、人工智能、威胁情报等技术，引入分布式实时计算技术对数据流进行实时处理，实时发现风险；运用机器学习更好地完成风险预警、响应处理，提高对攻击的预测、实时处置能力。

阶段三：从被动防御到主动监测转变，以云安全持续运营为主题，采用持续安全有效性验证机制和欺骗伪装技术，对攻击活动进行监视、检测和分析，实现安全管理闭环，补充增加知识库、工具库等安全运营的辅助能力。

SOC 定位为安全运营工作的抓手，提供全局的安全视图，打造安全告警及漏洞检测发现、流转处置、响应反馈的闭环，提高告警的准确性、响应的及时性及处置的自动化，同时整合配置基线检查、脆弱性扫描、有效性验证等各类安全工具能力，持续化提升安全运营水准。整体架构如图 5-76 所示，下面将对各个部分进行介绍。

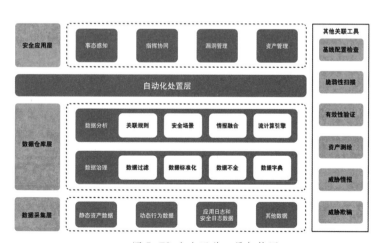

图 5-76　安全运营工具架构图

（1）安全运营中心架构

SOC 采用多层架构，从下至上依次为数据采集层、数据仓库层、自动化处置层及安全应用层，下面我们将分层进行讲解。

① 数据采集层。

数据采集层通过接口调用、Kafka 消息队列、终端主机资产采集代理等方式进行数据采集，数据主要包含静态资产数据、动态行为数据、应用日志和安全日志数据、外部情报数据，采集内容及方式见表 5-20。

表 5-20 接入数据及采集方式

数据类型	数据内容	采集方式
静态资产数据	设备、系统等资产信息，如 IP、开放端口、安装软件、开发框架、软件版本等	资产监测工具、采集探针、采集代理、资产接口等
动态行为数据	网络流量数据、终端行为数据	采集探针、采集代理、流量镜像等
应用日志和安全日志数据	主机安全、抗 DDoS、Web 应用防火墙、威胁检测设备等	Kafka 消息队列、Flume 文件采集代理、syslog 等
其他数据	威胁情报数据、漏洞数据等，如黑 IP、黑域名、漏洞利用特征（IoC 情报）及漏洞利用攻击报文数据	脆弱性扫描工具、威胁情报平台、配置基线检查、渗透测试等

② 数据仓库层。

数据仓库层通过对数据采集层接入的不同类型的数据做标准化、补全等预处理，按照预定义的数据字典进行标准化分类存储，建立一体化数据模型，以满足数据挖掘和可视化分析的要求，对自动处置层和应用层提供服务支撑。

A. 数据预处理。

a. 数据过滤。数据过滤是针对数据源中的数据、重复数据、噪音数据、不完整或不合理的数据等进行清洗过滤处理。数据的清洗过滤主要包括清洗、修改、去重三部分，在清洗环节对格式不一致、输入错误、不完整的数据进行转换和加工，在修改环节针对数据格式错误、越界等情况进行更新处理。

b. 数据标准化。每种数据源提供的日志格式可能千差万别，所以我们需要对既定的格式进行数据标准化处理，以满足存储数据格式定义的要求。在处理的时候，我们可以根据提供样例日志编写对应的解析规则。在格式化时要保证常用字段内容的一致性，消除不同事件对相似问题描述的不一致性。同时针对还未标准化的数据可以保存原始日志，方便后续再进行定义使用。

c. 数据补全。数据补全即根据数据之间的关联，针对标准化后的数据进行数据补全，用于后续的关联分析，关联的数据包括但不限于用户信息、资产信息、IP 地域信息等。

d. 数据字典。数据字典用于对日志信息和属性信息的字段进行标准化管理，通过内置事件分类树、数据字典列表等，在接入数据时对数据进行处理，显示出事件等自定义的属性信息。

通过数据预处理，我们可以实现数据的标准统一，Web 应用防火墙产品在 Kafka 中的原始日志如下框所示，安全运营平台处理后的部分字段见表 5-21。

{"attack_ip":"142.4.108.82","ai_flag":"","attack_time":1652866196866,"uuid":"94d55144cec3b3aab6f002b82213e1ed-279f1b95a7bdab5636499efea6429ffc"," source":5,"flow_mode":"1"," request_uri":"\/ws"," risk_level":1,"http_log":"{\" REQUEST_ARG_RAW\":\"{\\\" token\\\":\\\"00000007:1943020800:1a94c0ff108f58d59\\\"}\",\" PROCOTOL\":\"http\\\/1.1\",\" REQEUST_HEADERS_RAW\":\" GET \\\/ http\\\/1.1\\nHost:test.a.com\\naccept-language:zh-CN,zh;q=0.9,en-US;q=0.8,en;q=0.7\\nstgw-orgservername:test.a.com\\nconnection:close\\ncontent-length:0\\naccept-encoding:gzip, deflate\\ncache-control:no-cache\\nsec-websocket-key:WPODNMqzcOVIPvA7iW6RCA==\\nsec-websocket-extensions:permessage-deflate; client_max_window_bits\\norigin:file:\\\/\\\/\\nstgw-orgreq:GET \\\/ws?token=00000007:1943020800:1a94c0ff108f5117df6b615436d6d27ba5ab8d59 http\\\/1.1\\npragma:no-cache\\nsec-websocket-version:13\\nuser-Agent:Mozilla\\\/5.0 （Linux; Android 10; \",\" REQUEST_METHOD\":\" GET\"}"," pan":"test.a.com"," args_name":" REMOTE_ADDR"," create_time":1652866196866," engine":22," status":1," request_method":" GET"," attack_content":" 142.4.108.82"," fdate":" 20220518"," user_Agent":" Mozilla\/5.0 （Linux; Android 10; MI 8 UD Build\/QKQ1.190828.002; wv）AppleWebKit\/537.36 （KHTML, like Gecko） Version\/4.0 Chrome\/83.0.4103.101 Mobile Safari\/537.36"," attack_type":" 地域封禁拦截"," domain":" test.a.com"," server_addr":" 10.21.51.10"," Appid":" 1255000123"," count":1," edition":" clb-waf"," ip_info":{"detail":" "," country":" 美国"," city":" 圣何塞"," province":" 加利福尼亚州"," state":" US"," operator":" petaexpress.com"," dimensionality":" 37.3386"," longitude":" -121.886002"}}

表 5-21 数据治理后的告警数据

字段名	信息
发生时间	源省份
源地址	2022-05-18 17:29:56:000
源国家	美国
源省份	加利福尼亚州
源城市	圣何塞
域名	test.a.com
数据源	WAF
原始类型	地域封禁拦截
请求 URI	/ws
请求报文	{ "REQUEST_ARG_RAW" :" {\" token\" :\" 000 00007:1943020800:1a94c0ff108f5117df6b615436d6d2 7ba5ab8d59\" }" ," PROCOTOL" :" http\/1.1" ," REQEUST_HEADERS_RAW" :" GET \/ http\/1.1\\\ nHost:test.a.com\\\naccept-language:zh-CN,zh;q=0.9,en-US;q=0.8,en;q=0.7\\\nstgw-orgservername:test.a.com\\\ nconnection:close\\\ncontent-length:0\\\naccept-encoding:gzip, deflate\\\ncache-control:no-cache\\\nsec-websocket-key:WPODNMqzcOVIPvA7iW6RCA==\\\nsec-websocket-extensions:permessage-deflate; client_max_window_bits\\\ norigin:file:\/\/\\\nstgw-orgreq:GET \/ws?token=00000007:1 943020800:1a94c0ff108f5117df6b615436d6d27ba5ab8d59 http\/1.1\\\npragma:no-cache\\\nsec-websocket-version:13\\\ nuser-Agent:Mozilla\/5.0（Linux; Android 10; "," REQUEST_ METHOD" :" GET" }
解析规则名称	网络安全—JSON
事件名称	全局类型 / 网络安全
事件级别	警告
事件名称	地域封禁拦截

B. 数据挖掘。

通过对多数据预处理将原始日志转化为安全事件，然后通过设置安全场景及安全规则，基于事件处理分析引擎，将事件进行关联分析，发现网络内的入侵威胁或疑似威胁行为，同时判定事件的严重程度。安全规则包含违规行为类、恶意代码类、数据安全类、账户安全类、服务安全类、运维监控类、漏洞利用类、网络安全类等多种类别，可设置数据源、时间窗口、触发规则等条件，图 5-77 为 Web 应用防火墙发现高频攻击的规则，当 5 分钟内攻击次数大于 2 000 时，则会产生相应的安全事件。

图 5-77 高频攻击的规则示意图

③自动化处置层。

自动化处置层是基于数据仓库层的场景分析，根据分析产生的安全事件进行自动化处置。这部分最重要的是安全编排和自动化响应（Security Orchestration, Automation and Response, SOAR），能够根据业务需求快速完成流程自定义，通过设备插件、自动化脚本、剧本可视化编排完成安全业务组装，提升对安全事件和场景的固化能力，实现安全数据处理、分析、决策、响应的自动化运行，快速联动响应设备，提高事件处置效率。图 5-78 为接收到事件时的编排规则，与图 5-77 中的规则相互关联后，则会调用封禁产品对 5 分钟内超过 2

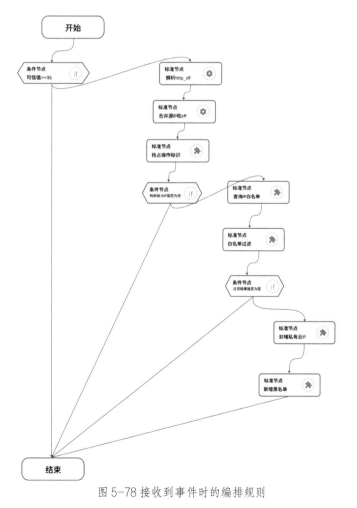

图 5-78 接收到事件时的编排规则

000 次的攻击 IP 进行封禁操作。

④安全应用层。

安全应用层是平台最上层，为安全运营人员提供服务支撑，主要包括资产管理、漏洞管理、情报管理、脆弱性管理、告警监控、事件管理、态势感知、指挥协同等功能。

A. 资产管理。资产管理应用为安全运营人员提供资产查询、资产变化提醒、重点资产持续监控等功能，以及资产组织架构全局视角。安全人员可对网络中的管理对象划分安全域，并进行资产化管理，维护资产的基本属性、安全属性、管理属性等，同时还可以通过资产视角直接查看资产的属性、漏扫匹配、情报匹配信息，实现安全资产管理的统一入口。

B. 漏洞管理。漏洞管理是针对系统、设备、应用的脆弱性进行分析处置，漏洞管理平台可以从各种来源（包括漏洞扫描器、SRC、CMDB 工具等）获取、聚合和处理安全数据，进行统一的数据融合与分析，结合外部漏洞情报大数据，以及对资产的预先梳理和持续监控，针对重大漏洞爆发的快速响应，实现对漏洞影响面的全面分析，并提供智能化漏洞修补数据及解决方案，还可以线上发送漏洞处置任务，并对漏洞整改结果进行整合，最终将漏洞任务归档，涵盖了漏洞的发现、评估、分析、处置、验证和归档的全生命周期。

C. 态势感知。态势感知通常以大屏方式展示安全整体状况，如以攻击地图的形态展示威胁攻击态势大屏，以资产视角展示资产安全状态的资产安全监控大屏，以安全事件视角展示当前网络中重要资产发生的安全事件情况、已确认攻击成功的安全事件情况和异常用户的安全事件情况的安全事件态势大屏。

D. 指挥协同。指挥运营中心进行指挥协同，是 SOC 对威胁检测与安全事件处闭环的操作中心与流程中心，它为安全运营者提供了从发现到调度直至事件关闭的安全事件全生命周期管理的流程能力，具有检索、分析与处置、智能分析、响应预案等功能。

（2）配置基线检查

在经济全球化和信息技术飞速发展的今天，支撑业务运行的信息系统已经变得越来越重要，甚至已经已广泛地融合于社会和国民经济的各个领域。如何保障业务的持续运行，与恶意访问者的持续攻防对抗，是信息安全运维人员需要面对的现实问题。配合安全制度要求，对信息系统进行定期安全漏洞修补以及对人员配置操作进行安全检查，已经成为安全运维人员的日常性工作。

但是对网络中种类繁多的设备和软件，真正完成满足安全要求的系统配置检查和修复，需要安全运维人员熟悉业务系统并有较高的技术能力和经验。鉴于此，国内许多企业和行业制定了安全配置指导标准和规范。依据企业和行业安全配置指导标准和规范进行安全配置检查，是对信息系统安全的最基本要求，通过采用统一的安全配置标准来规范技术人员在各类系统上的日常操作，让运维人员有了检查默认风险的标杆，但安全运维人员在实际工作中仍然会遇到诸多问题，如安全配置检查及问题修复都须人工进行，对检查人员的技能和经验要求较高；自查和检查都需要登录系统进行，对象越多，工作越烦琐，工作效率不高；做一次普及性的细致检查耗费时间较长，而如果改成抽查则检查的全面性就很差；每项检查都要人工记录，稍有疏漏就需要补测。

对自查或检查人员来说，需要花费大量的时间和精力来检查设备、收集数据、制作和审核风险报告，以识别各项不符合安全规范要求的系统。如何快速有效地在新业务系统上实现上线安全检查、第三方入网安全检查、合规安全检查（上级检查）、日常安全检查等全方位设备检查，又如何集中收集核查的结果，以及制作风险审核报告，并且最终识别那些与安全规范不符合的项目，以达到整改合规的要求，这些是网络运维人员面临的新的难题。

在等级保护检查、测评、整改工作过程中，对定级业务系统进行对应级别的安全风险检查是技术方面的必要工作。配置核查系统对国家等级保护规范进行了细化整理，把技术要求落实到每一种网络设备的配置检查工作上。系统能够结合等级保护工作过程，对业务系统资产进行等保定级跟踪，根据资产定级自动进行对应级别的安全配置检查，对合规情况进行等保符合性报告，保证系统建设符合等保要求，促使等保监督检查工作高效执行。

配置核查系统遵照基线安全评估思想完成系统安全配置核查的产品，系统主要通过两种方式进行安全配置核查工作：第一种是通过远程登录目标系统，以登录用户方式查询系统安全配置情况；第二种是与目标系统进行通信，通过目标系统返回的信息判断系统配置是否安全无误。通过两种途径获得的系统安全配置情况，在系统中进行数据分析，然后将结果以报表的形式展现给用户。

配置核查系统按需求部署在需要检查的网络中，支持分布式部署、集中管理的模式，如图 5-79 所示。

业务系统中每一个网络设备都会是系统安全风险的脆弱性环节，对每一个业务系统资产进行梳理，了解资产的网络拓扑划分，有哪些业务支持系统类型，以及网络边界，所有这些工作是进行系统安全配置检查的预备性基础工作。对业务系统资产的梳理需要关注低层支撑系统，如操作系统和支撑的数据库、网络中间件，

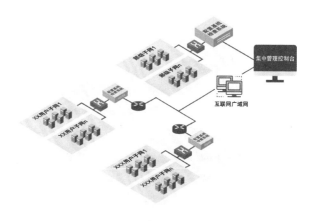

图 5-79　产品部署图

以及网络边界的路由器、交换机、防火墙等设备，收集所有这些系统的厂商、型号、版本等信息，并整理这些系统具备管理员权限的账号授权信息，确认是否需要经过跳板机跳转才能访问等。

安全配置规范中的要求，对不同的业务系统来说不是一成不变的，如何既满足业务系统的可用性又满足业务系统的安全性需要综合考虑。每一类业务系统的业务要求不同，对安全配置的要求也要进行对应的调整，对业务系统运行有影响的配置需要慎重采用。所以在配置核查系统上线前，配置规范需要根据不同业务系统的特性进行调整，形成针对每一类业务系统的配置基线，是保障业务可用和系统安全的重要过程。

（3）脆弱性扫描

在 GB/T 20984—2018《信息安全技术 信息安全风险评估规范》中脆弱性被明确定义为"可能被威胁所利用的资产或若干资产的薄弱环节"。脆弱性本身不会造成损害，它被某个威胁利用时才会造成损害。如果脆弱性没有对应的威胁，则无须实施控制措施，但应注意并监视它们是否发生变化。

技术脆弱性涉及 IT 环境的物理层、网络层、系统层、应用层等各个层面的安全问题或隐患。脆弱性识别可以以资产为核心，针对每一项需要保护的资产，识别可能被威胁利用的弱点，并对脆弱性的严重程度进行评估，也可以从物理、网络、系统、应用等层面进行识别，然后与资产、威胁对应起来。脆弱性识别检测作为风险评估工作的一部分，往往是在风险评估的过程中进行，也可以作为常规的检测手段长期执行。

脆弱性扫描利用安全扫描器、漏洞扫描仪或远程安全评估系统等识别网络、操作系统、数据库系统的脆弱性。脆弱性扫描是基于漏洞数据库，通过扫描等手段对指定的远程或者本地计算机系统的安全脆弱性进行检测，发现可利用漏洞的一种安全检测（渗透攻击）行为，其作用是发现应用系统中存在的安全漏洞、逻辑漏洞、安全配置错误或其他问题，检查应用系统中存在的弱口令，收集不必要开放的账号，形成整体安全风险报告。在检查过后，需要快速定位风险类型、区域严重程度，根据应用系统重要性排序，能较方便地直接定位到具体应用漏洞。通常情况下，脆弱性扫描能够发现软件和硬件中已知的弱点，以决定系统是否易受已知攻击的影响，脆弱性扫描逻辑如图 5-80 所示。

图 5-80 脆弱性扫描逻辑图

①脆弱性扫描器。

脆弱性扫描器主要用来进行操作系统、数据库系统、网络协议、网络服务等的安全脆弱性扫描，目前常见的脆弱性扫描器有以下几种类型。

A. 基于网络的扫描器。这类扫描器在网络中运行，通过网络来扫描远程系统中的漏洞，通过构造网络数据包对目标系统的端口和服务情况进行探测。

B. 基于主机的扫描器。这类扫描能够发现主机的操作系统、特殊服务和配置的细节，发现潜在的用户行为风险，如密码强度不够，也可实施对文件系统的检查。

C. 分布式网络扫描器。这类扫描能够由远程扫描代理、对这些代理的即插即用更新机制、中心管理点三部分构成，用于企业级网络的脆弱性评估，分布于不同的位置、城市，甚至不同的国家。

D. 数据库脆弱性扫描器。这类扫描能够对数据库的授权、认证和完整性进行详细的分析，也可以识别数据库系统中潜在的弱点。

②漏洞扫描器。

一般来说，漏洞扫描器的作用是通过对目标资产的探测，从收集到的信息结果分析是否存在漏洞。基于网络的漏洞扫描进行工作时，会首先探测目标资产主机是否存活，对存活的主机进行端口扫描，确定目标资产开放的端口的同时，根据协议指纹技术识别出目标系统的操作系统类型；之后，根据目标资产的操作系统和提供的网络服务情况，调用漏洞资料库中已知的各种漏洞特征进行逐一检测，通过对探测响应数据包的分析来判断是否存在漏洞。典型的漏洞扫描器具有自动遍历整个 Web 架构的扫描功能，能够自动分析应用系统的代码，当发现了存在弱点的代码之后，会根据不同数据库的特点尝试进行数据获取，用以证明漏洞的存在。一般，漏洞扫描器会应用以下几种技术来完成漏洞扫描。

A. 目标存活判断。

在开始漏洞扫描动作前，首先要进行目标系统主机的存活判断，一般使用以下三种技术手段。第一，ICMP echo 扫描。其实现原理为通过发送 ICMP echo 请求给主机，并等待 ICMP 回显应答判断远程主机是否存活。第二，Broadcast ICMP 扫描。该技术一般用于检测整个网段，由于 ICMP 协议允许广播，通过广播整个网段来检测存活。第三，常用端口开放探测。该技术直接探测常用开放端口，如 21、23、80、135、139 等，以判断目标系统主机是否存活。

B. 端口扫描识别。

端口是主机与外部通信的途径，一个端口就是一个潜在的通信通道，也可能是一个入侵通道。对目标主机进行端口扫描，能获取到目标主机提供的服务情况和运行情况。常用的端口扫描方式包含以下几种。第一，TCP connect 端口扫描。使用操作系统提供的 connect() 系统调用，对目标主机的端口逐个进行 TCP 连接。如果一个端口处于打开

状态，那么connect() 就能成功，否则这个端口是关闭的。这种扫描方式比较原始，较容易被防护措施屏蔽。第二，TCP SYN 端口扫描，又称"TCP 半连接端口扫描"，这种扫描方式不需要打开一个完全的 TCP 连接。若使用 TCP SYN 方式扫描一个端口，只要向目标端口发送一个只有 SYN 标志位的 TCP 数据报。如果目标主机返回一个 SYN/ACK 数据包，那么目标主机的该端口处于打开状态。如果返回的是 RST 数据包，那么目标主机的该端口没有打开。第三，UDP 端口扫描。扫描目标主机 UDP 端口开放情况，实现过程是向目标主机一个 UDP 端口发送一个 UDP 数据包，当目标主机接收到 UDP 数据包时，如果该 UDP 端口打开，目标主机会返回一个 UDP 的数据包，如果 UDP 端口是关闭的，则不会返回。

C. 资产服务识别。

资产信息是脆弱性扫描技术需要收集识别的重要信息，是分析安全隐患的基础，只有分析出目标系统的操作系统类型、软件版本和部署其上的各类服务中间件等版本信息，才能够对其安全状况进一步评估。一般目标系统主机上的端口及运行的服务、程序种类版本信息及 TCP/IP 协议栈实现差异等信息，都可以作为识别资产的重要手段。

当下应用较多的资产识别技术基本都为主动协议栈指纹识别。以 NMAP 为例，由于 TCP/IP 协议栈技术只在 RFC 文档中进行描述，其并非公开的行业标准，各个资产供应商在编写应用于自己的操作系统 TCP/IP 协议栈时对 RFC 文档的解释存在差异，就形成了不同厂商操作系统在 TCP/IP 协议的实现的差异。基于以上情况，应用了主动识别技术就可以通过发送一些特定的 TPC/IP 握手或通信请求，并判断目标主机的返回信息的特征，综合分析出目标主机的操作系统信息。

另外应用较多的资产识别方式可以通过应用程序旗标（banner）获取，对主机进行 telnet 连接，远程主机将返回 banner 信息，但由于 banner 信息本身可以修改，并非完全可靠。当然，当下的漏洞扫描器都会维护一个内置的资产指纹库，依托系统内置的指纹库，实现准确快速的主机服务资产识别。

D. 浏览器爬虫检测。

为了更准确地识别一些 Web 应用的资产信息，脆弱性扫描工具一般都会采用爬虫技术。浏览器爬虫可以模拟真实浏览器的本地渲染和解析过程，通过内置真实浏览器仿真实时渲染 Web 页面，对 Web 页面中所有内容进行操作，达到全面获取目标站点 URL 信息的目的，确保 Web 站点信息采集的全面和准确性。

E. 验证式漏洞发现。

随着的发展，当下的应用脆弱性扫描应采用验证式漏洞检测技术，通过内置漏洞扫描插件，模拟真实攻击行为，发送攻击载荷，根据分析发送和返回数据内容，智能判断是否存在漏洞。

相较于漏洞特征匹配的猜测式检测，具有准确性高、误报率低的优势。传统漏洞扫描器基于已知漏洞特征，对目标系统信息进行匹配，进行猜测式的漏洞检测。许多漏洞经过打补丁升级后，版本信息等特征并不会发生变化，导致扫描器产生误报。当下具备应用漏洞扫描能力的脆弱性扫描工具往往会采用 PoC 验证式漏洞检测技术，即通过向目标系统发送真实的"攻击"载荷，通过分析目标系统变化和返回内容，判断是否存在漏洞。

业务系统的多样性决定了网络环境不尽相同，脆弱性验证产品具备灵活的部署方案，适应多种网络环境，一般采用分布式部署、集中管理的模式，将扫描引擎部署在不同的网络区域后，再集中管理控制台，实现多个引擎节点的统一，如图 5-81 所示。

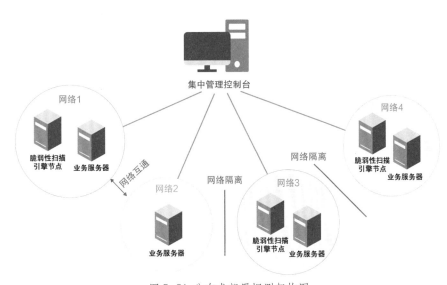

图 5-81 分布式部署探测架构图

脆弱性扫描是等保合规和防护要求中非常重要的一款产品，云上应用脆弱性扫描与传统应用安全扫描的技术原理都一样，不依赖于云环境。云环境下除了打通脆弱性扫描产品与其待扫描的网络通道外，其余与传统模式基本一致。

（4）有效性验证

网络安全形势近年出现新变化，网络安全态势变得越来越复杂，黑客攻击入侵、勒索病毒等网络安全事件愈演愈烈，严重威胁到企业的网络安全。同时，国内企业的安全意识不够，安全投入不足，安全防护能力测评相对静态，缺少满足业务与安全环境需求的动态管理机制，安全漏洞利用风险不直观，对现有防御体系缺少实战视角的评估验证。

为应对日益严峻的网络威胁形势，充分落实网络安全实战合规管理要求，我们可以使用有效性验证产品开展实战化、自动化、常态化的风险评估工作，在提升网络防护水平的同时降低安全运营成本、提升风险治理效率。有效性验证的目标是将定义明确且可重复的风险评估验证过程的各个要素整合起来，以识别、度量和处置风险，它可以进行纵深防御体系验证、安全漏洞利用验证、安全产品有效性验证及数据泄露风险验证，下面将进行简要的介绍。

纵深防御体系验证是从实战的角度出发，基于ATT&CK框架的TTPs和防御措施，构建TTPs编排能力和待验证的防御措施矩阵，使用不同区域的有效性验证节点，调用边界突破攻击向量、内网横移攻击向量、主机入侵攻击向量等知识，并通过纵深防御风险评估各项验证，进行攻击模拟，自动执行验证可利用的漏洞路径，如图5-82所示。

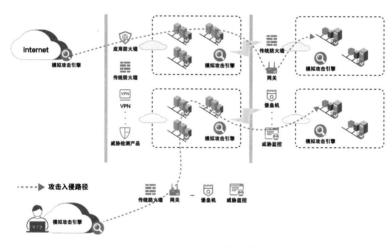

图 5-82 攻击路径展示

安全漏洞利用验证是基于资产指纹自动适配漏洞验证方式，采用漏洞利用攻击模型，针对安全产品、操作系统、Web应用、Web框架、Web中间件、数据库、软件应用和云环境等资产进行无损验证检测，同时收集存在漏洞的资产，形成漏洞验证知识库。

安全产品有效性验证通过内置与待测安全产品匹配的攻击场景，发送攻击载荷结合请求是否到达目标、安全产品告警日志等判断防御的有效性，全面评估安全设备的防御能力。

数据泄露风险验证通过内置数据泄露场景及样本数据，如个人信息数据、敏感文件、代码文件等，进行模拟攻击，实现对数据安全产品的验证，评估数据泄露的风险。

有效性验证产品常见部署模式如图5-83所示。在各个需要测试的网络区域部署有效性验证的探针节点，通过集中管控平台内置的规则进行探针节点之间的攻击测试。

我们可以使用有效性验证产品的以实战方式对安全防御系统的防护和检测效果进行常态化、自动化的评估验证，精准发现安全防护弱点，明确安全建设与优化目标。

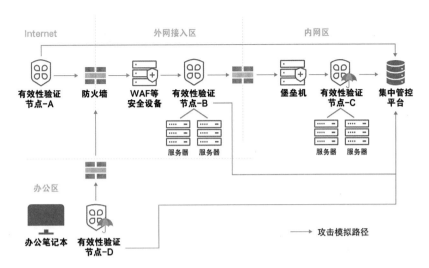

图 5-83 有效性验证产品的常见部署模式

也可以用它进行攻击验证，提升安全漏洞识别精度与管理效率。

（5）资产监测工具

资产监测工具可以实现对资产的实时监控管理，帮助组织获取存活的资产和开启的服务，动态呈现资产、端口、服务等信息，达到"摸清家底"的目的，同时结合漏洞检测、风险验证等方式及时有效地发现风险资产，实现资产的维护和管理由人工被动看守的方式向集中管理和维护的模式转变。资产监测的技术架构如图 5-84 所示。

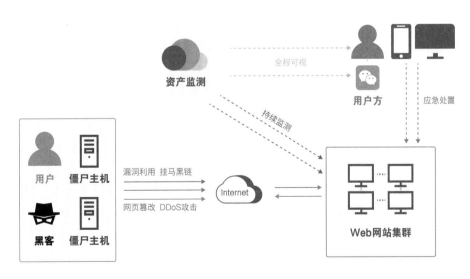

图 5-84 资产监测的技术架构图

资产监测工具中采用的技术与脆弱性扫描、有效性验证平台等工具的原理类似，在此不做详细介绍。资产监测工具按照监测场景可以分为四类，分别是互联网暴露面监测、威胁情报监测、漏洞风险监测及网站风险监测。

①互联网暴露面监测场景。

资产监测工具通过无感知的半连接技术快速获取资产存活状况后，高并发访问获取目标设备指纹，并与系统指纹库进行匹配，以获取设备的详细信息。资产监测工具通常可根据指定的企业名称、IP段、域名来主动采集网络空间的数据资产，包括子域名、Web应用、开发框架、各种基于TCP/IP协议的服务组件、端口、操作系统等。从资产、服务、风险等多维度梳理组织的暴露面。

②威胁情报监测场景。

这里说的威胁情报和传统意义上的情报有所区别，它是针对资产维度的数据泄露情报，而不是攻击者的画像情报。此情报主要收集组织暴露在暗网、网盘、Github、Telegram、文库等多方面的数据（如敏感代码、源码、员工信息、客户、经营数据等）。

③漏洞风险监测场景。

此场景基于资产指纹在设备漏洞库中寻找相匹配的漏洞。在授权的情况下对目标网站的应用和框架进行检测分析，确认目标组件后，以组件为依据，从安全能力库中寻找与该组件相匹配的漏洞验证程序POC，并对目标网站进行无感知的漏洞检测。

④网站风险监测场景。

资产监测工具对网站进行建模存档，通过网页爬虫对网站的安全状况进行高频率的监控，结合语义分析等对网页内容进行分析，一旦发现不合规的网页内容，立即进行告警，可发现网页被篡改、暗链等问题。除了语义分析模式外，还支持用户自主添加敏感词以保证网站的合规性。

在企业的云安全管理运营中，资源的快速变化使得资产的监测难度和力度大大提高，所以更需要采用如资产测绘功能的工具帮助安全运营人员时刻监控掌握风险，为高效的管理和安全运营提供有力的保障。

（6）威胁情报平台

威胁情报根据获取难度、准确度、信息量3个标准，从低到高进行排序，主要包含以下几类。恶意文件的Hash值。主机特征（主要为Windows平台），如互斥体、运行路径、注册表项。网络特征，如IP、域名、URL、通信协议。事件特征（TTPs），如恶意团伙使用的技术手段，同一个团伙可能会使用类似的手段。组织特征，基于事件特征证据和其他信息，可能会分辨出多个攻击事件背后的同一个组织，并判定组织的来源、分工、资源状况、人员构成、行动目标等要素。人员情报，定位到攻击背后的虚拟身份对应的真实人员身份，定位到人也就定位到了威胁的根源。

从获取来源看,情报可分为开源情报及商用情报。开源情报为免费从公开信息来源,如国家信息安全漏洞共享平台(China National Vulnerability Database,CNVD)、中国国家信息安全漏洞库(China National Vulnerability Database of Information Security,CNNVD)及各大安全厂商共享的漏洞及威胁情报获取和分析后形成的情报。商用情报为从威胁情报供应商付费获取的情报,一般准确度较高。

威胁情报平台用于在组织内部识别和生产威胁情报,支撑组织进行威胁情报生命周期管理、协同分析及定位,并提供威胁情报的查询服务。威胁情报要发挥价值,核心在于信息共享,所以我们一般将情报与安全防护产品如 Web 应用防火墙、主机安全等进行联动,提升攻击发现的全面性、准确性。威胁情报平台逻辑如图 5-85 所示。

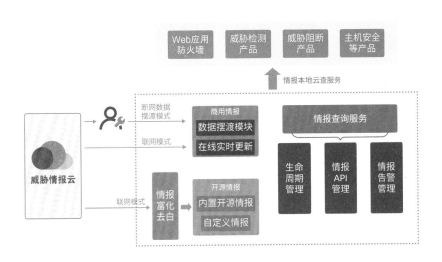

图 5-85 威胁情报平台逻辑图

(7)威胁欺骗

传统的防御技术,如 Web 应用防火墙、主机安全产品等,只能根据现有的攻击方式被动防御,存在着很大的局限性和脆弱性,往往对新的攻击方式起不到防御的作用。在这个背景下,基于主动防御理论的网络诱捕技术"蜜罐"被提出,用于对攻击活动进行监视、检测和分析。

蜜罐基于欺骗伪装技术,在网络内布置高度仿真业务的蜜罐节点,诱导黑客攻击,实时监控网络攻击事件,有效追踪溯源并反制攻击者。蜜罐服务基于成熟的虚拟化技术,确保黑客入侵蜜罐后不会影响到真实业务,同时把被入侵风险控制在最小范围内。蜜罐的关键性技术包含三点,即欺骗伪装、行为监控及行为分析。

欺骗伪装是蜜罐的核心思想。蜜罐能够基于真实的业务及架构拓扑提供多种机制

与设施的仿真模拟，目的在于吸引恶意攻击接入，借此获取相关信息，并据此进行攻击溯源。常见的如网络协议与基础服务 SSH 服务、Telnet 服务、nginx 服务等，Web 框架与组件 WordPress 框架、Django 框架、Rails 框架、CMS 系统等。

行为监控。攻击者采用的手段越高明，其隐蔽性就越高。例如，APT 攻击往往在系统生命周期的前期就会潜入目标系统，在收集信息时避开可能触发警报或者引起怀疑的行为。传统的内网防护产品很难发现这样的潜伏行为，攻击和威胁可能在网络环境中静默多年。蜜罐利用高仿真技术对业务网络进行实时监测，可以及时发现系统异常，第一时间发现深度隐藏的入侵行为，甚至包括利用 0day 漏洞入侵的行为。蜜罐对业务网络内的行为监控是多角度、多维度的，见表 5-22。

表 5-22 蜜罐监控类别与形式

监控类别	形　式
流量监控	在业务网络内部署嗅探节点，诱导流量进入蜜罐，并在 OSI 四层上进行监控
日志监控	持续不断收集蜜罐模拟服务的业务日志
漏洞入侵监控	基于漏洞蜜罐进行触发式监控或日志监控
SSH 会话监控	基于高交互蜜罐实现会话全程监控
文件监控	监控敏感文件的读、写等

行为分析。蜜罐系统内置的行为分析模块能对监控数据进行实时分析处理，对可疑行为进行分类和标记，同时与黑客数据库、蜜罐历史数据进行比对、提取，最终将可疑行为定性，抽象为威胁事件。蜜罐能依据配置，最大量或按策略收集威胁事件日志。用户可下载威胁事件的详细日志数据，用于分析。对于高交互型蜜罐，当攻击者被诱捕进入蜜罐后，蜜罐将全程记录此次会话，并以时间线形式呈现。安全人员在收到告警消息后，可以进入蜜罐管理系统，查看威胁事件的详细行为记录，并视情况进行下一步关联分析，以发现更多有价值的信息。

蜜罐系统需要能支持多样化的部署方式，根据用户的实际网络架构灵活部署。从物理架构上看，现有大多数蜜罐系统由嗅探器加主控服务器构成。其中，主控服务器可以基于服务器部署。嗅探器提供硬件与软件两种部署方式。硬件嗅探器即插即用，不需要对现有网络架构做任何调整。而对于软件嗅探器，用户须提供一定的服务器资源，把软件嗅探器部署在服务器上。软件嗅探器与硬件嗅探器在工作时，用户感知并无差异。

我们可以在内网和外网的场景都部署蜜罐，以达到诱导攻击者的目的。在内网场景中，蜜罐的入口散布得越多，捕获攻击者的概率也会越高。通过在隔离网段部署蜜罐，将大量空闲 IP 分配给蜜罐服务，这些 IP 地址最终都会被重定向至蜜罐环境，成为蜜罐的入口。此时内网中若存在被入侵或被感染的设备，在横向攻击时，蜜罐捕获攻击的概率便会大大提高，帮助在系统中快速准确地定位隐藏的问题设备。在外网场景中，可以配置诱捕性的子域名，联合部署 Web 类高仿真蜜罐（如企业官网、OA 系统、电商网站、论坛等）。在没有官方入口的情况下，真实访客通常不会进入诱捕性的子域名；而试图从旁站突破的攻击者，则更可能在扫描探测时进入诱捕性的子域名，因而被蜜罐捕获。蜜罐还可以与 Web 应用防火墙等其他安全产品联动，最大化地发挥它的价值，但蜜罐自身的安全性、如何适应实际网络和业务情况也是我们需要注意的问题。

第四节　云安全运营

一、概述

　　组织内生需求及商业模式驱动，促进安全运营服务逐步兴起，主要有以下两个表现。第一，安全认知的改变。企业在经历了十多年的信息安全建设、网络安全建设后，整体安全状况依然达不到预期目标，安全事件依然不断发生，仅仅依靠购买短期的安全服务已经不能满足组织强烈的安全需求了，安全需求应该逐步贯彻到日常的所有经营活动中，这就需要我们从建设与运维模式转变为安全运营模式。第二，业务驱动。企业先后经历了互联网、大数据、云化、智能化、数字化这些概念的影响，更重要的是理解并吸收了国家安全大战略，同时伴随着组织业务复杂度的提升，对安全的投入越来越大，期望也越来越高，但由于自身安全运营能力不足，专业安全人员稀缺等，依靠企业自身能力确实不能支撑与应对网络安全环境的复杂性与紧迫性。

　　回到云计算，一方面，国家和行业层面也在不断持续强化云安全合规要求，另一方面，由于传统的安全防护手段和传统的网络安全运营体系已不能完全适应云计算安全的要求，云安全厂商也在推出适用不同云计算环境的云安全运营服务，研发并整合适应云计算环境的云安全运营平台和安全工具，制定适合企业自身业务特点的运营流程，充分利用专业安全人员的经验和技能，提升安全事件响应的效率，降低安全事件响应和处置时间，为云计算产业保驾护航。

　　随着数字化转型逐步推进，新技术应用和新基建的发展带来了新的安全威胁，网络安全运营者也面临全新的安全挑战。面对诸多变化，国家愈发重视各级机关单位的安全能力建设，安全运维工作作为企业安全能力建设的重要组成部分，在实战化背景下，需要将以往的合规化运维转向实战化运营。

狭义的"云安全运营"是以云计算核心资产为核心，以云安全事件管理为关键流程，依托于安全人员、流程和工具，从安全运营组织、安全运营活动和运营平台工具等方面构建体系框架。建立一套实时的云内资产风险模型，进行风险预测、威胁发现、事件响应和持续优化的集中安全管理体系。

广义的"云安全运营"是组织、流程和技术有机结合的复杂系统工程，对已有的安全产品、工具、服务产出的数据进行有效的分析，持续输出价值并应对安全风险，从而实现安全的最终目标。

本节主要阐述云计算安全运营体系，以云安全技术为支撑，建立合理的组织架构，高效完成运营活动，满足监管合规、信息安全策略和业务需求。如图 5-86 所示。

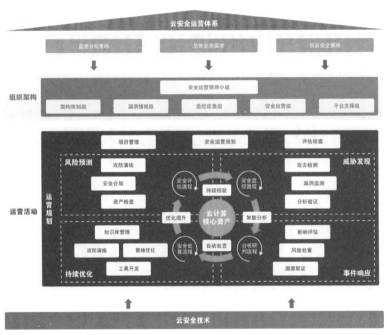

图 5-86 云安全运营体系框架图

安全运营组织架构是组织为了实现总体业务需求、监管合规策略和信息安全策略而进行的工作分工和协作，是组织开展云安全工作流程、部门设置及职能规划等最基本的结构依据，描述了安全运营体系的组织结构与安全运营人员的角色和责任。安全运营活动是指围绕云计算系统、业务运行和安全防护的日常支撑性工作，从规划、预测、发现、响应、优化五个方面管理和处置安全事件，确保云上业务系统安全、稳定运行。常见的安全运营活动包括运营规划、项目管理、评估核查、资产探查、安全合规、攻防演练、攻击检测、漏洞监测、分析验证、影响面评估、风险处置、溯源取证、工具开发、策略优化、安全加固、知识库管理等。运营工具是指支撑安全运营工作开展的平台和工具，包括安全运营中心、资产监测、配置基线核查、有效性验证、威胁情报平台等，相关内容可参考云安全技术中云安全管理工具部分。

二、运营组织

企业信息安全运营体系中的各级相关部门应建立必要的安全运营组织，明确各部门的职责分工，确保信息安全运营工作都能得到流程和制度的适当支持。

1. 组织架构

运营组织架构如图 5-87 所示。

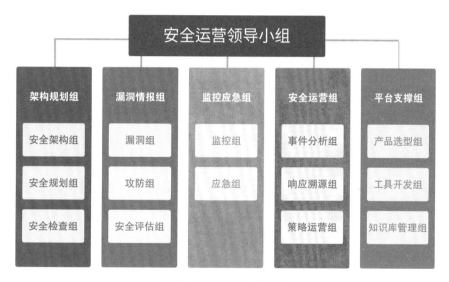

图 5-87 运营组织架构图

2. 角色简介

（1）安全运营领导小组

此小组负责对安全运营工作的总体计划、方向、战略和指挥的调整进行决策，保证安全运营工作的顺利进行，主要职责是负责安全运营体系的设计规划、工作划分、角色安排和组织架构确定等工作，以及负责安全运营组织的建设和日常运营过程中的协调、监督和指导工作。

（2）架构规划组

此小组由安全架构组、安全规划组和安全检查组组成，指引未来安全运营建设与

发展方向，负责安全运营体系架构模型的开发、设计、部署及检查工作。

安全架构组负责组织安全运营工作的规划，包括运营组织、角色分工、岗位职能、团队建设、安全体系、预算投入、标准规范指定和管理，甚至整个安全部门的发展与规划。

安全规划组负责组织网络与信息安全项目建设、架构设计、安全事件处理、安全风险评估，指导并跟进安全运营组的问题修复，与其他部门对接，响应安全需求。

安全检查组负责了解组织安全现状，找出安全防护短板，从顶层设计出发，总体布局、统筹协调、整体推进、构建安全保障体系，稳步推进信息化建设工作，更好地为业务赋能，提升网络安全防御能力。

（3）漏洞情报组

此小组由漏洞组、攻防组和安全评估组组成，负责常态化风险监测工作，特别是在资产核查、安全合规、攻防演练、漏洞监测等运营活动中发挥着至关重要的作用。

漏洞组负责建立漏洞全生命周期的安全管理机制，构建漏洞管理平台，实现内部扫描漏洞、外部公开漏洞、威胁情报的统一汇集，实现漏洞的准实时获取、与资产的自动化匹配、应急响应、整改及结果验证的线上化处置。通过以上平台功能，实现漏洞的数字化、线上化、闭环化处置。

攻防组负责基于安全攻防视角开展风险检核工作，对内定期组织开展实战化攻防演练，建设自动化模拟入侵平台，实现对基础设施及应用的自动化渗透测试，批量验证业务系统的安全状态和安全设备的防护能力；组建安全实验室，实现对漏洞利用机理和验证程序（POC）的深入分析，并对漏洞应急、整改给出专业意见；成立攻击队，"实战化"地培养信息安全攻防人才，积极参加国家级、行业级攻防竞赛，不断提升企业人员的攻防水平。

安全评估组负责落地组织安全合规工作，使用配置基线检查、资产监测等工具，建立组织资产信息库，完善配置基线和策略要求；定期开展安全评估工作，包括资产探查、基线识别、合规测评、防护策略有效性分析等工作内容。

（4）监控应急组

此小组组由监控组和应急组组成，负责做好日常安全告警及事件的安全监控、告警分析及应急处置工作。

监控组负责组织内部安全能力建设以及各类安全产品的日常监控及巡检，建设态势感知及监测地图，持续研究各种新型监测技术，开展日常安全告警筛查。

应急组负责组织内部突发安全事件的应急响应以及日常安全产品的安全加固、补丁更新，如遇安全设备故障，第一时间联系设备供应商进行故障处理，并告知运营组做出应急响应。

（5）安全运营组

此小组由事件分析组、响应溯源组和策略运营组组成，负责执行日常安全事务性工作，如威胁发现和事件响应阶段，在关联分析、影响评估、风险处置、溯源取证、策略优化等多个领域执行运营工作。

事件分析组负责对监控组筛查后的告警进行分析验证，确定告警的真实性和影响范围，同时利用第三方平台或工具（如云管理平台、威胁情报等）进行多维度关联分析，评估风险的影响范围，为后续处置奠定基础。积极引入大数据、人工智能等技术，持续探索发现未知威胁和潜在攻击行为。

响应溯源组负责对各类安全分析和事件的处置、溯源取证，建设基于安全运营场景的自动化编排与响应机制，通过外部服务商、威胁检测、旁路阻断等实现基于安全场景的一键封禁等处置动作，利用威胁欺骗技术对攻击者进行追踪溯源，定位攻击者自然人身份，提升主动防御能力，让安全防御工作由被动变主动。

策略运营组通过对安全事件的监测、分析、响应处置等全生命周期工作的总结复盘，对其中出现的问题、系统及流程进行整改优化。整改分三个层面：第一个层面是亡羊补牢、查漏补缺，避免事件重复发生；第二个层面是举一反三、排除隐患，避免同类事件；第三个层面是建立自动化策略更新机制，完善应急预案，补充应急场景，提升工作效率。

（6）平台支撑组

此小组由产品选型组、工具开发组和知识库管理组组成，负责组织运营活动的持续优化工作，特别是满足持续优化阶段的标准化及定制化安全检测场景需求，为安全事件的有效检测、复盘及整改提供支撑。

产品选型组负责安全运营工具和安全产品选型及引入，通过市场调研、需求交流、方案评选、对比测试等工作，最终确定引入的工具和产品。

工具开发组负责安全运营工具和安全产品的需求分析、调研及开发工作，根据持续优化阶段的运营需求，制订满足定制化安全场景要求的开发计划；完成产品或工具的开发工作，确保产品的兼容性、可用性和安全性。

知识库管理组负责收集整理组织安全产品文档、变更文档、应急文档、制度文档等各类运营资料，形成组织内部统一的安全运营知识库，为后续安全运营工作提供经验分享及资料支持。

三、运营活动

针对层出不穷的云安全挑战和各类云安全威胁与攻击，云安全运营工作从合规化逐步向实战化发展，主要围绕安全运营规划、风险预测、威胁发现、事件响应、持续优化五个方面开展。

1. 安全运营规划

组织开展安全运营活动之前，应结合自身安全需求，制定合理有效的安全策略、技术框架、技术规范和技术方案，以安全项目形式逐步落地，在实践中不断评估改进提升，形成适合组织自身的安全运营最佳实践。

（1）运营规划

活动描述：运营规划是组织开展安全运营活动的前提和基础，包括制定安全运营策略、技术框架和技术规范等工作，通过运营规划可以合理安排设计运营活动所需的组织架构及岗位职责。

收益效果：定义运营工作流程、相关角色分配和岗位工作内容，为组织建设高效可靠的安全运营体系打下坚实的基础。

（2）项目管理

活动描述：针对计划开展的安全运营项目进行范围、时间、成本、质量的管理控制，使项目落地，能够在可控环境下实现预计目标。

收益效果：在运营规划活动的总体指导下，针对持续开展的安全建设项目进行有效的管理，通过运用范围管理、时间管理、质量管理等方法，使项目能够在有限资源的限定条件下，实现或超过设定的需求和期望。

（3）评估核查

活动描述：组织应定期对安全运营体系的运行开展有效性评估，利用自动化模拟入侵平台，对云计算环境基础设施、资产、威胁、脆弱性、已有安全措施进行综合风险识别与分析，特别是针对已经运行的安全策略基线进行检查。

收益效果：评估核查工作可帮助组织掌握安全风险现状，并为运营规划提供工作改进的输入建议。

2. 风险预测

风险预测围绕云资产开展威胁和脆弱性识别，以扫描、探测、评估等方式尽可能多地发现资产存在的潜在安全风险，主要包括资产探查、安全合规评估、攻防演练三个方面。

（1）资产探查

活动描述：通过资产监测及脆弱性扫描工具，结合配置管理系统发现、识别、收集全部资产，建立层次化、多维度的资产档案，包括但不限于互联网及内网资产、敏感资产、违规资产、影子资产、宿主机、虚拟机、云管理平台、管理配置、操作系统、网络设备、应用系统、安全组件、数据库、中间件、存储设备等信息。

收益效果：组织应定期开展云计算环境的资产探测，建设重要资产常态化检查机制，形成保障该项工作正常开展的组织、制度、系统、服务等，建立 IT 资产信息库，为安全运营人员提供资产查询、资产变化提醒和资产持续监控的能力支撑。

（2）安全合规评估

活动描述：在前期设计和建设阶段依据国家等级保护和行业规范相关安全要求开展工作，运行阶段依托组织自身及外部服务商基线检查工具，从全局出发，对云计算基础环境、虚拟化层、网络层、应用层、业务层开展安全合规评估，发现风险并提供修复加固意见。云安全合规建设的检查对象、检查范围和检查内容见表 5-23。

表 5-23 云安全合规建设的检查对象、检查范围和检查内容

检查对象	检查范围	检查内容
管理平面	API 接口、管理控制平台	远程访问、身份认证漏洞、权限配置错误、操作系统漏洞及补丁管理、业务审计日志、平台配置核查
虚拟专用网络	虚拟网络 VPC、网络架构、设备部署及配置，包括核心交换机、防火墙、路由器及其他安全设备和审计设备	检查虚拟化网络隔离、多租户隔离、安全控制措施、账号安全检查、防火墙策略、东西向流量检查
虚拟化和容器	镜像、操作系统、中间件、应用软件、镜像仓库	远程访问禁用、镜像安全、操作系统的用户、权限、口令的安全性、防病毒部署、系统补丁以及相关的运维管理等
存储安全	对象存储、数据库、应用程序	访问控制、存储加密、密钥管理、数据泄漏、灾难恢复
应用安全	软件开发生命周期	代码测试、API 调用、Web 漏洞评估、渗透测试、安全控制
身份及访问管理	组织和云服务提供商之间、云服务提供商和服务之间	特权用户管理、身份管理安全性、访问控制可靠性，包括操作系统、应用程序、API 接口服务等
维护人员	信息主管人员、安全专责、网络管理员、系统管理员等	安全意识、人员配置、责任分配、人员备份等
文档记录	使用手册、操作手册、数据备份恢复文档、应急预案记录、软件开发流程及记录等	纸质文件（为满足安全要求，文档记录保存方式应为纸质文件）

收益效果：安全合规包含技术和管理两方面内容。管理方面，包含相关的规章制度、操作文档等；技术方面，利用技术手段检查云平台现有安全防护措施的有效性，从而识别出信息资产中存在的安全风险点，并根据组织所能接受的风险，对资产所面临的风险程度做出准确的评价，提供相关整改修复加固建议，提升组织的安全合规水平。

（3）攻防演练

活动描述：为提升实战化安全运营能力，检验组织安全运营工作效果，组织应定期开展实战攻防演习活动，攻防演练活动由演习前、演习中、演习后三个阶段组成。

①演习前。在攻防对抗演习前制定"演习方案"，方案内容包括但不限于工作目的、时间、系统范围、演习方案（演习队伍组建、演习平台准备、攻击方准备、防守方准备）、攻防演习要求等。

②演习中。按照既定方案组织参与演习的攻击方和防守方进行现场培训，确定攻击时间、目标系统的范围和手段，禁止使用对系统安全威胁较大，可能造成网络阻塞、断网、系统不可访问、后期难以清理等后果的攻击方式进行攻防演习。组织攻击方与防守方分别按照制定的内容开展工作，攻击方按照指定时间接入攻防演练平台开展模拟攻击，发现系统可能存在的安全风险。防守方在攻防演习防守现场利用安全防护措施开展安全监测、预警、分析、验证、研判和处置等工作，检验安全防护措施和监测技术手段的有效性，检验本单位对网络攻击、社会工程学和钓鱼邮件等攻击方式的监测、发现、分析和处置能力，检验各工作组协调配合默契程度，及时发现工作中存在的问题并进行整改完善。

③演习后。演习结束，对演习过程中的工作情况进行总结，包括组织队伍、攻击情况、防守情况、安全防护措施、监测手段、响应和协同处置等，及时整改与修复安全漏洞和隐患，进一步完善网络安全监测措施、应急响应机制及预案，提升安全运营水平。

收益效果：通过自动化工具和红蓝对抗等实战方式检验组织对网络攻击的监测、发现、分析和处置能力，发现潜在安全风险，检验安全防护措施和监测技术手段的有效性，验证各运维团队协调配合默契程度，充分验证应急响应预案的合理性、实用性。

3. 威胁发现

威胁发现阶段，组织应结合自身业务特点，针对云计算基础设施、应用、网络、接口等方面全方位开展威胁发现，重点关注攻击检测、漏洞监测的分析验证，利用第三方安全产品、漏洞扫描工具、威胁情报和定制化安全工具实时监测网络攻击、异常行为和新增漏洞，及时采取措施对告警进行验证和处理，不断优化提升，如图 5-88 所示。

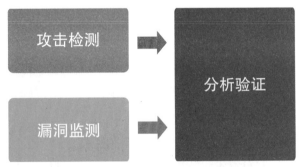

图 5-88 威胁发现阶段

（1）攻击检测

活动描述：攻击检测为常态化运营工作，组织应结合自身业务特点，利用已经部署在云计算环境中的安全防护设备，实时检测网络、主机及应用等层面的各类攻击。

通过预先定义的方法和规则,获取攻击者的相关信息和历史攻击行为,通过对多源数据进行分析、聚类、分类、关联,以获得高质量的安全事件信息。常见的检测内容如下。

①安全告警监测。安全设备攻击事件实时监控,如拒绝服务攻击、网络病毒爆发、漏洞远程利用、恶意代码传递等高危事件告警信息,对攻击告警日志进行分析处置,调整优化策略,对高危风险行为 IP 执行 IP 封禁,密切关注来源请求异常、接口请求异常、恶意 IP 攻击等事件。

②安全行为检测。对云平台、云主机等账户的行为进行监控,并对日志进行安全审计。行为审计分析,通过工具日志和人工分析,审计目前监控设备是否存在僵尸账户、异地登录、频繁登录、异常时间登录、账户威胁操作等情况,并针对不同事件采取相应措施,以防止风险扩散。僵尸账户分析,通过工具日志和人工分析,查找近期未活跃的账户,对疑僵尸账户进行逐一确认,非必要账户或权限不合理账户,需进行回收处理。异地登录分析,通过工具日志和人工分析,查找设备账户近期是否频繁更换登录地点,地点变更间隔是否符合常理,对异常账户逐一确认,确保账户登录环境安全。频繁登录分析,通过工具日志和人工分析,查找设备账户近期是否存在频繁登录的行为,重点关注频繁登录失败事件,分析当前账户是否遭受暴力破解。异常时间登录分析,通过工具和人工分析,查找设备账户近期是否在异常时间段登录,对异常账户逐一确认,确保账户均为账户申请人本人操作。账户威胁操作分析,通过工具日志和人工分析,查看设备账户近期执行是否正常,如删除数据库、修改关键信息等操作,对异常账户逐个确认,确保高风险操作是正常操作。

收益效果:实时监测针对云平台和租户的内外部网络攻击行为,针对突发性、大规模网络安全事件所包含的已知的和未知的安全漏洞提供安全监测和防护。

(2)漏洞监测

活动描述:漏洞的管理工作本身就是一个系统性工程,要持续性地监测、响应。从采集、评估、分析、处置、验证五个维度展开全生命周期的漏洞管理,能实时监测涉及云平台和租户应用系统组件的各类高危漏洞。

具体做法是借助于脆弱性扫描工具,结合第三方威胁情报,对资产的漏洞进行监控,在虚拟化层重点关注虚拟化层是否存在非授权访问现象、是否存在虚拟逃逸等漏洞。在对云主机进行监控时,组织应及时发现云主机对外暴露的安全风险。对公开来源的漏洞情报进行实时监控,其中包括中国国家信息安全漏洞共享平台、中国国家信息安全漏洞库及各大安全厂商共享的漏洞及威胁情报。

收益效果:构建涵盖虚拟化层、操作系统、中间件、上层应用等各层次漏洞库,并与资产相结合,实现对组织的当前安全脆弱性的评估。对攻击所涉及的漏洞进行集中、统一、可视化监测,监测范围覆盖虚拟化层、主机层、网络层等云基础设施运营环境,建立 7×24 小时的专属运营岗位,持续自动分析和关联整合攻击相关的上下文安全数据信息，实现全生命周期的漏洞管理与监测。

（3）分析验证

活动描述：通过对命中的安全规则告警信息、攻击类型、严重级别、相关安全事件或团伙、当前远控的状态信息等进行关联分析，确定事件优先级、响应处置方式。对不同安全区域、不同设备、不同级别的告警进行关联分析并验证，按照预先定义好的核查规范，确保已经触发的告警具备有效性。

主要内容：确定告警位置，通过分析查看产生的告警信息，确定安全事件发生的安全域、被入侵目标和 IP 路由路径；确定严重等级，通过分析查看产生的告警详细信息，确定告警威胁等级。对于告警威胁为低等级的，通过重放攻击行为确定是否为误报；对于威胁等级为中或高的，协同安全专家、系统开发和运维人员，执行临时处置和应急流程。

收益效果：尽可能降低安全事件对云平台及相关服务的影响，减少云平台提供商和上云组织的损失。

4. 事件响应

事件响应针对威胁发现阶段发现的威胁告警和安全事件进行分析，还原攻击入侵过程，确定威胁事件的类别、等级、范围和程度，采取措施遏制或消除正在发生的网络安全威胁，收集并保存威胁相关网络活动数据，如图5-89 所示。

图 5-89 事件响应阶段

（1）影响评估

活动描述：利用第三方平台或工具进行多维度关联分析，对威胁发现阶段筛查后的告警及安全事件进行验证，评估风险的影响范围，为后续处置奠定基础。

收益效果：对经过验证的告警事件进一步排查，获取安全设备的告警日志，深入进行人工分析，结合运营工具对异常行为进行研判，确定安全事件影响范围，并提出可行的处理建议并执行，规避潜在的安全风险，防止安全事件再次发生。

（2）风险处置

活动描述：总结安全运营处置经验，形成安全事件处置流程，包括处置场景、剧本、动作等，利用第三方自动化安全编排和封禁工具遏制攻击行为。

收益效果：重点关注威胁阻断的时效性和安全性，在确认攻击事件后第一时间采取有效措施，安全、网络、主机和应用各岗位人员共同处置，有效阻断攻击、消除影响。

（3）溯源取证

活动描述：溯源取证是从网络活动中收集并保存网络活动数据，在适当的时候使用这些数据来证明网络入侵活动及分析造成的损失。

调查取证主要包含以下流程。第一，原始数据获取，对安全事件所涉及的相关原始数据进行采集留存，包括但不限于虚拟机快照、元数据信息、虚拟主机信息、操作系统信息、身份认证信息、网络信息等记录。第二，数据过滤分析，获取过滤网络元数据，降低取证工作的分析成本。第三，网络取证分析，深层关联分析数据，对云计算环境中发生过的系统行为和网络行为进行重构。第四，取证结果上报，对上述分析取证过程进行总结，得到安全事件的取证分析结论，以证据或事件报告的形式提交。

收益效果：通过对攻击事件的分析、研判，在确定网络攻击行为和对象后启动调查取证工作，快速定位问题根源，协助客户立案，提供法律依据，协助云计算提供商和上云组织及时控制安全事件对企业造成的恶劣影响，将经济损失降到最低。

5. 持续优化

协同处置阶段对已经确定的攻击事件进行分析，提供防御策略的改进建议，优化安全防护策略，形成安全知识库，为持续风险预测提供实践经验输入。

（1）工具开发

活动描述：结合自身业务特点，针对安全事件整改内容定制专项检测和修复工具，开发内容包括但不限于脆弱性扫描工具、资源监控工具、安全测试工具等。

收益效果：针对突发性、大规模网络安全事件所包含的已知和未知安全漏洞提供安全检测和防护能力。

（2）策略优化

活动描述：结合风险预测、威胁发现、事件响应等阶段的安全活动成果，整理汇总攻击路径、攻击特征、IP地址黑白名单、访问关系模型等信息，对现有云安全防护措施进行策略补充、更新和升级。

收益效果：组织根据安全运营经验，定期对安全防护系统的策略配置进行优化，对冗余的策略和废弃的策略进行梳理，在和业务系统相关人员进行确认后进行删除，提高安全产品防护效果，频次周期至少为每月一次。

（3）安全加固

活动描述：组织安全加固包括主动性和被动性两方面，其中主动性安全加固以组织安全运营经验优化安全防护策略，如收缩互联网暴露面服务、关闭高危端口、密码策略加固等，被动性安全加固通过制定重大漏洞处理流程和协助机制，针对已经发现的漏洞进行验证、测试及补丁修复，统一汇总到漏洞管理平台。

收益效果：对云计算环境涉及的主机、网络设备、应用及数据库的脆弱性进行分析与修补，包括安全配置加固和漏洞修补，增强系统抗攻击能力，有效降低系统总体安全风险，提升操作系统或网络设备的安全性和抗攻击能力。

（4）安全知识库

活动描述：收集整理云计算平台和用户的风险预测、威胁发现、事件响应等方面

经验，如处置建议、应急预案、安全告警字典、安全事件字典、安全日志字典等信息，形成安全知识库，安全知识库中可容纳各类安全知识，如安全事件的特殊场景、攻击信息、关键特征、漏洞信息、情报信息等。

收益效果：建立安全运营技术基础架构库，将安全运营经验、事件处置案例等形成经验集合，供后续学习和使用，提升安全运营工作质量和效率。

四、运营工作图谱

本节介绍的云安全运营工作主要分安全规划、风险预测、威胁发现等五个阶段开展，每个阶段又分别对应不同的安全运营活动，如攻防演练、攻击检测、漏洞监测、分析验证、影响评估、风险处置、溯源取证等，结合云安全管理平台实现了运营活动、人员、技术的完美融合。表 5-24 总结了云安全运营的工作图谱，便于读者深入理解，读者也可以在具体的运营工作中参考借鉴。

表 5-24 运营工作图谱

运营阶段	运营活动	二级运营组	三级运营组	安全工具／产品描述
安全规划	运营规划	架构规划组	安全架构组	
	项目管理		安全规划组	
	评估核查		安全检查组	模拟入侵工具
风险预测	资产探查	漏洞情报组	安全评估组	资产监测工具
	安全合规		安全评估组	配置基线检查
	攻防演练		攻防组	有效性验证
威胁发现	攻击检测	安全运营组	监控组	安全监测类产品、Web 应用防火墙、入侵防御、旁路检测等
	漏洞监测	漏洞情报组	漏洞组	脆弱性扫描系统、安全运营中心
	分析验证	安全运营组	事件分析组	威胁情报
事件响应	影响评估	安全运营组	事件分析组	安全运营中心
	风险处置		响应溯源组	安全运营中心、旁路阻断
	溯源取证		响应溯源组	蜜罐
持续优化	产品选型	平台支撑组	产品选型组	
	工具开发		工具开发组	定制化安全工具 安全测试工具
	知识库管理		知识库管理组	无
	策略优化	安全运营	策略运营组	无

第五节　云安全应用案例

不同的服务会有不同的安全需求或等级要求，云服务提供商或上云组织在建设之初应基于云平台或系统要提供什么样的云服务，遵照法律法规、标准及相关合规要求进行规划、设计，并同步进行检测和评估，相关的内容可参考《云启智策》中"云合规"章的内容。本节主要从云服务提供商和上云组织两个角度介绍如何进行云安全产品的部署和安全事件的闭环处理。

一、安全产品部署案例

云安全产品就像一个个棋子，关键是根据由不同技术架构搭建的云平台或系统选择合适的、成熟的云安全产品，搭建纵深防御、异构部署的云安全技术架构。云平台的安全防护理念是保证云计算平台和上云系统的安全，故分为平台安全和租户安全进行安全架构的设计。平台安全主要是用于云计算平台侧的安全防护，同时为租户提供通用的安全防护。租户安全主要为上云组织提供安全防护，封装了功能独立、部署灵活、简便易用的安全组件，租户可根据实际需求进行组合定制。下面将从平台和租户两个维度进行介绍，以便更好地解释云安全如何落地。

图 5-90 为云安全部署架构图。从图中可以看出，云平台进行了区域划分，分别是专线区、互联网区、网关区、计算资源区、带外管理区、内网核心区，每个区域都有自己独有的职能，安全产品的部署位置跟区域有着密切的关系，部署在不同的区域发挥不同的效果，图 5-90 中标注了平台安全和租户安全产品的部署位置，下面进行简要说明，使读者对云上的安全体系有更为具象的认知。

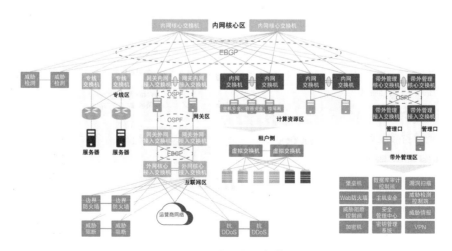

图 5-90 云安全部署架构图

首先是互联网区，也被称为互联网接入区，主要的作用就是用于隔离互联网和内部网络，这个区域的安全产品多为访问控制、封禁类的防护产品，如抗 DDoS 设备、硬件防火墙、威胁检测、威胁阻断产品等。

计算资源区也就是业务区，主要部署一些业务服务器。为了做好安全防护，应在流量进入主机之前先做好 Web 应用防护，即部署 Web 应用防火墙。同时，在机器上部署主机安全、容器安全产品，还可以使用微隔离技术对业务机器之间的流量进行检测与防御。

带外管理区可以理解为安全管理区，这个区域的大部分安全产品为各安全产品的管理控制平台，还有一些旁路类设备，比如脆弱性扫描、数据库审计、堡垒机、安全运营中心、威胁情报平台、密钥管理系统、VPN 等。

另外专线区、网关区等各区域之间互连都会经过内网核心交换机，可以在此地方部署威胁检测产品，实现全流量的安全检测，但是由于内网流量过大，可以根据实际的需求，只过滤关注的流量并进行检测。

以上内容基本将云上安全产品的部署形式及位置做了简要介绍，每个产品可以根据具体的需求选择不同的部署模式。很多产品如抗 DDoS、威胁检测、威胁阻断产品统一部署在平台侧，为平台和租户提供安全防护，但对租户不可见。还有一类产品为租户可见、可选的，租户可根据云上部署的情况选择具体的安全产品或服务内容，如图 5-91 所示。如果面向互联网提供 Web 服务，则建议使用 Web 应用防火墙进行防护。如果使用了

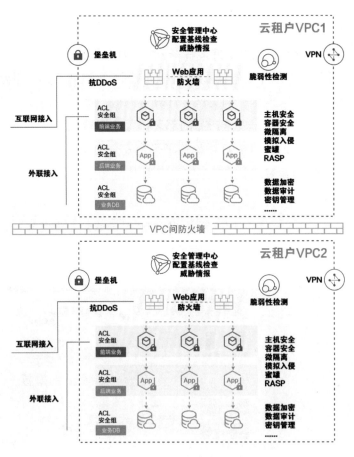

图 5-91 云租户安全视图

云主机，则建议使用主机安全产品、微隔离、容器安全产品。

在实际的建设时我们需要结合实际情况设计搭建不同的业务技术架构。在选择时也须注意并非所有安全相关的事项都可以用安全产品解决，可能需要在设计、规划阶段结合管理手段进行补充，也要注重产品异构、防护互补，选择不同品牌的产品、不同功能的产品，以达到优势互补，提升整体的安全防护能力。

二、安全告警闭处理

在进行安全事件或告警的处置时，我们需要根据组织架构，结合实际情况，依托于安全运营平台建立安全运营体系，实现协同联动、主动防御、全面监测、智能分析、精准响应、快速处置的安全运营目标，有力应对全方位的网络攻击。下面将以云安全运营工作中最常见的安全事件处理为例，介绍从告警发现到处置再到优化提升的全流程闭环处理，如图 5-92 所示。

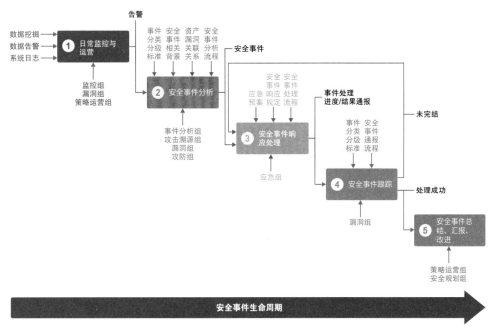

图 5-92 安全事件运营流程图

日常监控与运营阶段，监控组负责收集对安全系统的日志和告警，借助安全工具对可疑告警数据进行过滤，漏洞组通过安全工具监测互联网侧和平台侧自身的最新漏洞，获取漏洞信息，与组织内部资产进行比对，产生告警数据。策略运营组监控分析日志，进行策略的调优，减少误报与漏报。

安全事件分析阶段，漏洞组获取监控阶段产生的告警数据，通过预先定义的安全

告警分类标准对告警进行分类,通过对不同时间、不同来源且相同目标的安全告警进行关联分析,匹配漏洞信息与组织内部资产。当攻击事件发生时,事件分析组协同攻防组根据安全产品的日志、流量日志进行事件的分析及模拟攻击验证,确定风险影响范围并生成安全事件。

安全事件响应处理阶段,应急组根据组织已经定义的安全事件响应规定启动相关应急预案和安全事件处理流程,对安全事件进行处置,处置手段包括但不限于攻击阻断、事件取证、溯源反制。

安全事件跟踪阶段,漏洞组针对安全事件处置的进度和结果进行跟踪,第一时间发现并处理事件处置过程中遇到的问题,与应急组、事件分析组持续沟通,获取最新进展。

安全事件总结、汇报、改进阶段,策略运营组根据事件分析是否需要优化防护规则策略,并进行升级实施。安全规划组根据安全事件处置过程中所产生的数据和经验,更新组织安全运营知识库,持续改进安全工具和安全事件管理流程。

以上为在安全事件从发现到处置再到优化的各个阶段参与的小组及其所进行的工作,在公有云的场景下,很多流程还须与租户进行沟通、协调,以达到快速处置的目的。

第六节　云安全关键问题思考

随着云计算、虚拟化等技术的飞速发展,云安全愈发重要。近几年呼声最多的要数云原生安全,所谓云原生安全,其实就是基于云计算平台衍生出来的平台自身安全能力。在云原生安全概念出来之前,云上安全的大部分方案都是用传统安全产品来完成的,随着云原生安全技术的迅猛发展,传统的防护理念和防护产品略显落后。技术发展至今,仍然有很多问题需要解决和思考,下面将进行简单的探讨。

一是建立基于云原生技术栈的安全防护解决方案。云原生技术经过长足发展,已经被广泛应用,并且突破容器、微服务等,形成完整的云原生产品架构。云原生的应用在显著提升云产品能力的同时,也带来更为复杂的安全需求。面对云原生实例频繁启停的生命周期变化、海量的东西向流量交互、上线即运行等情形,传统安全已经不能满足需求,继而代之的应是在云原生各层架构中形成灵活、系统、全栈内生的安全策略,形成覆盖云原生应用生命周期的自动化、高效率的安全内生机制,具备进程级防护、细粒度访问控制、全流量监控响应等能力。

二是建立基于信创环境的云安全架构。过去很多年,国内 IT 底层标准、架构、生态等大多数是由国际 IT 巨头制定的,由此存在诸多安全风险。因此,我们要逐步建立自己的 IT 底层架构和标准，形成自有开放生态，而这也是信创产业的核心。通俗来讲，就是在核心芯片、基础硬件、操作系统、中间件、数据服务器等领域实现国产替代。信创产业是数据安全、网络安全的基础，也是"新基建"的重要内容，将成为拉动经济发展的重要抓手之一。信创云环境下的安全产品建设仍属于初期，需要关注以下几个问题。第一，性能亟须提升，国内优秀的 CPU 与 Intel 优秀的型号对比，性能仍然相差 25% 左右，差一点的 CPU 相差 45% 以上。第二，一云多芯，安全产品在开发设计时需兼容适配不同 CPU 芯片的混合部署，充分发挥不同体系架构 CPU 的能力优势，满足不同场景对异构基础设施的需求。第三，软件安全性不容低估，已有的产品由于其维护年份较久，已经形成了较完善的漏洞发现、上报、反应机制，基于信创的软件历史较为短暂，发现、响应机制相对不完善，面临的漏洞风险可能更加严重。

三是建立精简互补的安全体系。市面上安全产品层出不穷，在关注安全产品的选择上，应更加注重防护场景。不是让每一个产品实现所有的安全防护功能，而是专注于实现具体某个防护功能，让所有产品分工协同，提升整体防护能力。同时，由于安全与业务关系越来越紧密，单纯依靠安全产品加安全运营并不能有效解决云上所有的安全问题，所以可以配合一些安全服务来协助进行安全规划，如云数据安全咨询、云安全评估咨询等。

伴随企业上云走向"精耕细作"，政策与行业规范日趋完善，我们也需要时刻把握云安全需求结合变幻的风险，构建更为完善的云安全体系，持续为业务赋能，助力云计算高速发展。

第六章
云运维

6

导　　读

　　传统运维面向的是物理组件，靠手工进行部署，需要经过一层又一层的流程，过程冗长，在传统的运维方式下，运维人员工作繁杂，需要做各种列阵冗余，增加了企业支出的人力成本。云运维相较于传统运维能维护物理硬件的稳定性，也具备敏捷性，因此打破了人工操作复杂的局面，简化了运维的工作流程，节省了企业的成本。云运维面向的是整个系统，包括数据、应用程序等。云运维具备主动快速部署的特点，可以按需进行交付和扩展，底层的设备也可以由云服务商完成，集中式的处理能帮助企业降低人力成本。云时代已经来到跟前，新技术不断涌现，传统的运维方式面临着是否"云化"的挑战。

　　本章主要回答以下问题：

　　（1）传统的运维方法是否还适用？

　　（2）云技术的发展给运维业务带来哪些挑战？

　　（3）在云时代，如何完成运维业务的变革？

　　（4）云技术的发展为运维业务带来哪些契机？

　　（5）云运维业务有哪些好的实践？

　　（6）云运维的未来发展趋势如何？

第一节 运维业务背景简介

一、运维业务概述

运维业务本质上是面向信息技术相关的基础设施、硬件、软件、应用，在生命周期各个阶段的运行管理和维护操作的统称，目的是保障信息技术应用提供不间断的服务。运维业务能力的建设，就是在运行维护的基础上，通过运用各种管理和技术手段，使运维业务在成本、质量、效率上能够满足更高的要求。运维业务的能力要求分为操作能力、管理能力、运营能力三个层次，如图6-1所示。

图6-1 运维业务的能力层级

1. 操作能力

操作能力包括专业技术领域的机制学习、知识积累、问题解决等，专注于对被管理对象的建设、维护，以保证基础操作的正确性和规范性，确保基础技术使用能一直保持最佳运行状态。

2. 管理能力

管理能力包括各个管理领域的业务组织、制度规范、过程改进等，目标是帮助建立稳定、标准且符合企业特点的运维模式。

3. 运营能力

运营能力包括各项服务的资源利用、成本核算、满意度分析、服务改进等，目的是在更高的成本、质量、效率要求下，不断提升业务价值和竞争力。

运维以技术操作能力为基础，以管理能力为保障，以运营能力为促进，根据组织管理目标的不同，构建最适合自身特点和发展要求的运维体系。运维的发展自信息系统诞生之日起，就与信息技术的发展相伴而行。随着大规模信息技术应用的出现，相关管理理论也有了长足的发展，发展出了适用于不同发展阶段、不同行业的理论体系和标准，以满足新技术发展的每一个阶段。每一次技术的进步既是对运维提出的挑战，同时也是运维自身发生重大模式转变的契机。

二、主要运维理论、标准、规范介绍

云计算等信息技术的发展无疑对现代企业产生着深远的影响，其直接的表现就是促进了企业的业务运行模式转向以数字化技术为依托的，并聚焦于更快速、更精准地

响应用户与市场的新业务模式。这也使得信息技术对企业的重要性上升到更高的高度。在企业享受信息技术给业务带来的红利的同时,如何运营与维护好 IT 环境,同时确保系统服务的高可用与对业务变化的快速响应,成为一个重要的命题。

在这些方法论与标准中,ITIL 可谓是服务管理的"鼻祖",如 ISO 20000、ITSS、GB/T 33136—2016《信息技术服务　数据中心服务能力成熟度模型》、双态运维等在 IT 运维管理的领域或是提炼或是引用 ITIL 的部分知识体系,结合自有的视角与实践,形成独立的框架与方法论。DevOps 在持续交付方面以敏捷与精益思维为主导,依托云平台及自动部署等技术手段,在交付后的运维领域则指向 ITIL 实践。

1. 运维方法论

IT 服务管理已有二十多年的历史,其从无序、混沌管理到对 IT 资源的自动监视,直至发展为一体化的运维管理体系。这个过程中诞生了许多运维方法论,如 ITIL、DevOps、AIOps、双态运维等。下面将介绍这些运维方法论的起源、发展、关联关系等内容。

(1) ITIL

ITIL (Information Technology Infrastructure Library) 诞生于 20 世纪 80 年代,是英国商务部为解决当时 IT 职能部门之间协作问题的经验产物。它的出现及之后的完善与发展,提供了一个归纳了各行业在 IT 服务管理方面的最佳实践的框架,为企业的 IT 服务管理实践提供了一个客观、严谨、可量化的标准和规范,使 IT 服务管理不再仅局限于理论研究。

因为 ITIL 提供了大量覆盖 IT 运维领域的服务管理实践,如 ITIL V2 中的 10 大流程(服务级别、可用性、连续性、容量、信息安全、事件、问题、变更、发布、配置)及 1 个职能(服务台),再到 ITIL V3 覆盖 IT 全生命周期中的 26 个流程,被广大企业成功地用于处理和管理 IT 服务管理过程,尤其是 IT 运维管理领域中的诸多关键事务,曾被视为 IT 服务管理的"圣经"。其发展过程中不断开发与完善的"最佳实践"流程(包括相关的方法、基准、模型、技术手段等)已得到充分证明,成为很多 IT 组织打造自有 IT 运维基本工作与管理模式的关键性依据。

然而,ITIL V3 及之前版本均是以流程为导向的模式,使得很多企业在引入 ITIL 的过程中过于重视流程,忽视了场景,如使得申请云资源需要贯穿服务级别、服务请求、容量等多个流程管理域,以及可能使多个职能或系统的需求在处理上因流程的划分被割裂,效率上不尽如人意。同时,人们经常将 ITIL"信条化",忽略因地制宜,也使得 ITIL 在落地过程中,让人产生了"官僚"的错觉。人们希望服务管理模式能够承担起数字化时代的服务管理重任,以确保企业的数字化平台能够为企业带来的机会最大化。

在 2016 年的全球运维大会上,曾有一场关于"运维演进正确之道 ITIL+DevOps 双态运维"的主题演讲，认为一种是以 ITIL 理念为核心的稳态管理，另一种是以 DevOps 理念为核心的敏捷运维，企业需要借鉴这两种方法论，并结合自身业务形态和演进方式打造自己的双态运维模式。这也从侧面反映了 ITIL 在人们心目中"稳健有余，敏捷不足"的印象。

2018 年，ITIL4 正式发布。ITIL 服务价值体系模型（Service Value System）结合对于组织在数字化时代的服务管理的要素分析，深度融入了数字化技术、敏捷思维和精益思想等元素，不仅从组织与其他利益相关者实现共创价值的视角为组织如何借助云计算等技术和资源提供了建议，而且从实现不同的运营目标的视角，通过价值流（Value Stream）的场景化方式及服务价值链（Service Value Chain）的思维方式，引导组织将各种职能、活动、流程、实践协同起来，以促进相关场景中价值的创造与实现。

与此同时，在老版本中的各个流程则被改名为"实践"，并收纳了组织变革管理等多个非 ITIL 原创的管理实践。对这些"实践"的应用，也从原来以流程为骨干的体系建设改为了针对不同场景（价值流）下，对相关活动进行改进优化甚至标准化时的有益引用与借鉴。

ITIL 服务价值体系通过灵活的管理组合方式集成与协调 IT 资源和能力，以响应业务快速发展及稳定运行的双向需求，为企业提供一个强大的、统一的、注重价值的运维体系的建设方式。

（2）DevOps

DevOps 是敏捷软件开发与精益生产思想在 IT 端到端价值链中的一种演进式的应用。其目的在于通过文化、组织与技术的变革，使得业务能够基于现代信息技术获得更大的成功。DevOps 自 2009 年在 DevOpsDays 的大会上正式诞生开始，以"CALMS"[文化（Culture）、自动化（Automation）、精益（Lean）、度量（Metrics）、分享（Sharing）]的核心思想为主导，为追求应用服务敏捷交付但又担忧系统可用性因此遭受冲击而踌躇彷徨的组织指出了一条可行之路。

对运维业务而言，DevOps 以保障业务系统连续可用为前提的敏捷化深深地契合了运维工作的核心使命。其架构中运维部分的管理方法论依然较多地借鉴了 ITIL 的相关实践，但受到精益、敏捷和技术思维的影响，DevOps 倡导推动运维职能左移，将运维与安全需求和设计更早地切入开发项目的需求与设计过程，以及保障测试环境与生产环境的一致性等；推动软件工程的思维与能力右移，让运维人员学习通过开发和软件手段提升对事件的响应与处置的自动化程度，从而提升系统可靠性。这些思想与实践成功地推进了运维自动化甚至智能化发展的进程。即使是一些无法按照 DevOps 最佳设想实现开发运维一体化的组织或系统架构紧耦合的组织，虽难以深度借鉴 DevOps，但依然可以从中受到启发。

（3）AIOps

AIOps（Artificial Intelligence for IT Operations，人工智能式 IT 运维），即人工智能与运维的结合。AIOps 的概念自 2016 年被 Gartner 首度提出之后便得到热捧，更有人预测 AIOps 在未来必将成为运维，甚至是运营的终极模式。

与依靠运维专家总结经验，提炼规则，再植入应用程序，由其自动触发执行的自动化运维不同的是，AIOps 不再依靠人来制定和植入规则，而是依靠大数据和机器学习，自己总结与提炼出规则，再进行执行。简单来说，AIOps 就是基于已有的包括监控信息、运行日志、操作记录等在内的运维数据，通过机器学习的方式来总结经验，"琢磨"出其中的规律，自行制定规则，从而突破因运维人员能力瓶颈而使自动化运维形成的无形的天花板，解决自动化运维没办法解决的问题。

AIOps 的概念虽然起步晚，但得益于市场的热切期盼，AIOps 产品与服务在近年来已初现百家争鸣之态，在异常关联与动态检测、故障根因定位、瓶颈分析、智能修复或熔断等场景中，也已初见成效。

2021 年 EMA 在《AIOps：创新投资指南》中提出了 AIOps 产品与服务应遵循的核心标准的概念，包括吸纳来自跨域来源的海量数据，访问关键数据类型，有较强的自学习能力，支持广泛的高级启发方式，可覆盖并整合多种监控工具，对私有云、公有云、混合云、传统环境及多种用例的支持。这些虽仍属概念，但无疑为 AIOps 行业的发展提供了方向，更为组织对 AIOps 产品的选择提供了更进一步的指导与帮助。

（4）双态运维

数字化和移动互联网突飞猛进的发展，使得企业在确保传统业务稳定开展的同时，着力于更加敏捷、高效的新业务探索、创造与交付模式，由此创造出一个史无前例的基础设施架构（云计算、大数据、移动终端、社交平台和物联网等），以及对这些基础设施运维的新要求。

2014 年前后，Gartner 提出了"双模 IT"的理念，认为企业 IT 部门在维护传统业务系统高可用的同时，应该能够具备帮助一些需要快速实施和交付的商业项目的能力。2016 年，在这些理念的基础上，国内提出了"双态 IT"的概念。"双态 IT"聚焦于企业业务的稳态与敏态分析，旨在帮助企业 IT 部门系统地采用传统集中式和新兴互联网分布式等信息技术架构，构建一套稳态与敏态和谐共存的新型 IT 架构。

"双态 IT"认为不同的企业业务形态需要不同的 IT 服务管理手段，如互联网＋这样的数字化催生的业务形态，传统的 IT 服务管理实践 ITIL 是难以支撑的，而敏捷思维又并非针对以规避风险为主要目标的传统业务形态所创造。任何一种单独的知识体系都无法覆盖当前业务系统的全部运维视角。所以，以 ITIL 来保障集中式部署的传统系统架构，以 DevOps 等敏捷理论与实践来指导开发运维一体化的分布式系统架构，将是数字化浪潮下一种切实有效的"双态运维"模式。

"双态运维"的管理思维在解决"如何做"的问题上，以结合和运用其他的知识体系为主。但不可否认的是，"双态运维"的提出，为正在转型中的企业 IT 管理提供了更贴身的融合性管理思路，也为一直以来存在着激烈竞争关系的各个 IT 管理理念、标准、实践提供了一种"非零和博弈"的开放性思维。这种"共融共生"或"海纳百川"的思想也越来越多地出现在近些年来的一些知识体系中。

2. 运维标准

运维标准是许多运维管理实践经验的科学总结，具有通用性和指导性，可以促进组织 IT 运营质量管理体系的改进和完善，对提高组织的管理水平起到良好的作用，业内比较流行的运维标准包括 ISO/IEC 20000、ITSS、《信息技术服务数据中心服务能力成熟度模型》等。下面将介绍这些运维标准的起源、发展、关联关系等内容。

（1）ISO/IEC 20000

ISO/IEC 20000 是第一部针对 IT 服务管理领域的国际认证标准，它提炼自 ITIL 最佳实践，由国际标准化组织（ISO）和国际电工委员会（IEC）在 2005 年共同发布。2009 年，在 ISO/IEC 20000 国际标准的基础上，中国标准化管理委员会组织编制并发布了 ISO/IEC 20000 的国标版：GB/T 24405.1-2009/ISO/IEC 20000-1:2005《信息技术服务管理 第一部分：规范》。

作为认证各类组织的 IT 运营和服务管理水平的标准，ISO/IEC 20000 具体规定了组织向内外部用户有效地提供服务的一体化的管理流程以及流程建立的相关要求，通过覆盖需求、服务级别、服务变更、IT 预算与核算、可用性、连续性、容量、信息安全、变更、发布、资产、配置、业务关系、供应商、事件、服务请求、问题、知识库等管理领域和 PDCA 机制在组织职能与流程方面的要求，帮助识别和管理 IT 服务的关键活动，保证提供有效的 IT 服务，以满足用户和业务的需求。它着重于通过"IT 服务标准化"来管理 IT 问题，即将 IT 的管理事项进行归类，再识别其中的内在联系。

由于是一款认证标准，无论是作为认证依据的 ISO/IEC 20000-1 认证标准，抑或是用于指导组织实施的 ISO/IEC 20000-2 实施指南，其条款都比较粗略，这也给了实践者更多的灵活空间。由于该标准主要提炼自 ITIL 最佳实践，所以，众多组织在引入标准来建设体系的具体细节时大多会借鉴 ITIL 最佳实践。

伴随着数字化经济的蓬勃发展，ISO 与 IEC 于 2018 年发布 ISO/IEC 20000 新版本。在此版本中，"因地制宜与价值实现"的思想被进一步强化。无论是管理体系应该对内外部环境变化做出积极的响应与改变，还是管理过程的有效性应在于其所支撑的服务的价值主张是否得以实现，这些都在揭示着该标准认为组织引入 ISO/IEC 20000 的目的不应仅仅是认证，更应依托于该标准形成具备规范管理和敏捷响应的服务管理能力。因此，流程与流程联动服务于场景，以实现服务为价值的思想也被更多地植入新版标准。

同时，新版本中简化了一些旧版本中的标准输出物，淡化了一些输出物的名词，

也提出了基于场景实现部分过程一体化的合规性,避免因认证条款而可能导致的形式主义。在依托于云平台,逐步实现过程精简化、操作自动化、交接无缝化、分析智能化的新运维模式下,这些改变也进一步提升了 ISO/IEC 20000 的适用性。

（2）ITSS

ITSS（信息技术服务标准）是在国内信息系统集成服务行业急速发展、集成服务商亟须规范与提升其服务管理质量的大背景下,由中国工信部指导,国家信息技术服务标准工作组组织在借鉴与总结了 ITIL、ISO/IEC 20000、CMMI、COBIT 等实践、标准及框架的基础上,于 2010 年研究发布的一套实现标准化 IT 服务的标准库。

ITSS 主要管控要素分为服务管控通用要求、IT 治理规范、IT 服务管理指南、IT服务监理规范和 IT 服务管理技术要求等部分,覆盖了 IT 服务的规划设计、信息系统建设、运行维护、服务管理、治理与运营等方面,适用于规范、改进和提升 IT 服务对业务的支撑。它是由中国自主制定的 IT 服务标准库,从建设、运维、运营及服务管理等方面,为信息化对各类企业的支持提出了标准化要求。

在治理方面,ITSS 参考了 COBIT 框架,填补了当年服务管理体系在 IT 治理要求方面的空缺。在信息系统建设、运维和服务管理方面,ITSS 较多地采用或借鉴了 ITIL V3的管理思想,但在一些具体服务场景方面,如备件库、巡检等,则对服务提供方提出更具针对性的要求。另外,ITSS 在 ITSM 等工具方面的建设要求相较于 ITIL V3 也更严格。

ITSS 与同样作为服务管理认证标准的 ISO/IEC 20000 相比,除了覆盖了如治理标准等管理范围上的差异,更强调对基础设施、软件应用、数据中心、桌面等运维对象的管理要求。而在评价模式上,ITSS 则借鉴了 CMMI 成熟度模型,提出了 IT 服务能力成熟度模型（IT Service Capability Maturity Model,IT Service CMM）,以五个成熟度级别来评估企业在 IT 服务管理的水平。

在实施方式上,作为一个认证标准库,ITSS 同样注重框架,在实施过程中则可以借鉴如 ITIL 知识体系中的各类实践模型,以促进供需关系和谐与提升服务质量为目的,结合对企业现状与目标的分析进行针对性落地。

（3）《信息技术服务 数据中心服务能力成熟度模型》

《信息技术服务 数据中心服务能力成熟度模型》是由中国国家标准化管理委员会于 2016 年正式发布的一个专用于评价数据中心对其所提供服务的能力实施管理的成熟度的标准。此处的服务能力即从数据中心相关方实现收益、控制风险和优化资源的基本诉求出发,确立数据中心的目标以及实现这些目标所应具备的服务能力。

数据中心服务能力成熟度模型从战略发展、运营保障、组织治理三个视角出发,将数据中心应具备的服务能力,按其管理的特性划分为 33 个具体能力项,覆盖了数据中心的战略、项目、知识、创新、财务、人力资源、架构与技术等战略相关领域,也覆盖了职能、关系、风险、合规、绩效和组织文化的组织治理相关领域,还覆盖了监控、值班、作业、服务请求、事件、问题、变更、发布、资产与配置、服务级别、可用性、IT 服务连续性、容量、供应商、信息安全、安健环、文档、评审、审计及持续改进等运营保障相关领域。

在评价模式中，数据中心服务能力成熟度模型采用了人员、技术、过程、资源、政策、领导、文化等能力要素的充分性、有效性与适宜性的评估维度，对 33 个能力项进行匹配后进行评估。在评分条款的设计过程中，模型同样充分借鉴了 ITIL V3、ISO/IEC 20000、ISO/IEC 27001、COBIT5.0 和 Prince2 等标准框架，并进行了补充，从而帮助企业通过评估全面了解数据中心组织、协调、控制和调配资源，向其相关方提供专业服务的能力水平和存在的短板、差距。

数据中心服务能力成熟度模型适用于大型组织的内部数据中心、商用的互联网数据中心（IDC）和云服务数据中心。完整的数据中心成熟度建设涉及较多的过程、取证、测量、评价和改进，因此更适用于较大规模（如设备数量较多、人员数量较大）的大型数据中心。对于希望建立完整的管理体系和评价体系的大型数据中心来说，数据中心服务能力成熟度模型是很好的指导和参考。

当然，作为一款成熟度评估标准，在评估后的改进阶段，企业依旧需要借鉴相关管理领域的适用标准框架和实践体系。

三、运维方法论与标准展望

自 2006 年亚马逊推出了弹性计算云服务，云计算经历了技术推广期、广泛应用期、大众普及期，直到 2016 年后进入成熟稳定期，各云服务商将自己的公有云技术私有化输出，推广至更多的企业。依托于云计算技术带来的资源弹性与整合算力，大数据等新兴技术得以进一步高速发展，为企业价值创造开辟了新的机遇，使 IT 成为重要的业务驱动因素和竞争优势的来源，为企业依托于自身的"数字化"实现优化甚至转型创造了关键性的技术条件。反过来，这也对支撑业务创新的云平台在稳定运行的同时快速响应需求与交付资源提出了更高的要求。企业必须在稳定性和可预测性的需求与对运维敏捷性和速度提高的不断增长的需求之间取得平衡。这不仅仅是技术上的问题，更需要组织在运维工作方式上的改变。

回顾诞生于传统集中式运维模式下的服务管理方法论及标准，从其满足企业的目标上看，必然要聚焦于运维的核心目标，即保障 IT 服务的可用、连续与安全。而以流程为导向的流程管理框架，易于学习和理解，便于实施，能够很好地规范不同管理领域的行为，同步对服务管理相关术语的认知与理解，改变无序的运维乱象，实现过程管理的标准化与规范化，从而对保障 IT 服务的可用性起到很大的促进作用。而对于具备认证属性的标准而言，侧重于"符合性"的检验则是必要内容，所以，其框架布局也大多以流程为分类视角，易于划分，易于评价，也易于评价后对被评价企业的改进

和指导。

　　然而，伴随着云计算进入成熟稳定期，IT 基础设施逐渐走出"彼此关系错综复杂，每个组件都可能千差万别"的不易于变动的脆弱时代，走进可以把基础设施视同代码般进行版本控制、变更调试、追踪与快速还原的弹性时代，"敏捷"这个曾经只属于业务和开发的思想被逐步注入现代 IT 运维的核心目标中。应市场需求而追求"敏捷交付"的企业迫切地需要在持续创造和优化其产品和服务的价值链条上打通走向运营的那一条路。在此过程中，诞生于集中式运维模式下的 ITIL、ISO/IEC 20000、ITSS 等方法论和标准都一度显得有心无力。一边是传统方法论及标准的培训推广，一边是实践者感受到的低收效，更有甚者将"流程"与"不敏捷"画上了等号，这使得 IT 服务管理的推广与实践出现过一段"迷茫期"。而随着 DevOps 方法论及 SRE 实践在 IT 服务的交付、应急管理等运维管理环节上显露出的成果，包括 AIOps 概念和"双态运维"理念的提出，IT 服务管理领域迎来了一股敏捷思维、精益思想和智能化发展的浪潮，诸如 ITIL 这样的经典也在 ITIL 4 中为自己注入了大量的敏捷、精益和数字化技术应用的元素，大刀阔斧地实现了一场自我革命。运维方法论的发展历程与云计算技术发展过程基本吻合，如图 6-2 所示。

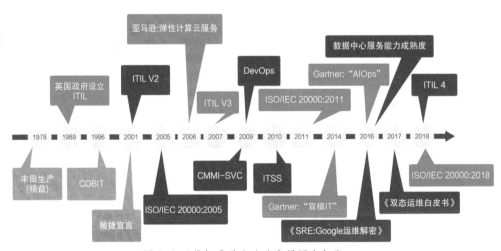

图 6-2 运维标准及方法论发展历史年线

　　可见，不同时代、不同背景下，企业的 IT 承载了不同的使命。为此，在方法论和标准与时俱进的同时，企业的管理实践者也需要转变思维，以助力云生态实现价值共赢作为目标，从创造与实现价值的关键场景入手，审视其"价值"在稳健、敏捷、合规、创新等诸多目标中的定位，以更具效率的价值实现为目的，更为灵活地融合与运用各类方法与技术，从组织、文化、人员、流程、技术等多个维度对服务管理体系进行精益化、标准化、自动化与智能化，从而在保障企业业务的同时，赋能企业业务的新发展。

第二节　运维业务发展概况

运维业务经过多年的发展，已经具有很强的专业性，从基础设施建设到新技术的研发与使用，从组织规划管理到业务服务运营，横跨了多个专业领域，但云计算的发展也为运维业务带来了业务挑战和技术挑战。

一、运维业务发展现状

1. 运维业务总体发展概述

不同行业的业务特点决定了运维的特性，其中，以金融行业"稳态"特性和互联网行业的"敏态"最具代表性。纵观运维业务的发展，可以从运维业务管理范围、管理方法、管理理念、管理技术四个视角了解运维业务发展的方向和水平。

（1）运维业务的管理范围

运维业务应立足自身的业务领域，从满足运维内部要求，到满足组织内服务管理要求，再到提升用户的满意度和业务推广。运维业务目标越来越贴近组织的主营业务，并赋能主营业务的发展，实现端到端的信息技术服务链的协同和精细化管理。

（2）运维业务的管理方法

运维业务管理从经验化、专业化管理，到管理方法论的最佳实践，其越来越符合能力发展的需要，突出自我完善和改进能力的建设，以达到不断提升管理过程的标准化、规范化水平的目标。

（3）运维业务的管理理念

运维业务管理理念从制度、流程的制定，到创新文化、工具文化的建立，越来越能确立统一的价值观，激发价值的意识，以充分发挥个体和群体的主观能动性。

（4）运维业务的管理技术

运维业务管理技术从业务的信息化建设，到以自动化、数字化、智能化为基础的工具体系建设，越来越能真实反映业务的实际状态，强调实时性、全面性、准确性和可操作性。目标是高效、低成本地落地管理需求，覆盖全部的管理领域。

2. 不同行业运维发展差异

由于云基础设施建设领域中金融和互联网两个行业是参与最早、投入较多的两个行业，因此将两个行业的运维发展做一个简单的对比。金融行业的运维业务发展以"注重规范、稳定，安全第一"为特点，由于行业自身强监管的特点，其运维体系设计采用企业级整体规划，并且强调充分落地管理制度的各项要求；互联网行业的运维业务发展以"注重创新、运营，效率第一"为特点，由于行业自身业务发展迅速，业务应用迭代速度快，运维体系设计注重覆盖各个环节的连通性，保证运维能力快速发展和服务体验是重点内容。

二、云计算与云运维

随着以云计算为基础的信息产业不断发展，IT 运维领域也在迅速演变，云运维无论是从运维业务视角还是运维技术视角来看，在服务范围、服务对象、服务要求、服务形式等方面都取得了长足的进步。

1. 云运维在云业务中的定位

从运维业务发展角度，以 DevOps、AIOps 为代表的新兴管理理念和工具文化逐渐改变着 IT 运维人员的工作方式，数据中心在完成运维支撑业务基本职责的前提下，提出了向技术运营转型、对外输出运维价值等新目标，开始探索数据中心发展的第二曲线。从运维技术发展角度来看，金融科技正紧随信息技术的发展趋势，全力保障金融服务的高速发展。新技术、新产品在金融业务解决方案中不断扩大应用，金融产品迭代速度不断加快，这些都对数据中心提出了更高的要求。数据中心需要强有力的工具来快速增强运维能力，满足技术及业务领域的创新要求。当计算机技术发展到以云计算为基础的阶段后，云运维作为保障新基础设施稳定运行的关键业务，成为云的五个核心能力之一，如图 6-3 所示。

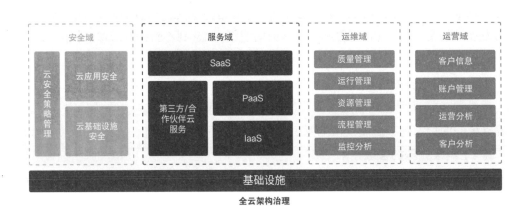

图 6-3 云五大核心能力图

云运维能力的建设，需要满足公有云面向服务、多租户、弹性资源、可计量和安全隔离等特性，还要实现服务化和产品化，除了满足自身的需求外，还要具备广泛的适用性，以满足更广泛的云上用户需求。

云运维业务是云能力中一个重要领域。对运维业务能力的不断改进能提升云服务对外服务能力的整体水平，赋能主营业务的发展。在云计算环境中，云运维服务涵盖的对象包括租户环境和管控环境。租户环境是指云上租户使用的云产品以及虚拟化计算环境，共同构成租户的云计算环境。在此环境下能够访问的对象，都是租户运维操作管理的范围。管控环境是指云服务供应商构建的云基础设施运行环境，包括硬件基础设施和虚拟化基础设施提供的计算环境中的所有对象。

2. 云运维的业务变化

在服务于云计算环境的过程中，运维业务发生了很多改变，以适应云计算发展的要求。第一，服务主体发生变化，从传统的只服务于组织自身到服务于组织外部、云用户、生态合作伙伴，并且多种运维体系、运维思想并存，使得运维范围外延扩大；第二，随着技术的发展，越来越多的运维对象覆盖不同的地域、不同的技术栈，如云环境、传统环境等；第三，监控和变更管理、业务连续性管理、服务水平管理、多云管理、成本管理等端到端的场景要求愈发清晰，使得运维业务纷繁复杂；第四，运维管理一户一例包含自身敏态、稳态的运维管理要求和用户自身的特殊管理和要求，例如明确的 OLA、SLA，安全等级要求，运维业务的规范化、标准化，运维工具的产品化等要求，以至"千家千面"；第五，运维服务形式改变，运维以服务的形式输出，既可以是运维业务的解决方案，也可以是运维工具的技术支持。从以上要求可以看出，云计算从技术和业务两个方面驱动传统运维向云运维转变。

三、云发展带来的运维业务挑战

云技术已经成为企业、政府等组织的技术底座，由于服务的对象不同，所面临的管理要求亦不相同。在云生态中，上下游参与者的价值诉求不同，使得云使用者和云提供商的价值诉求的调和难度变大。此外，频繁的云产品迭代速度也增加了运维管理难度。

1. 用户类型差异带来的管理差异

（1）用户所属行业不同带来的管理要求差异

国家政策及标准、监管限制、行业规范和特点等外部因素导致不同行业、区域的用户对于云上系统的运维管理要求不同。例如，在信息安全领域，国家要求对公共通信、信息服务、能源、交通、水利、金融、公共服务、电子政务等重要行业和领域实施网络安全等级保护制度，提供的运维服务就需要针对相关制度要求，履行安全保护义务。不同行业和领域的等保制度要求不同，存在个性化管理的差异性。

（2）用户不同云使用形式带来的管理方式差异

云作为互联网化的基础设施服务形式，针对传统企业充分利用云服务的特点，提供了很多解决方案。例如，私有化部署、专有云、混合云等。如果将计算资源分为私有化部署的计算资源和外部计算资源两种类型的话，用户使用资源的方式就有三种，分别是全部私有化部署、私有化部署＋外部计算资源、全部外部计算资源。在全部私有化部署的情况下，用户倾向于延续原有的运维管理模式、制度，运维方参与到原有的管理体系当中；在私有化部署＋外部计算机资源的情况下，在兼顾私有部分数据安

全的情况下，运维方无法接触到私有部分计算资源，甚至管理业务体系，因此用户倾向于外部资源的管理外包，制定相应的服务水平协议的方式，总体上要求符合原有体系要求；在全部外部计算资源的情况下，由于所有的资源、应用和服务全部云服务化，用户倾向基于云上服务提供的管理体系和 SLA 服务水平协议，针对自身个性化需求进行适当的定制。

（3）用户不同运维管理理念和运维基础的差异

用户系统运维的环境受信息化程度、总体资源投入、管理标准化程度、专业技能水平等因素的影响。第一，用户的运维理念受业务系统响应业务变化需求的影响，产生敏态或者稳态的管理差异；第二，用户的运维工具建设受管理对象范围和数量的影响，工具整体覆盖程度、连通协同程度、自动化和智能化水平产生差异；第三，用户的专业技术水平受人力资源投入情况限制，在各个技术领域具备的技术能力储备、水平有差异。

2. 参与者不同角色的需求差异

（1）云使用者

作为云使用者，在运维专业技术领域方面，除了虚拟机以外，大部分资源的云服务化使得云资源的使用者无须关注云产品的运维工作，可以只专注于自身的应用建设。将底层基础技术产品的运维工作交给云服务提供商完成，并按照 SLA 服务水平协议检查相关指标承诺的履行情况。在运维管理的组织方面，要考虑以下问题：原有的业务流程（例如技术支持、资源交付、问题管理等）如何与云服务提供商对接；重要工作事项的组织形式的沟通，例如应急组织工作，如何将云服务提供商的支持体系纳入进来并明确相应的角色和职责；日常工作的协同，例如对产品容量的预测评估、云产品相关底层变更可能涉及云上应用的影响评估，相关活动的通知和协同组织；相较于原来的自有资源，需要对新增云产品进行适配和兼容性改造，例如云产品一般都已具备一定程度的高可用，原来为高可用设计的供给策略，需要评估后做针对性的调整等。

（2）云服务商

云服务商在运维专业技术领域方面，从以企业级产品为主的信息技术架构，专业技术支持以原厂技术服务为主、以自有技术人员为辅，扩展至以开源产品为主的信息技术架构，专业技术支持以自有技术人员为主的形式。云服务商为云上用户带来不同的应用技术架构、不同的基础设施技术栈、不同的管理体系，构建了一个能够广泛适用的运维服务工具体。在运维管理的组织方面，针对通用的基础技术服务，尽可能标准化服务内容、服务流程，自动化相关操作。云服务商应针对不同的云上用户类型，针对其管理要求，设置不同的服务响应级别，提供相应的资源服务配置，以最小化资源投入。

3. 广泛的运维对象带来的管理难度

随着云计算的不断推广，云计算所涉及的互联网开源技术也逐渐进入广大用户的视野。互联网技术栈的产品伴随互联网业务的迅猛发展，在各个技术领域细分出众多的产品，以适应各种应用架构的需要，满足企业发展的要求。相比于传统企业级技术类产品，互联网开源产品具备一定的技术优势，且由于开源产品在一定的使用场景下免费的特点，企业级应用也逐渐使用开源产品替换传统的企业级产品。

（1）开源产品带来的运维专业化支持能力挑战

开源产品源于互联网企业的快速发展，互联网企业自身的研发团队，在长期大量的资源投入下，具备很强的技术消化与吸收的能力，在运维与研发一体化方面有了很好的探索，因此在系统上线后，开源产品具备很强的可运维能力。相较于开源产品在互联网企业的广泛应用，传统企业在运维过程中将遇到以下问题。

①研发团队支持能力不足。

传统企业由于研发投入不足，在开发阶段往往面临一定的困难，目标大多定位在完成系统功能的实现，对于后期运维过程中的问题考虑不充分。因此，传统企业运维组织从研发团队获取足够支持的能力不足。

②运维人员素质衡量难。

传统企业级产品往往拥有更好的服务支持体系以及多种技术认证体制，在商业化不足的情况下，能够提供较完整的人员培训和资质认证的开源产品还非常少，因此无法衡量人员的素质。

③运维经验积累难。

由于使用相关产品的时间短，在自有运维体系内部，很难快速积累起相应的运维经验，开源产品运行经验的沉淀需要较长的时间。

④新产品更新迭代快。

为了适应各种业务需求，开源产品的新功能迅速迭代，产品不断更新，以完善自己的能力，提升竞争力。运维人员需要不断学习更新产品，以减少版本升级可能对系统造成的不良影响。

（2）新产品与新技术带来的运维操作安全挑战

新产品与新技术无疑提升了运维操作效率，基于新产品建立的运维机制对业务管控也有新的要求。产品自带的管理工具缺少合适的权限管理控制，无法将不同操作者和所属对象进行分离，增加了误操作的风险。产品自带的管理能力不能和当前的管理流程有效对接，这样就形成线下操作形式，可能会增加未授权操作的风险管理难度，同时若产品访问数据范围没有限制，将造成敏感数据泄露的风险。

四、云发展带来的运维技术挑战

在互联网技术发展的背景下，随着 IT 基础架构的变化和运维对象的迅速扩展，为满云环境下的差异化需求，需要对运维服务范围的可扩展性提出更高要求。运维作为一种

对外提供的服务，运维工具的需求上线周期要求加快，传统的基于商业套件开发的运维工具系统往往体量重，自主掌控能力弱，新的运维需求往往牵扯较多内容，开发上线效率低。

面对纷繁复杂的运维业务，要求运维协作流程多样化、快速化。传统的ITSM上业务流程往往已经与运维组织的结构深度绑定，且固化在工具中，个性化配置和灵活性、共享性不足。随着运维业务的不断成熟发展，对于运维工具的要求提高，运维工具从传统的分散竖井化建设向统一门户、数据联动、工具协作转变，满足运维人员一站式的工作要求，能够提高运维效率，优化用户体验，形成运维合力。

1. 建设总体控制能力，提升运维风险控制水平

（1）权限的集中管控

权限管理作为运维管理应用功能之一，一般会涉及数据操作功能管理和运维对象可访问范围两部分内容。数据操作功能管理方面，在日常的授权管理过程中，容易出现同一个用户在不同运维应用中的管理范围不同，即管理对象范围的不一致，所以应对用户管理范围的授权进行全局范围的统一管理，各应用应根据全局范围授权控制相关数据的展示。运维对象可访问范围方面，同一个用户可能同时有多个不同的岗位角色和职责，但是岗位之间存在相容性规则，不能兼任，为了避免出现管理漏洞，应对用户功能授权管理进行全局范围的收集和查看，根据岗位相容性原则，对用户拥有的权限进行排查预警。

因此，通过统一的全局对象范围的授权设计，保证在运维应用之间访问对象的一致性。通过对所有应用、权限角色集中分析设计，保证用户的岗位兼容性原则得到落实。

（2）用户活动审计和管控

为方便审计工作的开展，需要对应用中的用户活动进行记录。特别是对风险高的增、删、改操作进行严格记录，保证关键操作可追溯，并且应根据实际的运行管理风险评估，制定不同的管控限制策略。例如当通过审计信息的实时分析，发现入侵和违规操作隐患时，可根据预先制定的限制策略，自动阻塞相关操作，防止风险扩大。

（3）变更、数据提取类操作的流程管控

运维工具的普及，在提高了运维效率的同时，也扩大了操作可能影响的范围。在具有生产环境操作能力的应用中，在发起相关操作前，应具备检查或发起审核、审批流程的能力，以保证操作的正当性。因此，在运维过程中执行的任何操作，都应该经过一个评审和审批的过程，在一定程度上保证操作的安全、合理、可控。

2. 建设标准化能力，提升运维技术水平

为了快速满足运维业务发展的需要，企业应紧跟运维业务认知水平的提升，高效试错和快速改进。

（1）提升数据管理能力，建立管理机制

随着运维工作专业化水平的不断提升，组织越来越倾向于专业化团队的管理方式。各个团队之间的协作、协同越来越频繁且重要。在各个专业领域信息化管理水平不断进步的同时，需要在全局层面统一考虑如何在各个团队之间建立高效的协作方式，实现信息在各个组织、系统间的流转一致性，实现各个组织资源、服务状态的实时获取。若要实现信息的高效、高质量流动，就要实现以下针对数据的标准化管理。

①运维对象模型的标准化定义。

运维对象模型的标准化定义，使得各个组织在业务信息化过程中采用相同的数据定义，并在此基础上扩展业务相关的属性，从而可以避免对象描述不一致带来的歧义。对象模型的标准化主要包括对象属性的定义，用于描述对象自身所具有的特点和信息，区分相同对象的唯一性标识以及对象关系的定义，描述对象与对象间存在的各种联系。

②运维对象模型的管理制度。

在信息化推进过程中，各个业务应用对标准化对象模型的使用和管理方式主要包括由对象所属专业管理部门或专家牵头进行的模型定义、评审以及修订工作，由信息化项目管理组织牵头进行的信息化项目数据模型设计、使用的评审工作。

③明确运维对象实例数据的管理责任。

每一个运维对象都需要有明确的主责方，对相应的对象信息的准确性负责。准确性的范围包括对象实例个数的准确性、对象实例状态的准确性、对象实例个性化信息的准确性和完整性、对象实例与其他对象关系的准确性和完整性。

（2）重视能力建设，赋能运维应用

通过对运维业务的理解和分析，将运维过程中的通用需求抽象为通用业务组件，形成标准化的服务，可以复用到所有依赖的业务应用中，当前已形成的标准化服务包括标准化技术能力和标准化业务能力两个方面。其中，标准化技术能力涵盖自动化能力、智能化能力、流程编排能力、数据计算能力、对象交互能力、渠道通知能力、服务适配能力、可视化展示能力；标准化业务能力涵盖介质版本管理能力、数据模型管理能力、用户机构管理能力、权限角色管理能力、安全审计管理能力、发布实施管理能力、运营报表管理能力、监控告警管理能力。

（3）开放的服务能力，加快运维应用开发效率

在运维能力服务化、组件化的基础上，企业应将各个技术能力、业务能力转化为具体的服务，这就需要建设开放、可控的服务能力。它一般包括标准化的服务设计和服务生命周期管理。其中，标准化的服务设计涵盖了规范的服务接口设计、服务发布渠道的设计等，服务生命周期管理涵盖了服务发布版本管理、服务授权访问管理、服务策略控制管理等。

第三节　云运维的业务变革

运维业务的发展，从关注技术组件的管理属性，到服务于信息技术领域的信息治理，再到服务于企业自身业务的增长目标，运维服务对象和服务范围在组织内部和外部不断地扩展。特别是云使用范围在不断拓展的大环境下，运维业务为应对新的业务挑战，需要进行不断的业务创新，以适应云时代发展需要。

一、云运维业务服务化转型

随着云基础设施的大规模应用，由于其自身计算资源的集约化、公共化属性和定位，服务对象从组织内部不断扩展到组织外部。从服务于企业内部，再到服务于集团，最终向社会提供计算资源和信息化服务，以实现云基础设施的规模效应。因此，运维业务的设计就需要满足从管理型导向转变为服务型导向的变革要求，更加强调服务带来的价值实现。

1. 管理导向到服务导向

管理型业务范围是有限的，主要体现在对活动或对象的管理上，而服务型业务是为全面提升质量，以满足不断增长的业务要求。因此，将运维业务从管理型向服务型转变，是细化运维工作、提升运维质量的必经之路。在运维业务的组织上，以管理事务为辅助手段，提供基础性运行保障、安全保障，以高效服务为主，将运维服务延伸、覆盖至企业主营业务的各个领域，不断适应和满足主营业务的变化、需要。企业应充分利用科技手段，不断改善内部管理效率，降低成本，不断丰富服务形式、内容，提供更加便捷的服务访问方式和协同能力。运维业务的服务化转型存在以下几个特点。

其一，以服务要求或者需求的目标为导向，建立多渠道、多层次的服务体系；

其二，建立专业化的服务团队，包括技能专业化、服务理念专业化；

其三，服务内容标准化，明确服务水平、服务流程，提供对服务的约束性管理，在此基础上提供个性化服务能力；

其四，重视服务有效性，设置服务反馈渠道及服务质量检测指标，不断改进服务质量。

运维业务服务化转型的主要目标是树立服务理念，将管理目标转化为更好地释放服务能力，明确各项服务的服务目标，并分析服务需求，建立标准化服务流程，构建服务型组织。

2. 专业化的服务团队建设

服务质量主要取决于服务提供者或服务设计者的服务水平，专业人员往往具有较高的技术深度认知和相关业务的广度的知识储备。因此，在专业化团队的建设过程中，往往要注重人才的选拔制度，精准识别具有较强专业能力的人员。企业应注重现有技术团队的培养，在有了较强专业能力的技术人员的前提下，努力提高团队的整体技术水平，保证团队的技术服务稳定性，并建立专业技术服务的梯度，合理利用专业人力资源，建立多级服务体系，降低组织成本，杜绝人才浪费，通过不断的技术培训、专业认证，保持和先进技术同等的水平。

3. 跨地域的服务协同

利用体系标准化各团队的协作机制，明确服务内容、服务流程、服务标准，在此基础上可对不同地域的相同服务团队在统一管理服务要求下进行协同管理，主要包括统一资源调度、组建虚拟团队、分派工作任务以及构建数据中心一体化运维管理体系。

（1）统一资源调度

多地、多中心的人力、物力资源实行统一调度，从运维体系上看对外是同一个数据中心，对内只有一套运维管理体系，它包括覆盖全数据中心的一套运维组织岗位体系，适用于全数据中心的一套运行制度、一套流程框架、一套绩效考核指标，以及具备共享的、跨地域的运维管理能力。

（2）组建虚拟团队

各地数据中心实行服务导向的一体化运维管理，一般而言，团队资源需要跨中心、跨地域集中管理，因此，建议引入虚拟团队的管理形式。所谓虚拟团队，是和实体团队（企业组织架构下的各级部门）相对的，为实现某项目任务与目标，由企业内跨部门、跨团队有关人员共同组成的团队。各地数据中心在原有行政组织架构之外，依据工作职能形成多个虚拟团队，每个虚拟团队横跨各中心，成员由各地的人员组成。数据中心各项工作任务分派至虚拟团队，各项资源也由虚拟团队统一调配和使用。虚拟团队确定后，数据中心就形成矩阵式管理，横向是本地行政管理，保留薪酬、后勤等本地管理，纵向是虚拟团队管理，承担数据中心 IT 规划建设和运维职能。

（3）分派工作任务

数据中心各项工作任务不再按照中心区分，而是将所有中心作为一个整体，进行任务的规划和考虑。数据中心的工作任务分派至虚拟团队，由其统一调度各中心的资源，自行制定团队内部的工作分工，协调和管理团队内跨中心事宜，完成工作任务。对于虚拟团队间的工作协调，可以团队之间进行协商，也可以由中心领导进行协调。各虚拟团队之间以及虚拟团队内部都依据同一套规章制度，使用同一套工作流程，遵循同一套技术标准，使用同一套工具平台，确保管理与执行的一致性。

（4）构建数据中心一体化运维服务能力

数据中心一体化运维管理体系包括过程、人员、文化等要素。在过程方面，企业应根据自身业务特点形成自己的流程制度框架；在人员方面，应建立分线支持机制，形成服务台（零线）、一线及二线梯队；在文化方面，应建立灾备应急意识，周期性开展灾备管理工作。一体化运维管理体系如图 6-4 所示。

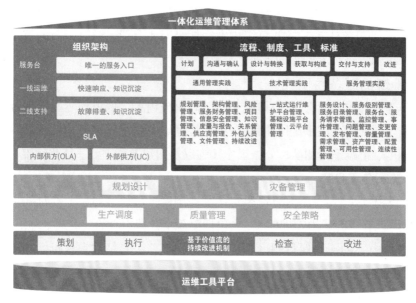

图 6-4 一体化运维管理体系

①流程、制度、工具、标准。数据中心一体化运维需要通过企业级的服务流程制度一体化、运维管理工具一体化、技术标准一体化来实现，因此，企业应参照国内外标准建立风险管理、知识管理、度量与报告管理、云平台管理、服务级别管理、容量管理、配置管理等流程，并充分利用工具驱动流程落地。

②服务台。服务台提供唯一的服务入口，统一受理各中心 IT 运行事件和分行的重要生产事件，负责问题、变更的分派协调，跟踪事件、问题的解决，对一线运维团队进行考核。考虑灾难场景，服务台要多地域设置，至少两地的服务台应具备互备能力，以应对极端情况下的灾难。

③一线运维。数据中心的一线运维形成标准化、规范化的工作内容，各地的一线运维人员轮岗到其他中心后，可以直接胜任一线工作。

④二线支持。二线支持人员作为面向整体数据中心的资源，提供共享的支持能力。二线支持虚拟团队人员分布在哪里并不重要，当某中心需要二线支持时，对应的二线支持虚拟团队都能及时以现场或者远程方式提供支持服务。

⑤生产调度、质量管理与安全策略。生产调度与质量管理在数据中心统筹进行，各中心人员（虚拟团队）接受所属虚拟团队的调度和考核。安全策略在整体数据中心层面考虑和制定，下发至各团队执行。

⑥规划设计。各地域不再单独进行规划设计，而是由专门的规划设计虚拟团队进

行整体数据中心的规划设计。

⑦灾备管理。灾备实行统一管理，风险管理相关团队负责应急演练计划编制与出具演练结果的报告，将多中心作为一个整体进行管理，各运维虚拟团队负责具体技术方案。

⑧运维工具平台。设立专门团队负责运维工具平台的规划设计、实施与部署，指导工具平台在数据中心内的统一使用。为弥补远程沟通、协调和管理的弱点，应采用多种通信工具在各地之间实现高效的通讯，如视频会议、IP 电话（支持三方通话）、应急协作系统（支持不同模式的电话会议）、通讯平台软件等。

二、云运维业务的保障体系

一套云运维业务良好发展的保障体系可以概括为操作层（操作水平控制）、管理层（制度管理、工具管理）、经营层（高效运营）三个层面，如图 6-5 所示。操作层的主要目标是对操作水平进行控制管理，应具备标准的额操作规程、规范的形成准则，以确保操作层角色可以充分履职，避免操作风险；管理层应具备制度和工具不断改进的管理框架，以不断适应业务发展的需要；运营层目标是高效运营，应具备一套量化

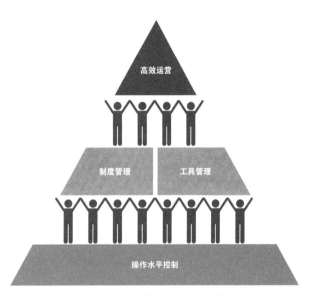

图 6-5 云运维业务体系保障

的指标体系，通过不断测量、评价体系的运行情况，保持体系的适宜、有效。

1. 建设运维管理能力，保障稳定运行

（1）操作水平管理

操作水平管理的主要目标是确保信息技术系统的安全稳定运行和快速恢复生产，明确界定管理、开发、测试、运行职责界面，引导 IT 部门内部各团队主动发现风险隐患并持续改进，不断提升信息技术服务水平。企业可根据所提供 IT 服务的 SLA 目标及自身 IT 运维水平及能力建立操作水平评价体系，考虑团队、应用系统或基础设施的重要等级，对具体指标内容分别赋予不同权重，进行综合评价，例如可根据开发、测试、运维的团队的分工分别建立各团队对应的评估指标，设计操作水平管理评估指标时，可从事件管理、故障管理、问题管理、变更管理、可用性管理、容量管理、发布管理、

服务检验与测试管理、信息安全管理等各领域的关键要素着手，根据要达到的业务连续性、业务一致性、业务信息安全等目标，综合考量，制定合适的评估指标体系。如图 6-6 所示，为某企业操作水平管理模型示例。

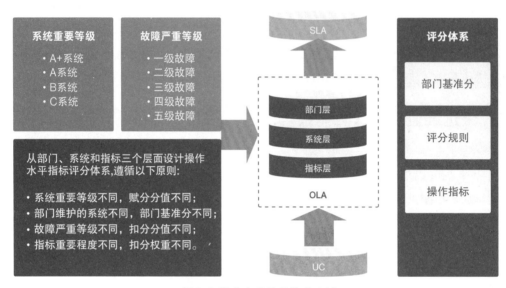

图 6-6 操作水平管理模型示例

根据开发、测试、运维各部门职责分工，结合 IT 运维领域各项活动与流程，分别设置适用于各部门的操作水平评价指标，如图 6-7 所示。根据应用系统的重要程度、故障的严重等级，赋予各项指标不同的评测分值，最终形成综合评测的指标体系。

图 6-7 操作水平评价指标

（2）操作水平评估过程

操作水平评估通常采用后评估的方式，以事件管理流程中的事件记录为数据源，针对事件分析处理过程进行后评估。评估过程分为创建、申诉、评审、关闭与记录四个阶段，如图 6-8 所示。其间评估结果存有争议的，可经过多轮申诉与评审，最终形

图 6-8 操作水平评估流程

成评审结果。各运维团队定期对本团队相关的评估结果进行回顾与分析，以总结经验，吸取教训。

2. 建设运营服务能力，提升服务水平

企业应搭建运营管理体系，建立运营指标体系，建立运营分析机制，以数据驱动业务，以产品连接运营，不断提高数据中心的运营能力和运维服务水平。

（1）搭建运营管理体系

为提高运营管理水平，按照运营业务划分了横向运维领域，明确了各运维领域的定义、范围、目标、活动、角色流程、标准规范等。运营领域包括变更管理、事件管理、问题管理、服务请求管理、监控管理、巡检管理、作业管理、值班管理、配置管理、资产管理、容量管理、备份管理、可用性管理等。对各横向运营领域，按照运营对象划分纵向产品领域，基于运营领域规范细化各产品领域的标准规范。运营对象包括业务应用、平台工具、计算、存储、网络、数据库等各类产品。通过划分运营领域和运营对象，为提高运营能力提供了明确的类别和对象，并通过搭建运营体系，明确了服务水平和规格定义。

（2）建立运营指标体系

为提高运营服务水平，围绕各运营领域的运营活动，设计了衡量运营规模、质量、效率、风险等相关的分级运营指标，包括指标名称、含义、维度、计算规则、计算公式、指标占比、数据采集方案等。对于不同的运营对象，可基于运营指标设计细化的分析规则。运营领域分类与评价指标见表 6-1。

表 6-1 运营领域分类与评价指标

序号	领域分类	评价指标
1	变更管理	变更规模：变更数（待处理/处理中/已完成/挂起变更数）、人均实施变更数。 变更质量：变更成功率（KPI）、变更回退率、变更引入事件率、变更引发应急版本率。 变更效率：变更时长、变更自动化率（KPI）。 变更风险：标准变更占比、应急变更占比、变更时间偏差率、变更调整率
2	事件管理	事件规模：事件数（待处理/处理中/已完成/挂起事件数）、系统平均事件数。 事件质量：重大事件占比。 事件效率：故障恢复时间（KPI）、事件发现时间、事件确认时间、事件处置超时率、事件自动识别率/事件自动处置率/事件自动验证率。 事件风险：事件按期整改率、重复事件发生率、未关单数。 一线工作有效性：一线事件处置率
3	问题管理	问题规模：问题数（待处理/处理中/已完成/挂起问题数）、解决问题数（KPI）。 问题质量：问题整改率（KPI）。 问题效率：问题整改时间、问题解决超时率。 问题风险：问题引发事件率、未关单数
4	服务请求管理	请求规模：服务请求数、服务按时交付数、服务 SLA（全流程、接单、处置、关单）。 请求质量：服务达成率。 请求效率；服务交付时长、服务按时交付率（KPI）、服务自动化率。 服务满意度：服务满意度
5	监控管理	监控规模：监控主机、监控指标数。 监控质量：监控纳管率、监控覆盖率（KPI）、监控完备率、指标采集成功率、监控有效告警率。 监控效率：监控告警时长（KPI，分段）、监控告警准时率。 监控风险：监控告警漏告率、监控告警误告率、未关单数

序号	领域分类	评价指标
6	巡检管理	巡检规模：巡检主机、巡检作业数。 巡检质量：巡检覆盖率（KPI）、巡检完备性、巡检成功率、异常处置完备率。 巡检效率：巡检自动化率、巡检时间
7	作业管理	作业规模：操作数、编排数、作业数、待处理作业数、执行异常作业数。 作业质量：作业成功率、异常作业处置率、异常操作/编排整改率（系统/产品、领域、场景、处室）。 作业效率：作业平均执行时长、作业超时率
8	值班管理	值班规模：值班人数。 值班质量：有无值班记录总结、是否及时上报。 值班效率：工单响应时间、事件响应时间、监控确认时间
9	配置管理	配置规模：纳管主机。 配置质量：配置覆盖率（KPI）、纳管覆盖率、纳管成功率。 配置效率：纳管自动化率。 配置风险：配置准确率（KPI）
10	资产管理	资产规模：实施规模、投产规模。 实施质量：交付成功率、实施适配率。 实施效率：实施交付时间。 资产风险：交付延迟率
11	容量管理	资源规模：已上云项目数、已分配配额总量、采购容量、已投放容量（KPI）。 资源分配：容量分配率、云产品在售率。 资源使用：容量交付率（KPI）。 资源运行：资源利用率偏差。 资源供给：供给速度、回收速度。 资源预测：容量预测次数
12	备份管理	备份规模：备份主机、备份作业数。 备份质量：备份覆盖率（KPI）、备份成功率（KPI）、备份完备性。 备份效率：备份时长、备份超时率、备份自动化率（KPI）。 备份风险：标准备份占比、备份验证有效性

序号	领域分类	评价指标
13	可用性管理	架构可用性：架构高可用率。 系统可用性：系统可用率（KPI）、停业时间、故障次数、故障硬性度
14	业务连续性管理	连续性质量：RTO 达成情况、RPO 达成情况。 连续性效果：演练次数、演练完成情况、事件与应急预案匹配度
15	数据管理	数据规模：数据量（各类资产数据量）。 数据提取：提取量、提取时间、提取成功率。 数据下载：下载量、下载时间、下载成功率
16	需求管理	需求规模：投产版本数、上线需求项（KPI）、解决问题数。 需求质量：需求释放率（KPI）、问题解决率、需求验证有效性、问题验证有效性。 需求效率：需求释放时间、问题解决时间。 需求风险：需求延迟率、问题延迟率
17	人员管理	自主运维人员占比
18	供应商管理	供应商交付质量。 供应商交付效率。 供应商合规情况

（3）建立运营分析机制

利用运营平台搭建运营指标工具，采集指标体系所需的明细数据，基于明细进行加工统计分析，生成运营指标数据和评分，为决策分析和服务运营提供精准的数据支撑。借助数据运营方法，分析运营指标数据，通过横向比较发现各运维领域的通用问题，通过纵向比较发现各运维对象的问题，结合薄弱问题推进运维服务治理和效果评价。针对运营指标发现问题，定期制定各运维领域、产品领域的解决方案，推动产品整改和优化，实现运维服务能力的持续提升。

3. 业务创新管理机制

创新在企业中应用广泛，有助于企业产生更大的经济效益，以及开发企业能动性的一切资源配置、置换行为，企业创新活动包括常规意义下的技术创新、产品创新等，也涉及企业非物质类的资源创新行为。文化是创新的主要载体，企业应重视创新文化的建立与保护。

（1）工具文化是创新的主要载体

通过鼓励使用工具、开发工具，建立工程师中的工具文化，通过工具文化促进创新活动的开展。工具文化的目标是替代人，不能完全替代的就起到辅助人的作用，鼓励通过使用工具改善工作质量，提升工作效率，最大限度地释放人的创造性工作能力。工具本身承载了具体管理业务本身的流程、逻辑、规则、标准等信息，也包含对被管理对象的操作能力。工具是验证管理理念、管理方式、操作实践是否有效和正确的重要渠道。工具是创新的载体，而创新的主体是人。因此，工具文化就包含着使用工具和创造工具两层含义，工具本身和业务紧密的结合，使得工具的应用水平和能力水平有所提升，很好地体现了创造工具的人对业务的理解程度和管理水平。

（2）工具文化的开展和保障

企业应以工具创意大赛为平台，挖掘创新源头，注重实践与创新的结合。创意大赛聚焦创意的提出、优化、最小原型设计、遴选、转化等一系列活动，目的是激发员工的创新热情，提高办实事、解难题的创新意识，优化和改善工作中的痛点、难点。活动应广泛发动员工参与，提出原创性的创新创意，并符合相关法律法规要求。创意大赛开展应关注组织架构、赛程赛制、评价规则等内容。

①组织架构。创新活动应建立职责明晰、分工明确的组织架构，保证活动的有序开展。活动可设统筹组和实施组，统筹组组长由运维工作的主要负责人担任，成员包括其他负责人，统筹组负责活动的总体决策部署、资源配置、统筹协调等工作。

②赛程赛制。活动分为招募、初赛、复赛、决赛等阶段。初赛一般为书面评审方式，从大量的创意中遴选创新价值较高的材料，评委观看报名材料并提交评分。复赛可采用现场评审的方式，创意团队可以选择在规定时间内，以现场播放视频、口头介绍或者二者相结合的方式进行展示，评委观看现场展示并提交评分，最终评分均值较高的创意胜出。决赛以现场展示为主，创意的展示应更加具备说服力，评委观看现场展示并提交评分，最终评分均值较高的创意获奖。为了更加突出创新活动的价值，应在活动结束后推进优秀创意的转化，根据创意内容，或进行项目实施，或作为专项工作推进落地；应跟踪评价创意转化情况，可定期对转化的创意进行评奖和激励。

③评奖规则。活动应从创意项目、创新组织和个人表现三个方面进行评奖。创意项目方面奖励内容可信、方案成熟、展示效果良好的创意项目；创新组织方面奖励认真组织创意大赛、推荐了优秀项目的处室或团队；个人表现方面奖励尽心尽力完成创意项目并取得较好成绩，并且工作成绩突出的团队人员。

④工具生态建设，建立持久的创新改进机制。

工具的使用范围越广泛，创新者实现的自我价值也越大，商业化的价值实现也越可行。因此建立一个符合运维工具使用、开发、传播的生态体系将是发展趋势。满足开发者各个阶段通用工作需求的支撑平台，在开发、测试阶段，覆盖需求管理、辅助开发框架、集成测试等；在部署、维护阶段，覆盖自动发布、资源供给、运行维护等；在改进、优化阶段，覆盖应用运营、用户运营等服务业务。在各个阶段辅助创新者的各项工作，让创新者将工作焦点始终集中在如何实现更合理的业务流程、操作控制上。

（3）知识产权为创新提供保障

知识产权以法律的形式保护了企业的创新成果，并保护了创新者的积极性。通过知识产权保护创新成果，对创新转型中的运维工作尤为重要。根据运维创新的具体实践，知识产权工作一般涉及人工智能、区块链、大数据、互联网、5G 等技术。

①知识产权的申请流程。

知识产权申请流程一般分为撰写、审核、修订、提交四个步骤。撰写，发明人根据实际的创新点撰写知识产权的交底书，填写完善的知识产权信息，如分类、权利人等，并对知识产权的创新性完成初步检索；审核，发明人提交知识产权交底书至处室和部门的审核人员，如企业有法律部门则最终应经过法律部门审核；修订，发明人应结合各级审核人对技术交底书提出的意见和建议，完善知识产权交底书；提交，将知识产权相关材料提交至国家知识产权局，并配合产权局完成最终的审批流程。

②知识产权的管理要点。

围绕运维工作应建立系统的知识产权管理方案，实现知识产权的高效管理，并提知识产权质量，主要包括以下四个方面。第一，加强组织领导和指导，建立保障机制，成立运维工作知识产权申报管理组，强化知识产权申报管理力度，分管知识产权工作的负责人担任组长，各处室安排专利管理联系人，确保知识产权各项工作有序实施。第二，强化计划与过程管理，确保知识产权提交计划覆盖运维重点工作，提前进行创新点的布局，制订中心年度计划，并将撰写和申请计划落实到个人，定期发布工作报告，明确各项计划的推进状态，保障计划按期完成。第三，总结分享知识产权知识，提高申请质量，收集业内辅导材料，建立知识库供员工查阅，同时以培训的方式，实现知识分享，切实解决员工撰写知识产权材料中的实际问题。第四，引入外部合作，拓宽源头，在项目和重大专项建设过程中，广泛借鉴、吸收、转化外部经验，形成知识产权。

第四节　云运维的数字化再造

数字化是在信息化的基础上对信息的更深层次的管理，通过将信息转化为数字资源，提升信息的有效利用能力。数字化是通过将信息转化为可度量的数字，并建立相关的数字化模型，完成数字化过程。

运维业务需要充分利用数字化技术变革带来发展的契机,将运维组织过程中的三个核心要素,即人员、业务和技术,通过数字化转换成数字资产或资源,如图6-9所示,并最终形成运维组织过程新的第四核心要素,即数据。

图 6-9 数字化关键要素

在数字化转型趋势下,基础设施服务作为运维业务的基础服务,在云的虚拟化技术的支撑下,率先完成了数字化,为整个运维业务的数字化转型奠定了良好的基础。运维业务的应用及技术架构设计也在云原生的技术、业务双重体系架构下得到了重塑。

一、运维业务的数字化建设

运维业务的数字化建设包括运维应用的生态化设计和运维业务的运营能力建设两个方面。其中,运维应用的生态化设计关注快速满足运维能力建设,以标准化的运维PaaS平台解决方案和运维业务生态化管理理论为基础的业务中台,共同构建了运维业务应用的全生命周期支撑能力;运维业务的运营能力则关注运维业务成本、效率、质量的数字化、智能化分析能力的构建。生态化设计实现运维业务应用,并为运维业务的运营能力提供数字基础,而运营能力为运维业务提供数字化解析能力,不断提升运维业务应用的设计要求,指明改进方向,两者相辅相成。

1. 运维应用的生态化设计

(1) 共创共建

数据中心运维业务的扩展,使数据中心内部的运维管理职责划分越来越精细,每个岗位对运维业务的需求各不相同,虽有众多的运维工具和运维平台可用,却依旧无法满足专业化要求。这其中的一个重要影响因素是任何一个运维组织都很难具备服务涉及的所有领域的最优秀技术能力、理论知识、操作经验的专业人员,特别是在技术飞速发展的当下,传统的通过学习和实践不断积累专业能力的方式,无法满足运维业

务快速提高的服务质量要求。因此，需要借助生态的力量，发展运维技术社区，不断汇集各个领域最专业的资源。通过生态环境内对运维应用的不断迭代和完善，快速补足生态参与者的能力短板。生态中的参与者越多，所具备的专业化能力就会越全面，在生态内的需求方与专业资源提供方就会形成互相促进的马太效应，不断吸引更多的生态参与者，形成正向发展趋势。

（2）共享赋能

如何快速满足运维业务的需求，提升业务应用的迭代速度，是影响运维数字化建设的另一个重要因素。若要解决这个问题，就需要对运维业务能力和技术能力需求进行分析和抽象，形成运维应用平台和运维业务中台，分别提供技术和业务的公共能力，使得运维应用的开发可以聚焦业务的逻辑的实现，提升开发速度。

要满足运维应用的多种要求，生态化运维平台和业务中台应具备强大的公共组件支撑能力，赋能应用开发。能力覆盖对象访问与交互、多渠道信息通知、计算流编排、操作能力编排、组织人员管理、权限管理等。

提供简洁、标准、规范的开发框架和低代码开发、发布能力，提供用户图形化、可拖拽的 UI 前端界面能力，使开发者更容易学习使用；提供专业的运维 SaaS 一体化解决方案，具备版本管理、产品上线与迭代、日常运维等能力，减轻运维应用上线后的运维压力。赋能应用整个生命周期的管理和操作需求。

生态化运维是云生态的重要组成部分，是在云环境下运维业务面临挑战的一套解决方案。不但满足用户对个性化运维工具的需求，让运维工具生态不断完善、壮大，行业共享赋能，而且将优秀的、经过验证的运维工具作为运维产品集成，赋能云上租户，丰富运维生态，真正体现运维价值。

2. 运维业务的运营能力建设

（1）业务应用的资源使用以及成本控制

运维业务根据按需使用、按量付费的云服务原则，对业务应用的资源使用情况进行计量，从而优化运维应用的整体资源配置，使运维业务进入可持续发展状态。应用本身具备计量能力，并针对资源设置相关计费因子，以进行最终的成本核算。运营业务可对资源使用情况进行总体配额管理，在整体上进行总量控制。

（2）业务应用的用户行为分析

运维业务应记录用户的使用习惯，包括使用次数、时间、浏览顺序等信息，不断优化产品的业务设计，满足用户需求。

（3）业务应用的可用性和服务质量评价

运维业务应针对各项应用服务制定的服务评价指标，进行数据采样，周期性地对服务质量进行评价，形成反馈意见，保证应用在容量、连续性等服务体验要求上，满足用户要求。

二、运维技术的数字化建设

运维技术的发展和运维工具的不断丰富，逐渐将人从重复性、低风险的运维工作中释放了出来，运维工具的设计更加关注自动化、智能化。运维工具的设计目标越来越贴近业务目标，运维工具的服务范围逐渐覆盖了业务、地域、环境等不同维度，运维工具设计更加注重模块化和低耦合特性，同时运维系统的可用性越来越受到关注，很多企业开始考虑运维工具的分布式架构。

1. 运维工具的演进

目前业内对于运维工具的演进，可以总结为人工运维、工具化运维、自动化运维、智能化运维四个阶段。人工运维是运维人员在服务器上直接通过命令的方式进行系统运维，或直接编写脚本后台执行，利用操作系统的能力完成；工具化运维是建设各个种类的运维工具，比如监控、集中告警、自动化、配置管理、流程管控等，运维人员在不同工具中操作满足运维特点的业务；自动化运维通过标准化和服务化，形成工具间联动，将运维功能按既定流程编排起来，通过服务目录的方式连接人和工具，形成标准化场景服务；智能化运维是面向共创和数据的运维，一方面提倡运维人员从使用工具到开发工具转型，共建共享运维工具的生态，另一方面结合大数据和人工智能，探索智能运维的前沿。

2. 运维工具体系设计目标

运维工具体系设计目标可分为四层。首先，最基本的是要有效地支撑运维业务，满足云运维的需求。其次，转变运维模式，倡导运维方从使用运维工具向开发工具转变。再次，做好工具的服务化、标准化、专业化、产品化，依托平台创建工具生态，让运维能力沉淀，使得整个生态可持续发展。最后，依托云理念，将优秀的、经过验证的运维工具作为产品集成，对外共享，体现运维价值。

3. 运维工具服务范围

从不同视角来看，运维工具服务范围包括业务范围、对象范围、环境范围、地域范围、用户范围。业务范围包括支撑企业数字化发展和数据中心转型，驱动着企业探索运维生态化、智能化；对象范围包括服务云本身和云上的系统；环境范围包括生产环境、灾备环境、测试环境；地域范围包括多地数据中心；用户范围涵盖云上租户和私有化部署用户。

4. 运维业务层次设计

运维技术平台整体可分为四层，分别为平台基础层、平台业务层、专业应用层、聚合应用层。

（1）平台基础层

平台基础层主要实现管理通道、数据通道、服务通道的整合，以及为平台运行提供自有资源的管理。主要提供以下服务：被管对象交互，作为全局统一的对象管理通道，

提供命令执行、信息收集、文件下发等交互能力；平台资源管控，为运维平台的运行提供基础的计算资源、容器资源的管理和分配；外部服务适配，建立服务接入的适配框架，将接入的服务转换为标准的 RESTful 风格服务供调用；数据集中管控，提供数据治理、离线及在线的计算服务，以及数据访问的安全控制服务。

（2）平台业务层

平台业务层为运维产品提供通用能力，降低运维工具的重复开发量，并管理平台组件的内部服务。主要提供以下服务：安全管控服务，提供用户权限控制、操作审计记录、组件间服务调用控制、外部授权等安全管控服务；应用运营服务，提供工具应用从开发、测试到部署安装的全生命周期管理，建立应用市场等运营工具，体现运维应用价值，建立运维生态；服务集中管控，建立以服务网管为中心的服务发布管理体系，形成统一的服务管理规范；通用运维能力，从运维应用的需求分析过程中，抽象出通用软件模块，降低运维应用的重复开发程度；核心配置服务，提供被管理对象基础配置、对象间关系、对象管理模型的数据服务。

（3）专业应用层

专业应用层可提供各种专业的运维工具，各个应用服务于专业化运维工作，主要提供的服务包括管理流程服务、各种监控服务、运行管理服务、产品运维服务、服务支持业务、服务交付业务等。

（4）聚合应用层

聚合应用层提供面向用户的个性化、综合性运维管理，运维平台设计将管理业务逐层解耦，在第三层实现管理业务的高度内聚，即专项的业务管理软件。这可能造成同一个管理对象的业务数据分布在不同管理软件内的情况，例如同一个对象的监控数据、变更数据、作业数据等都分布在不同的管理业务系统中。因此，运维人员需要以管理对象为视角，进行信息的再聚合。

5. 运维工具体系设计

运维工具体系设计包含运维 PaaS 平台和运维 SaaS 应用两个层次，运维平台所管理的对象包括资源、技术组件、业务组件、运维应用等，如图 6-10 所示。

资源的上层是运维 PaaS 平台，它可分成技术组件和业务组件两个部分。技术组件包括支撑起平台的技术组件，如容器框架、流程引擎、开发框架等；业务组件主要提供实现运维业务工具一些最基础的功能模块，如文件仓库、表单设计器、脚本仓库等。PaaS 平台上层是面向运维业务 SaaS 应用，包括监控管理、服务支持、运维自动化、运行管理、产品运维、运维保障、安全管理、质量管理、运营支持、日常管理。当然，实际的运维业务远比图中丰富，运维平台各组件的设计应遵守自治、抽象、共享、通用、数据一致性等原则。

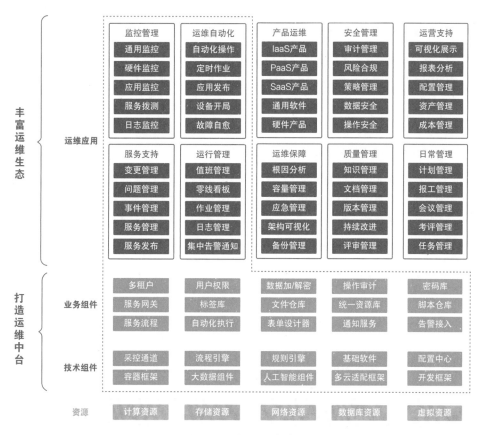

图 6-10 运维工具体系设计

（1）自治原则

运维工具各个模块应具备最大可能的自我完备性，包括业务自监控、容量控制、业务配置管理、服务管理等。业务高度内聚，模块间低耦合，保持各个业务模块的独立性，在全局范围内保证与其他模块无业务范围交叉。

（2）抽象原则

通过合理抽象，将内部信息、处理能力聚合成标准的服务接口，提供给使用者；屏蔽内部实现与运行细节，不直接暴露数据源及数据结构。

（3）共享原则

最大化重用服务、数据资源，防止差异性，避免重复建设带来的成本增加；保持同一业务服务唯一、数据源唯一，统一权限身份、访问控制。

（4）通用原则

在基础层与平台应用层，坚持各个业务模块的通用性、功能普适性原则；充分利用插件、模型、策略、图形化自服务等平台化手段，在保持平台代码通用化的情况下，

满足业务个性化定制需求。

（5）核心配置数据一致性原则

为实现运维工具的数据共享，首先需要统一被管理对象的定义，在各个应用间共享相关对象的属性、操作、流程、作业、监控等业务信息。平台所有的应用层软件、公共组件、基础层组件，全部基于配置管理组件的相关数据定义，扩展自有数据模型。

6. 运维多云环境下应用设计

相比于单一云基础设施资源的使用环境，多个不同云供应商提供的云基础设施的运维管理对运维业务提出新的要求。因此，在多云复杂场景下，需要运维业务应用具备多云管理能力。

（1）多云基础设施的管理能力

由于不同云基础设施的差异性，以及不同云资源调用、供给交互方式的不同，在多云环境下的应用需要具备适应多套云基础设施操作标准的能力。为了避免业务应用各自适配不同云产品的情况，需要根据实际的产品管理业务需求，进行产品接口的统一适配和转换，对上层业务应用实现统一的云产品调用方案，减轻各自适配的重复工作。同时，根据不同的业务调用需求，将服务请求路由至各个云管环境，使得上层业务应用可以统一制定管理标准。

（2）异构基础设施的交互能力

由于物理计算领域的不断扩展，云计算的载体也不仅仅局限于以 x86 为基础的计算架构下，基于 ARM 和 RSIC 芯片技术的云计算产品在不断涌现，并且占据了不少的应用场景。不同物理架构下的云计算基础设施产品的计算环境也随之发生改变。当要操作不同计算环境的云基础设施时，就需要能够兼容适配相关的计算环境。因此，运维应用需要有能力在本地交互渠道下，对异构云产品进行操作交互。

7. 运维工具的分布式设计

运维工具的分布式架构设计通常用于满足应用程序在架构、容量和连续性方面的不同要求。

（1）大型数据中心跨地域分布式部署

从运维业务的角度来看，多地多中心部署业务应用是业务运行连续性的保障手段。因此，负责保障运行稳定的运维管理系统，同样要满足跨地域的高可用要求，在设计上需要满足多地域部署的要求，至少具备本地化计算、数据信息汇聚处理的能力。

①本地化计算。

本地数据计算能力涉及大规模数据采集、传输、处理的业务应用，否则很难实现数据本地化计算，此外，还应注意避免跨广域网传输带来的巨大带宽消耗。

②数据信息汇聚处理。

跨地域的数据中心应具备多地域数据联合查询、关键数据信息汇聚处理的能力，实现数据所在区域信息对业务应用透明。应用访问数据时，通过统一路由数据检索、提取等策略进行数据访问。

（2）云产品化的运维应用分布式业务架构

在云计算环境下，运维业务应用以云产品的形式出现。其应用架构可以根据使用者的不同业务领域划分成不同的业务模块，实现分布式架构设计。一个标准的运维云产品可以初步设计成运营端、管理端、用户端、生产端四个应用模块，如图 6-11 所示。

运营端应用，用于统一管理应用的基础配置、全局业务配置（跨租户的业务）、租户资源配额、业务运行管理、应用运维等。

管理端应用，用于单一租户内的业务管理功能，即应用管理员功能。

图 6-11 运维工具业务端划分

用户端应用，用于用户业务入口、自定义数据管理等功能。

生产端应用，用于实现业务自身的对外服务后台应用。

三、运维人员的数字化建设

人力是组织的核心资源，充分了解人员情况，为人员赋能，充分利用组织人力资源发挥价值，充分管理和约束人员的不确定性，是人员数字化建设的三大目标，实现这些目标应从行为控制管理、技术经验沉淀、人工智能赋能三个维度开展工作，如图 6-12 所示。

1. 行为控制管理

一方面，按照"最小化"原则，规范人员权限管理，给予业务人员最小化的资源对象访问范围，以及最小化的功能操作权限。另一方面，需要详细记录操作过程，分析行为合理性、合规性以及行为习惯的匹配，满足事前、事中、事后的安全防范控制要求。

图 6-12 运维人员数字化建设

2. 技术经验沉淀

知识是组织非常宝贵的资产，包括人员经验、技能、方案、操作规范、安装与配置规范、维护检查规范、容量管理规范等，以在线化、可操作、可量化、可查询的标准化形式固化在业务应用中，通过技术经验的共享及应用，确保云运维业务实践实现服务生命周期内的积累和传承。

3. 人工智能赋能

人工智能在企业的落地，能够有效保障云业务系统 SLA 的达成，提升用户的体验，以及减少故障处理的时间等，并最终实现真正意义上的无人值守运维。人工智能的意义是赋予应用更精准、高效的自判断能力，在消除人为误操作风险、提升运维处理效率、有效减少人员投入、推动自动化程度提升等方面具有优势。

第五节　云运维业务实践

云运维业务的范围、形式、对象以及风险偏好受行业属性、行业监管要求、法律法规影响，各行业的云运维实践的形态、成熟度各有不同。由于金融业务面临法律法规、行业监管的强约束，金融机构在运维实践领域投入资源较多，市面上服务于金融业务的运维工具百家争鸣，各有千秋。

一、建行运维工具体系设计实践

建行基于金融行业运维经验，依托 PaaS 理念和云技术构建的云运维平台产品及配套解决方案，以"运维原子服务集成"和"运维场景化应用构建"的方式致力于解决运维的 "基础服务"无人值守及"增值服务"快速定制的问题，并结合建行丰富的云产品和金融行业经验，提供高效、低耗的运维管理能力。如图 6-13 所示，本部分以建

图 6-13 建行云工具体系设计

行为例介绍面向智能化运维、生态化运维的运维 PaaS 平台至少应该具备的十三大基础能力。

1. 集中采控

集中采控是运维 PaaS 管理资源对象的"手",通过一个 Agent 满足监控采集、配置发现、自动化、文件通道等采控能力,并具备可扩展能力。通常运维工具有很多的 Agent 实现不同的功能,运维 PaaS 平台集中采控采用单一 Agent 管理运维对象,通过安装不同模块,实现监控、配置采集、自动化、拨测等能力,并且支持本地和远程代理的管理方式,支持多云管理,同时提供界面,方便 Agent 的安装和生命周期管理。

2. 数据平台

数据平台提供运维 PaaS 平台数据接入、处理、分析和存储的能力,比如监控采集上来的大量实时数据就会流入数据平台进行运算和存储,提供给前端用于访问和展示。作为运维大数据集中接入、处理、分析和存储的工具,运维 PaaS 平台的数据中台支持多种数据源接入,支持多种大数据计算存储引擎,内置丰富的算子算法库,可以页面化快速定义数据处理和作业调度。运维 PaaS 平台自身各组件的运维大数据都经过数据平台进行处理和存储,同时数据平台支持开放的数据接口,供运维工具使用和消费。

3. 核心配置库

随着信息产业的不断发展,运维领域也在迅速演变,在传统的运维管理模式下,以人工维护为主的 CMDB 显得越来越跟不上运维业务的发展要求,在新的运维环境和要求下,遇到了很多的问题和挑战。另外,传统的运维工具采用竖井式的建设模式,每个领域工具各自为政,很难形成工具合力。如何让 CMDB 从融合、共享的角度去打破运维工具之间的壁垒,盘活整个运维生态,显得十分重要。下面将从数据建模、数据收集、数据消费和数据治理四个方面介绍运维 PaaS 平台核心配置库的设计。

(1)数据建模

对于数据建模目前业内有不同的观点,这里的设计是源于建行运营数据中心多年来企业级运维经验的沉淀,融合目前运维领域 CMDB 领先的发展思想,独创地围绕核心配置数据建立模型。配置管理建设中将配置数据分为两类,分别是核心配置和配置明细,如图6-14 所示。核心配置维护形成系统框架的"主要组成"和"基础信息",不过度关注细节,是描述系统构成的骨架。配置明细围绕核心配置,是核心配置在专业领域的明细延伸,根据专业领域

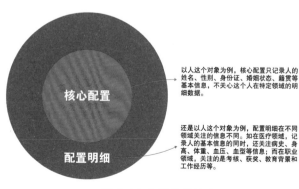

以人这个对象为例,核心配置只记录人的姓名、性别、身份证、婚姻状态、籍贯等基本信息,不关心这个人在特定领域的明细数据。

还是以人这个对象为例,配置明细在不同领域关注的信息不同。如在医疗领域,记录人的基本信息的同时,还关注病史、身高、体重、血压、血型等信息;而在职业领域,关注的是考核、获奖、教育背景和工作经历等。

图 6-14 配置模型层次

的运维需求定义属性信息。运维 PaaS 平台 CMDB 以构建核心配置为主。

核心配置模型分为两层和五大类，两层是指应用层和资源层，五大类即业务应用类、平台资源类、虚拟资源类、物理资源类和机房环境类。从应用到机房机架，自上而下全面描述系统"骨架"，解决传统 CMDB 只维护基础设施配置的问题，满足从应用运维到平台资源运维，再到基础设施运维的全面要求。

在构建配置模型的过程中，我们依据真实、继承和迭代三个主要原则。模型能够真实映射 IT 环境，真实展现实体自身的属性及实体之间的关系。借鉴过往经验和业内数据模型成果，考虑多云管理的特殊性，查缺补漏，完善丰富。采用迭代思想，逐步扩展，优先满足核心需求，每次迭代都可以支持一类场景的交付。

（2）数据收集

运维 PaaS 平台 CMDB 提供多种渠道的数据收集，深度完善自动采集的能力、流程管控手工维护的能力、集中鉴权第三方接入的能力，并通过数据调和严格把控入库数据质量。

自动采集能力，支持配置自动发现和采集，深度发现能力可扩展，支撑更多配置实体，定时采集可定义，满足不同时效性。

手工维护能力，流程审批管控，支持批量配置导入功能，对必须通过手工维护的配置数据提供高效维护通道。

第三方接入能力，平台内通过应用网关统一接入，外部系统基于 RESTful 协议的 OpenAPI，对接现有系统，继承已有数据。

数据调和能力，进行数据校验，确保数据的唯一性、准确性，依照统一的鉴权机制，严控数据质量，保护配置数据安全。

在数据收集建设方面，我们依据自动化、服务化和权限管控三个主要原则。优先使用自动发现、自动采集解决数据来源，积累自动采集能力，压缩手工维护比例。所有数据源通过 API 接口接入数据，不允许直接操作数据库，保证数据安全。数据接入和维护均需要通过授权，保证数据质量和可控。

（3）数据消费

运维 PaaS 平台 CMDB 定义了一致的数据含义、统一的权限体系和开放完善的 API 接口。在整个运维 PaaS 平台设计上，其他组件如监控、告警、自动化、流程等核心配置数据的消费需要从配置库中获取，保证平台配置核心数据的一致性和整体性。值得一提的是，监控和告警数据要直接关联到配置对象上，这样能保证所有的监控数据和告警数据都对应到确定的 IT 实体，结合系统架构拓扑，形成有效的可视化展示。

（4）数据治理

数据的准确性和实时性是 CMDB 的生命，所以数据治理是 CMDB 运营阶段的重中之重。运维 PaaS 平台 CMDB 充分利用流程、权限、自动化三大工具保证数据全生命周期的合规、安全和高效。

数据治理的对象可分为四类，即实体数据、关系数据、模型数据和基线数据，并分别有针对性的功能设计，定期将数据与基线进行比对，形成数据变化分析报告，发送给相关人关注。针对关系数据，我们采用定期分析配置项孤立点（不与任何配置项有关联），发送给相关人确认，删除配置项时，须确认无其他配置项与之相关，方可删除。对于配置模型，主责方对模型定义和调整有主要话语权；配置模型的更新须通过评审会，对模型变化进行影响分析，经相关人员同意方可修改。同时须定期建立数据基线，定期形成数据版本和备份。若出现问题，可实现一键恢复到备份的版本，保证数据安全。

4. 多维度监控

多维度监控是从多个维度提供基础的监控策略和指标处理能力，包括基础监控、日志监控、服务拨测、应用监控等。运维 PaaS 平台实现多维度的监控，从操作系统、数据库、中间件、到日志监控，再到服务拨测、应用监控，全方位、多维度地监控云环境，并且内置通用监控指标，提供监控脚本集成框架，满足自定义开发扩展需求。

5. 集中告警

多维度的监控触发的事件会统一接入集中告警，在集中告警中可灵活配置告警通知、聚合压制等。运维 PaaS 平台支持整改平台自身的告警接入，同时支持第三方的告警信息的统一接入和展示，具备灵活配置通知策略以及告警聚合、压制、动态阈值调整等能力，同时与核心配置库、自动化联动，更好地实现故障定位、根因分析和故障自愈。

6. 自动化引擎

自动化引擎提供快速定义运维操作和编排的能力，发布后的作业自动生成接口供外部组件调用。运维 PaaS 平台支持在线开发运维脚本定义原子操作，支持很多种脚本语言，并提供在线测试的能力；支持脚本管理，可以通过拖拽的方式定义服务编排，通过流程管控发布作业；利用平台一体化的权限管控保障运维安全，发布后的操作和编排自动创建 OpenAPI，提供对外调用能力。

7. 服务流程引擎

服务流程引擎提供快速定义流程工单的能力，是实现稳态运维和业务线上化的重要组件。运维 PaaS 平台支持低代码模式、拖拽方式，在线完成表单的设计和流程的设计；快速敏捷地定义好满足组织内运维管控诉求的流程工单，可以通过服务目录创建、处理工单，处理过程和工单状态一目了然；提供 SLA 定义，提供统一的服务目录，联动自动化，满足运维人员端到端的运维需求；具备集成第三方页面逻辑能力，快速实现流程与功能。

8. 多云适配框架

运维 PaaS 平台支持多云适配，其主要特征体现在不同协议栈的适配、不同云产品的适配、异构技术设施的适配。具体内容如下：不同协议栈的适配，无论是七层还是四层协议，物理的 TCP、UDP 还是专有协议，都可以通过适配转换的方式，以标准的 RESTful 风格统一向上层应用提供访问服务；不同云产品的适配，将不同云供应商、技术栈实现的云基础设施产品，根据不同的产品分类，各自适配产品访问接口，以标准的接口调用规范提供云基础设施服务；异构技术设施的适配，对于基于不同硬件的产品，例如 ARM、x86 等，对其计算环境进行适配，以标准的代理访问方式在计算环境中执行交互操作。

9. 多租户和统一用户权限管理体系

在基础运维能力之上，封装了多租户和统一用户权限体系，用来满足多租户场景对数据隔离的要求，以及单租户内部用户权限体系的管控，保障运维的安全性。运维 PaaS 平台支持两级权限管控。首先支持多租户，满足对数据隔离的要求，同一租户下采用用户、用户组、角色和权限的管理方式，分为功能权限、数据权限和资源权限，细粒度地满足运维业务对权限管控的要求。

10. 开放服务网关

平台的基础服务能力会以开放接口的形式统一接入开放服务网关，具有上层的应用调用、快速访问运维平台的公共能力。运维 PaaS 平台支持主要服务于运维 SaaS 应用的开发，通过服务管理中心调用运维 PaaS 平台的开放服务接口，利用平台开放的基础能力，专注实现自身运维业务逻辑，以及运维侧应用服务的规划治理、互联互通、调用管控，允许所有运维侧应用通过 REST 协议注册、接入和互调。实现服务调用的授权控制、流量控制、自动寻址、数据路由和记录审计。

11. 运维工具生态

生态化运维整体框架可以概括为"四中心一市场"，即开发中心、开发者中心、应用管理中心、应用市场、应用运营中心。具体内容如下：开发中心面向开发人员，提供生态发展的开发支持，部署在开发测试环境，提供低代码开发能力、数据模型管理能力、OpenAPI 版本管理能力、应用监控框架等；开发者中心面向开发人员和设计人员，通过办公网访问，提供资料、在线培训、论坛、技术支持等服务；应用管理中心面向应用的运维和建设人员，在生产环境部署，提供基于应用的全生命周期管理，包括版本管理、发布管理、资源管理、运维管理等；应用市场面向商业客户、租户，在生产环境部署，提供标准化工具，具备运营能力的 SaaS 应用；应用运营中心面向应用的运营和管理人员，在生产环境部署，办公网可访问，提供应用的管理和评价方法、应用产品价值、客户使用行为分析等。

12. 统一开发框架

运维 PaaS 平台提供统一开发框架，可以支持运维开发人员选择使用平台的脚手架，快速开发和发布运维工具，支持平台一致的前端界面、前后端仓库和一些公共组件，供专业运维 SaaS 开发团队选择。

13. 统一门户

统一门户既是访问运维平台的统一入口、工作中心，同时也是一个应用市场。运维 PaaS 平台支持插件化的工作台，不同岗位运维人员可以个性化自定义，将常用的功能如仪表盘、待处理工单、作业历史、作业计划、告警看板等做成插件，让运维人员能够快速访问关注的信息，满足每天大部分的运维工作需求。

二、建设银行生态化运维体系建设

IT 运维是数字化世界持续良性运转的基石。在企业数字化转型越来越迫切、新技术层出不穷的背景下，传统的 IT 运维模式已经不能适应在新形势下业务规模不断扩大、业务场景不断细化、业务时效不断提高的需求。鉴于传统运维模式存在的不足，建行提出了一套能对运维进行统一描述的 OASIS 模型，以及一种基于该模型的 OASEopS 体系化运维方法，形成了一种与数字化转型相适配的全新的运维理念。该理念将 IT 管理的规范流程与技术实现相结合，探索出了一整套从标准规范到实施落地，乃至共享最佳实践的运维体系方法，可以真正发挥 DevOps 和 AIOps 的效能。

1. 传统 IT 运维的困境

纵观 IT 运维的发展阶段，无论是按照人肉运维、脚本运维、自动化运维和智能化运维进行划分，还是借鉴自动驾驶的 L0~L5 级别划分，都主要以技术能力的提升为衡量标准。IT 运维在每一阶段的技术突破后所遭遇的瓶颈本质上都是业务模式、IT 架构与运维代际的适配矛盾。一方面，业务模式和技术升级带来的运维问题固然要依赖于运维技术能力的提升来解决；另一方面，运维理念的革新才是更加形而上的、颠覆性的。如果以运维理念为核心，可将 IT 运维划分为三个时期：手工运维时期、流程化运维时期和体系化运维时期。

运维发展初期称为手工运维时期。运维数字化程度较低，缺乏工具与流程，IT 运维人员和少量的运维工具呈分散形态，在 IT 运维组织中对人及其经验的依赖极大，运维需要具备很强的技术能力，不确定性和随意性较高。

第二个时期是流程化运维时期。运维数字化程度有所提高，依托 ITIL、COBIT 等 IT 管理方法，IT 组织流程逐步完善，运维人员开始主动开发各种工具和平台，如批量部署、监控工具等，但是新技术、新产品、新业务不断涌入，用于运维管理的零散工具越来越多，缺乏基于场景和全流程的统一调度和管理，维护和使用的成本和风险越来越高。究其原因有二：一是 IT 对象的诸要素之间互相割裂，缺乏能对 IT 系统运行

的全部要素及其关系进行完整描述的模型,尤其缺少过程、动作和状态信息的管理;二是线上流程与线下活动脱节,基于 ITIL、COBIT 等最佳实践建立的流程平台实际上已经成为一个线下或事后的记录系统或监督系统,不能直接有效地对风险和质量进行管理,故障的线下处置经验也未能被很好地线上化乃至知识化。

若要解决上面的问题,运维模式必然会进入第三个时期,即体系化运维时期。这一时期的运维理念是"主动有序,敏捷开放":运维工作经过良好的分解与抽象,工作标准明确、流程清晰、方法落地;IT 运维人员职责界定清楚,IT 运维数字化程度、运维效率和质量达到较高水平;IT 运维管理敏捷、开放,具备随时拥抱新技术变革的能力。

基于 OASIS 模型构建的生态化运维体系是体系化运维的一种高阶实现。OASIS(Object-Activity-Scene Integral Skeleton)是基于对象、活动、场景三个维度构建的集成描述框架,以运维对象模型化、运维活动服务化和运维场景装配化为手段,实现开放、敏捷、共享的生态化运维(OASEopS)模式。

2.OASEopS 生态化运维体系建设

OASEopS 实施的总体思路是采用自顶向下和自底向上相结合的建模方法,将 IT 运维工作先从整体到局部进行解构,再从具体到一般进行模型抽象,然后基于抽象出的统一模型进行工具平台建设,最后以平台为依托构建生态体系。OASEopS 推进可按照分解运维工作、抽象分解内容、搭建运维平台和构建生态体系的思路加以推进,如图 6-15 所示。

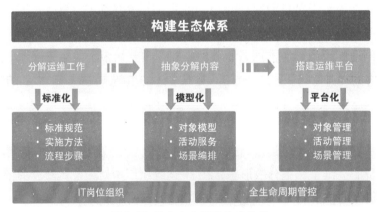

图 6-15 业务生态模型构建流程

(1)分解运维工作

OASEopS 建设的第一步是自顶向下对问题进行分解。简而言之,IT 运维的主要问题就是解决在 IT 运维中管什么、做什么及怎么做的问题。基于此,运维体系划分为运维对象（Object）、运维活动（Activity）、运维场景（Scene）三个维度，如图 6-16 所示。运维对象从物的角度描述了运维管什么，运维活动从事的角度描述运维做什么，而运维场景则从人的角度描述该如何做。

运维工作分解首先需要结合行业制度规范和运维实践，识别出运维业务活动，并制定各个运维活动的标准要求，如监控规范、变更评估要求等；其次是解构 IT 组织，抽象出不同层级的运维对象，落实具体运维活动在特定运维对象中的实现方法，如文件传输组件的监控方法、交换机变更评估方法等；

图 6-16 运维业务分解维度

最后从运维人员的实际工作需求出发，识别运维工作场景，描述场景的流程和活动组合，如新系统上线场景就是由容量管理、监控管理、变更管理、配置管理等多个管理领域的活动编排而成的。

（2）抽象分解内容

OASEopS 建设的第二步是抽象。经过运维工作分解，IT 组织建立了包含组织运维实践经验的一整套运维管理标准和实施方法，如图 6-17 所示。按照传统思路，这些规范、标准和方法会以文档的形式存在。在数字化转型背景下，文档作为结构化较低的知识

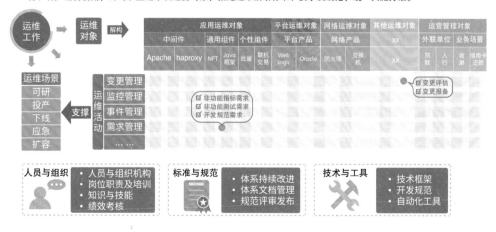

图 6-17 运维业务分解维度细分

是不具备直接生产力的，运维体系的抽象过程就是将这些规范、标准和方法从文档形式转变为采用统一描述语言的模型，基于此模型，将运维对象与运维活动解耦，最终根据需求灵活嵌入场景流程中。

①运维对象模型化。

如同农业机械化的基础是大平原，运维体系化需要先构建"运维对象大平原"，即用统一的语言、通用的结构去描述 IT 运维工作中涉及的对象，比如应用、中间件、基础设施等。运维对象模型化的要点是将能够充分描述运维对象的各要素进行整合建模，形成通用的对象模型。然后，进一步根据具体运维对象类的不同，通过声明式定义描述其实际特点并和实现方式解耦，生成对象类模板，还可以结合行业特性和监管要求等形成行业模板。前者是一种协议规范，后者是对协议规范的实现。模板作为 IT 组织运维实践经验的载体可在不同的企业之间及企业内部不同机构之间进行共享，形成良性循环，促进运维实践经验的生态化共享。

那么对象描述模型包含哪些要素呢？一个核心的原则是要遵循奥卡姆剃刀定律，在同时满足业务完备、管理便捷和执行有效三个层面的基础上力求简洁有效。首先在业务完备层面做加法，重点关注的是对象与 IT 运维相关的各类信息，能覆盖 IT 运维活动涉及的所有要素，尽可能不遗漏，如刻画自己是什么、有什么、应该做什么、有哪些特点、有什么对象关系等。然后，在管理便捷和执行有效层面做减法，运维对象模型不是将对象从产生之后生成的所有数据都涵盖进去。最后，根据以上三个层面的要求，将对象模型的描述抽象为六要素，即对象属性、对象关系信息、指标数据、活动规则、活动轨迹和特征标签，如图 6-18 所示。

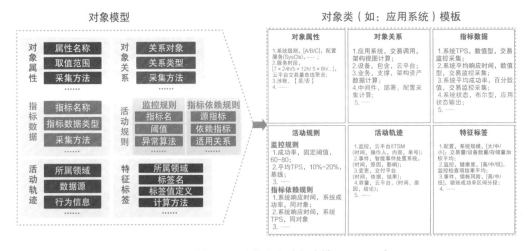

图 6-18 运维业务对象建模

对象属性中包含传统配置属性及其他由部署决定的扩展属性，如一个应用组件对象的设备数量、容量上限等；对象关系描述了与此对象相关的包含、调用、依赖等关系，既包含静态关系，也包含动态关系；指标数据描述了此对象的运行态信息，包含运行基础数据（如交易 TPS）和运行指标（如交易的历史 TPS 峰值）；活动规则源自运维活动标准的要求，如对象的自发现规则、配置采集规则、指标计算规则、监控规则、合规检查规则等；活动轨迹指的是对象相关活动执行产生的过程数据，如交换机的变更数据等；特征标签是通过对象的相关信息计算或者人工配置的特征信息，是对对象的一种高阶描述，如交易量大小就是一笔交易的特征标签。

因此，对象六要素描述模型大大扩展了对象以配置为主的描述方式，首次将属性、关系和指标、活动规则、活动轨迹、标签放到一起，提供了一种全方位描述对象的方法与看待运维对象的全局视角。

②运维活动服务化。

有了运维对象的统一描述模型，运维活动可根据具体对象类实例的描述信息提供个性化服务，实现运维活动与具体的运维对象的解耦。如传统 IT 运维中，监控服务通常分为基础设施类监控、交易性能监控、网络监控等，不同对象有不同的监控工具，耦合度较高，各类公共组件无法共享。按对象和活动解耦的思路，各对象类实例通过对象模型声明自己要监控的指标有什么，异常检测方法是什么，监控服务不再关心监控的具体对象，只需通过对象的描述提供故障发现与告警推送服务。

推而广之，所有运维活动如配置采集、合规检查、软硬件资源供给、容量评估、根因分析等均可基于对象模型的声明提供通用服务，并对外提供标准服务接口，形成通用运维服务目录。新增对象也不会导致运维活动服务修改编码，只需按六要素模型对新对象进行描述，各运维活动根据对象的定义提供具体服务。

③运维场景装配化。

运维活动是原子化的，由某一个具体岗位提供最小化的工作内容。而运维人员在实际工作中经常使用的是运维场景，如一个新系统上线或者收到一个容量告警的处置。因而完成了对象模型和活动服务抽象之后，还需要根据工作需要搭建运维场景。运维场景是有流程的，在对象模型化和活动服务化的基础上，运维场景可由若干个对象的若干个活动服务装配而成。运维场景装配台就是对运维场景进行编排、配置、定义的流程组装平台。

（3）搭建运维平台

基于 OASEopS 思路搭建的运维平台，是在运维工作分解和抽象的基础上，将数量众多的模型、服务和场景纳入统一管理。从运维工作岗位需求出发，给运维人员提供一站式、可敏捷交付的岗位工作台，从而使 IT 运维更加敏捷、高效和安全。OASEopS 平台在数据和基础技术工具的基础上搭建，具备三大基本功能：对象管理、活动管理及场景管理，如图 6-19 所示。对象管理产出各对象模型，活动管理产出各类活动服务，场景管理产出装配好的各类运维场景。这些活动服务和对象模型构成了运维的业务中台和数据中台，而各类运维场景则对应着运维业务应用。

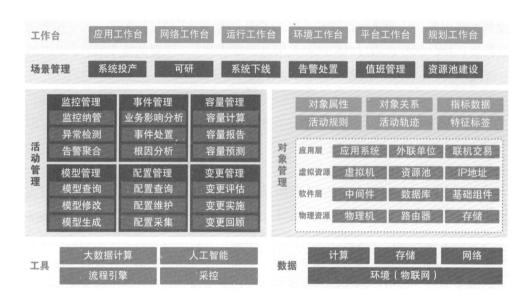

图 6-19 运维业务应用设计

IT 组织的运维工具不是一朝一夕建立起来的，也难以完全重构，但依然可以引入 OASEopS 的理念。OASEopS 理念提供了审视运维工具平台的全新视角，即任何运维工具都要说明实现了何种活动服务、产生了何种对象数据或者提供了何种运维场景，并遵循以下几个设计要点。

对象要由对象的 Owner 进行维护；数据尽量从源头引入，新对象类识别及建模需要在开发过程中完成，投产后新对象直接纳入运维管理活动。

活动要尽量将规则进行抽象，与模型解耦并服务化；活动过程中产生的模型数据要为迭代模型所用。

场景设计要以人为本，可编排，易于修改；规则控制尽量前移；不同的风险对应不同的审批流程。

活动、对象、场景都要考虑闭环管理的策略，要有评估标准，提供持续改进的依据。

（4）构建生态体系

OASIS 模型是开放的，运维对象模板中承载的运维知识和实践经验也可以资源的形式发布和共享，各服务提供商均可提供基于通用对象描述模型的运维服务，运维服务需求方也可根据需要选择不同的厂商服务，搭配形成自己的运维体系，复用业内最佳实践，形成一个开放的生态圈，如图 6-20 所示。利用生态圈中的"通用语言"，各方推出通用的运维场景和个性化运维服务，与其他企业和部门共享运维能力。通过生态运营管理，整个生态圈运转了起来，实现了运维工作"四处逢源"。

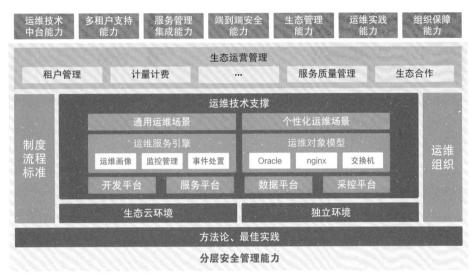

图 6-20 运维业务生态模型

3.OASEopS 的运营策略

OASEopS 是涉及整个 IT 组织的持续性工作，体系的丰富、治理和优化贯穿在 IT 组织的全生命周期中。通过分解、抽象、平台化之后建立起的 IT 组织运维体系，还需要有对应的运营策略，如此才能保证实施效果。

（1）岗位组织支撑

根据康威定律，在 IT 运维的各个发展阶段中，岗位组织是不断变革和适配的。大型 IT 组织一般都经历了直线型、职能型、矩阵型、混合型的组织架构变迁，在 IT 运维团队中典型的模式有矩阵型、职能型两种。矩阵型模式按照不同的业务系统类型分成不同的应用矩阵团队，每个团队中有独立的应用、平台、运行值班、变更实施岗位，组织效率较为低下。职能型模式将应用、平台、运行等团队独立出来，运维工作由各团队协作完成，而应用团队需要协调其他团队的人员，容易导致组织界限不清，团队之间推诿。

OASEopS 对应的是平台型组织架构，要求每一个运维对象、活动或者流程都要有对应的体系管理员岗位支撑，如图 6-21 所示，管理员在各自领域内负责制定标准规范，提出优化措施，确保领域能适应新变化，掌握领域内标准规范实施效果，对总体运行情况负责，并赋予其他管理员考核评价的权利。这种团队设置类似于特性团队（Feature

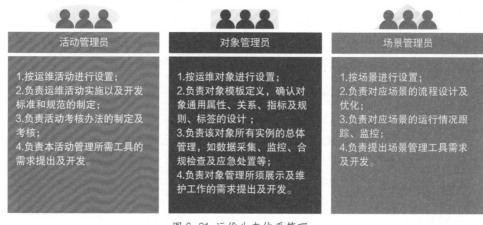

图 6-21 运维生态体系管理

Team），即"一个长期存在的、跨功能的、跨组件的团队，他们一个接一个地完成许多端到端的客户功能"，满足了 OASEopS 以价值交付为核心的目标追求。

体系管理岗通常是兼职岗位，由一线运维人员承担，可与 IT 运维组织既有的组织架构并存。它打破了原有运维模式下运维人员心态保守、少做少错的局面，为他们提供了专业化发展的可能。用体系框架加以约束和引导，体系管理员的知识和经验可以不断沉淀到模型和服务中去，体系的敏捷特性使得管理员能更快得到"正反馈"，感受到主动工作的成效，责任心和能动性往往更强。

（2）全生命周期管控

一个完整的运维生态的生命周期需要覆盖设计开发、测试、投产、运行维护四个阶段，通常情况下运维人员从投产阶段开始进行运维活动的开展。但是要想获得一个易于运维管理信息系统，IT 组织就要从设计阶段适应运维管理体系，即将管控措施前移，构建事前要求、事中检验、事后考核三位一体的 IT 运维管控方案，实现 IT 运维的全生命周期管理。如图 6-22 所示，在 IT 系统建设之前，形成面向运维的开发管理规范，

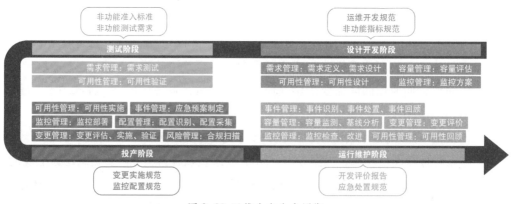

图 6-22 运维生态生命周期

按照强制性约束和规范性约束对规范进行测试、检核管控；在 IT 系统投产运行时，根据对象规则，定期发起对象自动化检核；在 IT 系统稳定运行后，抽取对象和领域中有关评价、考核的数据，形成事后评价准则。

基于体系的全生命周期管理也与 DevOps 理念不谋而合，给出了一种有效的 DevOps 实施方案。DevOps 强调开发运维一体化，实际上想要解决的是运维的稳态与开发的敏态之间的矛盾，但 DevOps 模式也存在很多问题，如某些行业不符合严监管的要求，对人的技术能力要求较高，不适用于外购产品等。运维作为保障业务连续性的最后一道屏障，能够促进开发质量的提升。基于 OASIS 的生态化运维体系建设方法要求从 IT 系统设计开发阶段就同步考虑运维对象的识别、对象模型的植入以及模型规则的对接，以达到开发运维同步、敏捷实施的效果。

4.OASEopS 的价值突破

OASEopS 方法作为一整套先进的运维理念，为开辟 IT 运维领域的第二条 S 曲线提供了一条可供实践的路径。首先，它通过一站式 OASEopS 平台将之前分散的运维工具和平台所实现的功能有机整合起来，打造基于场景的运维而非工具的运维，可以根据工作需要灵活搭建运维场景。其次，线上流程与线下活动融为一体，由于各种运维活动、运维数据之间的壁垒已经打通，运维活动监管和审核的有效性大大提升，IT 管理与系统运行管理不断趋于同步，所有的运维知识和经验可以被很好地结构化，并且为打通 IT 运维数据和业务运营数据、形成企业大数据中台奠定基础。最后，也最重要的是，OASEopS 真正实现了 IT 运维的"书同文、车同轨"，降低了业界运维能力共享与技术输出的门槛。OASEopS 实际上在运维的效率、效能、可管理性、合规性之间实现平衡，为基于经验和工具的运维向基于数据和算法的运维转变提供了理论支撑和能力框架，除了本身实现了运维的价值突破外，也为运维的智能化、低代码等发展方向赋能。

（1）智能化运维

智能化运维主要是从技术上解决 IT 运维遇到的困境，但是不管使用的技术是否智能化，都会遇到工具碎片化的问题，解决方案依然要靠体系化，并在运维体系中合理使用技术手段。体系化与智能化并不矛盾，而是相辅相成的，运维体系化之后，智能化的数据基础就建立了，能够加速智能化运维组件的落地，而智能化运维在活动和场景中发挥的强大作用又可以增强体系的能力。

（2）低代码运维

随着业务的拓展和技术的快速迭代，新的运维工具和场景不断提出，传统的开发模式很难满足运维业务敏捷实现的需求。业内普遍认为运维应该向 SRE 方向转变，由运维人员自己开发工具，但实际上开发工作对只有运维经验的管理员来说还是比较困难的。而在统一建模的基础上设计低代码开发平台也更加容易，通过拖拽式和配置化的可视化界面实现运维开发工作低代码化，缩短开发的时间，做到需求方直接参与运维业务开发，SRE 转型也会更加便捷。

5. 总结

OASEopS 方法用精细化、抽象化的思维重新审视运维工作，将运维活动、流程与对象解耦，通过对象类的声明式定义生成通用模板，以提供个性化的服务和灵活装配的场景，传承知识经验，共享最佳实践，构建生态体系，力求解决运维被动、无序发展的模式，形成一套可持续优化的运维管理方案。因而，它能够与智能化运维、低代码运维等技术实践融合，并为运维生态协同发展、运维应用的敏捷开发奠定基础。

第六节　云运维业务的未来发展趋势

云运维业务生态涵盖了云产品使用者、云服务提供者、供应商、监管架构等，通过云原生技术的催化，云运维业务会逐渐走向标准化、产品化，云运维生态会更加健壮，云运维模式会更加丰富。

一、服务化、标准化、产品化

随着运维业务理念的不断发展，运维从业人员的管理意识不断提升，运维业务的标准化意识会越来越强。随着运维质量要求的不断提升，运维业务标准将快速得到推广。在业务标准化的助力下，符合各项业务规则的运维通用产品将诞生，运维管理的技术和业务门槛将下降，运维管理质量也将得到保证。

运维产品通过平台化建设，将能够适应各种不同的个性化环境，快速适配原有的基础业务服务，保证原有的投资得到保护，实现更加高效的个性化服务改造和更加灵活的解决方案设计。

二、开放生态，合作共赢

1. 什么是生态

所谓生态，就是供需和消费场景处于一种平衡中，不同企业、个体共存共发展。生态在生物学里指的是食物链、各种生物和自然环境，在经济学里指的是产业中的供应链、企业个体和商业环境，用新零售里的一个核心概念来解释，就是"人、货、场"商。而互联网生态重构了这三个要素，变成了用户、内容和流量。比如网购，商品被定义成各种内容，用户自由浏览，下单采购，于是形成流量，然后再结合物流配送。互联网的生态也再造了流程，原来需要各种渠道、中间商和零售商，现在全部变成了互联网入口，直达用户。运维生态的产生，基于运维业务标准化的程度以及大量运维业务的从业者对运维业务的理解，达到了较高程度的一致。在标准化的作用下，运维生态环境将快速建立并发展起来。

2. 运维生态的组成

运维生态的目标是使运维活动的参与方能够实现共同发展的状态，不断推进运维业务的进化和发展，促进生态的健康向上。生产者能够形成一个良性的运维业务应用从研究开发到使用维护的完整产业链条，能够吸收更多的上游研发参与到运维业务应用的研发中来，包括信息技术产品的原厂商，或者技术经验丰富的专家工程师。消费者能够在标准、规范、透明的生态服务环境下，选择具有优势的产品解决方案，也可以选择更加适合自身组织特色或者自身发展阶段的产品。

3. 运维的平台型生态

平台型生态体系是在"互联网+"时代背景下脱颖而出的运营模式之一。平台模式是企业主导的经营模式，而生态体系是建立在该模式基础上形成的企业网络化协同的整体图景。因此，生态体系的建立依赖于相关协作平台的完善与支撑。平台型生态体系既可以被看作是平台模式发展与成熟的结果，也可以被看作是服务于不同对象的多个平台相互间形成了价值链后的整体图景。

运维技术解决方案，在云时代已经初步形成了平台解决方案，整体技术架构已经相对成熟稳定。参与到运维平台上进行运维业务开发的不同开发者，对平台化开发模式拥有很多实践经验。运维平台也已经在各个业务领域的企业中不断得到应用，应用范围不断扩大。运维平台的主要运营者将提供运维解决方案支持，并不断完善运维平台解决方案，以支撑运维业务越来越高的服务要求。

4. 运维平台的模式

运维平台的搭建是建立运维生态服务体系的关键环节，运维平台可以使用以下几种方式开展运维平台的运营。

（1）资本型平台

资本型平台是为资方提供服务支撑的协同平台，其服务的核心要素是通过互联网与社交媒体实现快捷透明的投资招标，并通过众筹提升社会资本的配置效率。通过资本型平台，运维服务的需求方可以在更广泛的市场上获得与更多具有个性化运维资源的提供方合作的机会。

（2）员工型平台

员工型平台指的是面向员工搭建的企业开放式创新平台。该平台旨在改变原有的岗位付薪制，开放部分企业资源，让前线"听得见炮声"的员工有权自发地组成小团队去实践创新项目与创造价值。通过鼓励企业自身的运维人员、产品专家、业务专家，参与到本职业务应用开发或者技术服务输出当中，通过创新实践，实现员工自身价值的增长，加速企业自身业务能力的进步。

（3）合作伙伴型平台

合作伙伴型平台指的是面向企业外部合作方搭建的开放式协同平台，以期最大限度地提升外部合作效率，发挥规模效应。服务运维业务应用开发商，通过扩展运维平台的使用，吸引开发者，通过运维应用市场，拓展开发者收益，通过平台方与开发者的合作，不断增强平台的竞争力。

三、面向云原生，融入云原生

随着云计算规模优势越来越大以及新兴计算场景的不断涌现，未来在云计算环境中部署业务应用将会越来越普及。由于企业接触云计算的时间不同，对于云计算环境的使用能力也不同，面向云环境的运维将需要满足不同的要求。